卫星组网的原理与协议
（第二版）

Satellite Networking：Principles and Protocols（Second Edition）

［英］Zhili Sun　著

刘华峰　李　琼　徐潇审　赵宝康　译

国防工业出版社

·北京·

图书在版编目(CIP)数据

卫星组网的原理与协议:第二版/(英)孙智立著;刘华峰等译. —北京:国防工业出版社,2016.12

书名原文:Satellite Networking:Principles and Protocols (Second Edition)

ISBN 978-7-118-11010-4

Ⅰ.①卫…　Ⅱ.①孙…　②刘…　Ⅲ.①卫星通信 – 通信原理　②卫星通信 – 通信协议　Ⅳ.①TN927

中国版本图书馆 CIP 数据核字(2016)第 217790 号

※

国防工业出版社出版发行

(北京市海淀区紫竹院南路 23 号　邮政编码 100048)

三河市腾飞印务有限公司印刷

新华书店经售

*

开本 710×1000　1/16　印张 23¼　字数 468 千字

2016 年 12 月第 1 版第 1 次印刷　印数 1—2000 册　定价 106.00 元

(本书如有印装错误,我社负责调换)

国防书店:(010)88540777　　发行邮购:(010)88540776

发行传真:(010)88540755　　发行业务:(010)88540717

前　　言

自本书(第一版)2005 年出版以来,卫星通信与网络领域已取得重大进展。许多为宽带因特网、电视广播和宽带通信研制的卫星系统,通信容量大、数据传输质量高,已经能够与地面网络系统相媲美。

因特网和移动通信网络领域众多新兴技术正在改变着人们的学习、工作和生活方式,以及整个商业和社会的运作模式。而且,当前一个显著的趋势是包括电信网络、移动通信网络、因特网和电视广播网络在内的所有网络系统都在朝着统一IP 化的方向演进。

在完善这些网络系统并支持当前和未来的各种业务与应用方面,卫星始终扮演着重要的角色。与近些年发展起来的其他新型组网技术一样,卫星组网是一个特殊而又十分重要的专题。由于同地面链路尤其是光纤链路相比,卫星链路传播时延长、误码率高且带宽有限,所以必须深入理解卫星对标准网络协议和网络设计的影响,以及其职能和优势。

自第一颗通信卫星发射至今,从支持电话和电视广播到支持宽带网络和因特网,卫星组网的方式已经发生了深刻的变化。这种变化同样也反映在研究和开发领域,例如目前对星上处理、星上交换和星载 IP 路由的研究。另一方面,传统卫星通信和网络领域的研究也在持续发展,如资源管理、安全与服务质量、组播、视频会议,以及宽带卫星接入因特网等。

与此同时,我们见证了 DVB – S2、DVB – RCS2、IPv6 和 4G 移动网络等新一代标准的诞生和发展,而卫星将会与这些新型网络和业务互联。

为了得到一个优化的卫星系统解决方案,必须在多种现实约束之间进行折中,这些约束包括地面段和空间段在设计、实现和运行中的造价、复杂程度、技术工艺和效率等。

因此,本书(第二版)对以上这些问题展开广泛的讨论。但是由于涉及信息太多、相关领域技术发展迅速以及书籍出版的要求和个人知识的局限,要想在一本书中包含以上所有内容的细节是不可能的。所以,本书还是把焦点放在卫星组网的基本原理和协议层面,然后根据最新技术发展对相关内容进行了更新。

除正文外,本书还尽力更新了所有的参考文献,以反映最新的技术进展和最新公布的标准。

通过本书,希望帮助读者了解卫星和地面网络的无缝集成、不同的网络协议及其相关技术,以及未来网络协议、技术、业务、应用和用户终端等领域的融合发展趋势。

本书覆盖了以下专题：

- 对卫星通信网络、宽带网络、广播网络和因特网的概述；
- 从电路交换网络到包交换网络的技术沿革；
- 与卫星组网相关的协议参考模型和标准；
- 卫星承载的 IP 技术和 DVB 技术（DVB – S/S2 和 DVB – RCS/RCS2），以及 TCP 增强技术；
- IPv6、卫星承载的下一代因特网和网络融合。

卫星组网的基本概念和原理，以及卫星在未来网络中承担的角色，是值得始终关注的课题。如果想要了解相关专题的更多细节，读者可以进一步查询本书各章结尾处所列出的参考文献。

孙智立
于英国萨里大学
2013 年 9 月 8 日

目　　录

1 概　述

本章介绍卫星组网的基本概念,内容包括应用与业务、电路交换和包交换、宽带网络、网络协议和参考模型、卫星网络的特点、卫星与地面网络互联以及网络技术和协议领域的融合趋势。同时,介绍宽带卫星系统及其标准的最新发展。在读完本章后,希望读者能够掌握以下知识。

- 理解卫星网络的概念、卫星与地面网络组网的概念;
- 了解各种卫星业务,理解网络服务和服务质量的概念;
- 掌握卫星组网与地面组网之间的差异;
- 描述网络用户终端、卫星终端和网关的功能;
- 了解协议的基本原理和 ISO 参考模型;
- 了解 ATM 参考模型;
- 了解 TCP/IP 协议族;
- 理解复用和多址的基本概念;
- 理解交换的概念,包括电路交换、虚电路交换和路由;
- 理解网络技术和协议领域的演化过程和融合趋势;
- 了解宽带卫星系统及其标准的最新发展。

1.1　卫星网络的应用与业务

卫星是太空中的人造星体,有时会被误认为是真的星星。对许多人来说,卫星充满了神秘色彩。科学家和工程师喜欢赋予卫星生命色彩,称之为"飞鸟"。就像飞鸟一样,卫星飞在极高之处,而其他生物只有在梦中才能企及。它们从空中鸟瞰地球,帮助人们找寻道路,传送电话、邮件和网页,中继电视节目。实际上,卫星的真实高度远远高出飞禽的飞行高度。当卫星被用于组网时,其高度优势决定了其将在全球网络基础设施(Global Network Infrastructure,GNI)中扮演与众不同的角色。

卫星组网是一个正在不断扩张的领域,从传统的电话和电视广播业务到现代宽带与 Internet 网络、视频点播和数字卫星广播,自第一颗通信卫星诞生至今这个领域已经取得了巨大的发展。而目前许多网络领域的技术进步又都集中在卫星组网方面。在不久的将来,伴随带宽和移动性需求的增长,通过卫星提供地面网络难以实现的、覆盖全球的高带宽,将会是一项合理的选择,并且具有良好的应用前景。随着网络技术的发展,卫星网络将会越来越多地集成到全球网络基础设施中。移

1

动 Ad Hoc 网络的集成为应急和救援业务提供了一种新型的、具有高度移动性的系统。因此,与地面网络和协议互联是卫星组网的重要部分。

卫星组网的最终目标是提供业务和应用。用户终端直接面向用户提供业务和应用。网络提供传输服务,在跨网络节点、交换机和路由器且相隔一定距离的用户终端之间传递信息。图 1.1 显示了一个典型卫星网络的配置,包含地面网络、具有星间链路(Inter – Satellite Link,ISL)的卫星、固定地面站、移动地面站、便携和手持终端,以及与卫星链路直接相连或是通过地面网络与之相连的用户终端。

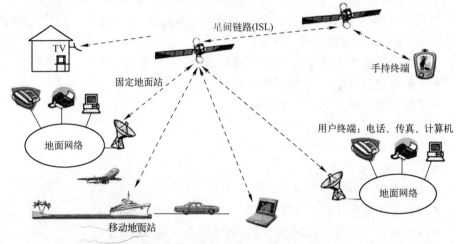

图 1.1 卫星组网的典型应用和业务

1.1.1 卫星网络扮演的角色

在地面网络中,为了实现长距离和大范围的覆盖需要大量的节点和链路。节点和链路被组织起来以实现网络的高效部署、维护和运行。卫星的特性决定了其在距离、共享带宽资源、传输技术、设计、开发和运行,以及造价和应用等方面与地面网络有着根本的不同。

在功能上,卫星网络能够提供用户终端间的直接连接、终端访问地面网络的连接,以及地面网络之间的骨干连接。用户终端可独立于卫星网络向使用者提供业务和应用,也就是说,同一个终端既可用于访问卫星网络也可用于访问地面网络。卫星终端(Satellite Terminal),又称为地面站(Earth Station),是卫星网络的地面段,通过用户地面站(User Earth Station,UES)向用户终端(User Terminal)提供对卫星网络的接入点,通过地面网关站(Gateway Earth Station,GES)向地面网络提供对卫星网络的接入点。卫星是卫星网络的核心,从功能和物理连接的角度来说,也是网络的中心。有时卫星之间也存在连接,尤其是对于低轨和中轨卫星网络。图 1.2 显示了用户终端、地面网络和卫星网络之间的功能性关系。

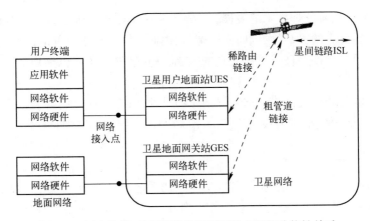

图 1.2　用户终端、地面网络和卫星网络之间的功能性关系

　　一般来说,卫星网络由卫星、与卫星连接的少数大型地面网关站和大量小型用户地面站组成。小型用户地面站的主要用途是为用户提供对网络的直接访问,而大型地面网关站则主要用于与地面网络连接。用户地面站和地面网关站定义了卫星网络的边界。与其他类型的网络类似,用户通过边界设施/节点访问卫星网络。对于移动和便携终端,用户终端和用户地面站的功能可以被集成到一个单元里,不过(大型)移动终端的天线是明显可辨识的。天线有两部分:室内单元(In – door Unit,IDU)和室外单元(Out – door Unit,ODU)。室内单元包括发射机和接收机;室外单元包括低噪声下变频器(Low Noise Block,LNB)和上变频器(Block Up Converter,BUC)。

　　卫星网络最重要的作用是提供用户终端接入和与地面网络互联,从而使得地面网络提供的应用和服务(如电话、电视、宽带接入和因特网连接),可以扩展到电缆和地面无线通信设施难以铺设和维护的地区。此外,卫星网络还可以为船舶、飞机、车辆以及超出地面网络覆盖能力的空间和地点,提供服务和应用。在军事、气象、全球定位系统、地球与环境观测、个人数据与通信服务等领域以及未来直接全球覆盖的新业务和应用的发展中(例如宽带网络、新一代移动网络和全球数字广播业务),卫星同样发挥着重要的作用。这其中还包括洪水、地震和火山喷发等灾害发生时的应急与救援任务。

1.1.2　网络软硬件

　　就实现而言,用户终端由网络软件、硬件以及应用软件组成。网络软硬件提供功能和机制,使用正确的协议在适当的网络接入点以正确的格式发送信息,并以同样的方式从接入点接收信息。

　　网络硬件提供信号传输,实现对带宽资源和传输技术经济高效的利用。一般来说,射频链路用于提高与接入链路关联的用户终端的移动性;大容量光纤用于骨干网连接。由于传播环境的关系,卫星系统在地面和卫星之间广泛使用射频链路。目前,星间光通信的研究也正在进行中。

随着数字信号处理技术的发展,一方面,传统的硬件功能越来越多的被软件取代,以增加重配置的灵活性,同时降低造价,因此系统实现中软件的比例越来越高。另一方面,尽管硬件是任何系统实现的基础,许多硬件的实现也都是首先由软件来模拟的。

例如,在传统电话网络中占主导地位的是硬件;在现代电话网络、计算机网络、智能手机网络、数据网络和因特网(Internet)中占主导地位的则是软件。

1.1.3　卫星网络接口

卫星网络有两种类型的外部接口:用户地面站和用户终端间接口;地面网关站和地面网络间接口。有三种类型的内部接口:用户地面站与卫星通信载荷系统间接口;地面网关站与卫星通信载荷系统间接口;卫星间的星间链路。所有接口均使用射频链路,不过星间链路可能使用激光链路。

与电缆类似,无线电带宽是卫星网络信息传输中最重要的稀缺资源之一。但与电缆不同,带宽不能通过增加物理线缆来产生,只能共享和优化利用。另一个重要资源是传输功率,尤其是对于移动用户终端、通过电池供电的远程设备、依赖电池和太阳能的星上通信系统,传输功率总是受限的。卫星网络的容量取决于带宽和传输功率以及传输条件和环境,这是由香农(Shannon)定理决定的。

卫星组网的许多基本概念与一般的组网概念相同。就拓扑而言,有星型或网状(Mesh)拓扑;就传输技术而言,有点到点、点到多点、多点到多点连接。就接口而言,可以很容易地将卫星网络术语映射到普通网络术语,如用户网络接口和网络节点接口。

两个网络互相连接时,需要网络到网络的接口,这实质上是一个网络中一个节点和另一个网络中一个节点间的接口。这种接口的功能与网络节点接口的功能类似。因此,网络节点接口也可以用于表示网络到网络的接口。

1.1.4　网络业务

用户地面站和地面网关站提供网络业务。在传统网络中,业务分为两类:电信业务和承载业务。电信业务是高层业务,可被用户直接使用,例如电话、传真、视频、数据、电子邮件和 Web。在这个级别上服务质量(QoS)是以用户为中心的,也就是说,QoS 体现的是用户所感觉到的质量,如平均意见分(Mean Opinion Score,MOS)。承载业务是网络提供的支持电信业务的底层业务。在这个级别上服务质量是以网络为中心的,如传输时延、时延抖动、传输错误和传输速度。有时,体验质量(Quality of Experience,QoE)的评估既包括性能评测也包括客户调查。

两种级别的业务之间存在映射方法。网络需要分配资源以满足 QoS 要求并优化网络性能。网络 QoS 目标和用户 QoS 目标可以通过流量负载和网络资源进行调节,但彼此存在冲突。可以通过降低网络的流量负载或者增加网络资源来提高 QoS,但是对网络运营商而言这会降低网络的利用率。另一方面,网络运营商可以通过增加流量负载提高网络的利用率,但是这又会影响用户的 QoS。在满足用户 QoS 要求的条件下,针对给定的网络负载,优化对网络的利用,这就是所谓的流量工程(Traffic Engineering)。流量工程的一项主要任务就是在流量负载、网络资源、QoS、性能和利用率之间进行折中。

1.1.5 应用

应用是指一种网络业务或多种网络业务的组合。例如,远程教育和远程医疗应用就是基于话音、视频和数据业务的组合。这种话音、视频和数据业务的组合也被称为多媒体业务。一些应用同网络业务一起可以产生新的应用。

业务是网络提供的基本组件。应用由这些基本组件构成。在文献中,应用和业务经常可以互换,但有时需要明确区分。

1.2 ITU 对卫星业务的定义

卫星应用以基本的卫星业务为基础。无线电通信的本质决定了卫星业务受限于可用的无线电频段。国际电信联盟(International Telecommunication Union,ITU)的无线电通信标准委员会(ITU – R)出于带宽分配、规划和管理的目的,将卫星业务定义为固定卫星业务、移动卫星业务和广播卫星业务。

1.2.1 固定卫星业务

固定卫星业务(Fixed Satellite Service,FSS)是利用一到多颗卫星为地面指定站点之间提供的无线电通信业务。这些地面的站点被称为固定卫星业务地面站。而处于卫星上的站点,主要由卫星转发器和天线构成,称为固定卫星业务空间站。新一代卫星具有复杂的在轨通信系统,包括星上交换或路由。地面站间的通信通过一颗卫星或多颗具有星间链路的卫星完成,也可以通过公共地面站连接没有星间链路的两颗卫星。固定卫星业务也包含馈电链路,如移动卫星业务或广播卫星业务中固定地面站和卫星之间的链路。固定卫星业务支持所有类型的电信和数据网络业务,如电话、传真、数据、视频、因特网电视和广播。

1.2.2 移动卫星业务

移动卫星业务(Mobile Satellite Service,MSS)是指移动地面站和一颗或者多颗卫星间的无线电通信业务,包括海上、航空和陆地移动卫星业务。因为移动性的要求,移动地球终端通常很小,有些甚至可以手持。

1.2.3　广播卫星业务

广播卫星业务(Broadcasting Satellite Service,BSS)是指利用卫星发送或转发信号,供公众使用只收电视天线(TV Receiving Only,TVRO)直接接收的无线电通信业务。广播卫星业务的卫星通常被称为直接广播卫星(Direct Broadcast Satellite,DBS)。直接接收包括个人直接到户(Direct To Home,DTH)和公共天线电视技术(Community Antenna Television,CATV)。新一代的广播卫星业务也有经卫星的返回链路。

1.2.4　其他卫星业务

还有一些卫星业务是针对军事、无线电测定、导航、气象、测绘和空间探测等特殊应用领域而设计的。共同提供无线电通信的空间站点和地面站一起被称为卫星系统。为了方便,有时将卫星系统或卫星系统的一部分称为卫星网络。但是,对于网络协议而言,卫星系统不一定支持协议栈所有层的功能。

1.3　ITU－T 对网络业务的定义

在宽带通信网络标准开发的过程中,ITU 的电信标准委员会定义了网络提供给用户的电信业务。这些业务由用户终端提供,主要包括两大类业务:交互型业务和分配型业务。这两大类业务又可进一步分为子类。

1.3.1　交互型业务

交互型业务中,用户可以以实时对话和短信的方式与另一个用户交互,也可以使用台式机、便携机、移动电话与信息服务器交互。这些不同的业务子类有着不同的 QoS 和带宽需求。交互型业务的子类定义如下。

• 会话型业务:会话型业务一般以实时(无存储转发)端到端信息传输的方式,提供用户到用户或者用户到主机(例如数据处理)的双向通信。用户信息流可以是双向对称的,也可是双向非对称的,在某些特殊情况下(例如视频监控)甚至可以是单向信息传输。信息由发送端的一个或多个用户产生,被接收端的一个或多个通信对象所使用。宽带会话业务的例子包括电话、视频电话和视频会议。

• 消息型业务:消息型业务通过存储单元,在独立的用户间提供用户到用户的通信,其中存储单元具有存储转发、邮箱和/或消息处理功能(如信息编辑、处理和转换)。宽带消息业务的例子包括运动图像(视频)、高分辨率图像和话音的消息处理业务与邮件业务,以及移动电话的短信和多媒体信息业务。

• 检索型业务:检索型业务的用户可以检索存储在供公众使用的信息中心中的信息。这种信息根据用户的请求被返回给用户。信息可以仅被个人检索,而且一个信息序列开始的时间由用户控制。例子包括视频、高分辨率图像、音频信息和档案信息的宽带检索业务，以及因特网上的 Web 服务。

1.3.2　分配型业务

基于传统的广播业务和视频点播建立了向大量用户分发信息的分配型业务模型，其对带宽和 QoS 的需求与交互型业务有很大的不同。分配型业务可以进一步分为如下子类。

● 无需用户独立控制的分配型业务：这部分业务包括广播业务。它提供一条连续的信息流，该信息流由中央信源分配给连接到网络且不限数量的授权接收器。用户可以访问这条信息流，但不能决定信息流的分配开始于哪个实例。用户不能控制被广播信息的开始时间和出现顺序。信息的呈现依赖于用户访问的时间点，不会从头开始。电视和广播节目是这类业务的代表。

● 用户独立控制的分配型业务：这类业务同样是从一个中央信源向大量的用户分配信息，只不过信息是作为一个实体（如帧）序列周而复始地提供给用户。实体序列可以被缓存到本地设备或远程服务器，所以用户可以独立访问周而复始分配的信息，可以控制信息出现的开始时间和顺序，还可以选择从本地设备还是远程服务器的存储器上访问信息。由于这种周而复始的特点和存储访问能力，用户选择的信息实体总可以从头呈现或者是从用户选择的任意时间点开始。这类业务的一个例子是视频点播。

1.4　因特网业务和应用

与计算机的发展类似，近年来因特网（Internet）发展迅猛，其应用已经从研究所、大学和大型机构扩展到普通家庭和小型企业。

因特网设计初衷是连接包括局域网（LAN）、城域网（MAN）和广域网（WAN）在内的不同类型的网络。这些网络将不同类型的计算机连接在一起，实现内存、处理器、图形设备和打印机等资源的共享。同样，多种网络的互联有利于数据的交换，并且使得用户可以访问因特网上任意一台计算机所存储的数据。

今天的因特网除了支持数据外，还支持图像、话音和视频，在此基础上又进一步构建了不同的网络服务和应用，如 IP 电话、视频会议、远程教育和远程医疗等。

今天的台式机、便携机和移动电话均与因特网相连，甚至传感器设备、家庭消费型电子设备，包括警报器、监控摄像头、中央暖气系统、炊具、洗衣机、煤气表和电表等，也与因特网相连，被称为物联网（Internet of Things）。

新型业务和应用的需求显著改变了因特网设计的最初目的。因特网正在向着既支持传统计算机网络业务又支持包括电话在内的实时用户业务的新一代网络演化。最终，会形成面向未来全球网络框架的因特网和通信网络的融合，而卫星将在其中扮演重要的角色。

1.4.1　万维网

基于万维网(WWW)的电子商务(e‑commerce)、电子业务(e‑business)、电子政务(e‑government)大大拓展了因特网业务和应用的领域,同时也形成了新型的、虚拟的工作、交流、娱乐和生活模式。WWW 是构建于因特网顶层的应用,并不是因特网本身。因特网的基本原理在近 40 年来基本没有变化,但是因特网的应用及其潜在的发展都发生了巨大的变化,尤其是在用户终端、用户软件、业务和应用等方面,以及从键盘、鼠标到触屏、语音识别的人机交互界面领域。

WWW 是一个基于超媒体的分布式因特网信息系统,其基本组成包括请求信息的用户浏览器、提供信息的服务器以及在用户和服务器间传输用户请求和(响应)信息的因特网。此外,还包括功能强大的搜索引擎,它为用户发现所需信息,同时收集用户提交到因特网上的各种信息。

超文本传输协议(HTTP)于 1990 年诞生于瑞士日内瓦的欧洲核子研究组织(European Organisation for Nuclear Research),该组织原名为欧洲核子研究理事会(European Council for Nuclear Research,法语为 Conseil Européen pour la Recherche Nucléaire,缩写为 CERN)。诞生初期,HTTP 主要作为在国际同行间共享科学数据的一种快速和廉价的工具被使用。在超文本中,一个单词或短语可以包含一个指向其他文本的链接。

HTTP 通过通用标记语言(General Markup Language,GML)的一个子集——超文本标记语言(HyperText Markup Language,HTML),实现这种文本间的链接。HTML 使得一个 Web 页面上的链接可以指向其他 Web 页面,或是指向与网络连接的任意服务器上的文件。这种非线性、非层次化的信息访问方法是信息共享领域的一个重大突破。网页浏览迅速成为因特网业务流量的主要来源。WWW 包含众多的信息类型(如文本、图像、声音、电影、商业业务和社交媒体等)。通过 Web,用户几乎可以访问世界上每一台连接到因特网服务器上的信息。实现 WWW 访问的基本要素包括:

● HTTP(HyperText Transfer Protocol),是 WWW 中传输 Web 页面的协议;

● URL(Uniform Resource Locator),定义了访问 Web 页面唯一的地址信息的格式,该格式包括 Web 页面所在计算机的 IP 地址、计算机系统内的端口号和该页面在文件系统中的位置;

● HTML(HyperText Markup Language),通过向文本文件中加入可编程的"标签",将文件变为超文本文件。

在早期的 WWW 中,URL 定义的是一个静态的文件。而今 URL 定义的可以是一个由服务器根据用户提交的信息动态生成的 Web 页面,也可以是动态网页(active Webpage),其中内嵌一段可下载的程序代码,点击后可以在用户使用的主机上运行。

1.4.2　文件传输协议 FTP

FTP(File Transfer Protocol)诞生的时间远远早于 WWW。FTP 是一个应用层协议,提供本地计算机和远端计算机间的文件传输服务。FTP 是一种连接因特网站点收发文件的特殊方法。FTP 开发于因特网发展的早期,当时是以命令行的方式在计算机间拷贝文件。随着 WWW 浏览器软件的发展,浏览器将 FTP 命令集成到了自身的功能中,使得用户不再需要了解命令行方式的 FTP 命令。

1.4.3　Telnet

Telnet 是较早的因特网服务之一,提供基于文本的远程主机访问。用户可以在本地主机使用 Telnet 登录因特网上的一台远程主机。通常需要拥有远程主机上的账户,用户才能登入系统。本地主机与远程主机建立连接后,用户可以像对待本地主机一样访问远程主机。

这种特征称为位置透明,也就是说,用户不能分辨出本地主机响应与远程主机响应之间的差别。如果响应非常快,用户不能从响应时间上分辨出本地主机与远程主机,则称为时间透明。在分布式信息系统中,透明性是一个非常重要的特征。这个概念同样适用于当前的云计算领域。用户可以访问存储空间和计算能力等云上资源,而不需要关心这些资源的物理位置。

1.4.4　电子邮件

电子邮件与邮递系统类似,但更加低廉和快捷,可以不依赖于纸张或其他物理材料单纯地传输信息。从另一个角度说,你可以通过因特网订一块披萨,不过因特网本身并不能把披萨送给你。早期的电子邮件只允许用户间通过因特网发送文本消息。电子邮件也可以向一个地址列表自动发送。过去 20 年,电子邮件已经由科学家使用的技术工具发展为与传真和信件一样普遍的商业工具,而且正在取代传真和信件。每一天成千上万的电子邮件由企业内部网和因特网中发送出来。我们可以使用邮件列表将一封电子邮件发送给一群人。当一封电子邮件被发送到一个邮件列表,电子邮件系统会向列表中的每一个用户分发邮件。电子邮件还可以将大型文件、音频和视频片段作为附件发送。

电子邮件系统的广泛应用也给因特网带来了不少问题,如病毒和垃圾邮件通过电子邮件传播,对因特网和上网计算机造成安全威胁。

1.4.5　组播和内容分发

组播是对广播和单播的扩展。组播允许通过企业内部网或因特网向多个接收者分发信息。一个组播应用的例子是内容分发(Content Distributions),包括新闻服务、股票、体育、商业、娱乐、科技、天气等信息。组播也可应用于因特网上的实时视频和话音广播。这种应用是对因特网初始设计的扩展。

1.4.6　IP电话

IP电话(Voice over IP, VoIP)是伴随因特网发展而出现的一项重要业务,它是实时的,而且比传统电信网络更加便于使用。VoIP在许多方面不同于早期的因特网业务。它有着完全不同的流量特性、QoS要求以及带宽和网络资源需求。

数字化的话音流被分割为一段段的话音"帧"。实时传输协议(Real – time Transport Protocol, RTP)将这些帧封装到一个话音包中,同时还封装了时间戳等额外的实时服务信息。VoIP使用实时传输控制协议(Real – time Transport Control Protocol, RTCP)传送控制和信令信息。

RTP包首先利用用户数据报协议(User Datagram Protocol, UDP)封装,然后由IP包携带在因特网中传输。VoIP的QoS依赖于拥塞、传输错误、抖动和时延等网络因素,以及误比特率和传输速度等网络质量和带宽方面的指标。

尽管RTP和RTCP最初是为支持电话和话音服务而设计的,其应用已不仅限于此,它们同样可以支持包括VoIP在内的实时多媒体服务。利用源端生成的时戳信息,接收端可以同步不同的媒体流,重新恢复实时信息。

1.4.7　域名系统

域名系统(Domain Name System, DNS)是应用层服务,供其他因特网应用使用,一般不被用户直接使用。DNS通过计算机将域名翻译为IP地址。域名是字符形式,所以容易记忆。但因特网的寻址系统是基于IP地址的。因此,每一个域名地址都需要一个DNS服务将其翻译为对应的IP地址,如域名www.surrey.ac.uk会被翻译为131.227.132.17。这个IP地址也可以被直接使用。

DNS实际上是因特网中的一个分布式层次系统。如果某一个DNS服务器不知道如何翻译一个特定的域名,它会询问更高层的DNS服务器,如此类推,直到返回正确的IP地址。

DNS被组织成一个分层的分布式数据库,该数据库包含了域名与IP地址、服务类型、生存时间等多种类型的信息之间的映射关系。因此,DNS同样可以用来发现如邮件交换记录(Mail Exchange)等存储在数据库中的其他信息。

1.5　电路交换网

电路交换网的概念诞生于早期的模拟电话网络。为了达到覆盖和可伸缩的目的,电路交换网具有不同级别上的星型、分层和网状等多种拓扑结构。图1.3显示了典型的网络拓扑。

10

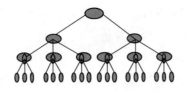

图 1.3   典型的网络拓扑(星型、分层和网状)

图 1.4 展示了一个电话交换网络的例子。在本地交换局(Local Exchange,LEX),大量电话连接到交换局形成星型拓扑(这里不采用网状拓扑是因为其不可伸缩)。每个长途交换局(Trunk Exchange,TEX)连接数个本地交换局,形成分层结构的第一层。分层结构的层次随网络规模增长而增长。在最顶层,交换局数量较少,因此使用网状拓扑,通过增加冗余度实现对网络电路的高效利用,并提高可靠性。

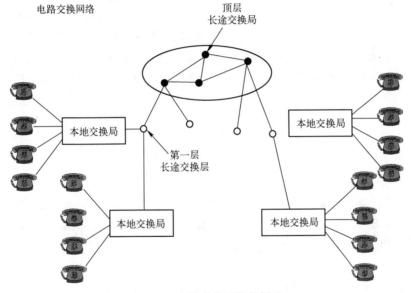

图 1.4   电路交换网络的例子

所有话机都有一条到本地交换局的专用链路。用户通过拨打电话号码向网络发出连接请求,随后建立一条电路。

1.5.1   建立连接

通过多条电路互联,将两台话机连在一起,从而形成一条连接(Connection)。如果两台话机连在同一本地交换局,本地交换局可以直接建立一条电路。否则,需要在高一级的长途交换局建立一条跨交换网络的电路,连接至远程本地交换局,随后再连接到目的话机。

每个本地交换局均遵循一定的路由和信令过程。每部话机都被指定一个号码或地址,以区分它连接的本地交换局。而网络知道本地交换局连接的长途交换局。

11

用户拿起话机时产生的摘机(Off-Hook)信号以及拨打的号码,为网络提供了信令信息,网络据此发现一条最优路径,并设置一组电路,连接由呼叫号码和被叫号码指定的两部话机。

连接建立成功即可进行通信,通信结束后呼叫一方或接听一方放下话机,则连接关闭。如果连接失败或由于网络电路资源短缺造成阻塞,用户可以重新拨打。

由于卫星系统的覆盖范围大,因此可以将卫星作为本地交换局直接连接话机,或者作为连接本地交换局与长途交换局、长途交换局与长途交换局的链路。因为不同的链路要求不同的传输容量,所以卫星在网络中扮演的角色决定了该卫星系统的复杂性和造价。卫星可以采用直接连接方式,不需要向地面网络那样为了可伸缩性而采用严格的分层结构。

在电话业务的通信过程中,需要一直维持端到端的电路连接。显然,对于数据和因特网业务来说,这种方式效率不高。当每次传输的数据较短时,数据传输的时间将远远小于电路的建立时间,因此对于短数据业务来说建立并始终维持一条连接是非常昂贵的。这也是所有数据网络都被设计为无连接方式的原因,除非有更好的理由说明采用面向连接方式可以在效率和可靠性方面取得收益。

1.5.2　信令

早期的交换机只能处理简单的信令。信令信息被限制到最简,并采用与话音相同的信道。

现代交换机能够处理大量的信道和信令。交换机自身具有与计算机相同的处理能力,可以灵活地处理数字信号。这为信令信号与用户数据分离和开发公共信道信令(Common Channel Signalling, CCS)提供了基础。在公共信道信令模式下,信令由数据网络中独立于话音业务信道的专用信令信道承载。

具有灵活计算能力的交换机和CCS的组合,能够更好地控制和管理电话网络,促进来电转接、回叫、呼叫等待和安全等新业务的发展。

网络设备间的信令传递可以非常迅速,而人的反应时间并没有变化。设备的处理能力可以大幅提高,但是人的反应能力不行。人类习惯于向网络技术提出要求,不过现在人类开始感受到了来自技术的压力。

1.5.3　基于频分复用的复用传输分层体系

频分复用(Frequency Division Multiplexing, FDM)是不同连接在频域上共享带宽的一种技术。所有的传输系统都被设计为在一定的带宽(单位为赫兹)范围内传输信号。相对于为一条连接分配一整条物理线缆,系统可以仅分配一部分带宽给一条连接,用于支持电话等网络业务,这部分带宽被称为信道(Channel)。这种做法能够有效提升系统容量。

当带宽被划分为多个信道时,每个信道可以支持一条连接。因此,多条物理链路的连接可以被复用到一条拥有多个信道的物理链路。同样,在一条物理链路中被复用的连接可以被解复用为多条物理连接。图 1.5 显示了频域多路复用的概念。

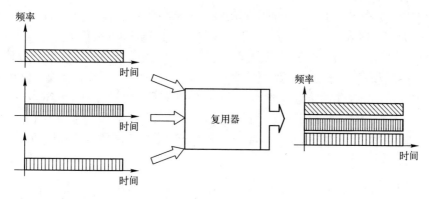

图 1.5　频域多路复用的概念

　　一个给定的信道既可以传输数字信号,也可以传输模拟信号。但是,在频域上模拟信号传输更加易于处理。一条传统的电话信道上音频传输的带宽为 3.1kHz(0.3 ~ 3.4kHz),传输形式为以 4kHz 为间隔的抑制载波单边带(Single – Side Band, SSB)信号。通过多路复用,12 个或 16 个独立信道组成一个群(Group)。5 个群组成一个超群(super – group),超群可形成一个主群(master – group)或极群(hyper – group),也可形成超群组。图 1.6 显示了模拟信号的传输复用分层体系。

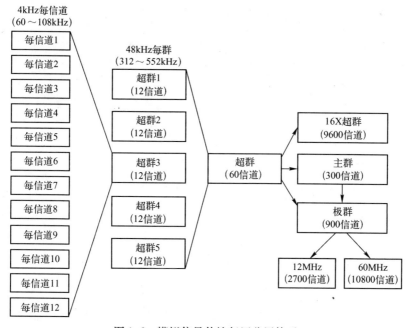

图 1.6　模拟信号传输复用分层体系

13

1.5.4 基于时分复用的复用传输分层体系

在时域上可以方便地处理数字信号。时分多路复用(Time Division Multiplexing,TDM)是在时域上共享带宽资源的技术。被称为帧(Frame)的一个时间段,可以划分为多个时隙(Time Slot)。一般在125μs的持续时间内,每个时隙包含1B或8bit数字化信息。每个时隙可以分配一条连接。一帧所支持的连接个数与其所包含时隙个数相同。例如,电话的基本数字连接是64kbit/s。每字节传输使用的时间是125μs。如果传输速度非常快,每个字节的传输时间只占有125μs的一小部分,此时一个125μs的帧就可以被划分为多个时隙,每个时隙支持一个连接。这样多个慢速位流可以多路复用为一路高速位流。图1.7为时域多路复用的概念图。

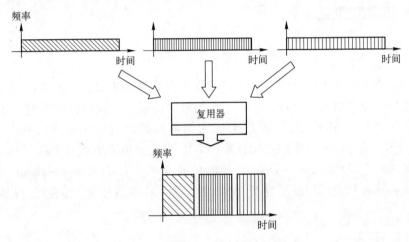

图1.7 时域多路复用的概念图

干线和接入线路的数字流被组织为标准的数字信号分层体系。在北美,使用的是以1.544Mbit/s为标准的DS1、DS2、DS3和DS4等;在欧洲,使用的是以2.048Mbit/s为标准的E1、E2、E3和E4等。这两种体系只能在某一级别上互联,但基本速率都是容纳一路电话电路所需的64kbit/s。出于信令和同步的目的,多路复用的位流中要增加额外的比特或字节,在这方面北美和欧洲的处理方式也不相同。图1.8显示了这种传输多路复用分层体系。

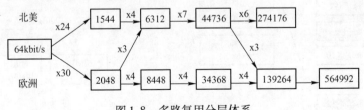

图1.8 多路复用分层体系

1.5.5 空分交换和时分交换

在电话网络和广播式网络中,每条信道的使用时间一般在分钟或小时量级,而且还明确规定了对带宽资源的需求。例如,电话业务和广播业务的信道都是严格定义的。

如果一台交换机不能缓存任何信息,就必须预留空间(就带宽而言)或时隙,这样信息才能通过交换机流动和交换,如图 1.9 所示。这意味着这台交换机只能进行空分交换。

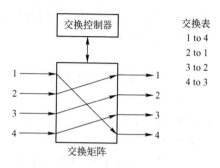

图 1.9　空分交换的概念

如果一个交换机可以缓冲带有时隙的帧,就可以交换帧中时隙的内容,并且可以按照与输入不同的顺序输出内容,如图 1.10 所示。这意味着这台交换机可以做时分交换。交换机可以是空分或时分,也可以是二者的组合,如空分—时分—空分或时分—空分—时分。

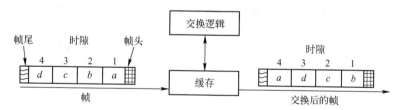

图 1.10　时分交换的概念

1.5.6 前向纠错的编码增益

卫星网络中,卫星到地面站的传输功率总是受限的。传输损耗和增加的噪声功率使得这种情况更加恶化。因此,纠错编码的作用就非常重要。纠错编码在数据中增加冗余信息使得接收方可以修正某些错误。这种方法称为前向纠错(Forward Error Correction,FEC),这是因为冗余信息和处理均发生在错误出现之前。

根据调制方式,误比特概率(Bit Error Probability,BEP)表示为 E_b/N_0 的函数,而 E_b/N_0 又与 E_c/N_0 相关,即

$$E_b/N_0 = E_c/N_0 - 10\log\rho \tag{1.1}$$

式中：E_b 为编码前每比特的能量；E_c 为编码后每比特的能量；N_0 为噪声谱密度（单位 W/Hz）；$\rho = n/(n+r)$ 为编码率（r 表示在 n 比特信息上增加的冗余信息位数）。可以看出，以增加冗余信息位数（即多占用带宽）为代价，可以使用更小的功率来改进误比特概率。（$10\log\rho$）的值称为编码增益。对于给定的误比特概率，在功率和带宽间存在折中。

令 $C = E_c R_c$，有

$$E_c/N_0 = (C/R_c)/N_0 = (C/N_0)/R_c \tag{1.2}$$

式中：C 为载波功率；R_c 为信道比特率。可以看出，利用冗余信息纠错，能够通过较小的传输功率，获得相同的误比特概率。

1.6　包交换网络

包交换的概念诞生于计算机网络，因为连续的比特流或字节流对于计算机是没有意义的。计算机需要知道数据传输的起点和终点。

在数据网络中，辨识数据传输的开始和结束非常重要。带有开始和结束标识的数据称为帧（Frame）。此外，还需增加地址、帧校验等其他信息，这样发送方计算机才可以告知接收方计算机，当收到帧后基于协议或规则进行哪些处理。如果帧是在两台计算机之间的一条链路上交换，则对帧的处理由链路层协议规定。帧是链路上的一种特殊的包。因此，帧与链路层功能相关。

在帧上增加信息可以形成包（Packet），又称为分组。计算机可以利用包中的信息，在具有多个节点和多条链路的网络中，将包从源路由到目的。因此，包与网络层功能相关。

最初的包交换网络是为消息或数据的传输而设计的。数据的开始和结束、传输的正确性、检查和纠错机制，这些都非常重要。在理想通信信道中，整个消息可以被作为一个整体进行高效处理，然而在现实世界中，这种假设并不成立。因此，实际传输中使用包的概念，将很长的消息分为许多较小的片段。这样一旦消息中出现错误，只需处理错误所在的包，而不需要重传整个消息。

有了包的概念，不再需要将带宽资源划分为多个窄信道或小时隙，以满足业务需求。可以利用整个带宽资源高速传输数据包。如果需要更大的带宽，只需使用更多的包或更大的包来传输数据。如果对带宽需求小，就使用较少和较小的包。包的使用为带宽资源的分配带来灵活性，尤其是在我们对一些新媒体业务的带宽资源需求还不太了解的情况下。

ITU-T 将宽带（Broadband）定义为一个系统或一种传输能力，其数据速率高于基本速率（基本速率的值在北美为 1.544Mbit/s，在欧洲为 2.048Mbit/s）。今天，地面网络的数据速率已经达到 100Mbit/s，光纤网络中甚至达到 10Gbit/s。在卫星和无线网络领域,研究人员和工程师正努力使接入网络和传输网均达到可以与地面网络相媲美的传输能力。

有两种方法实现包交换网络。一种应用于传统的电话网络,另一种应用于计算机和数据网络。

1.6.1　面向连接的方法

在包交换网络中,每一条物理链路的带宽都很宽,能够支持高速数据传输。利用一种称为虚信道(virtual channel)的技术,可以将带宽划分给多条连接。此时,包头中携带标识号,用于区分同一条物理连接中不同的逻辑连接。

在收到包后,包交换机使用另一条虚信道将包转发给下一台交换机,直到包到达目的地。为了实施交换,在传输包之前网络需要进行设置。主要是在交换机内部设置交换表(Switching Table),明确输入虚信道和输出虚信道间的连接关系。如果连接需求已知,则网络以包为单位,为虚连接预留资源。

这称为虚信道方法。与电话网络类似,基于虚信道的方法是面向连接的,即通信前必须建立一条连接。所有的包都由相同的连接从源传输到目的。这种连接称为虚连接。

在电路交换中,通过建立物理路径将输入信道交换到输出信道。在虚信道交换中,信道由逻辑数字定义;通过改变逻辑数字标识号就可以将包虚拟的交换到一条不同的逻辑信道上。虚信道交换又称为虚电路交换。图 1.11 是虚信道交换的概念图。

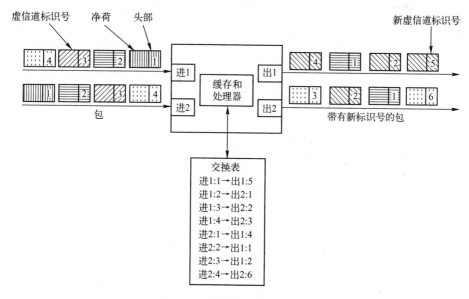

图 1.11　虚信道交换的概念图

17

与电路网络中的方法相同,多个虚信道可以在逻辑上组成一条虚路径。网络节点称为包交换机,功能与传统的电路交换相同,但更具灵活性,可为每条虚连接分配不同数量的资源。因此对于宽带网络,虚信道是一种有用的概念,应用于异步传输模式(Asynchronous Transfer Mode, ATM)网络中。虚连接标识号仅对定义了逻辑信道的交换机有意义。

这种类型的网络与电话网络和铁路网络非常相似。在连接建立阶段可以预留资源(以时间为单位)来保证 QoS。如果没有足够资源容纳额外的连接,网络会阻塞连接请求。

1.6.2　无连接的方法

与电话网络中链路建立的时间相比,计算机与数据网络中信息传输的时间非常短,因此为每一次包传输建立一条连接明显是低效的。

为了克服虚信道方法的不足,包传输可以采用无连接的方法,即包从源到目的传输时不需要预先建立连接。这时包称为数据报(Datagram),因为它包含源地址和目的地址而非连接标识号,网络节点(这里称为路由器)利用地址信息将包从源路由到目的。图 1.12 是无连接方法的概念图。

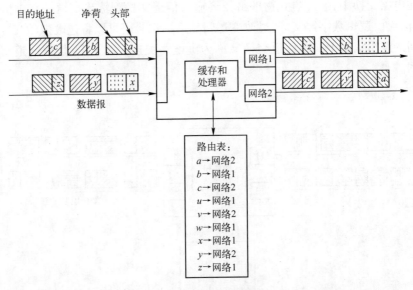

图 1.12　数据报路由的概念图

这种网络称为无连接网络。在无连接网络中,网络可以根据包头携带的目的地址将包从源路由到目的,而目的计算机可以根据源地址发送响应信息。网络包交换机称为路由器,以区别于面向连接的交换机或传统基于信道的交换机。路由器的路由表包含最终目的地的信息和以最小代价通向最终目的地的下一跳节点的信息。

如果在通往目的地的路由路径上发生了拥塞或故障,每个包可以独立选择不同的路径传输。这是无连接方法所具有的灵活性。这种网络与邮递系统或高速公路网非常相似。但是由于不能预留资源,所有网络无法保证 QoS。以高速公路网为例,当交通状况良好时,通过一辆车的行程就可以很好地估算路径所耗费的时间。而交通状况恶劣时,到达目的地则要花费更长的时间,有时甚至因为到达太晚而失去了意义。但是,在行程开始后车辆可以更换路径,以避免道路堵塞或封闭。因特网就是这样一种网络,因此信息高速公路是指一种高速传输网,今天广泛采用该名词来形容信息基础设施。

1.6.3 电路交换和包交换的关系

电路交换与传输技术的关系更加紧密。电路交换网络传输承载信息的物理信号。信号可以是模拟的,也可以是数字的。对于模拟信号,网络提供以 Hz、kHz 或 MHz 为单位的带宽资源,在频域上处理,如频分复用。对于数字信号,网络提供以 bit/s、kbit/s 或 Mbit/s,甚至 Gbit/s 和 Tbit/s 为单位的带宽资源,在时域上处理,如时分复用。可以同时考虑时域和频域,如码分多址(Code Division Multiple Access,CDMA)。在电路级别,交换机处理流过电路的数字信号的比特流和字节流,或者已经定义好带宽的模拟信号。信号内部没有数据结构。

通过为比特流增加结构,包在比特和字节之上提供了一级抽象。每个包由包头和净荷组成。包头携带网络处理、信令、交换和控制所需的信息。净荷携带要发送的用户信息,由用户终端接收和处理。

一条电路上也可以传输包。而连续的流动的包也可以模拟出一条电路。这也是通过 IP 包的连续流动实现 IP 电话(Voice over Internet Protocol,VoIP)和广播流媒体业务的基本原理。这种方法可以实现电路交换网络和包交换网络互联。模拟电路被称为虚电路。虚电路、帧、包都是对从物理传输到网络层功能的不同层次概念的抽象。

1.6.4 包网络设计要考虑的因素

包是引入到网络的一个功能层。它将用户业务和应用从传输技术中分离出来。包所具有的灵活性,使其可以以一种与传输技术和介质无关的方式传送语音、视频和 Web 服务等不同类型的数据。网络处理的是包,而不是不同的业务和应用。包可以在卫星网络等任意类型的网络传输。

包的引入为网络开发新业务和应用、探索新型网络技术带来了极大的好处,但同时也为网络的设计者带来了巨大的挑战。

包的大小应该是多少? 这需要在业务和应用需求与传输技术能力之间进行折中。如果包太小,可能无法满足业务和应用的需求;而太大又可能无法充分利用并且带来传输上的问题。由于现实世界中的传输信道并不理想,所以大包比小包更容易出现比特错误。大包传输时间和处理时间长,且需要更大的内存空间来缓冲。而实时业务不能容忍长时延,因此一般倾向于小包。

1.6.5 包头和净荷

包头应该占多少位,净荷又应该占多少位? 长包头可以携带更多的控制和信令信息。有时为了定位端系统(End System),包头需要更多位,但是如果此时业务的净荷很短,传输的效率就会很低。长包头也有特殊应用的例子,如信用卡交易的安全传输就需要一个很长的包头。

1.6.6 复杂性和异构网络

网络设计和运行的复杂性来源于其巨大的业务和应用范围,以及不同的传输技术。为了支持各种各样的业务和应用,以及基于包交换技术更好地利用带宽资源,已经发展出多种类型的网络。如果系统开发过程中使用的包的定义不同,那么不同系统将无法共同工作。因此,需要在一个非常大的团体范围内来讨论标准问题,以便实现全球范围内的系统互联。一般通过制定通用国际标准来实现这一目标。网际协议(Internet Protocol,IP)是互联不同网络技术、支持所有因特网业务和应用的最佳例子。

1.6.7 包传输的性能

在比特或字节级别,通过提高传输功率和/或带宽(使用更好的信道编码和调制技术、错误检测和纠错技术),可以克服传输错误。在实际系统中,不可能完全消除比特错误。而比特一级的错误又会传播到包一级。可以使用重传机制来恢复错误的或丢失的包,从而控制包一级的错误。因此,尽管比特一级的传输并不可靠,但是可以实现可靠的包传输。不过,这种错误恢复能力以额外的传输时间和缓存空间为代价。错误恢复能力还依赖于高效的错误检测方案和确认传输成功的确认包。对于重传方案,信道利用效率的计算公式为

$$\eta = t_t / (t_t + 2t_p + t_r) \tag{1.3}$$

式中:t_t 为将一个包发送到信道上的时间;t_p 为包沿信道传播到接收端的时间;t_r 为接收端的确认包的处理时间。从式(1.3)中可以看出,包的发送时间越长、传播时间和处理时间越短,则包传输的性能越高。

1.6.8 比特级错误与包错误的关系

包出错的概率与包的大小和比特一级的传输质量相关。用 P_b 表示比特一级的错误概率,n 比特包错误的概率 P_p 计算公式为

$$P_p = 1 - (1 - P_b)^n \tag{1.4}$$

这里假设比特一级的错误是随机发生的。如果错误是突发的,可以使用交织技术(inter – leaving technique)将错误随机化,式(1.4)仍然可以作为良好的近似使用。图1.13显示了给定比特错误概率和给定包大小下的包错误概率。

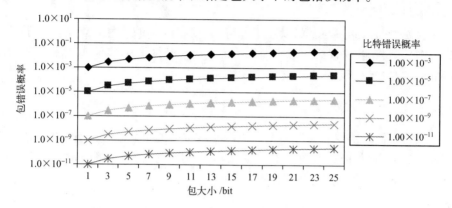

图 1.13 给定比特错误概率和包大小下的包错误概率

1.7 OSI/ISO 参考模型

协议对实体间的通信至关重要,而协议的设置有多种选项。对于全球通信而言,非常重要的一点是协议得到国际范围内的广泛接受。国际标准化组织(International Standards Organisation, ISO)在设立和标准化参考模型方面扮演着非常重要的角色,其工作保证了参考模型的任意实现都能够彼此组网和通信。

与制定任一其他的国际协议类似,在如何定义参考模型方面达成原则性一致是比较容易的,而模型应该有多少层、一个包应该有多少字节、包头应该是多少才能以最小的开销容纳更多的功能、是否提供尽力传输业务或保障传输业务、是否提供面向连接业务或无连接业务等问题总是难以达成一致。

在众多技术选择和政策考量间有着无穷多的选项和折中。不失一般性,这里只简短介绍基本的概念和原则,以及参考模型的演化。

1.7.1 协议领域的术语

协议是经通信参与者一致同意在会话中使用的规则和约定。一个参考模型提供所有的规则,如果所有的参与者在其协议实现中均遵循参考模型所定义的规则,那么他们能够彼此通信。

为了减少设计复杂性,系统和协议的所有功能被分配到不同的层中,每一层为上一层提供特定的服务,并屏蔽服务的实现细节。

每一层都有带有原语操作的接口,上层通过接口访问其所提供的服务。网络体系结构就是层与协议的集合。

协议栈是协议的列表。用户终端、交换机和路由器等称为实体(Entity),是每一层中活跃的元素。对等实体是在相同层级、能够采用相同协议通信的实体。

协议的基本功能包括分段与重组、封装、连接控制、按序传输、流控、差错控制、路由和多路复用。

协议使得通信的参与者可以互相理解,并使接收到的信息有意义。为了得到全球范围内的采纳,协议必须形成国际标准。由于开发了众多不同的标准,所以国际标准通常在参考模型的上下文中描述协议。

1.7.2　分层原则

分层对于网络协议和参考模型来说是非常重要的概念。20 世纪 80 年代,ISO以清晰简洁为原则,推出如图 1.14 所示的称为开放系统互连(Open System Interconnection,OSI)参考模型的 7 层模型。

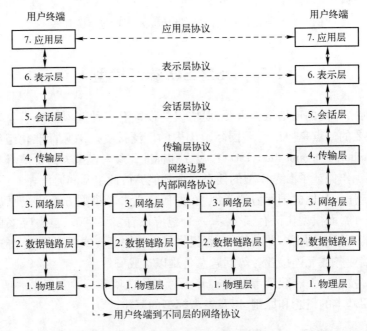

图 1.14　OSI/ISO 7 层参考模型

OSI 参考模型是第一个作为国际标准开发的完整的参考模型。形成 7 层所采用的原则可以总结如下:
- 每一层定义一种与其他层不同的抽象级别;
- 每一层执行明确定义的功能;
- 每一层功能的选择应该有利于形成国际标准化的协议;
- 层边界的选择应该使经过接口的信息流最小;

- 层数应该足够多以容纳所有不同的功能,但又不能太多以免模型过于复杂。

1.7.3　7 层功能

下面简单描述 OSI/ISO 7 层参考模型每一层的功能。

- 层 1——物理层,定义机械、电子和过程接口(Procedure Interfaces),以及物理传输介质。在卫星网络中,射频链路是物理传输介质;调制和信道编码使比特流以定义好的信号形式和分配好的频段传输。
- 层 2——数据链路层,在网络实体间提供一条线路,对于网络层而言这条线路没有未检测出的错误。广播介质在数据链路层还有另外的问题,即如何控制对共享介质的访问。一个称为介质访问控制(Medium Access Control, MAC)的子层处理这个问题,其例子包括 Polling、Aloha、FDMA、TDMA、CDMA、DAMA。
- 层 3——网络层,将包从源路由到目的。功能包括网络寻址、拥塞控制、记账、拆分与重组,以及处理异构网络协议和技术的互联问题。在广播式网络中,路由问题很简单:路由协议通常简单明了,有时甚至没有路由协议。
- 层 4——传输层,为用户端设备之间的高层用户提供可靠的数据传输服务。传输层是与通信服务提供方相关的服务的最高层。它的上层均属于用户数据服务。传输层功能包括按序传送、差错控制、流控和拥塞控制。
- 层 5——会话层,提供表示层实体协作的方法,组织和同步它们的对话,管理用户端设备的数据交换。
- 层 6——表示层,关注的重点是数据转换、数据格式编排和数据语法。
- 层 7——应用层,是 ISO 体系中的最高层,为应用过程提供服务,如 Email、文件传输和 Web 服务。

1.7.4　OSI/ISO 参考模型的衰落

多种新型应用、业务、网络和传输介质快速发展。没有人能预见到因特网及其应用和业务会发展如此迅速。新技术、新业务和应用的发展已经改变了形成最优化分层体系的外部条件,这是导致 OSI 国际标准衰落的原因之一。

国际标准的衰落有多种原因,包括技术、政策和经济等,或者由于在实际中过于复杂难以使用而造成。今天的网络很少使用 OSI/ISO 参考模型。但是,分层原则被广泛应用于网络协议设计和实现。所有的现代协议体系都会以经典的或真实的参考模型为参照,讨论和描述协议的功能,并通过分析、仿真和试验评估协议的性能。

1.8　ATM 协议参考模型

异步传输模式(Asynchronous Transfer Model, ATM)基于快速包交换技术,该技

术是针对电信和计算机网络集成而产生的。从历史来看,电话网络和数据网络是独立发展的。ITU – T 的综合业务数字网(Integrated Services Digital Network,IS-DN)标准是集成电话网络和数据网络的第一次尝试。它基于 64kbit/s 的信道,称为窄带 ISDN(N – ISDN)。之所以称为窄带 ISDN,是因为随后不久又发展出了宽带 ISDN(B – ISDN)。

1.8.1　窄带 ISDN(N – ISDN)

N – ISDN 提供两路 64kbit/s 数字信道,替代模拟电话业务;同时增加了一路 16kbit/s 数据信道,完成从家中到本地交换局间的信令和数据业务。ISDN 与电路网络的概念非常接近,因为当时想象的主业务中,电话和高速数据传输的速度不超过 64kbit/s。N – ISDN 的基础速率在北美是 1.5Mbit/s,在欧洲是 2Mbit/s。

1.8.2　宽带 ISDN(B – ISDN)

ATM 是随着 ISDN 的发展、ITU – T 在开发宽带综合业务数字网(B – ISDN)方面做出的进一步努力。

N – ISDN 的标准刚制定完成,人们就意识到基于电路网络的 N – ISDN 不能满足如高清电视(High Definition TV,HDTV)和视频会议等新业务、应用和数据网络发展日益增长的需求。

在 B – ISDN 标准化的过程中诞生了基于包交换的 ATM 技术。ATM 提供了灵活的用户业务和应用的带宽分配方法,从电话业务的十几千比特每秒到高速数据和 HDTV 的几百兆比特每秒。

ITU – T 将 ATM 作为宽带 ISDN 的推荐解决方案。这是历史上首次一项技术在开发之前就成为了国际标准。

1.8.3　ATM 技术

ATM 技术的基本原理非常简单。它的包长固定为 53B,其中包头 5B,净荷 48B。由于短小且大小固定,ATM 的包称为"信元(cell)"。信元是宽带网络的基本传输单位。

ATM 基于虚信道交换方法提供面向连接的服务,并允许为不同的应用协商带宽资源和 QoS。同时为了从网络运营中产生效益,ATM 还提供控制和管理功能,管理系统、流量和业务。

1.8.4　参考模型

ATM 参考模型包括 3 个平面:用户平面、控制平面和管理平面。ATM 参考模型包含了传输的各个方面,如图 1.15 所示。

- 物理层处理与物理介质如光、电和微波等相关的传输问题。

- ATM 层定义 ATM 信元和相关功能。
- ATM 适配层用于适配包括业务和应用的高层协议,并将数据分成小段,以适合于 ATM 的信元传送。

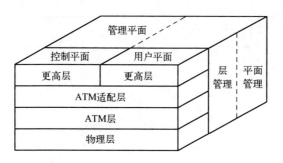

图 1.15　B – ISDN ATM 参考模型

1.8.5　问题:业务和应用缺乏

ATM 受光纤技术发展的影响。光纤提供很大的带宽和很小的传输错误。但是,被开发的大多数网络技术都是用于支持有线和无线链路上的 IP 的。

这些业务和应用被看做是用户终端功能的一部分,而不是网络的一部分。网络被设计为满足业务和应用的所有需求。但是,在 ATM 网络中,高层功能始终没有被明确定义,因此业务和应用开发很少。ATM 试图与其他所有类型的网络互联,甚至包括一些遗留的网络系统,再加上其控制和管理机制,这些都使得 ATM 技术十分复杂而且实现代价高昂。

1.9　因特网协议参考模型

IP 不是由任何国际标准化组织开发的。它起源于美国国防部的一个研究项目,由国防高级研究项目署(Defense Advanced Research Project Agency,DARPA)资助,目的是将不同开发商设计的不同网络连接为一个"网络的网络"。该项目获得了巨大的成功,因为它提供了能够被大量不同系统使用的必需的和基础的服务(如文件传输、电子邮件和远程登录等)。

这一参考模型的主体是传输控制协议(Transmission Control Protocol,TCP)和 IP 协议,统称 TCP/IP 协议。一个小型部门可以用 TCP/IP 将多台计算机连成一个独立的局域网,也可以组织为多个相互连接的局域网。IP 支持构建无需集中式管理的大型网络。

与其他通信协议一样,TCP/IP 参考模型也由多层构成,但是远比 OSI/ISO 和 ATM 参考模型简单。图 1.16 显示了 TCP/IP 参考模型。

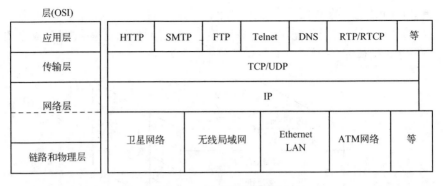

图 1.16　因特网参考模型

1.9.1　网络层:IP 协议

网络层主要是指基于数据报(Datagram)方法的 IP 协议,提供无质量保证的尽力传输服务。IP 协议负责将数据包从一个节点移动到另一个节点。IP 协议基于 4B 的目的地址转发每个数据包。因特网的管理机构为不同的组织分配一定的地址范围。这些组织再将地址分配到下一级部门。2012 年 6 月 6 日 ,IPv4 正式向下一代 IP(IPv6)演进。

1.9.2　网络技术

网络技术,包括卫星网络、LAN、ATM 等,严格说不是 TCP/IP 协议参考模型的一部分。它们将 IP 包从网络的一边传到另一边。源主机发送 IP 包,目的主机接收 IP 包。网络节点路由 IP 包到下一个路由器或网关,直至到达目的主机。目前包括电话、计算机、广播式网络和移动通信网络,所有这些技术都在向 IP 化发展。

1.9.3　传输层:TCP 和 UDP

传输控制协议(Transmission Control Protocol,TCP)和用户数据报协议(User Datagram Protocol,UDP)都是 TCP/IP 参考模型中的传输层协议。他们在用户终端上为服务和应用提供端口(Port)或套接字(Socket),跨因特网发送和接收数据。

TCP 会检查服务器和客户端之间的数据是否正确传送,这是因为数据在中间网络环节可能会丢失。TCP 检测到错误或数据丢失后会启动重传,直到数据被正确、完整地接收。因此,TCP 可以在不可靠的底层网络上提供可靠的传输服务,这意味着其下层的 IP 协议不需要提供可靠性保证,不过如果下层能够提供可靠传输,则可以减少 TCP 重传次数从而提高性能。

UDP 提供尽力传输服务,不恢复任何错误和丢包。因此,UDP 是不可靠传输协议。但是,UDP 在实时应用中非常有用,因为在这种场景下重传会带来比丢包更多的问题。

26

1.9.4　应用层

应用层协议是作为用户终端或服务器的功能设计的。典型的因特网应用层协议包括 HTTP、FTP、SMTP、Telnet、DNS、实时业务中的 RTP、RTCP 和 RTSP 协议,以及动态和主动 Web 服务中的协议。所有这些协议都是独立于网络本身的。

1.9.5　QoS 和资源控制

因特网大多数的功能是定义高层协议。最初的 IPv4 只提供尽力传输服务,因此,不支持任何控制功能,不能提供任何服务质量保证。近年来研究者在 QoS、安全、移动性、组播和地址空间等方面对 IPv4 进行了扩展。目前 IPv6 已经致力于解决这些问题。同时,对 IPv6 之后因特网设计的研究也已经开展。

1.10　卫 星 网 络

卫星网络对广播和点到点传输这两类传输技术都支持。当强调广播和大区域覆盖时,卫星网络的优势更加明显。

卫星网络作为地面网络的补充,在提供全球覆盖方面发挥着重要作用。卫星网络在通信网中所承担的角色有三种:接入网(Access Network)、传输网(Transit Network)和广播式网络(Broadcast Network)。

1.10.1　接入网

接入网为用户终端或用户本地网络提供接入。在电话网络的历史上,接入网提供从话机或用户交换分机(Private Branch Exchanges,PBX)到电话网的连接。此时,用户终端连接到卫星地面站,直接访问卫星链路。当前,除了电话接入网,宽带因特网接入也可以是接入网。例如,一台便携机可以通过宽带卫星系统连接到因特网,使用电子邮件和 Web 服务。

1.10.2　传输网

传输网提供网络或网络交换机间的连接。传输网一般容量很大,支持大规模网络业务所产生的大量连接。用户不能直接访问传输网,因此传输网对用户是透明的,尽管当经过卫星网络时他们可能会注意到由于传输延迟或链路质量引起的一些差异。卫星作为传输网的例子包括互联的国际电话网、宽带因特网骨干网。通常使用固定分配多址(Fixed Assignment Multiple Access,FAMA)预规划带宽共享。

1.10.3　广播式网络

除电信业务,卫星还可以高效支持广播式业务,包括数字音频和视频广播

（DVB－S)和带卫星回传信道的 DVB(DVB－RCS)。称为 DVB－S2 的新一代标准和称为 DVB－RCS2 的第二代卫星 DVB 标准正在制定。

1.10.4　空间段

一个通信卫星系统主要由空间段和地面段构成。空间段是指卫星及其管理和控制系统,地面段是指与用户终端和地面网络互联的地面站(如图 1.17 所示)。卫星网络的设计需要考虑业务需求、轨道、覆盖和频段选择等。

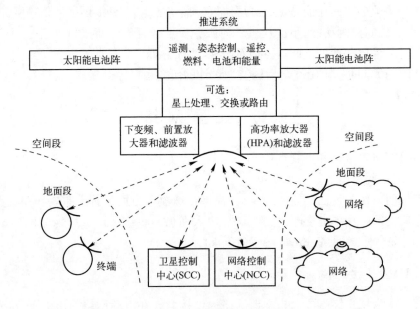

图 1.17　空间段和地面段示意图

卫星是卫星网络的核心,包括一个通信子系统和平台(Platform)。平台又称为总线(Bus),为通信子系统提供结构支撑并供电,同时还包括姿态控制、轨道控制、温度控制、跟踪、遥测和遥控等功能,用以维持卫星系统的正常运行。

通信子系统包括转发器和天线。与转发器相关的天线经过专门设计,为卫星网络提供所需的通信覆盖。现代卫星还会有星上处理(On Board Processing,OBP)和星上交换(On Board Switching,OBS)能力。星上功能有以下几种类型。

● 透明转发器提供对无线电信号中继的功能。它们接收地面站发射的信号,经过放大和频率转换后,再将信号发回地面站。带透明转发器的卫星称为透明卫星。

● OBP 转发器在向地面站发射信号前,还能够提供数字信号处理(Digital Signal Processing,DSP)、再生和基带信号处理功能。带 OBP 转发器的卫星称为 OBP 卫星。

● OBS 转发器在 OBP 转发器基础上进一步提供交换功能。同样,带 OBS 转发

28

器的卫星称为 OBS 卫星。随着因特网的快速发展,星上 IP 路由器的在轨试验也在开展。

卫星控制中心(Satellite Control Centre,SCC)和网络控制中心(Network Control Centre,NCC)或网络管理中心(Network Management Centre,NMC)也是空间段的一部分,尽管它们位于地面。

- 卫星控制中心:负责卫星运行的地面系统。通过遥测监视不同卫星子系统的状态,遥控控制卫星轨道位置。使用不同于通信链路的专用链路与卫星通信,包括一个地面站、地球静止轨道卫星或非地球静止轨道卫星,同时接收卫星遥测和发送遥控指令。有时,为了提高可靠性和可用性,会在不同的地点建设一个备份中心。

- 网络控制中心或网络管理中心:与卫星控制中心管理星上通信系统的功能不同。其主要功能是管理网络流量和相关星上和地面资源,达到高效使用卫星网络通信的目的。

1.10.5　地面段

地面段由用户地面站和地面网关站组成。地面站是卫星网络的一部分,传输和接收卫星业务信号。同时,提供与地面网络的接口或者直接到用户终端的接口。地面站包括以下部分。

- 收发天线是地面站最显著的部件。天线口径多种多样,有的小于 0.5m,有的大于 16m。小口径天线用于用户终端,大口径天线用于网关站。
- 接收系统的低噪声放大器,噪声温度范围从 30K 到几百开。
- 发射系统的高功率放大器,根据容量不同,功率从几瓦到几千千瓦。
- 调制、解调和变频。
- 信号处理。
- 与地面网络或用户终端的接口。

1.10.6　卫星轨道

轨位对于空间中的卫星来说是一项非常重要的资源,因为卫星必须在正确的轨道位置上才能覆盖其业务区域。卫星轨道的划分有不同的方法(如图 1.18 所示)。

根据轨道高度,卫星轨道一般划分为如下类型。

- 低地球轨道(Low Earth Orbit,LEO):轨道高度低于 5000km。在这种轨道上的卫星称为低轨卫星。轨道周期一般为 2～4h。
- 中地球轨道(Media Earth Orbit,MEO):轨道高度在 5000～20000km。在这种轨道上的卫星称为中轨卫星。轨道周期大约为 4～12h。
- 大椭圆地球轨道(Highly Elliptical Earth Orbit,HEO):轨道高度大于 20000km。在这种轨道上的卫星称为大椭圆轨道卫星。轨道周期大于 12h。

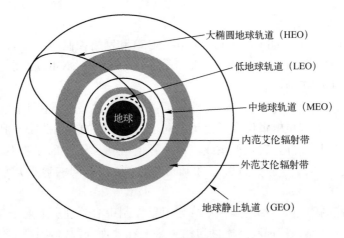

图 1.18　卫星轨道

● 地球同步轨道(Geo – Synchronous Orbit,GSO):轨道半长轴 42164km。轨道周期大约为 24h(精确地说是 23h56min4s)。

● 地球静止轨道(Geostationary Orbit,GEO):在地球赤道平面上的半径为 42164km(从地心测量)的圆形地球同步轨道。轨道高度大约在平均海平面上 35786km。相对于地表位置固定。

环绕地球的外部空间并不像看起来那样真的一无所有。在选择轨道高度时,主要有两种空间环境约束需要考虑。

● 范艾伦辐射带:由被地球磁场捕获的剧烈运动的粒子如质子和电子形成。会破坏卫星的电子和电器元件。

● 空间碎片散落带:航天器在它们生命末期会被丢弃,散落形成空间碎片,这会威胁到卫星网络,尤其是卫星星座和未来的空间任务。空间碎片问题正日益受到国际空间组织的关注。

1.10.7　卫星传输频段

频率带宽是卫星网络的另一个重要资源,也是稀缺资源。无线电频谱从 3kHz 扩展到了 300GHz;60GHz 以上的通信并不常见,这是因为需要很高的功率,同时设备造价很高。这个带宽的一部分曾经用于地面微波通信链路、现在用于地面移动通信(如 GSM 和 3G、4G 网络)和无线局域网。

此外,卫星和地面站间的传播环境由于雨、雪、气和其他因素,以及星上太阳能和电池有限的供电,进一步限制了卫星通信可用的带宽。图 1.19 显示了不同频段在雨、雾、气下的衰减。

传输使用的带宽和传输功率决定了链路容量。频段由 ITU 分配。有几个频段用于卫星通信。表 1.1 显示了不同的卫星通信频段。

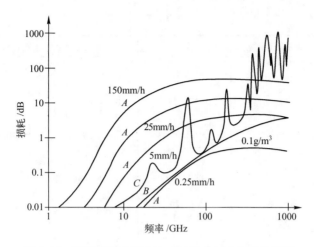

图 1.19　不同频段在雨(A)、雾(B)和气(C)下的衰减

表 1.1　典型卫星通信频段

名　　称	频段/GHz
UHF 频段	0.3 ~ 1.0
L 频段	1.0 ~ 2.0
S 频段	2.0 ~ 4.0
C 频段	4.0 ~ 8.0
X 频段	8.0 ~ 12.0
Ku 频段	12.0 ~ 18.0
K 频段	18.0 ~ 27.0
Ka 频段	27.0 ~ 40.0

　　历史上,C 频段上行链路 6GHz,下行链路 4GHz(表示为 6/4GHz)。许多固定卫星业务仍然使用这些频段。军事和政府系统采用 8/7GHz 的 X 频段。也有一些系统运行在 14/12 的 Ku 频段。由于 Ku 频段趋于饱和且 Ka 频段具有支持宽带通信的能力,新一代的宽带卫星使用 Ka 频段以获得更大的带宽。表 1.2 给出几个频段使用的例子。

表 1.2　GEO 卫星频段使用的例子

名　　称	上行链路(带宽)	下行链路(带宽)	固定卫星业务的典型应用
6/4 C 频段	5.850 ~ 6.425 (575MHz)	3.625 ~ 4.2 (575MHz)	国际和国内卫星:Intelsat,美国,加拿大,中国,法国,日本和印度尼西亚
8/7 X 频段	7.925 ~ 8.425 (500MHz)	7.25 ~ 7.75 (500MHz)	政府和军事卫星
		10.95 ~ 11.2	第一区和第三区的国际和国内卫星
		11.45 ~ 11.7	
		12.5 ~ 12.75 (1000MHz)	Intelsat,Eutelsat,法国,德国,西班牙和俄罗斯

名　称	上行链路(带宽)	下行链路(带宽)	固定卫星业务的典型应用
13 – 14/11 – 12 Ku 频段	13.75 ~ 14.5 (750MHz)		
		10.95 ~ 11.2	第二区的国际和国内卫星
		11.45 ~ 11.7 12.5 ~ 12.75 (700MHz)	Intelsat,美国,加拿大和西班牙
18/12	17.3 ~ 18.1 (800MHz)	BSS 频率	BBS 的馈电链路
30/20 Ka 频段	27.5 ~ 30.0 (2500MHz)	17.7 ~ 20.2 (2500MHz)	国际和国内卫星:欧洲,美国和日本
40/20 Ka 频段	42.5 ~ 45.5 (3000MHz)	18.2,21.2 (3000MHz)	政府和军事卫星

1.11　卫星网络的特点

当前在轨的绝大多数通信卫星都可看做是一个射频（Radio Frequency,RF）中继器,一般称为"弯管"（Bent Pipe）卫星。少数卫星具有在轨处理能力,能够再生接收到的数字信号,对数字比特流编/解码,也可以进行大容量交换。低轨卫星星座还可具有星间链路（Inter Satellite Links,ISL）。

无线电链路（微波视距传播）属于分层参考模型的物理层,提供实际的比特或字节传输。由于卫星距用户地面站非常远,在卫星无线电链路中有三个基本的技术问题。

1.11.1　传播时延

要解决的第一个问题是长距离。对于 GEO 卫星而言,信号从一个地面站到卫星再到另一个地面站的传输时间是在 250ms 的量级,具体数值与卫星和地面站的位置有关。往返时延可达 500ms。这个传播时间远远大于传统地面网络的传播时间。在电话电路中长时延导致的回声是一个严重的问题,对于块（Block）或包传输系统,长时延延迟了数据电路的应答,要求精心选择电话信令系统,同时还会导致非常长的通话建立时间。对于包网络,这么大的时延会降低电话、视频会议和Web 业务的 QoS。

1.11.2　传播损耗和功率受限

第二个问题是巨大的损耗。对于视距微波通信,遇到的自由空间损耗可能高达 145dB。对于高度 35786km、频率 4.2GHz 的卫星来说,损耗为 196dB;频率

6GHz 时损耗为 199dB；频率 14GHz 时损耗大约 207dB。从地球到卫星，通常采用功率相对较高的发射机和高增益天线。从卫星到地球，有两个原因导致链路功率受限。

（1）如果卫星使用的是与地面业务共享的频段，如常用的 4GHz 频段，则必须保证不干扰其他业务。

（2）就卫星本身而言，只能从太阳能电池上获取能源。卫星需要许多太阳能电池才能产生所需的射频功率，因此从卫星到地球的下行链路是关键，接收信号水平将远低于可比较的无线电链路上的信号水平，可低至 150dBW。

1.11.3 轨位和带宽的限制

第三个问题是拥挤。赤道轨道（Equatorial Orbit）上挤满了地球静止轨道卫星。卫星间的无线电频率干扰不断加剧。对地面站使用小型天线的系统，这个问题尤其严重，因为小型天线的波束宽度更宽。所有这些都可归结为发射机的频率阻塞。目前，在地球静止轨道上有 400 多颗卫星，而且数量仍在高速增长。

1.11.4 LEO 的运管复杂性

除了 GEO 卫星，还有一些新型的低地球轨道（LEO）卫星系统在运行，这些系统进一步开拓了卫星系统潜在的能力。这些 LEO 卫星处于较低的地球轨道，时延和损耗问题不严重，但由于 LEO 星座中卫星均在高速运动，维持地球终端和卫星间的通信链路变得十分复杂。LEO 星座的一个例子是铱星系统（Iridium），包括 66 颗 LEO 卫星，提供卫星电话的语音和数据业务。新一代的铱星系统（Iridium NEXT）预计于 2016[①] 年下半年进行首次发射。

1.12　数字传输的信道容量

在频域，更大的带宽可以支持更多的通信信道和更高的传输容量。在时域，数字传输容量也与带宽成正比。

1.12.1 无噪声信道的奈奎斯特公式

对于一个无噪声信道，可用奈奎斯特（Nyquist）公式计算信道容量，即

$$C = 2B\log_2 M \tag{1.5}$$

式中：C 为以数据传输速率（单位 bit/s）表示的最大信道容量；B 为带宽（单位 Hz）；M 为每个信号元素的离散等级个数。

---

① 这是铱星公司公布的最新计划时间。

1.12.2　噪声信道的香农定理

香农和哈特利(Hartley)容量定理可以计算给定信噪比条件下,一条带宽有限信道上的最大数据速率 C,即

$$C = B\log_2(1 + S/N) \tag{1.6}$$

式中:C 为最大信道容量(单位 bit/s);B 为信道带宽;S 为信号功率;N 为噪声功率。

因为 $S = (RE_b)$ 和 $N = (N_0 B)$,式(1.6)可以重写为

$$C = B\log_2[1 + RE_b/N_0 B] = B\log_2[1 + (R/B)(E_b/N_0)] \tag{1.7}$$

式中:E_b 为每比特的能量;R 为传输比特速率;$N = N_0 B$,其中 N_0 是噪声功率谱密度。

1.12.3　信道容量的边界

令式(1.7)中 $R = C$,可以得到带宽效率 C/B 和给定 E_b/N_0 之间的容量边界函数,即

$$C/B = \log_2[1 + (C/B)(E_b/N_0)] \tag{1.8}$$

则有

$$E_b/N_0 = (2^{C/B} - 1)/(C/B) \tag{1.9}$$

图 1.20 显示了通信信道容量边界与 E_b/N_0 之间的关系。如果传输数据速率在容量范围内,即 $R < C$,可以通过采用合适的调制和编码机制达到该传输速率;如果 $R > C$,则不可能实现无差错的传输。

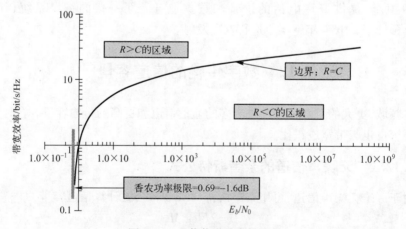

图 1.20　通信信道的容量边界

1.12.4　香农功率极限(−1.6dB)

作为一种折中手段,可以通过增加带宽来减少传输功率。如果让传输比特速率 R 达到最大值,由式(1.8)可得

34

$$(E_b/N_0)^{-1} = \log_2[1 + (C/B)(E_b/N_0)]^{(B/C)(E_b/N_0)^{-1}} \qquad (1.10)$$

因为当 $x \to \infty$ 时，$(1 + 1/x)^x \to e$，令 $B \to \infty$ 可以得到香农功率极限，即

$$E_b/N_0 = \frac{1}{\log_2 e} = \log_e 2 \approx 0.69 = -1.6\mathrm{dB} \qquad (1.11)$$

式(1.11)说明，尽管可以在带宽和功率间做折中，但是不论带宽多大，以 E_b/N_0 表示的传输功率不会小于香农功率极限。

给定带宽 B 和传输速率 R，从式(1.9)可知无差错传输所需的最小功率为

$$E_b/N_0 > (2^{R/B} - 1)/(R/B)$$

1.12.5 大 E_b/N_0 下的香农带宽效率

同理，可以从式(1.8)推导出大 E_b/N_0 下香农带宽效率的公式为

$$\log_2[(C/B)(E_b/N_0)] \leqslant C/B \leqslant 1 + \log_2[(C/B)(E_b/N_0)]$$

因此，当 $E_b/N_0 \to \infty$ 时，$(C/B) \approx \log_2(E_b/N_0)$。

图1.21 显示了 (C/B) 和 $\log_2(E_b/N_0)$ 的交汇情况。当传输功率较低时，少量地增加功率就会对带宽效率产生显著的影响；当传输功率较高时，适当降低带宽效率，就能节省很大的传输功率。

因此，工程师们可以在传输带宽和传输功率间进行折中，但是也不必为了从这种折中上获得好处而下太大的功夫。

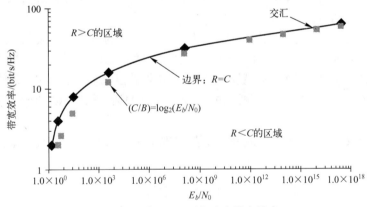

图1.21 大 E_b/N_0 下的香农带宽效率

1.13 与地面网络互联

地面网络的联网技术发展比较成熟。当面对不同类型网络的时候，所面临的问题实际是在协议栈的不同层上，例如不同的传输介质、不同的传输速度、不同的数据格式和不同的协议。因为组网只涉及协议栈的下三层，所以卫星与不同类型的其他网络组网也与这三层有关。

1.13.1 物理层的中继器

在物理层,联网是在比特层面的。联网的中继器应该具有处理数字信号的能力。在这个层面上,地面网络和卫星网络联网相对简单,因为物理层协议的功能非常单一。这里主要要解决的是数据传输速率不匹配的问题,因为地面网络的数据传输速率要比卫星网络高的多。

物理层互联方案的主要缺点是缺少灵活性,这是由物理层实现的特性决定的。读者可能已经注意到,透明卫星、中继卫星或弯管卫星通信载荷对于比特流的处理,类似于一个中继器。

多数商业设备在卫星终端和用户终端之间提供以太网(Ethernet)的 RJ45 端口,一般也提供 USB 和电话接口。

1.13.2 链路层的网桥

网桥是一种存储转发设备,一般用于局域网环境。网桥在链路层连接一个或多个局域网。在卫星网络中,可以借用这个名词来表示卫星网络和地面网络之间的联网单元。因为网桥工作在链路层,必须依赖于物理层传输,也就是说,网桥具有物理层和链路层两层的功能。

地面网络根据路由表和目的地址判断从卫星网络来的帧是否应该被转发。如果应该转发,网桥将帧转发到地面网络,否则将其丢弃。在转发之前,帧会按照地面网络的协议调整格式。

当帧从地面网络发向卫星网络时,也会经历同样的过程。主要的缺点是卫星不得不处理多种类型的网络和协议转换。所以网桥的功能要比中继器复杂。

网桥方案主要的优点是卫星网络能够利用链路层的功能,如差错检测、流控和帧重传。星上载荷也能实现网桥功能。如果没有的话,链路层的功能必须在卫星网络的另一侧实现。

除了协议转换,卫星终端或网关还要实现卫星网络和用户终端或地面网络的传输速率适配。

1.13.3 物理层、链路层和网络层交换机

根据网络的性质,交换机可以工作在物理层、链路层和网络层这三层的任一层。交换网络可以建立端到端的连接,传输比特流、帧和网络层的包。

主要优点是交换网络可以在建立连接时预留网络资源,以满足 QoS 需求。

缺点是处理短数据传输和支持如因特网上的无连接网络协议时,效率不高。同时,其在同构网络上更加高效,但不适用异构网络。

1.13.4 用于异构网络互联的路由器

这里路由器是指因特网路由器或 IP 路由器。除了包括物理层和链路层外,路

由器还能处理 IP 包。图 1.22 显示了路由器如何用于异构地面网络互联。其中隐含的要求是所有的用户终端都使用 IP 协议。实际上近年来,所有的网络技术和用户终端以及网络服务和应用都在向全 IP 化的解决方案演进,包括移动网络、固定网络、广播式网络、计算机网络以及卫星网络。

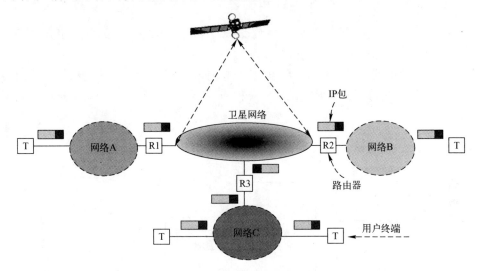

图 1.22 使用路由器实现异构地面网络联网

1.13.5 协议转换、堆叠和隧道

异构网络互联有三种基本技术。

（1）协议转换（Protocol Translation）:一般用于依赖物理层的链路层子层。协议转换在两个不同的子层间实施。

（2）协议堆叠（Protocol Stacking）:一般用于不同的层。一个协议层被堆叠在另一种类型网络的顶层。

（3）协议隧道（Protocol Tunnelling）:类似于协议堆叠,不过是两个相同类型的网络在另一种类型的网络中建立一条隧道,实现相互通信。

1.13.6 服务质量（QoS）

目前 QoS 这个名词被大量使用,不仅用在电话网络的模拟和数字传输中,同样还用于宽带网络、无线网络、多媒体业务甚至因特网本身。网络和系统根据用户应用所要求的端到端性能而设计。大多数传统的因特网应用如 Email 和 FTP 都对丢包比较敏感,但是可以容忍时延。对于多媒体应用(话音和视频)情况则刚好相反,可以容忍丢包,但是对时延和时延变化非常敏感。

因此,网络应该具有分配带宽资源的机制,以保证实时应用的特定 QoS。QoS 可以刻画为一组参数,这些参数描述了为用户提供的特定数据流的质量。

此外,在向用户销售卫星业务时,体验质量(Quality of Experience,QoE)也非常重要,因为用户总是会将卫星业务与地面网络业务相比较。QoE 一般是通过用户调查来进行评估。

1.13.7 端用户 QoS 类别和需求

基于端用户应用需求,ITU - T 建议书 G.1010 将性能需求的分类定义在了端用户 QoS 的范畴中。

基于目标性能需求,不同应用可以映射到如图 1.23 所示的丢包和单向时延两个轴上。阴影框的大小和形状说明每一种应用类型的时延边界和对信息丢失的容忍程度。

丢包
5%
0%
零丢失
对话的话音和视频
100ms
话音/视频
消息
1ms
话音流/
视频流
10s
传真
100s
时延
命令、控制
(如Telnet和
交互式游戏)
事务(如电子商
务,网页浏览和
电子邮件访问)
消息下载
(如FTP和
静态影像)
背景情况
(如Usenet)

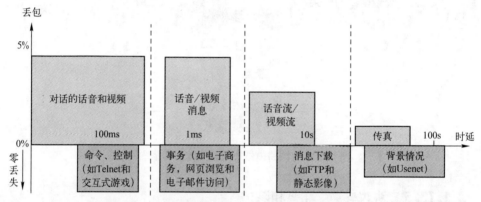

图 1.23 以用户为中心的 QoS 要求到网络性能的映射(来源:ITU 2001[18],经 ITU 许可重绘)

可以看出,有 8 个不同的组包围着划分出来的应用的范围。在这 8 个组中,可以容忍部分信息丢失的应用和不能容忍任何信息丢失的应用之间有一个显著的分界线。同时,还有 4 个容忍时延的重叠区间。

如图 1.24 所示,这种映射为端用户 QoS 分类提供了一个推荐模型,其中 4 个时延区间被指定了名称,以表示涉及的用户交互类型。

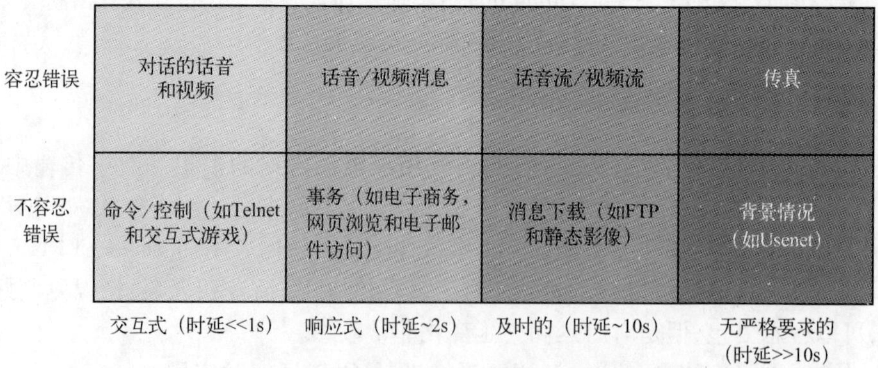

容忍错误
对话的话音和视频
话音/视频消息
话音流/视频流
传真
不容忍错误
命令/控制(如Telnet和交互式游戏)
事务(如电子商务,网页浏览和电子邮件访问)
消息下载(如FTP和静态影像)
背景情况(如Usenet)
交互式(时延<<1s)
响应式(时延~2s)
及时的(时延~10s)
无严格要求的(时延>>10s)

图 1.24 以用户为中心的 QoS 类别的模型(来源:ITU 2001[18],经 ITU 许可重绘)

1.13.8 网络性能(NP)

网络性能(Network Performance,NP)作为用户/消费者的体验也属于 QoS。网络性能不一定以端到端为基础。例如,在一个单一 IP 网络的运管中接入性能通常是从核心网络性能中分离出来的,而所谓 Internet 性能反映的则是多个自治域 NP 的组合。

如图 1.25 所示,ITU – T G.1010 建议书对 QoS 定义了 4 种视角,对应于不同的观点。

- 用户 QoS 需求;
- 服务提供商提供的 QoS(或者规划的/要达到的 QoS);
- 达到的或交付的 QoS;
- 通过用户调查对 QoS 打分。

在这 4 种视角中,用户的 QoS 需求可以认为是一个合乎逻辑的起点。只要能够捕获用户的关注点,就可以独立处理一组用户 QoS 需求。这种需求是服务提供商确定提供或规划 QoS 的输入。

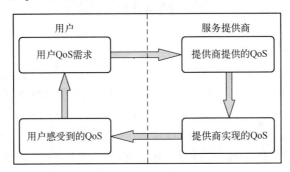

图 1.25 QoS 的 4 种视角(来源:ITU 2001[18],经 ITU 许可重绘)

1.13.9 卫星网络的 QoS 和 NP

ITU 对 QoS 的定义是基于以用户为中心的方法的,但是这种方法并不能很好反映与组网相关的 QoS 和 NP。因此有必要采用分层的方法,定义与网络相关的 QoS 和 NP 参数,这种方法称为以网络为中心的方法(如图 1.26 所示)。

以网络为中心的方法可以剥离终端性能、高层协议和用户等因素,量化 QoS 和 NP 参数。典型的参数如下。

- 在模拟传输级别:信噪比(S/N);
- 在数字传输级别:误比特率(BER)、传播时延和时延变化;
- 在包级别:包传播时延和包时延变化、误包率、丢包率和网络吞吐量。

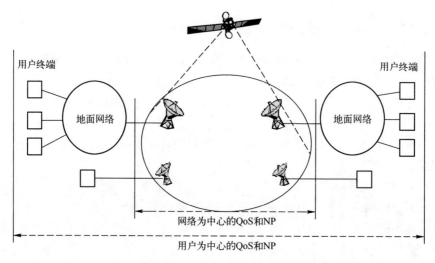

图 1.26　QoS 和 NP 的以用户为中心和以网络为中心的视图

1.14　数字视频广播

数字视频广播（Digital Video Broadcasting, DVB）技术允许广播"数据容器"（Data Containers）。在数据容器中可以传输所有类型的数字化数据。DVB 在数据容器中传送压缩图像、声音或数据到接收端。数据容器中的数据类型没有限制。DVB 的业务信息（Service Information）可以看作是容器的头部，用于确保接收端知道如何对数据解码。

DVB 与其他数据广播系统的关键不同在于容器中不同的数据元素可以携带独立的时间信息。这样，即使图像和话音信息没有同时到达接收端，接收端也可以同步音/视频信息。

虽然传统电视节目传输也具有这一特点，但是 DVB 提供了更大的灵活性。例如，一个 38Mbit/s 的数据容器可容纳 8 路标清电视（Standard Definition Television, SDTV）节目，4 路增强清晰度电视（Enhanced Definition Television, EDTV）节目或 1 路高清电视（High Definition Television, HDTV）节目，均带有相关的多信道音频和附加数据业务。

另一种方式是提供 SDTV 和 EDTV 节目的混合，或者提供包含少量甚至不包含视频信息的多媒体数据。容器的内容可以被修改，从而反映随着时间推移业务提供方式的变化（如向宽屏显示格式的迁移）。

目前，DVB 卫星广播节目主要传送多套 SDTV 节目以及伴音和数据，而且引入了越来越多的 HDTV 节目。同时，DVB 也在数据广播业务中发挥着作用（例如访问 WWW）。

1. 14. 1　DVB 标准

DVB 一词常用于描述遵从 DVB"标准"的数字电视和数据广播业务。其实并没有一个单一的 DVB 标准，所谓 DVB"标准"是标准、技术建议书和指南等文件的集合。这些文件是由数字视频广播项目（Project on Digital Video Broadcasting）发展而来的，该项目通常被称为"DVB Project"。

DVB Project 于 1993 年由欧洲广播联盟（European Broadcasting Union，EBU）、欧洲电信标准协会（European Telecommunications Standards Institute，ETSI）和欧洲电工标准化委员会（European Committee for Electrotechnical Standardisation，CENELEC）联合发起制定。与世界上传统的由政府机构制定标准不同，DVB Project 是由市场驱动的，因此是在商业环境下开展的，有严格的时限和现实的需求，并且始终注意借助规模经济（Economies of Scale）效应来推广其技术。DVB Project 虽然发展自欧洲，但是其技术是全球化的。DVB 规范涉及：

- 话音、数据和视频信号的信源编码；
- 信道编码；
- 经地面和卫星通信路径传输 DVB 信号；
- 加扰（Scrambling）和条件接收（Conditional Access）；
- 数字广播的一些共性问题；
- 用户终端的软件平台；
- 支持 DVB 业务接入的用户接口；
- 回传信道，方向是从用户到信息源或节目源，用于支持交互式业务。

DVB 规范与其他的正式规范相互关联。DVB 音频可视信息（Audio – Visual Information）的信源编码和复用所基于的标准是由运动图像专家组（Moving Picture Experts Group，MPEG）演化而来。MPEG 由国际标准化组织（International Organisation for Standards ，ISO）和国际电工技术委员会（International Electrotechnical Commission，IEC）共同制定。相较于其他音、视频编码格式，MPEG 的主要优点是采用了复杂的压缩技术，使得在同样质量下 MPEG 格式的文件大小要远小于其他格式。

DVB 是一个标准族：DVB – S 用于卫星电视，DVB – T 用于地面数字电视广播，DVB – H 用于为手持终端提供多媒体业务，DVB – C 用于有线电视等。

1. 14. 2　传输系统

传输系统可划分为一系列的设备功能模块，用于以 MPEG – 2 传送流（MPEG – 2 Transport Stream）格式在卫星信道上传送基带 TV 信号。图 1. 27 显示了处理数据流的传输系统功能模块，主要包括：

- 传送的多路复用适配和针对能量扩散的加扰（或称随机化）处理；

- 外码编码（即 Reed – Solomon 编码）；
- 卷积交织；
- 内码编码（即删余卷积编码①）；
- 面向调制的基带成形；
- 调制。

MPEG – 2 信源编码和多路复用一般不包含在 DVB – S 标准中，所以不在此详述。

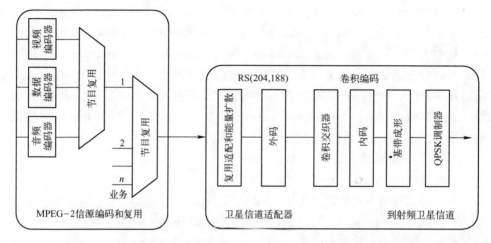

图 1.27　传输系统的功能模块（来源：ETSI 1997[8]，经 ETSI 许可重绘）

　　因为数字卫星电视业务易受功率限制的影响，所以相对于提高频谱效率，在设计上 DVB – S 更加注重抗噪声和抗干扰。为了在不严重影响频谱效率的条件下，获得较高的功率利用率，DVB – S 使用 QPSK 调制和 RS + 卷积串行级联码。卷积码的配置灵活，在卫星转发器带宽固定的条件下可以优化系统性能。

　　DVB – S 针对单转发器单载波时分复用进行了优化，不过也可以用于多载波频分复用的应用。

　　DVB – S 与采用 MPEG – 2 编码的电视信号直接兼容（在 ISO – IEC DIS 13818 – 1 中规定）。调制解调器的传输帧与 MPEG – 2 多路复用传送包同步。如果接收信号在 C/N 和 C/I 门限以上，前向纠错技术能够实现一个"准无错"（Quasi Error Free, QEF）的质量指标。QEF 意味着 MPEG – 2 解复用器输入端的误比特率介于 $10^{-11} \sim 10^{-10}$。

1.14.3　对卫星转发器特性的适配

　　数字多节目电视业务的传输可以使用处于固定卫星业务和广播卫星业务频段

---

　　① punctured convolutionat code，有的文献中又称为删除卷积码，收缩卷积码，凿孔卷积码或打孔卷积码等。

的卫星。转发器带宽的选择由所使用的卫星以及业务对数据速率的要求决定。表1.3 给出了 DVB-S 系统接口规定。

表 1.3 系统接口规定

位　　置	接　　口	接　口　类　型	连　　接
发射站	输入 输出	MPEG-2 传送复用 70/140MHz IF	来自 MPEG-2 复用器 到 RF 设备
接收站	输出 输入	MPEG-2 传送复用 TBD	到 MPEG-2 复用器 来自 RF 设备(室内单元)
来源:ETSI 1997[8],经 ETSI 许可重制			

1.14.4　信道编码

DVB-S 输入流是来自于传送复用器的 MPEG-2 传送流(MPEG-TS)。MPEG-TS 的包长为 188B,其中包括 1B 的同步字(即 47HEX)。发射端的处理顺序是从最高有效位(Most Significant Bit,MSB)开始。

为了符合 ITU 无线电规则(ITU Radio Regulations),并保证充分的二进制转换,按照如图 1.28 所示的流程对 MPEG-2 复用器的输入数据进行加扰处理。

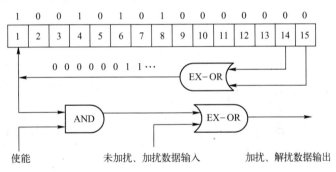

图 1.28　加扰器/解扰器原理图(来源:ETSI 1997[8],经 ETSI 许可重绘)

伪随机二进制序列(Pseudo Random Binary Sequence,PRBS)生成器的多项式为 $1 + X^{14} + X^{15}$。

如图 1.28 所示,在每 8 个传送包的开始处,将序列"100101010000000"载入 PRBS 寄存器进行初始化。为了给解扰器提供一个启动信号,将 8 个包为一组中的第一个传送包的 MPEG-2 同步字由 47HEX(即 01000111)逐比特取反为 B8HEX(即 10111000)。这个过程称为"传送复用适配"(Transport Multiplex Adaptation)。

PRBS 生成器输出端的第一个比特被用作紧跟在取过反的 MPEG-2 同步字(即 B8HEX)之后的首个字节的第一个比特(符合 MSB)。为了辅助其他的同步功能,在后继 7 个传送包的 MPEG－2 同步字期间,PRBS 的生成会继续,但输出被抑制,使得这些字节不被加扰。因此,PRBS 序列的周期是 1503B。

对于调制器输入比特流不存在或与 MPEG－2 传送流格式(如 1 个同步字＋187B 的包)不兼容的情况,加扰过程同样是活跃的。这是为了避免发射来自调制器的未加调载波。

1.14.5 RS 外码编码、交织和成帧

基于图 1.29(a)所示的输入包结构来组帧。

如图 1.29(b)所示,每个加扰的传送包(188B)都采用 RS(204,188,$T=8$)缩短码(原始码为 RS(255,239,$T=8$))编码,生成误码保护包(Error Protected Packet),如图 1.29(c)所示。包的同步字,不论取反(即 47HEX)还是未取反(即 B8HEX),都要应用 RS 编码。

码生成多项式为 $g(x)=(x+\lambda^0)(x+\lambda^1)(x+\lambda^2)\cdots(x+\lambda^{15})$,其中 $\lambda=02_{HEX}$。

域生成多项式为 $p(x)=x^8+x^4+x^3+x^2+1$。

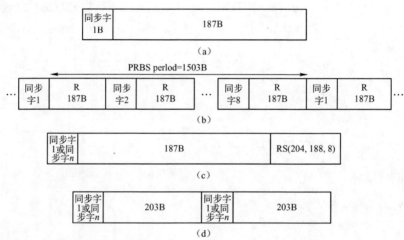

同步字1=未加扰的取反的同步字节
同步字n=未加扰的同步字节, n=2,3…,8

图 1.29 组帧结构(来源:ETSI 1997[8],经 ETSI 许可重绘)
(a) MPEG－2 传送复用包;(b) 加扰的传送包;同步字节加扰序列 R
(c) Reed－Solomon RS(204,188,$T=8$)误码保护包;(d) 交织帧:交织深度 $I=12$

通过在一个(255 239)编码器输入端的信息字节前面添加 51B 的全 0 字节,编码后再将这些空字节丢弃,就得到了缩短 RS 码。

根据图 1.30 所示的概念图,对误码保护包使用深度为 $I=12$ 的卷积交织处理(见图 1.29(c)),产生一个交织帧(见图 1.29(d))。

交织帧由相互交叠的误码保护包组成,并被取反或未取反的 MPEG－2 同步

44

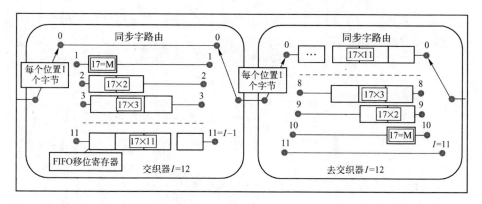

图 1.30 卷积交织和去交织的概念图(来源:ETSI 1997[8],经 ETSI 许可重绘)

字界定(保留 204B 的周期)。

交织器包括 $I = 12$ 个分支,由输入开关周期性的把输入字节流连接到各分支。每个分支是一个深度为 Mj 个单元的先入先出(FIFO)移位寄存器($M = 17 = N/I$; $N = 204$ 为误码保护帧的长度,$I = 12$ 为交织深度,j 为分支索引)。FIFO 移位寄存器的每个单元应包含 1B,而且输入和输出开关要同步。出于同步的目的,同步字节和取反同步字节总是经过交织器的"0"分支(对应于一个空时延)。

去交织器的工作原理与交织器类似,但是分支索引号顺序相反(即 $j = 0$ 对应最大时延)。通过将第一个识别出的同步字节路由到"0"分支实现去交织器的同步。

1.14.6 内码

DVB – S 允许使用一系列基于约束长度 $K = 7$、码率 1/2 的卷积码的删余卷积码(Punctured Convolutional Code),有文献又称收缩卷积码。这样就可以针对给定的业务数据速率选择最合适的误码校正水平。系统允许使用码率为 1/2、2/3、3/4、5/6、7/8 的卷积码。表1.4 给出了删余卷积码(还可参见 1.14.7 节的图 1.31)。

表 1.4　删余码定义

原 始 码			码　率								
			1/2		2/3		3/4		5/6		7/8
K	$G1$ (X)	$G2$ (Y)	P	d_{free}	P	d_{free}	P	d_{free}	P	d_{free}	P d_{free}
7	171_{oct}	133_{oct}	$X:1$ $Y:1$ $I = X1$ $Q = Y1$	10	$X:10$ $Y:11$ $I = X1Y2Y3$ $Q = Y1X3Y4$	6	$X:1Q1$ $Y:110$ $I = X1Y2$ $Q = Y1X3$	5	$X:10101$ $Y:11010$ $I = X1Y2Y4$ $Q = Y1X3X5$	4	$X:1000101$ $Y:1111010$ $I = X1\cdot Y2Y4Y6$ $Q = Y1X3X5X7$ 3
注:1 = 被传输的比特;0 = 未被传输的比特 来源:ETSI 1997[8],经 ETSI 许可重制											

1.14.7 基带成形和调制

DVB – S 使用传统的绝对映射(没有差分编码)格雷码(Gray – coded) QPSK

调制。图 1.31 显示了在信号空间的比特映射。调制前,对 I 和 Q 信号进行平方根升余弦滚降滤波,滚降系数为 0.35。

基带平方根升余弦滤波的理论公式为

$$H(f) = \begin{cases} 1 & |f| < f_N(1-\alpha) \\ \sqrt{\dfrac{1}{2} + \dfrac{1}{2}\sin\dfrac{\pi}{2f_N}\left[\dfrac{f_N - |f|}{\alpha}\right]} & f_N(1-\alpha) \leqslant |f| \leqslant f_N(1+\alpha) \quad (1.12) \\ 0 & |f| > f_N(1+\alpha) \end{cases}$$

式中:$f_N = \dfrac{1}{2T_s} = \dfrac{R_s}{2}$ 为奈奎斯特频率;$\alpha = 0.35$ 为滚降系数。

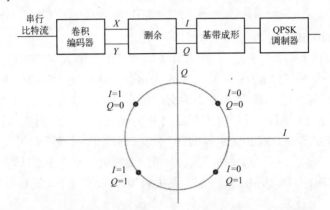

图 1.31　QPSK 星座图(来源:ETSI 1997[8],经 ETSI 许可重绘)

1.14.8　误码性能要求

表 1.5 给出了系统中频环(IF Loop)需要满足的调制解调器 BER 与 E_b/N_0 之间的性能要求。

表 1.5　系统中频环性能

内码码率	BER $= 2 \times 10^4$ 时需要的 E_b/N_0 (RS 编码后 Viterbi QEF)
1/2	4.5
2/3	5.0
3/4	5.5
5/6	6.0
7/8	6.4

注 1:E_b/N_0 的数值是指 RS 编码前的有用比特率,包括调制解调器 0.8dB 的实现余量和由于外码编码造成的噪声带宽的增加(10log188/204 = 0.36dB)。
注 2:准无错(Quasi - Error - Free,QEF)意味着每小时少于一个未纠正误码,对应于 MPEG - 2 解复用器输入端 BER 在 $10^{-11} \sim 10^{-10}$ 之间。
来源:ETSI 1997[8],经 ETSI 许可重制

1.15 DVB – S

经卫星传递的数字视频广播标准即 DVB – S(Digital Video Broadcasting via Satellite)是由 DVB Project 开发和 ETSI 制定的最早的标准之一。同时也还有通过有线网络和卫星主天线电视(Satellite Master Antenna Television, SMATV)分发网络重传 DVB 信号的标准。

数字卫星电视广播多年来一直在"专业"应用中提供点到点和点到多点的卫星数据链路,从这个角度来说,数字卫星电视广播使用的技术是传统的。就这一方面而言,DVB Project 的主要贡献是开发出了将 DVB 基带信号适配到卫星信道的高集成度、低造价的芯片组。通过卫星进行数据传输是非常可靠的,最大误比特率在10^{-11}量级。

在卫星应用中,一个数据容器的最大数据传输速率约 38Mbit/s。这个容器可以容纳到一个单独的 33MHz 卫星转发器中。它能够提供足够的容量,发送 4～8 路标清电视节目,150 条广播节目信道,550 条 ISDN 信道或这些业务的任意组合。对传统的模拟卫星传输来说,同样的转发器只能容纳 1 路电视节目,操作灵活性差很多,所以 DVB – S 大幅改进了传统的模拟卫星传输。

一颗现代高功率广播卫星可以提供至少 20 个 33MHz 的卫星转发器,能够以 760Mbit/s 的速率向装有小型卫星接收天线(口径 60cm 左右)的大量用户发送数据。现在,新一代的宽带卫星能够发送总容量超过吉比特每秒的数据业务。

一个简单的通用数字卫星传输信道模型由数个基本的功能模块组成,包括发射端的基带处理和信道适配以及接收端的配套功能。这个模型的核心是卫星传输信道。信道适配一般在发射地面站实现,而基带处理则在更靠近节目源的地方实施。

1.15.1 MPEG – 2 基带处理

运动图像专家组(MPEG)由来自于工业界的专家组成,这些专家通过一个 ITU – T 和 ISO/IEC 的联合委员会致力于发展通用标准。DVB 采用 MPEG – 2 标准实现音频和视频信息的信源编码以及复用多条源数据流和辅助信息到一条适于传输的单一数据流。因此,DVB 基带处理中使用到的许多参数、字段和语法均由相关的 MPEG – 2 标准定义。MPEG – 2 标准是普适的,适用的范围非常广。它的一些参数和字段 DVB 没有使用。

处理功能的处理对象是若干个节目源。每个节目源由原始数据与未压缩的视频和音频的任意组合组成,数据可以是图文电视(Teletext)和/或字幕信息以及如商标等图形信息。

每一条视频流、音频流以及节目相关数据流都可称为一条基本流(Elementary Stream, ES)。基本流被编码和格式化为一条包化基本流(Packetized Elementary Stream, PES)。因此每条包化基本流是节目的一个经数字编码的组件。

广播节目是类型最简单的业务,它仅由一条音频基本流组成。传统的电视广播包含三条基本流:一条为编码过的视频流,一条为编码过的立体声音频流,一条为图文电视。

1.15.2 传送流

包化以后,节目的不同基本流与其他节目的包化基本流一起复用到一条传送流(Transport Stream,TS)中。每条包化基本流都带有时间信息,或称"时间戳",以确保相关的基本流,如视频流和音频流,在译码器端重放时声像同步。每路节目可以有不同的参考时钟,或者共享一个公共时钟。称为"节目时钟基准"(Programme Clock Reference,PCR)的每路节目时钟的采样被插入传送流,使得译码器可以将自己的时钟与复用器的时钟同步。同步后,译码器可以正确解析时间戳,并确定合适的译码时间,并向用户呈现相关信息。

插入到传送流的附加信息包括节目特定信息(Programme Specific Information,PSI)、业务信息(Service Information,SI)、条件接收(Conditional Access,CA)数据和私有数据。私有数据是指内容未被 MPEG 定义的数据流。

传送流是一条适于传输或存储的数据流,本身数据速率固定或可变,可包含数据速率固定或可变的基本流。在多路复用中没有任何形式的误码保护,误码保护在卫星信道适配器内实现。

1.15.3 业务目标

DVB – S 系统能够提供所谓的"准无错"(QEF)质量指标。这意味着每一传输小时未纠正误码事件出现的次数小于 1 次,对应于在 MPEG – 2 解复用器输入端(即在所有纠错译码完成后)的误比特率(BER)介于 $10^{-11} \sim 10^{-10}$。这个质量指标是保证 MPEG – 2 译码器可靠重建视频和音频信息所必需的。

这个质量指标转化为对卫星链路最小载噪比(C/N)的要求,该要求进而决定了对给定卫星广播网络的每个发射地面站和用户卫星接收设备的需求。这一需求表达为 E_b/N_0 而不是 C/N,因而是与传输速率无关的。

DVB – S 标准对 E_b/N_0 值的定义是当调制器的输出与解调器的输入直接连接时(即构成一个中频环)达到 QEF 质量指标所需的 E_b/N_0 值。在实际实现中,会针对调制解调功能的具体实现和卫星信道引入的小幅衰减,对 E_b/N_0 值进行补偿。值的范围是从 1/2 卷积码的 4.5dB 到 7/8 卷积码的 6.4dB。

以容量为代价,可以通过调整内码码率增加或减少卫星链路的误码保护程度。容量的增减与码率的变化以及对 E_b/N_0 要求的高低有关。在其他链路参数保持不变的条件下,后者又表示为接收天线直径的等价增加或减少(即用户卫星电视天线的大小)。

1.15.4 卫星信道适配

DVB – S 标准预定的是通过综合接收解码器(Integrated Receiver Decoder,

IRD)直接向用户提供"直接到户"(Direct - To - Home,DTH)服务,但也适合于通过共用卫星主天线电视系统(SMATV)和有线电视前端接收。DVB - S支持使用不同的卫星转发器带宽,不过一般常用33MHz带宽。所有的业务部件(即节目)都时分复用到一条MPEG - 2传送流,然后在一路数字载波上传输。

调制采用经典的四相相移键控(Quadrature Phase Shift Keying,QPSK)。采样基于卷积内码和缩短RS外码的级联误码保护策略。通过调整卷积码码率,可以提供在传输容量和增加误码保护程度之间进行权衡的灵活性。以卫星转发器吞吐量的下降(即减少DVB业务数量)为代价,可以换取更加健壮的卫星链路。

DVB - S标准定义了数字调制信号的特性,以保证不同制造商开发的设备之间的兼容性。在某种意义上,接收机端的处理是开放的,允许制造商开发他们自己所独有的功能。标准同样定义了业务质量目标,并鉴别达到这些目标所需的全局性能要求和系统特征。

1.15.5 卫星 DVB 回传信道(DVB - RCS)

DVB - RCS(DVB Return Channel over Satellite)系统的首要元素是中心站(Hub Station)和用户卫星终端。中心站通过前向链路(又称出站链路)控制终端,而终端共享回传链路(又称入站链路)。中心站以TDM的方式连续发射前向链路。终端发射(当需要时)则使用MF - TDMA共享回传信道资源。DVB - RCS系统支持两个方向上的信道通信。

- 前向信道,从中心站到多个终端;
- 回传信道,从终端到中心站。

因为可由位于一处的某个站向位于不同地点的多个站发送,所以前向信道提供的是"点到多点"业务。与DVB - S广播信道相同,DVB - RCS只有一个单载波,其占用转发器的全部带宽或者使用转发器的全部可用功率。终端通信使用TDM载波的不同时隙实现信道共享。

终端使用MF - TDMA,以突发传输方式,共享一个或多个卫星转发器回传信道容量。在一个系统中,这意味着有一组回传信道载波频率,其中每个频率都划分为时隙,而时隙又指派给终端,这样多个终端就可以同时向中心站传输。回传信道可用于多种用途,因此有不同的信道参数可供选择。从突发到突发,终端可以改变频率、比特率、FEC率、突发长度或所有这些参数的值。回传信道的时隙是动态分配的。

中心站和卫星间信号传播的上行和下行链路传输时间几乎是固定的。但是,终端处于不同的位置,所以终端间、终端与卫星间信号传播的时间是不同的。在前向信道,这种时间变化的影响不大。因为当信号到达时卫星机顶盒(Satellite TV Sets)总是可以正确接收,所以终端接收下行链路信号时不考虑信号到达时间的微小差异。

但是,在上行链路,方向为从终端到中心站的返回方向,传输时间的微小差异会造成传输中断。这是因为共享公共回传信道的终端彼此以一定的时间间隔突发传输。例如,一个传输时间较长的终端的突发信息会晚于另一个终端到达卫星,而突发信息比预定提前或落后到达,都可能会与使用相邻 TDMA 时隙的终端所发送的突发信息产生冲突。

对于同一卫星覆盖区域下的多个终端之间传输时间的差异,可以通过采用长度远大于终端所发射的突发信息的时隙来实现补偿。这样一来,在一个突发信息前后均会有一个足够大的保护时间,防止使用 TDMA 帧中相邻时隙的终端之间发射的突发信息发生冲突。中心站到终端的单向时延在 250~290ms 之间,具体值依赖于终端相对于中心站的地理位置。因此时间差异 T 可能会有 40ms 那么大。多数 TDMA 卫星系统通过合并各种时间调整方法(用于弥补卫星路径长度差异),实现保护时间的最小化。DVB – RCS 有两种内建的对每个终端突发传输时间的预补偿方法。

- 每个终端"知道"自己的 GPS 坐标,并能够计算自己的突发传输时间;
- 中心站监视突发消息的到达时间,并能够在需要时向终端发送修正数据。

1.15.6　DVB 承载 TCP/IP

DVB – RCS 使用 MPEG – 2 数字包装器,将"协议无关的"用户数据封装到长度为 188B 的数据包流的净荷中。MPEG – 2 数字包装器提供 182B 的净荷和 6B 的包头。对 TCP/IP 业务的传输顺序为:

- TCP/IP 消息到达,进行 TCP 优化;
- IP 包被分为更小的片段,放入数字存储介质命令与控制协议(DSM – CC)规定的数据区,并带有协议规定的 96 bit 头部;
- 在基带处理过程中,DSM – CC 的数据区又进一步划分到 188B 的 MPEG 2 – TS 包中;
- 对包进行卫星传输的信道编码。

1.16　DVB – S2

DVB – S 标准使用 QPSK 调制和级联卷积与 RS 信道编码。DVB – S 标准被世界上多数电视和数据广播业务卫星运营商采用。从 DVB – S 标准 1994 年首次颁布以来,数字卫星传输技术在多个领域取得了长足的进展。本节简要介绍 DVB – S2 标准的技术创新、传输系统体系结构和性能。

1.16.1　DVB – S2 的技术创新

DVB – S2 面向宽带卫星的未来应用,采用新的技术发展成果。其主要特征总

50

结如下：

- 新的信道编码方案，可获得 30% 量级的容量增益；
- 使用可变编码调制技术（Variable Coding and Modulation，VCM），为不同的业务组件（SDTV、HDTV、话音和多媒体）提供不同级别的误码保护；
- 对于交互式和点对点应用，VCM 功能与回传信道的使用绑定在一起，以实现自适应编码与调制（Adaptive Codingand Modulation，ACM）。ACM 技术针对每个独立的接收终端，提供对传播环境的动态链路适应能力；ACM 系统可以使卫星容量增益提升 100% ~ 200%。方法是通过卫星或地面回传信道向卫星上行链路地面站通知每个接收终端的信道状况（如 $C/N + I$）。
- 除了单一的 DVB – S MPEG 传送流外，还可以在不过多增加复杂性的条件下，提高处理其他输入数据格式的灵活性（如多传送流或通用数据格式）。

DVB – S2 在下列功能中使用了新技术，主要包括：

- 流适配器，适用于操作单条或多条不同格式的（包化的或连续的）输入流；
- 基于低密度奇偶校验码（Low Density Parity Check，LDPC）与 BCH 码级联的前向纠错，允许距香农限 0.7 ~ 1.0dB 的准无错（QEF）操作；
- 码率范围大（1/4 ~ 9/10）；4 种星座图，频谱效率范围为 2 ~ 5bit/s/Hz，针对非线性转发器进行了优化；
- 滚降系数为 0.35、0.25 和 0.20 的 3 种频谱形状；
- 自适应编码与调制功能，逐帧（Frame – by – Frame）信道编码和调制优化。

DVB – S2 设计为可支持大范围的宽带卫星应用，包括：

- 广播业务（BS）数字多节目电视/高清电视——固定卫星业务和广播卫星业务中的一次和二次分配。DVB – S2 通过用户综合接收解码器（Integrate Dreceiver-Decoder，IRD）提供直接到户服务（DTH），也可再次调制，通过集体天线系统（Collective Antenna System）即卫星主天线电视（SMATV）以及有线电视前端站向用户提供服务。这有两种模式：非向下兼容的广播业务（NBC – BS），可充分发挥 DVB – S2 的优势但不与 DVB – S 兼容；向下兼容的广播业务（BC – BS），兼容 DVB – S，为 DVB – S 和 DVB – S2 的融合提供过渡时间。
- 交互业务（IS）的交互数据业务（包括因特网接入）——为用户综合接收解码器和个人计算机提供交互业务，其中 DVB – S2 的前向路径取代当前交互式系统使用的 DVB – S 的前向路径。回传路径可以使用不同的 DVB 交互式系统实现，如 DVB – RCS（EN 301 790）、DVB – RCP（ETS 300 801）、DVB – RCG（EN 301 195）和 DVB – RCC（EN 200 800）。
- 数字电视馈送和卫星新闻采集（DTVC/DSNG）——针对用于广播目的的带有电视或声音短通知的临时和偶发传输，使用便携或移动上行链路地面站。卫星数字电视馈送应用包括点到点或点到多点传输，连接固定的或移动的上行链路和接收站。不用于公众接收。

• 数据内容分配/中继(Trunking)和其他的专业应用(PS)——面向点到点或点到多点,包括到专用前端的交互式业务(专用前端会在其他介质上重新分配业务)。业务可以被传送到单条或多条通用流格式中。

卫星数字传输受功率和带宽限制的影响。DVB-S2 通过利用传输模式(FEC编码和调制)在功率和频谱效率间形成不同折中的方法来克服这些限制。

对一些特定应用(如广播),具有准恒定包络(Quasi-Constant Envelope)的调制技术如 QPSK 和 8PSK,适合于饱和卫星功率放大器(在单转发器单载波的配置下)操作。当有较高的功率余量可用时,可以进一步提高频谱效率以减少比特交付成本(Bit Delivery Cost)。在这些情况下,通过预失真(Pre-Distortion)技术,16APSK 和 32APSK 都能运行在接近卫星 HPA 饱和态的单载波模式下。

DVB-S2 带有一个传送流包复用器,兼容 MPEG-2 和 MPEG-4 编码电视业务(ISO/IEC 13818-1)。所有业务组件都在一个单数字载波上时分复用。

1.16.2 传输系统体系结构

DVB-S2 系统由一组设备功能块组成,这些功能块将单条(或多条)MPEG 传送流复用器(ISO/IEC 13818-1)或单条(或多条)通用数据源输出的基带数字信号适配到卫星信道。

根据 EN 301 192 规定的(如使用多协议封装)传送流格式或通用流格式传送数据业务。

DVB-S2 提供"准无错"的质量目标——"在 5Mbit/s 单路电视业务解码器级别每传输小时内少于一个未纠正错误",对应于在进入解复用器之前一个传送流的误包率(Packet Error Ratio,PER)小于 10^{-7}。

图 1.32 展示了这些功能块,具体如下。

• 模式适配与应用相关,提供以下功能块:
  ■ 输入流接口;
  ■ 输入流同步(可选);
  ■ 空包删除(仅针对 ACM 和传送流输入格式);
  ■ 用于接收机数据包级别错误检测的 CRC-8 编码(仅针对包化输入流);
  ■ 合并输入流(仅针对多路输入流模式)并分割到数据字段中;
  ■ 在数据字段前扩展一个基带头,用于通知接收机输入流格式和模式适配类型。需要注意的是 MPEG 复用传送包可被异步映射到基带帧。
• 流适配有两项功能:对基带帧的填充和基带加扰。
• 由编码功能和一个交织功能级联实现前向纠错编码,主要包括:
  ■ BGH 外码;
  ■ LDPC 内码(码率 1/4、1/3、2/5、1/2、3/5、2/3、3/4、4/5、5/6、8/9、9/10);
  ■ 对于 8PSK、16APSK 和 32APSK,比特交织功能应用于经 FEC 编码的比特。

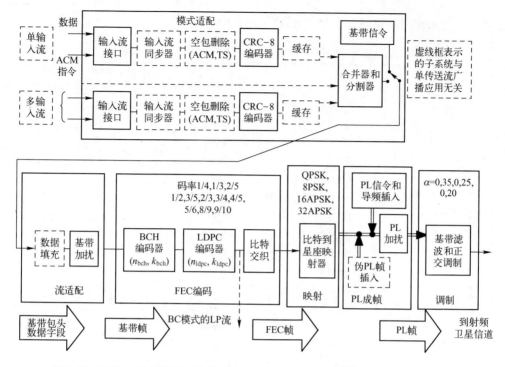

图 1.32　DVB – S2 系统的功能块示意图(来源:ETSI 2013[12],经 ETSI 许可重绘)

- 映射功能根据应用领域将 FEC 的比特流映射到 QPSK、8PSK、16APSK 和 32APSK 星座图。QPSK 和 8PSK 使用星座图的格雷映射。
- 物理层成帧(PLFRAME)用于与 FEC 帧同步,提供三种功能,主要包括:
  - 物理层信令,导频符号插入(可选);
  - 针对能量扩散的物理层加扰;
  - 信道无有用数据发送时,传输伪 PLFRAME(dummy PLFRAME)。
- 基带滤波和正交调制用于信号频谱成形(平方根升余弦,滚降系数 0.35、0.25 或 0.20)和 RF 信号生成。

1.16.3　误码性能

误码性能表述为对 AWGN 信道上的准无错需求的满足程度(E_s = 每传输符号的平均能量)。表 1.6 列举了 DVB – S2 标准提供的误码性能,其中理想的E_s/N_0 (dB)数值由计算机仿真得到(50 次 LDPC 不动点译码迭代,理想载波和同步恢复,无相噪,AWGN 信道)。

标准同样建议对于短前向纠错帧(FECFRAME)要考虑 0.2 ~ 0.3dB 的额外衰减;进行链路预算时,要考虑特定卫星信道亏损(Impairment);误包率定义为前向纠错后正确接收的有效传送流包(188B)和受误码影响的包之间的比率。频谱效率是在普通前向纠错帧长度和无导频的条件下计算得到的。

表 1.6　AWGN 信道 QEF PER = 10^{-7} 的 E_s/N_0

模　式		频 谱 效 率	FECFRAME 长度为 64800 时的理想 E_s/N_0(dB)
QPSK	QPSK 1/4	0.490243	− 2.36
	QPSK 1/3	0.656448	− 1.24
	QPSK 2/5	0.789412	− 0.30
	QPSK 1/2	0.988858	1.00
	QPSK 3/5	1.188304	2.23
	QPSK 2/3	1.322253	3.10
	QPSK 3/4	1.487473	4.03
	QPSK 4/5	1.587196	4.68
	QPSK 5/6	1.654663	5.18
	QPSK 8/9	1.766451	6.20
	QPSK 9/10	1.788612	6.42
8PSK	8PSK 3/5	1.779991	5.50
	8PSK 2/3	1.980636	6.62
	8PSK 3/4	2.228124	7.91
	8PSK 5/6	2.478562	9.35
	8PSK 8/9	2.646012	10.69
	8PSK 9/10	2.679207	10.98
16APSK	16APSK 2/3	2.637201	8.97
	16APSK 3/4	2.966728	10.21
	16APSK 4/5	3.165623	11.03
	16APSK 5/6	3.300184	11.61
	16APSK 8/9	3.523143	12.89
	16APSK 9/10	3.567342	13.13
32APSK	32APSK 3/4	3.703295	12.72
	32APSK 4/5	3.951571	13.64
	32APSK 5/6	4.119540	14.28
	32APSK 8/9	4.397854	15.69
	32APSK 9/10	4.453027	16.01

注:给定系统频谱效率 η_{tot},每信息比特能量和单边噪声功率谱密度的比 $E_b/N_0 = E_s/N_0 - 10\log(n_{tot})$
来源:ETSI 2013[12],经 ETSI 许可重制

1.17　手持设备 DVB 卫星业务(DVB – SH)

DVB – SH 是 ETSI 标准,定义了一个面向移动或手持终端进行卫星/地面混合

数字电视广播的传输系统。该标准由 DVB – T 和 DVB – H 系统规范衍生而来,这两个系统分别是面向固定和移动终端数字电视地面广播而设计的,DVB – S2 则是面向固定终端数字卫星广播而设计的。本节的内容基于 ETSI EN 302 583 V1.1.2(2010 – 02):数字视频广播(DVB)、帧结构、3GHz 以下手持设备卫星业务的信道编码和调制系统。

DVB – SH 标准定义了一个 3GHz 以下手持设备卫星业务系统。

DVB – SH 依赖于卫星和地面混合的底层支撑结构。信号通过两条路径向移动终端广播。

- 经卫星由广播站到终端的一条直接路径;
- 经地面中继器,即相对于卫星的补充地面设施(Complementary Ground Component,CGC),由广播站到终端的一条间接路径。CGC 的馈送可以通过卫星和/或地面分布式网络。

DVB – SH 有两种传输模式,主要包括:

- 基于 DVB – T 标准增强的 OFDM 模式。这种模式可用于直接和间接路径;两路信号在接收机合并,从而增强在单频网络(Single Frequency Network)配置下的接收。
- 部分从 DVB – S2 标准衍生出来的 TDM 模式,目的是优化面向移动终端的卫星传输。这种模式只能用于直接路径。为了增加在相关地区(主要是边远地区)传输的健壮性,系统支持卫星 TDM 模式和地面 OFDM 模式之间的编码分集重组。

DVB – SH 标准定义了数字信号格式、数字信号调制和编码,目的是允许不同制造商生产的设备器件互相兼容。标准详细描述了调制器端的信号处理,而接收机端的处理对于遵循标准的实现是开放的。

1.17.1 传输系统体系结构

DVB – SH 主要针对传送移动电视业务而设计。它也可支持大范围的移动多媒体业务,如音频和数据广播以及文件下载业务。它完成一路或两路(在分层模式下)基带信号到卫星和地面信道特征的适配和传输。类似于 DVB – S/S2,缺省状态下,在系统输入端 DVB – SH 将 MPEG 传送流看作基带信号。

图 1.33 显示了传输系统结构。它包括对卫星路径两种可能的调制:基于 DVB – T 标准的 OFDM 模式和部分从 DVB – S2 标准衍生出来的 TDM 模式。

图 1.33 中的功能块显示了两种模式的共有部分和每种模式的特有部分。

- 两种模式的共有功能:
  - 模式适配:CRC – 16 和封装帧头的插入;
  - 流适配:封装帧的填充和加扰;
  - 使用 3GPP2 Turbo 码的 FEC 编码;

■ 应用于 FEC 块的逐位交织,FEC 块同时被缩短长度,以便与 OFDM 和 TDM 的调制帧结构兼容;

■ 卷积时间交织和成帧。

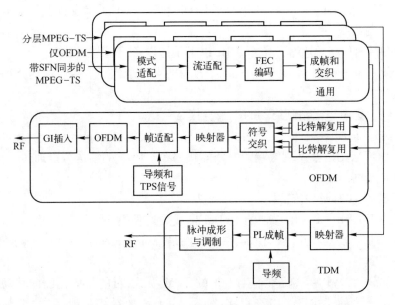

图 1.33　DVB‐SH 传输器的功能块示意图(TDM 或 OFDM 配置)

(来源:ETSI 2010[13],经 ETSI 许可重绘)

- TDM 模式功能:
  ■ 到星座图的比特映射;
  ■ TDM 物理层成帧;
  ■ 导频插入和加扰;
  ■ 脉冲成形和正交调制。
- OFDM 模式功能:
  ■ 符号交织;
  ■ 到星座图的比特映射;
  ■ 带有导频和 TPS 插入的 OFDM 成帧。

1.17.2　OFDM 和 TDM 模式通用的功能

1.17.2.1　模式适配

模式适配功能包括 CRC 编码(提供对每个 MPEG 包的错误检测)和封装信令(ESignalling)插入。模式适配针对支持 MPEG‐TS 输入流设计,但也可以接受任意输入流格式,不论其是否是包化流。模式适配输出的格式是一个头部(EHEADER)加数据字段(DATAFIELD)。

1.17.2.2 流适配

流适配提供完成一个定长（$L_{\text{TC-input}} = 12282\text{bit}$）封装帧（EFRAME）所需的填充。EFRAME 的大小与输入 Turbo 码块大小相匹配，与码率无关。

1.17.2.3 FEC 编码和信道交织

DVB-SH 的 FEC 按照 3GPP2 组织的标准使用 Turbo 码。相对于原初定义的 3GPP2 码率，其额外引入的码率有助于实现更好的 C/N 调整粒度和 OFDM 与 TDM 间的码组合。

Turbo 码编码器使用两个并联的系统递归卷积编码器和一个交织器（Turbo 交织器，在第二个递归卷积编码器之前）。在编码期间，会加入一个编码器输出尾序列。

对任意码率，如果被 Turbo 编码器编码的比特数为 $L_{\text{TC-input}}$，则 Turbo 编码器产生（$L_{\text{TC-input}} + 6$）/CR 个编码输出符号，其中 CR 为码率。两种递归卷积码称为 Turbo 码的成员码（Constituent Code）。成员编码器（Constituent Encoder）的输出经删余和重复后，会获得（$L_{\text{TC-input}} + 6$）/CR 个输出符号。对于从流适配器发布的内容，$L_{\text{TC-input}}$ 被设为 12282bit，对于信令内容则设为 1146bit。

1.17.2.4 信道交织器和速率适配

交织器用于增强地面和卫星信道中波形抗短期衰落、中期阴影效应/阻塞损失的能力。交织器分集（Diversity）主要由一个通用信道时间交织器提供。

信道时间交织器由两个层叠的基本交织器组成，在编码器的输出端，一个块逐比特交织器（Block Bit-Wise Interleaver）处理独立的码字，一个卷积时间交织器处理 126bit 的交织单元（Interleaving Unit, IU）。速率适配被插入到逐比特交织器的输出端，目的是将码字与整数个 IU 匹配。

比特和时间交织的处理不依赖于调制方式，因为它们处理的是交织单元，但是最终的交织时间长度与调制方式有关。

1.17.2.5 帧结构

Turbo 码字的成帧是与 SH 帧完全同步的（一个 SH 帧的开始就是一个编码码字的开始）。逐比特交织器产生 126bit 的交织单元（IU），并将其馈入时间交织器，而这些 IU 的来源是：

- TDM 模式的数据部分；
- OFDM 模式的数据和填充部分。

这些比特流经过装配形成 SH 帧。

1.17.3 单载波（TDM）模式的功能

单载波（来自卫星）和多载波（来自地面网）的组合运行会影响帧的参数。为了简化混合 TDM/OFDM 环境中信号分集接收，TDM 波形的帧周期被设计为与 OFDM 波形的帧周期相同。

不同的模式可能会使用不同的带宽和 FEC 码率，这会导致不同的符号速率和比特速率,并因此产生不同的容量单元(Capacity Unit,CU)。SH 帧是到时间交织器的接口,由表 1.7 所列的一组容量单元组成,而容量单元是 TDM 和 OFDM 物理层参数的函数,这里假设 TDM 和 OFDM 具有同样的信道带宽(表 1.7 仅列出了 5MHz 的情况)。

表 1.7 以容量单元为单位的 TDM SH 帧的传送能力(块大小为 2016bit)

OFDM 保护间隔	DTM 滚降	OFDM:QPSK			OFDM:16QAM		
		TDM:QPSK	TDM:8PSK	TDM:16APSK	TDM:QPSK	TDM:8PSK	TDM:16PSK
1/4	0.15	952	1428	1904	476	714	952
1/4	0.25	896	1344	1792	448	672	896
1/4	0.35	812	1218	1624	406	609	812
1/8	0.15	868	1302	1736	434	651	868
1/8	0.25	784	1176	1568	392	588	784
1/8	0.35	728	1092	1456	364	546	728
1/16	0.15	812	1218	1624	409	609	812
1/16	0.25	756	1134	1512	378	567	756
1/16	0.35	700	1050	1400	350	525	700
1/32	0.15	784	1176	1568	392	588	784
1/32	0.25	728	1092	1456	364	546	728
1/32	0.35	672	1008	1344	336	504	672

来源:ETSI 2010[13],经 ETSI 许可重制

每个 SH 帧周期发送一次信令信息。没有引入额外的 TDM 信令。在每个 SH 帧的开始,三个容量单元携带所有相关的信令信息。信令字段作为 SH 帧的净荷数据被映射。

1.17.3.1 比特到星座图的映射

DVB-SH 使用 QPSK、8PSK 和 16PSK 星座图,相关的映射由 DVB-S2 标准定义。

由于 OFDM 的定义依赖于 DVB-T 标准,TDM 帧周期受限于 OFDM 帧周期,而 OFDM 帧周期大小又随带宽、保护间隔设置和调制阶数的变化而变化。为了应对这些帧周期的变化,定义了专门的 TDM 帧。表 1.8 定义了 TDM 的符号速率。在选择 TDM 符号速率时要考虑到 OFDM 参数。

表 1.8 作为 OFDM 参数(采样频率和保护间隔)和
TDM 滚降系数的函数的所有信道化 TDM 符号速率

信号带宽 /MHz	OFDM 采样频率/MHz	OFDM 保护间隔	TDM 符号速率/MHz	TDM 滚降系数	TDM 符号速率/MHz	TDM 滚降系数	TDM 符号速率/MHz	TDM 滚降系数
0.8	64/7	1/4	34/5	0.15	32/5	0.25	29/5	0.35
		1/8	62/9		56/9		52/9	

信号带宽/MHz	OFDM采样频率/MHz	OFDM保护间隔	TDM符号速率/MHz	TDM滚降系数	TDM符号速率/MHz	TDM滚降系数	TDM符号速率/MHz	TDM滚降系数
		1/16	116/17		108/17		100/17	
		1/32	224/33		208/33		64/11	
0.7	8/1	1/4	119/20		28/5		203/40	
		1/8	217/36		49/9		91/18	
		1/16	203/34		189/34		175/34	
		1/32	196/33		182/33		56/11	
0.6	48/7	1/4	51/10		24/5		87/20	
		1/8	31/6		14/3		13/3	
		1/16	87/17		81/17		75/17	
		1/32	56/11		52/11		48/11	
0.5	40/7	1/4	17/4		4/1		29/8	
		1/8	155/36		35/9		65/18	
		1/16	145/34		135/34		125/34	
		1/32	140/33		130/33		40/11	
1.70	64/35	1/4	34/25		32/25		29/25	
		1/8	62/45		56/45		52/45	
		1/16	116/85		108/85		20/17	
		1/32	224/165		208/165		64/55	

来源：ETSI 2010[13]，经 ETSI 许可重制

1.17.3.2　TDM 成帧

TDM 模式下传输的 SH 帧由若干长度为 L_{TOT} = 2176 个符号的物理层槽（PLSLOT）组成，而每个槽由 2、3 或 4 个大小为 2016bit 的容量单元（CU）组成。容量单元依据表 1.9 中的调制方式被直接映射到 PLSLOT。

表 1.9　TDM 成帧

调　　制	每 PL SLOT 的 CU 个数
QPSK	2
8PSK	3
16APSK	4

来源：ETSI 2010[13]，经 ETSI 许可重制

每个 SH 帧包括的 CU 个数与 OFDM 调制方式、保护间隔和滚降系数的选择有关。

1.17.3.3　导频插入

每个物理层槽 PL SLOT 中包括两个周期均为 L_{PF} = 80 个符号的导频字段

(PILOT FIELDS,PF)。每个导频符号都是未调制符号,即

$$I = \frac{1}{\sqrt{2}} \quad Q = \frac{1}{\sqrt{2}}$$

每个长度为 $L_{ss} = 1008$ 个符号的子槽(SUB – SLOT,SS)之前都插入一个 PF。图 1.34 显示了物理层槽中导频的组织。

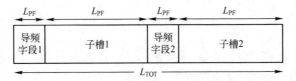

图 1.34　槽导频插入(来源:ETSI 2010[13],经 ETSI 许可重绘)

1.17.3.4　物理层加扰

调制前,为了能量扩散,每个包含 PILOT FIELDS 的 PL SLOT 都要被加扰,方法是对每个长度为 L_{TOT} 的 PL SLOT,将 I 和 Q 支路调制的基带信号符号采样与一个唯一的复随机序列相乘,即

$$C(i) = C_I(i) + C_Q(i) \quad I = 1,2,\cdots,L_{TOT}$$

得

$$I_{SCR}C(i) = I(i)C_I(i) - Q(i)C_Q(i)$$
$$I_{SCR}C(i) = I(i)C_I(i) + Q(i)C_Q(i) \quad I = 1,2,\cdots,L_{TOT}$$

随机序列应该在每个 PL SLOT 的开始处重新初始化,如图 1.35 所示,在 L_{TOT} 符号后终止。

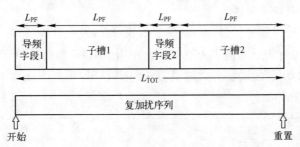

图 1.35　物理层(PL)加扰(来源:ETSI 2010[13],经 ETSI 许可重绘)

通过将两个实 m – 序列(由两个次数为 18 的生成多项式产生)合并为一个复序列,构造加扰码序列。因此得到的序列构成了一个 Gold 序列集合的片段。DVB – SH 只需要一个复序列 $C_I(i) + j C_Q(i)$。

1.17.3.5　基带成形和正交调制

参考 DVB – S 标准相关章节的表述,平方根升余弦滤波时,信号滚降系数应为 $\alpha = 0.15,0.25,0.35$。

正交调制是通过将同相采样和正交采样(基带滤波后)分别乘以 $\sin(2\pi f_0 t)$ 和 $\cos(2\pi f_0 t)$(f_0 为载波频率)实现的。将两组信号相加,得到调制器的输出信号。

1.17.4 多载波(OFDM)模式的功能

DVB – SH 基于 DVB – T 的物理层使用多载波。DVB – T 定义了 3 种快速傅里叶变换(FFT)模式:2K,4K 和 8K。

为了解决 L 频段(1.74MHz 的信道化)上信号带宽减少的问题,额外定义了 1K 模式。这是对现有 DVB – T 模式的严格缩比。

1.17.4.1 到 SH 帧的接口

容量单元(CU)与 OFDM 符号对齐。根据 FFT 大小和选择的子载波调制方式,整数个 CU 映射到整数个 OFDM 符号。这样简化了接收端 CU 的去映射(Demapping)以及去交织器的同步。816 个 CU 的 SH 帧在任何情况下都与 OFDM 帧完全对齐(如图 1.36 所示)。

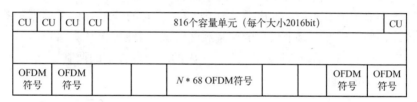

图 1.36 OFDM 模式 SH 帧的映射(来源:ETSI 2010[13],经 ETSI 许可重绘)

1.17.4.2 比特解复用

信道交织产生两路比特流(在分层调制的情况下)。比特流被解复用为 QPSK 下的 2 路子流或者 16 – QAM 下的 4 路子流。在非分层模式下,单个输入流被解复用到 v 路子流,对于 QPSK,$v=2$;对于 QAM,$v=4$。在分层模式中,高优先级的流被解复用到 2 路子流,低优先级的流被解复用到 $v-2$ 路子流。

1.17.4.3 符号交织器

符号交织器将 v 比特的字映射到每 OFDM 符号 756(1K 模式)、1512(2K 模式)、3024(4K 模式)或 6048(8K 模式)条活跃载波上。符号交织器作用于有 756(1K 模式)、1512(2K 模式)、3024(4K 模式)或 6048(8K 模式)个数据符号的矢量 $\boldsymbol{Y}'$。

因此在 1K 模式,矢量 $\boldsymbol{Y}' = (y_0', y_1', y_2', \cdots, y_{755}')$ 是由 36 组每组 21 个数据子字组成。在 2K 模式,72 组每组 21 个字形成矢量 $\boldsymbol{Y}' = (y_0', y_1', y_2', \cdots, y_{1511}')$。在 4K 模式,矢量 $\boldsymbol{Y}' = (y_0', y_1', y_2', \cdots, y_{3023}')$ 由 144 组每组 21 个数据子字组成。同样,在 8K 模式,矢量 $\boldsymbol{Y}' = (y_0', y_1', y_2', \cdots, y_{6047}')$ 由 288 组每组 21 个数据子字组成。

1.17.4.4 比特到星座图的映射

DVB – SH 使用 OFDM 方式传输。一个 OFDM 帧的所有数据载波都使用

QPSK、16 – QAM 或非均匀 16 – QAM 星座图。星座图的准确比例依赖于参数 α，α 可以有三个取值 1,2 或 4。当 $\alpha = 1$ 时，非分层传输使用相同的均匀星座图。星座点的准确值是 $z \in \{n + jm\}$，不同星座图 n,m 的值如下。

- QPSK：$n \in \{-1,1\}$，$m \in \{-1,1\}$；
- 16 – QAM(非分层和分层 $\alpha = 1$)：$n \in \{-3, -1, 1, 3\}$，$m \in \{-3, -1, 1, 3\}$；
- 非均匀 16 – QAM($\alpha = 2$)：$n \in \{-4, -2, 2, 4\}$，$m \in \{-4, -2, 2, 4\}$；
- 非均匀 16 – QAM($\alpha = 4$)：$n \in \{-6, -4, 4, 6\}$，$m \in \{-6, -4, 4, 6\}$。

1.17.4.5 OFDM 帧结构

传输信号被组织成帧。帧周期为 T_F，由 68 个 OFDM 符号组成。4 个帧构成一个超帧。在 8K、4K、2K 和 1K 模式下，每个符号由分别为 $K = 6817$、$K = 3409$、$K = 1705$ 和 $K = 853$ 的一组载波组成，并在 T_S 时间内传输。T_S 包括两个部分：时间为 T_U 的有用部分和时间为 Δ 的保护间隔。保护间隔包含在有用部分 T_U 的周期延拓内，插入在 T_U 的前面。可使用的保护间隔的取值有 4 个。

一个 OFDM 帧中的符号的序号从 0 到 67。所有的符号都包括数据和参考信息。因为 OFDM 信号由多个独立的调制载波组成，因此可以认为每个符号为被划分为单元(Cell)，每个单元对应于一个符号内的一个载波上的调制。

除了传输的数据，一个 OFDM 帧还包括：

- 离散导频单元；
- 连续导频载波；
- 传输参数信令(Transmission Parameter Signalling，TSP)载波。

1.17.4.6 导频信号和传输参数信令(TSP)

导频信号用于帧同步、频率同步、时间同步、信道估计、传输模式辨识，也可以用于跟随相位噪声。

DVB – SH 重用了 DVB – T 标准的传输参数信令(TSP)结构。为了保证兼容性，绝大多数重要参数都不改变，包括调制、分层信息、保护间隔和传输模式、一个超帧中的帧序号和单元辨识。DVB – T 的信令包括覆盖 4K 的选项，深度内交织、时间分片、用于 DVB – H 信令的 MPE – FEC 比特等都被采用。

在 1K、2K、4K 和 8K 模式下，TSP 分别在 7、17、34 和 68 个载波上并行传输。同一符号的每个 TSP 载波传送同样的差分编码信息比特(Differentially Encoded Information Bit)。表 1.10 显示了 TSP 载波的载波索引号。

表 1.10 TSP 载波的载波索引号

2K 模式					8K 模式							
34	50	209	346	413	34	50	209	346	413	569	595	688
569	595	688	790	901	790	901	1073	1219	1262	1286	1469	1594
1073	1219	1262	1286	1469	1687	1738	1754	1913	2050	2117	2273	2299

2K 模式		8K 模式							
1594	1687	2392	2494	2605	2777	2923	2966	2990	3173
		3298	3391	3442	3458	3617	3754	3821	3977
		4003	4096	4198	4309	4481	4627	4670	4694
		4877	5002	5095	5146	5162	5321	5458	5525
		5681	5707	5800	5902	6013	6185	6331	6374
		6398	6581	6706	6799				

4K 模式的 TSP 载波索引号											
34	50	209	346	413	569	595	688	790	901	1073	1219
1262	1286	1469	1594	1687	1738	1754	1913	2050	2117	2273	2299
2392	2494	2605	2777	2932	2966	2990	3173	3298	3391		

1K 模式			
34	209	346	413
569	688	790	

来源:ETSI 2010[13],经 ETSI 许可重制

TSP 载波传送以下相关信息:

- 调制信息,包括 QAM 星座图模式的 α 值;
- 分层信息;
- 保护间隔;
- 传输模式(1K、2K、4K、8K);
- 超帧中的帧序号;
- 单元辨识;
- DVB – SH 模式;
- 码率;
- 时间交织配置;
- 一个 SH 帧中的超帧数。

注释:α 值定义了基于广义 QAM 星座图簇间距(Cluster Spacing)的调制。它规范了均匀和非均匀调制模式,涵盖 QPSK 和 16 – QAM。

1.17.4.7 基带成形和正交调制

频谱特性与 DVB – T 相同。OFDM 符号构成多个等间距的正交载波的并置。$P_k(f)$ 的功率频谱密度频率 f_k 定义为

$$P_k(f) = \left[\frac{\sin\pi(f - f_k)\,T_s}{\pi(f - f_k)\,T_s} \right]^2$$

$$f_k = f_c + \frac{k}{T_u}$$

$$-\frac{k-1}{2} \leqslant k \frac{k-1}{2}$$

调制数据单元载波的总功率频谱密度是所有载波功率频谱密度的和。因为 OFDM 符号周期大于载波间距的倒数,每个载波功率频谱密度的主瓣要比载波间距的两倍窄。

1.17.5 DVB – RCS2

面向第二代 DVB 交互卫星系统,两个 DVB – RCS2 规范在 2011 年 3 月发布。DVB – RCS2 利用先进的技术成果对一代系统进行了重要的改进。DVB – RCS2 是针对交互卫星业务而开发的。

具体细节可参考 ETSI EN 301 545 – 1 (V1. 1. 1): Digital video broadcasting; second generation DVB interactive satellite system (DVB – RCS2), part 1: overview and system level specification, and part 2: lower layer for satellite standard, 05/2012.

DVB – S2 基于 DVB – S 系统实现卫星与小型或大型网络,以及固定或移动终端的联网。DVB – S2 充分利用了物理层技术的发展成果,以及能够统一实现的 IP 标准所带来的稳定性。

DVB – RCS2 规范的第一部分是对已完成系统的一个概述。规范包括了在终端和中心站间提供尽可能好的互操作能力的需求,因此不仅定义了系统底层(到第二层),也定义了网络功能以及管理和控制功能。

由于所有规范加到一起会导致非常复杂的终端设计,所以规范还描述了称为"剖面"(Profile)的功能子集,针对不同的市场可以使用不同的配置。

规范的第二部分针对双向交互式卫星网络,定义了系统底层和管理与控制系统的底层嵌入信令。

DVB – RCS2 允许非常灵活的设置,其中的突发结构和 FEC 可以进行一定程度的调整以适应卫星终端的操作环境。

1.18 计算机和数据网络发展的历史

电信系统和广播系统已经发展了 100 多年。从诞生到现在其基本原理和业务发生的变化很小,至今我们依然认得出最早的电话系统和电视。但是计算机和因特网在过去 40 年间则发生了巨大的变化。今天的系统和终端与 40 年前甚至 10 年前使用的完全不同。本节追随技术迈进的脚步,对这些发展做一个简单的回顾。

1.18.1 计算机与数据通信时代的黎明

第一台电子数字计算机诞生于 1943—1946 年间。早期的计算机界面使用的是打孔带和卡片。随后出现了终端,终端和计算机间的第一次长距离通信是在 1950 年,使用的是一条话音级的电话线路,传输速率仅为 300 ~ 1200kbit/s。数据传输中的错误恢复主要使用自动重复请求(ARQ)机制。

1.18.2 局域网的发展

1950—1970 年,在计算机网络领域开展的研究导致了不同类型网络技术的发展——局域网(LAN)、城域网(MAN)和广域网(WAN)。

20 世纪 80 年代开发了一组被称为 IEEE 802 的标准,包括以太网的 IEEE 802.3、令牌总线的 IEEE 802.4、令牌环的 IEEE 802.5、分布队列双总线(Distributed Queue Dual Bus)的 IEEE 802.6 等。最初的实现目标集中在 LAN 和 MAN 的共享文件系统、高质量打印机等高端外设和高数据速率图形绘图仪等方面。WAN 的标准则留给了 ISO 和 ITU – T,去发展连接 LAN 和 MAN 的 B – ISDN。

1.18.3 WAN 和 ISO/OSI 的发展

20 世纪 80 年代 ISO 提出了用于广域网的 OSI 7 层参考模型。目的是为不同终端和计算机系统之间的互联提供一个开放的、可共同遵循的标准。当时参考模型中所考虑的终端的连接模式是以文本模式、低速率在 WAN 上与一台主机相连。

1.18.4 因特网的诞生

20 世纪 70 和 80 年代出现了许多不同的网络技术,很多并不完全遵循国际标准。不同类型网络依靠协议转换器和网络互联单元实现互联。而随着协议转换器和网络互联单元的技术依赖性的增长,网络互联变得越来越复杂。

20 世纪 70 年代,美国国防部支持的 ARPARNET(Advanced Research Project Agency Network)项目开发了一种新的、不依赖于具体网络技术并支持不同类型网络互联的协议。1985 年,ARPARNET 更名为 Internet,主要的应用层协议包括用于终端远程访问的 Telnet、用于文件传输的 FTP 和通过计算机网络发送邮件的 Email。

1.18.5 电话与数据网络的融合

20 世纪 70 年代,ITU – T 开始开发称为综合业务数字网(ISDN)的标准,ISDN 具有端到端数字连接,支持包括话音和非话音业务在内的多种业务。用户通过有限的一组标准多用途用户接口访问 ISDN。在 ISDN 之前,尽管骨干网(也称传输网)是数字的,但到电信网络的接入网(又称本地环路)是模拟的。ISDN 是在单一类型网络内集成电话、数据网络,以及综合业务的首次尝试。ISDN 依然遵循传统电信网络中基于信道或电路的网络的基本概念。

1.18.6　宽带综合网络的发展

20 世纪 80 年代 ISDN 刚一完成,ITU – T 就开始发展宽带 ISDN。除了宽带综合业务,还开发了 ATM 技术以支持基于快速包交换技术的业务,并提出了虚信道和虚电路的新概念。网络是面向连接的,允许根据不同类型业务和应用的 QoS 要求协商带宽资源。宽带 ISDN 试图统一电话网络和数据网络,同时也统一 LAN、MAN 和 WAN。

从 LAN 的角度看,ATM 面临快速以太网和吉比特以太网的严峻挑战。从应用的角度看,ATM 面对的是因特网的挑战。

1.18.7　杀手级应用 WWW 和因特网演化

1990 年,Tim Berners – Lee 发明了一种基于超文本的、称为万维网(World Wide Web,WWW)的新型因特网应用。这种应用极大改变了网络研究和发展的方向。为了满足新业务和新应用的需求,产生了大量需要解决的问题,包括传统因特网应用中没有考虑过的实时业务及其 QoS。

此外,所有的业务和应用,如计算机、电话、移动电话和电视,都在朝着全 IP 化的方向演进。承载这些业务需要具有 QoS、安全、多播、广播、大地址空间和演化策略等特点的新型协议。目前,具有这些特点的下一代 IP,即 IPv6,已经被开发和标准化。部署和向 IPv6 升级的官方时间是 2012 年 6 月 6 日。

1.19　卫星通信的发展历史

尽管不为人所注意,卫星自诞生之日起就与电信与电视相关。今天,卫星将电视节目直接广播到家庭,并允许用户传输信息和上网。下面简单介绍卫星的历史。

1.19.1　卫星和太空时代的开始

1957 年 10 月 4 日,苏联发射第一颗人造卫星 Sputnik;1960 年 8 月,美国进行了在轨中继通信卫星 Courier – 1B 首次试验。在这之后卫星技术迅猛发展。

1992 年,美国、法国、德国和英国之间开展的跨大西洋通信试运行试验,标志着开发卫星电视和复用电话业务的首次国际合作。

1.19.2　早期的卫星通信:电视和电话

1964 年,国际卫星组织(International Satellite Organisation,Intelsat)成立,最初包括 19 个国家政府和缔约方。Rearly Bird 即 Intelsat – 1 卫星的发射标志着第一颗商业地球静止轨道通信卫星的正式运行,1965 年 4 月开始在美国、法国、德国和英国之间提供 240 路电话电路和 1 路电视频道。1967 年 Intelsat – II 卫星开始在大西洋和太平洋区域提供同样的服务。1970—1968 年间，Intelsat – III 卫星实现了 1500 路电话电路和 4 路电视频道的全球运营。1971 年 1 月，第一颗 Intelsat – IV 卫星提供 4000 路电话电路和 2 路电视频道，Intelsat – IVa 卫星采用波束分隔的频率复用方法，提供 20 个转发器的 6000 路电路和 2 路电视频道。

1.19.3 卫星数字传输的发展

1981 年第一颗 Intelsat – V 卫星实现了 FDMA 和 TDMA 模式、6/4GHz 和 14/11GHz 宽带转发器、波束分隔的频率复用和双极化条件下 12000 路电路的容量。1989 年，Intelsat – VI 卫星提供可达 120000 路电路的星上交换 TDMA。1998 年，Intelsat VII、VIIa 和 VIII 卫星发射。2000 年，Intelsat – IX 卫星实现 160000 路电路。2011 年 7 月 18 号，Intelsat 变为私人公司。与此同时，卫星网络开始朝面向包的宽带和电视分发业务演变。

1.19.4 直接到户(DTH)广播的发展

1999 年第一颗 Ku 频段电视卫星有 30 个 14/11 – 12GHz 转发器，支持 210 路电视节目，能够提供直接到户和 VSAT 业务。由于 VSAT 天线口径仅为 0.75 ~ 1.2m，所以最初只能够为大量用户终端提供 56kbit/s 的速率，而目前已经上升到兆比特每秒。DTH 也在向卫星宽带接入业务发展。

1.19.5 海事卫星通信的发展

1979 年 6 月，国际海事卫星(International Maritime Satellite，Inmarsat)组织成立，初始缔约方 26 个，提供全球海事卫星通信。Inmarsat 充分开发了卫星通信的移动特性。1999 年 Inmarsat 私有化，开始为飞机和地面移动用户的便携终端提供服务。通过其宽带全球区域网络(Broadband Global Area Network，BGAN)，Inmarsat 为远程用户的膝上因特网接入和电话业务提供卫星宽带综合业务。

1.19.6 地区和国家的卫星通信

在地区一级，欧洲通信卫星(European Telecommunication Satellite，Eutelsat)组织成立于 1977 年 6 月，有 17 个政府作为最初缔约方。许多国家也开发了自己国内的卫星通信系统，包括美国、苏联、加拿大、法国、德国、英国、日本、中国等。Eutelsat 的首颗卫星发射于 1983 年。在通信产业的私有化浪潮下，Eutelsat 于 2001 年变为私有，更名为 Eutelsat S. A.。

1.19.7 卫星宽带网络和移动网络

从 20 世纪 90 年代开始，包括星上交换技术在内的宽带网络技术快速发展。面向移动卫星业务和固定卫星业务开发了各种非地球静止轨道卫星。为了实现全球连续覆盖,移动卫星业务需要功能更强的 GEO 或 LEO 卫星星座。

1.19.8　卫星网络上的因特网

20 世纪 90 年代末和 21 世纪初,通信网络上因特网业务激增。卫星网络作为接入网和传输网也被用于除电话和电视业务外的因特网业务传送。这给卫星产业带来了巨大的机遇和挑战。一方面,卫星产业需要发展连接已有的多种不同类型网络的网络互联技术;另一方面,还需要开发新的技术以支持未来新型网络的互联。同样,不同类型网络包括网络技术、网络协议和新业务与新应用不断交汇融合。

为了利用 Ka 频段,2007 年 8 月 14 号 SPACEWAY – 3 在美国发射,2010 年 12 月 26 日 Ka – Sat 在欧洲发射。由于大带宽容量和用户终端小型化需求,未来还有许多新的卫星将计划升空。

1.20　网络技术和协议的融合

网络技术和协议的融合是技术推动、需求牵引和商业案例的发展导致的自然过程。显然,卫星网络的发展紧跟地面网络发展的脚步,但其又能够克服地面网络存在的地形阻碍和难于大面积覆盖的问题。图 1.37 为在全球信息支撑体系下未来卫星网络的场景示意图。

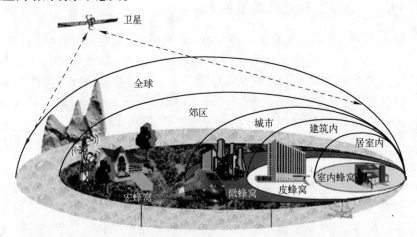

图 1.37　卫星在全球信息支撑体系中的角色

1.20.1　用户终端业务和应用的融合

早期的用户终端针对特定类型的业务设计,功能十分有限。例如,针对话音业务的电话手机、针对数据业务的电脑终端,以及接收电视业务的电视机。同时,还开发了不同的网络以支持这些不同类型的终端。

由于技术的发展,新的终端和业务被引入现有的网络中,例如传真和计算机拨号业务被引入电话网络。但是,电话网络中电话信道容量限制了传真和拨号链路的传输速率,因此人们又发展了宽带网络。

计算机终端变得越来越复杂,现在已经能够处理实时话音和视频业务。而且,除了数据业务,数据网络支持实时话音和视频的需求也正在增长。

伴随多媒体业务(话音、视频和数据的组合业务)的出现,QoS 要求愈加复杂,也要求更加复杂的用户终端和网络设计及其实现与运营。

针对航空、海运、交通、应急和灾害救援等应用场景,利用卫星网络支持多媒体业务是一项更大的挑战。不同类型业务的不同用户终端正在融合为一个支持所有类型业务的单一用户终端,例如目前新一代的移动电话能够同时提供电话和个人计算机的功能。

1.20.2　网络技术的融合

显然,网络业务与物理网络密切相关。为了支持新一代的业务,需要新一代的网络。但是,新业务和新网络的设计需要大量的投资和很长的研发时间。而且,让用户接受新的业务和应用也是一项巨大的挑战。

那么在现有网络基础设施上构建新的业务又如何呢? 是的,这种方法已经被充分验证,正如上面提到过的,可以将传真和计算机拨号加入电话网、将话音和视频业务加入数据网。不过,这种方法并没有使开发新业务和新网络的任务变得简单,因为已有网络的设计是针对原有业务优化的。所以,对于新的业务和应用需要开发新型的网络。

幸运的是,不需要一切从头开始。现有网络上的电话网及其业务已经发展了100 多年,在这些年间积累了大量的知识和经验。

当前,为满足不断增长的已有的和新型的业务与应用需求,研究者所研发出的网络的速度在不断升高。

1.20.3　网络协议的融合

遵循电信网络原理的基本概念,研究者进行了开发新型业务和网络的尝试。这些尝试的例子有综合业务数字网(ISDN)、同步传输模式(STM)网络、宽带 ISDN和异步传输模式(ATM)网络。由于电话业务是电信网络的传统主业务,所以新型网络倾向于这类业务,进而导致过多地强调实时性和 QoS。因此这些尝试的结果并不完全令人满意。

计算机和数据网络已经发展了近 50 年,这段时间,同样也在计算机和数据网络设计方面积累了大量的知识和经验。所有的计算机和数据网络技术已经融入因特网技术中。在局域网中,以太网是占统治地位的技术;其他局域网技术,如令牌环和令牌总线网络,已经消失。当然,无线局域网现在越来越普遍。因特网协议是目前计算机和数据网络的主导协议,支持因特网业务与应用的开发。网络技术一个最重要的成功因素是向后兼容性,即新型网络技术应该能够支持已有的业务与应用,并能在不做改动的条件下与现有的用户终端和网络互联。

随着因特网的成功,围绕支持电话业务和其他实时业务进行了大量的研发。由于因特网最初是为数据业务服务的,所以它针对可靠数据业务进行了优化,但对实时业务和 QoS 考虑的不多。因此 IP 电话和因特网电视需要在新一代网络提供的 QoS 级别下实现。

网络融合是不可避免的,但是必须从保证 QoS 的电信网和保障可靠传输的因特网中吸取成果和经验。

组网的基本原则依然没有变化:提高可靠性、增大容量、支持综合业务与应用、可在任何时间和任何地点访问、对卫星网络尤其重要的是充分利用有限资源和降低成本。

1.20.4 卫星网络的演变

卫星通信发端于电话和电视广播地面网络。其目的是通过增大容量、缩小移动电话终端的大小,将通信覆盖扩展到海洋和天空,并将业务扩展到数据和多媒体业务。

现代卫星系统已经越来越复杂,从简单的透明转发发展到了星上处理和交换,还出现了具有星间链路的非地球静止轨道卫星星座。

功能简单的卫星只有一个转发器,可以将信号从一侧中继到另一侧。这种卫星称为弯管(Bent – Pipe)卫星,因为它们只是简单地在终端间提供链路,并不做处理。

一些卫星具有星上处理功能,作为通信子系统的一部分提供检错和纠错功能,以提高通信链路质量。还有一些卫星具有星上交换功能,可以形成一个空中网络节点,用于探索对无线电资源的高效利用。由于因特网的快速发展,当前还开展了星载 IP 路由器的在轨试验。

卫星在通信网络中扮演重要的角色,支持电话、视频、广播、数据、宽带和因特网业务,已经成为提供下一代综合宽带和因特网网络的全球信息支撑框架的重要组成部分。表 1.11 说明了卫星宽带系统的演变。

表 1.11　卫星宽带系统的演变

特　　性	第　一　代	第　二　代	第　三　代
运行时间	1980 年到 2005 年中	2005 年中到 2010 年	2010 年到现在
卫星容量	1Gbps	10Gbps	100Gbps

卫星容量增大		
每个终端的典型数据速率	56～256kbps	256kbps～3Mbps	2～3Mbps

每用户的数据速率（用户体验增强）		
每颗卫星的最大用户数	100 000～500 000	750 000～1 000 000	2百万到3百万

用户数量增多		
卫星	所有 FSS 卫星，例如 Hughes 在全球供租用的 126 个转发器	IPStar：SES Astra2Connect；Eutelsat Tooway、Wildblue、Telesat；Snaceway	ViaSat；Ka－Sat；Ka-Comm；Spaceway 4
卫星有效载荷特性	24 个 Ku 波段的区域覆盖的转发器，36～72MHz 带宽	Ku 频段和 Ka 频段点波束，36～72MHz 带宽	Ka 频段点波束，500MHz 带宽
主要 VSAT 终端供应商	Hughes，Gilat，ViaSat，iDirect	Hughes，Gilat，ViaSat，iDirect	Hughes，Gilat，ViaSat，iPirect
VSAT 终端造价	US4＄5000～10 000	US4＄500～1 000	US＄500
典型应用	销售点交易 POS	企业和用户的宽带接入	企业和用户的宽带接入
数据协议	专用、非 IP	基于 IP	基于 IP
连接类型	突发、非实时数据	连续 VoIP 和视频流功能	连续 VoIP 和视频流功能

来源：Ofcom，报告编号：72/11/R/193/R

未来的卫星系统将会开拓新的频段，以达到通过更小的转发器和移动终端实现兆比特每秒甚至太比特每秒的数据速率的目的。

进一步阅读

[1] Brady, M. and M. Rogers, Digital Video Broadcasting Return Channel via Satellite (DVB-RCS) Background Book, Nera Broadband Satellite AS (NBS), 2002.

[2] Eutelsat, Overview of DVB, Annex B to Technical Guide, June 1999.

[3] Haykin, S., Communication Systems, 4th edition, John Wiley & Sons, Inc., 2001.

[4] ITU, Handbook on Satellite Communications, 3rd edition, John Wiley & Sons, Inc., 2002.

[5] Joel, A., Retrospective: telecommunications and the IEEE communications society, IEEE Communications, May 2002.

[6] Khader, M. and W.E. Barnes, Telecommunications Systems and Technology, Prentice-Hall, 2000.

[7] Howard Tripp, Alan Ford, B. G. Evans, P. T. Thompson, Z. Sun and K Tara Smith, Understanding Satellite Broadband Quality of Experience – Final Report, Issue 1, Produced for: Ofcom, Report No: 72/11/R/193/R, July 2011.

[8] ETSI EN 300 421 (V.1.1.2): Digital Video Broadcasting (DVB); Framing structure, channel coding and modulation for 11/12 GHz satellite services, 08/1997.

[9] ETSI EN 301 210 (V.1.1.1): Digital Video Broadcasting (DVB); Framing structure, channel coding and modulation for Digital Satellite News Gathering (DSNG) and other contribution applications by satellite, 03/1999.

[10] ETSI TR 101 154 (V.1.9.1): Digital Video Broadcasting (DVB); Implementation guidelines for the use of MPEG-2 Systems, Video and Audio in satellite, cable and terrestrial broadcasting applications, 09/1999.

[11] ETSI EN 301 790 (V.1.5.1): Digital Video Broadcasting (DVB); Interaction channel for satellite distribution systems, 05/2009.
[12] ETSI EN 302 307 (V.1.3.1): Digital Video Broadcasting (DVB); Second generation framing structure, channel coding and modulation system for Broadcast, Interactive Services, News Gathering and other broadband satellite applications, 03/2013.
[13] ETSI EN 302 583 (V.1.1.2): Digital Video Broadcasting (DVB); framing structure, channel coding and modulation system for satellite services to handheld devices (SH) below 3 GHz, 02/2010.
[14] ETSI TS 101 545-1 (V1.1.1): Digital Video Broadcasting; Second Generation DVB Interactive Satellite System (DVB-RCS2), Part 1: Overview and System Level Specification, 05/2012.
[15] ETSI EN 301 545-2 (V1.1.1): Digital Video Broadcasting; Second Generation DVB Interactive Satellite System (DVB-RCS2), Part 2: Lower Layer for Satellite Standard, 05/2012.
[16] ETSI TS 101 545-3 (V1.1.1): Digital Video Broadcasting; Second Generation DVB Interactive Satellite System (DVB-RCS2), Part 3: Higher Layers Satellite Specification, 05/2012.
[17] ITU-T Recommendation G.1000, Communications quality of service: A framework and definitions, 11/2001.
[18] ITU-T Recommendation G.1010, End-user multimedia QoS categories, 11/2001.

练　　习

1. 使用 ITU-T 建议给出的定义,解释宽带的含义。

2. 解释卫星组网以及卫星与地面组网的基本概念。

3. 解释术语:卫星业务、网络业务和服务质量(QoS)。

4. 讨论卫星组网和地面组网的不同。

5. 解释网络用户终端和卫星终端的功能。

6. 推导香农功率极限和大 E_b/N_0 的香农带宽容量。

7. 解释协议的基本原理和 ISO 参考模型。

8. 解释基本的 ATM 参考模型。

9. 解释 TCP/IP 协议族。

10. 解释交换的基本概念,包括电路交换、虚电路交换和路由。

11. 解释网络技术和协议演变的过程和融合。

12. 列举当前宽带卫星系统的主要发展趋势。

2 卫星轨道和组网的概念

本章介绍卫星组网概念中的物理层,包括卫星轨道原理、卫星链路特征、传输技术、多址、带宽分配、卫星的可用度和分集。物理层是协议栈的最底层,提供实时信号传输功能。在协议参考模型中,物理层为上层的链路层提供服务。物理层直接与传输介质技术相关,实现无线电通信系统的诸多功能。本章重点介绍与卫星组网相关的内容。在读完本章后,希望读者能够:

- 完成对开普勒定律和牛顿定律的回顾;
- 利用定律解释卫星轨道特征和计算卫星轨道参数;
- 利用定律为卫星或卫星星座设计满足不同组网覆盖要求的轨道;
- 了解卫星链路特性,能够计算链路参数;
- 理解不同类型的调制技术,知道为什么相移键控技术更适合于卫星传输;
- 了解主要的纠错码;
- 了解不同的带宽资源分配方案及其应用;
- 描述与卫星网络设计相关的问题;
- 理解物理层服务质量的概念;
- 了解就可用度而言的卫星系统质量和提高卫星可用度的技术。

2.1 物 理 定 律

类似于地面的移动基站,卫星通信系统必须安装在一个平台或总线(Bus)上。物理定律决定了何时何地在空中布设基站,以形成整个网络的有机组成部分。

2.1.1 开普勒三大定律

德国天文学家开普勒(Kepler)(1571—1630)阐述了关于行星运动的三大定律,这三大定律同样适用于人造地球卫星的运动。开普勒三大定律为:

(1) 所有环绕大天体的小天体的轨道都是椭圆,大天体在椭圆的一个焦点上;

(2) 在相等的时间间隔内,小天体和大天体之间的连线扫过的面积相等;

(3) 小天体绕大天体公转周期的平方与它们椭圆轨道半长轴的立方成正比。

2.1.2 牛顿三大运动定律和万有引力定律

1687 年英国天文学家、数学家和物理学家艾萨克·牛顿(Isaac Newton)发现了

三大运动定律:

(1) 无外力作用下,质点保持静止或匀速直线运动;

(2) 质点动量随时间的变化率同该质点所受的外力成正比,并与外力的方向相同;可数学表达为作用于质量为 m 的质点的所有外力 F 等于质点质量和加速度的乘积,即

$$F = m \frac{\mathrm{d}^2 \boldsymbol{r}}{\mathrm{d} t^2} \tag{2.1}$$

(3) 每个动作都有作用力和大小相等的反作用力。

除了三大定律,牛顿还发现了万有引力(就是那种让那颗苹果落在地上的力)。

更重要的是,牛顿给出了对万有引力的数学证明,将万有引力定律表述为"二体问题",即

$$F = G m_1 m_2 \frac{1}{r^2} \frac{\boldsymbol{r}}{r} \tag{2.2}$$

式中: F 为 m_1 到 m_2 方向上的引力矢量; $G = 6.672 \times 10^{-11} \, \mathrm{m}^3/\mathrm{kg/s}^2$ 为万有引力常数; r 为两质点间的距离; $\frac{\boldsymbol{r}}{r}$ 为 m_1 到 m_2 方向的单位矢量。显然,令 m_1 为太阳的质量, m_2 为地球的质量,式(2.2)可以用于描述太阳和地球间引力。同样,式(2.2)也可以用于描述地球和卫星间的引力。

2.1.3 开普勒第一定律:卫星轨道

牛顿对开普勒定律进行了数学推导。数学是系统设计和分析最重要的工具。这里利用解析的方法分析一下卫星轨道的基本理论问题。通过以下步骤,可以数学证明适用于卫星的开普勒第一定律。

首先,由牛顿第三定律得

$$F = GMm \frac{1}{r^2} \frac{\boldsymbol{r}}{r} = \mu m \frac{1}{r^2} \frac{\boldsymbol{r}}{r} \tag{2.3}$$

式中: $M = 5.974 \times 10^{24} \, \mathrm{kg}$ 为地球质量; $\mu = GM = 3.986 \times 10^{14} \, \mathrm{m}^3/\mathrm{s}^2$ 为开普勒常数; m 为卫星质量(kg)。

然后,应用牛顿第二运动定律,力等于质量乘以加速度,可得

$$\frac{\mathrm{d}^2 \boldsymbol{r}}{\mathrm{d} t^2} + \mu \frac{\boldsymbol{r}}{r^3} = 0 \tag{2.4}$$

要注意的是当推导式(2.4)时两个物体上的力的方向不同。

接着,参考图2.1,令 $\boldsymbol{x} = \boldsymbol{r}/r$, $\boldsymbol{y}$ 为与 $\boldsymbol{x}$ 正交的单位矢量,得

$$\frac{\mathrm{d}\boldsymbol{r}}{\mathrm{d}t} = \frac{\mathrm{d}r}{\mathrm{d}t}\boldsymbol{x}(t) + r\frac{\mathrm{d}\theta}{\mathrm{d}t}\boldsymbol{y}(t) \tag{2.5}$$

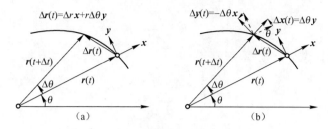

图 2.1　从地球到卫星的矢量

$$\frac{\mathrm{d}^2 \boldsymbol{r}}{\mathrm{d}t^2} = \left[\frac{\mathrm{d}^2 r}{\mathrm{d}t^2} - r\left(\frac{\mathrm{d}\theta}{\mathrm{d}t}\right)^2\right]\boldsymbol{x}(t) + \left[r\frac{\mathrm{d}^2\theta}{\mathrm{d}t^2} + 2\frac{\mathrm{d}r}{\mathrm{d}t}\frac{\mathrm{d}\theta}{\mathrm{d}t}\right]\boldsymbol{y}(t) \tag{2.6}$$

将式(2.6)代入式(2.4)得

$$\left\{\left[\frac{\mathrm{d}^2 r}{\mathrm{d}t^2} - r\left(\frac{\mathrm{d}\theta}{\mathrm{d}t}\right)^2\right] + \frac{u}{r^2}\right\}\boldsymbol{x}(t) + \left[r\frac{\mathrm{d}^2\theta}{\mathrm{d}t^2} + 2\frac{\mathrm{d}r}{\mathrm{d}t}\frac{\mathrm{d}\theta}{\mathrm{d}t}\right]\boldsymbol{y}(t) = 0 \tag{2.7}$$

式中:$\boldsymbol{x}(t)$与$\boldsymbol{y}(t)$正交。

因此,有

$$\left[\frac{\mathrm{d}^2 r}{\mathrm{d}t^2} - r\left(\frac{\mathrm{d}\theta}{\mathrm{d}t}\right)^2\right] + \frac{\mu}{r^2} = 0 \tag{2.8}$$

$$r\frac{\mathrm{d}^2\theta}{\mathrm{d}t^2} + 2\frac{\mathrm{d}r}{\mathrm{d}t}\frac{\mathrm{d}\theta}{\mathrm{d}t} = 0 \tag{2.9}$$

由式(2.9),可得

$$\frac{1}{r}\frac{\mathrm{d}}{\mathrm{d}t}\left(r^2\frac{\mathrm{d}\theta}{\mathrm{d}t}\right) = 0$$

因此,有

$$r^2\frac{\mathrm{d}\theta}{\mathrm{d}t} = D(\text{常数}) \tag{2.10}$$

令 $u = 1/r$,得

$$\frac{\mathrm{d}\theta}{\mathrm{d}t} = D u^2 \tag{2.11}$$

因此,有

$$\frac{\mathrm{d}r}{\mathrm{d}t} = \frac{\mathrm{d}r}{\mathrm{d}\theta}\frac{\mathrm{d}\theta}{\mathrm{d}t} = \left(-\frac{1}{u^2}\right)\frac{\mathrm{d}u}{\mathrm{d}\theta}\frac{\mathrm{d}\theta}{\mathrm{d}t} = -D\frac{\mathrm{d}u}{\mathrm{d}\theta} \tag{2.12}$$

$$\frac{\mathrm{d}^2 r}{\mathrm{d}t^2} = \frac{\mathrm{d}}{\mathrm{d}t}\left(\frac{\mathrm{d}r}{\mathrm{d}t}\right) = \frac{\mathrm{d}}{\mathrm{d}\theta}\frac{\mathrm{d}\theta}{\mathrm{d}t}\left(\frac{\mathrm{d}r}{\mathrm{d}t}\right) = -D^2 u^2\frac{\mathrm{d}^2 u}{\mathrm{d}\theta^2} \tag{2.13}$$

将式(2.11)和式(2.13)代入式(2.8),得

$$\frac{\mathrm{d}^2 u}{\mathrm{d}\theta^2} + u = \frac{\mu}{D^2} \tag{2.14}$$

令

$$p = \frac{D^2}{\mu} \tag{2.15}$$

解二阶线性微分方程(2.14),得

$$u = \frac{1}{p} + A\cos(\theta - \theta_0) \tag{2.16}$$

因此,有

$$r = \frac{p}{1 + pA\cos(\theta - \theta_0)} \tag{2.17}$$

其中 A 和 θ_0 是常数,可以通过调整使 $\theta_0 = 0$。

将图 2.2 所示的卫星轨道的开普勒第一定律表示为

$$\boldsymbol{r}(\theta) = \frac{p}{1 + e\cos(\theta)} \tag{2.18}$$

$$e = pA$$

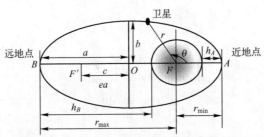

图 2.2 长轴为 AB 和半长轴为 AO 的轨道

要注意地球在椭圆的一个焦点上。点 A 是离地球最近的点,称为近地点(Perigee);点 B 是最远的点称为远地点(Apogee)。地球半径 $R_E = 6378\mathrm{km}$。参数之间的关系为

$$r_{min} = h_A + R_E = a(1 - e) = p/(1 + e) \tag{2.19}$$

$$r_{max} = h_B + R_E = a(1 + e) = p/(1 - e) \tag{2.20}$$

$$a = (r_{min} + r_{max})/2 = (h_A + h_B) + R_E = p/(1 - e^2) \tag{2.21}$$

$$b = (a^2 + c^2)^{1/2} = a(1 - e^2)^{1/2} = (r_{min}r_{max})^{1/2} = p/(1 - e^2)^{1/2} \tag{2.22}$$

$$p = b^2 a \tag{2.23}$$

$$c = ae = (r_{max} - r_{min})/2 = (h_B - h_A)/2 = ep/(1 - e^2) \tag{2.24}$$

$$e = c/a = (r_{max} - r_{min})/(r_{max} + r_{min}) = (h_B - h_A)/(h_B + h_A + 2R_e) \tag{2.25}$$

$$p = a(1 - e^2) = 2r_{max}r_{min}/(r_{max} + r_{min}) \tag{2.26}$$

2.1.4 开普勒第二定律:卫星矢量扫过的面积

由式(2.10)和式(2.15),可得

$$\frac{1}{2}r^2\frac{\mathrm{d}\theta}{\mathrm{d}t} = \frac{D}{2} = \frac{1}{2}\sqrt{p\mu}\ (常数) \tag{2.27}$$

这与开普勒第二定律相符。

2.1.5 开普勒第三定律:轨道周期

T 为轨道周期,从 0 到 T 积分,得到式(2.27)左侧等于椭圆的面积,因此有

$$ab\pi = \int_0^T \frac{1}{2}\sqrt{p\mu}\,\mathrm{d}t = \frac{T}{2}\sqrt{p\mu} \qquad (2.28)$$

再由式(2.23),式(2.28)变为

$$T = \frac{2ab\pi}{\sqrt{p\mu}} = \frac{2\pi}{\mu^{1/2}}a^{3/2} \qquad (2.29)$$

这符合开普勒第三定律。

根据卫星轨道周期,卫星轨道可以分为以下几类:

● 如果 $T=24\mathrm{h}$,$i=0$,称为地球静止轨道。轨道具有相同的周期——一个恒星日。更精确地说,一个恒星日为 23h56min4.1s。计算可知,轨道半长轴 $a = 42\,164\mathrm{km}$,卫星速度 $v=3075\mathrm{m/s}$。

● 如果 $T=24\mathrm{h}$,$0<i<90°$,称为地球同步轨道。

● 如果 $T\neq24\mathrm{h}$,称为非地球同步轨道。此时,需要多颗卫星构成星座,具有一组轨道平面,每个轨道平面上部署数颗卫星,才能形成对覆盖区域的连续服务。

2.1.6 卫星速度

将式(2.10)和式(2.15)代入式(2.8),得

$$\left[\frac{\mathrm{d}^2r}{\mathrm{d}t^2} - \frac{(p\mu)^2}{r^3}\right] + \frac{\mu}{r^2} = 0$$

由式(2.26),并对上式两边积分得

$$\frac{1}{2}\left(\frac{\mathrm{d}r}{\mathrm{d}t}\right)^2 + \left(\frac{a(1-e^2)^2\mu}{2\,r^2} - \frac{\mu}{r}\right) = \int 0\mathrm{d}r = E \qquad (2.30)$$

在近地点,有边界值 $r=r_{\min}=a(1-e)$ 和 $\frac{\mathrm{d}r}{\mathrm{d}t}=0$。代入式(2.30),得

$$E = \frac{a(1-e^2)\mu}{2a^2(1-e)^2} - \frac{\mu}{a(1-e)} = -\frac{\mu}{2a} \qquad (2.31)$$

由式(2.5)、式(2.26)、式(2.27)和式(2.30),可计算卫星速度为

$$v^2 = \left(\frac{\mathrm{d}r}{\mathrm{d}t}\right)^2 = \left(\frac{\mathrm{d}r}{\mathrm{d}t}\right)^2 + \left(r\frac{\mathrm{d}\theta}{\mathrm{d}t}\right)^2 = \left(\frac{\mathrm{d}r}{\mathrm{d}t}\right)^2 + \frac{a(1-e^2)\mu}{r^2} = 2E + \frac{2\mu}{r} = \mu\left(\frac{2}{r} - \frac{1}{a}\right)$$

$$(2.32)$$

由式(2.18)、式(2.19)和式(2.20)可知,v 在近地点($r=r_{\min}=a(1-e)$)达到最大值,在远地点($r=r_{\max}=a(1+e)$)达到最小值,即

$$v_{\min} = \sqrt{\frac{\mu(1-e)}{a(1+e)}} \qquad (2.33)$$

$$v_{\max} = \sqrt{\frac{\mu(1+e)}{a(1-e)}} \qquad (2.34)$$

2.2 卫星轨道参数

卫星轨道参数定义了卫星在空间中的轨迹。轨道形状由两个参数定义:半长轴(Semi - Major Axis)a 和偏心率(Eccentricity)e。轨道平面在空间中的位置由其他参数定义:轨道倾角(Inclination)i、交点赤经(Right Ascension of The Node)Ω、近地点幅角(Argument of Perigee)ω。半长轴还决定了卫星轨道周期 T。

2.2.1 半长轴

半长轴(a)定义了轨道的大小(单位为 km)。长轴是指经过轨道椭圆两个焦点的弦的长度。半长轴是长轴的一半。对于圆形轨道,半长轴就是圆半径。图 2.2 显示了半长轴和其他轨道参数。

2.2.2 偏心率

偏心率(e)决定了轨道的形状。它是 0 到 1 之间的一个无单位的几何常量。圆形轨道的偏心率为 0。不同的 e 值定义了不同的轨道类型。

- 当 $e=0$ 时,卫星轨迹是一个圆;
- 当 $e<1$ 时,卫星轨迹是一个椭圆;
- 当 $e=1$ 时,卫星轨迹是一条抛物线;
- 当 $e>1$ 时,卫星轨迹是双曲线。

2.2.3 轨道倾角

轨道倾角(i)决定了轨道平面相对地球赤道平面的倾斜程度,用角度来表示。定义为如图 2.3 所示的两个平面之间的夹角。倾角为 0 的轨道称为赤道轨道;倾角为 90°的轨道称为极轨道;倾角小于 90°的轨道称为顺行轨道(即卫星绕北极向东旋转),在 90°和 180°之间的轨道称为逆行轨道(即卫星绕北极向西旋转)。倾角的最大值为 180°。

根据轨道平面的倾角 i,即地球赤道平面与卫星轨道平面的夹角,卫星轨道(如图 2.4 所示)可分为如下类型。

- 赤道轨道:$i=0$,轨道和地球赤道在同一平面;
- 倾斜轨道:$0<i<90°$,轨道面和地球赤道面有一个 i 度的夹角;
- 极轨道:$i=90°$,轨道面包含极轴。

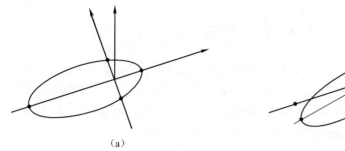

（a）　　　　　　　　　　　　　　（b）

图 2.3　轨道倾角 i

（a）轨道平面在赤道平面上 $(i=0)$；（b）轨道的倾角为 $i(0 < i < 90°)$。

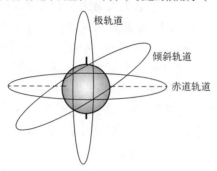

图 2.4　赤道轨道、倾斜轨道和极轨道

2.2.4　交点赤经和近地点幅角

交点赤经 (Ω) 决定了轨道平面的转动，用角度来表示。定义为赤道平面内从春分点到轨道面交点线之间的角度。这里赤经所指的"经度"不是一般的地球表面的经度，而是一个在赤道平面测量的角度，因此又称为升交点赤经（Right Ascension of the Ascending Node，RAAN）。近地点幅角 (ω) 决定了近地点在轨道平面的转动，如图 2.5（b）所示，同样用角度表示。

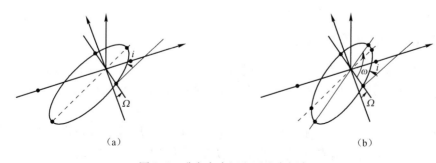

（a）　　　　　　　　　　　　　　（b）

图 2.5　升交点赤经和近地点幅角

（a）升交点赤经 $\Omega(0 \leqslant \Omega \leqslant 360)$；（b）近地点幅角 $\omega(0 \leqslant \omega \leqslant 360)$。

79

2.3 常用轨道

根据开普勒第三定律,卫星的轨道周期与其到地球的距离成正比,可参考式(2.29)。高度为几百到 1000km 的低轨卫星轨道周期小于 2 小时。月亮的高度约 380 000km,轨道周期约 27.32 天,这个周期是中国农历月的基本单位。一个恒星日是 23.934 小时,地球的轨道周期约 365.26 天,这是年的基本单位。

2.3.1 同步地球轨道

处于极端情况之间的是对应于以 1 天为周期的轨道高度。在该高度上的圆轨道卫星以与地球自转速度相同的速度绕地球旋转。这个高度是 35 786.6km,称为同步或地球同步轨道(Geosynchronous Earth Orbit)。地球赤道半径约 42 164km。

如果卫星轨道平面不与地球赤道平面重合,则称该轨道是倾斜的,轨道平面和赤道平面之间的夹角称为轨道倾角。在地球同步轨道中,卫星星下点以一个窄 8 字形的模式从北向南移动(如图 2.6 所示),移动所能到达的南北纬度的边界值由轨道倾角决定。需要一个同步轨道卫星星座才能提供连续的区域覆盖。

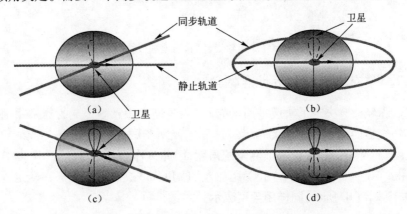

图 2.6 地球同步轨道卫星的星下点轨迹

2.3.2 地球静止轨道

如果地球同步轨道的倾角为 0(或接近 0),卫星就会在赤道上空的一个点上保持静止(或基本静止)。这种轨道称为地球静止轨道(Geostationary Earth Orbit, GEO)。

地球静止轨道的一个优点是地面天线一旦对准卫星就不需要再做连续的转动。另一个优点是地球静止轨道卫星可以连续覆盖大约 1/3 的地球,只有 75°纬度以上的南极和北极地区对卫星不可见。

在赤道上方 35 786.6km 高度的轨道上,卫星的角速度与地表的旋转速度一致,这是这种轨道被广泛采用的原因。由于所有的 GEO 卫星都在该轨道上,所以它非常拥挤。地面站和卫星间的传播时延约 125ms,这就是地球静止轨道卫星通信常被提及的半秒往返时延的来源。

地球静止轨道的缺点是太阳和月球引力对轨道的干扰,这会引起轨道倾角变大。卫星的推进机构可以抵消这种摄动,但是由于一颗卫星所能携带的燃料数量有限,倾角的增长在某些情况下仍然是一个问题。地球静止轨道有限的容量是另一个缺点。使用相同频率的卫星必须相隔一定的距离以免相互干扰。由于无法覆盖高纬度(大于 75°)地区,所以单靠地球静止轨道星座不能实现全球覆盖。

2.3.3 大椭圆轨道

大椭圆轨道(High Elliptical Orbit,HEO)与圆轨道不同。大椭圆轨道卫星仅在远地点提供覆盖,此时卫星在离地表最远的地方(卫星链路预算中的功率要求由此时的距离决定),相对于地面的移动速度很小。图 2.7 是一个典型的大椭圆轨道。

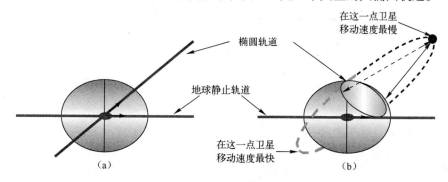

图 2.7 典型的大椭圆轨道

大椭圆轨道的倾角一般为 63.4°,这样轨道相对于地面是准静止的。大轨道倾角能够提供对高纬度地区的覆盖,俄罗斯使用著名的"闪电"(Molnya)和"冻原"(Tundra)椭圆轨道为高纬度地区提供卫星电视服务。

椭圆轨道是一种特殊的轨道,目的是覆盖指定区域而不是全球覆盖。

2.3.4 低轨卫星星座的概念

LEO 卫星的运动速度大于地球自转速度。因此,它们连续地环绕地球运动。图 2.8 显示了一颗 LEO 卫星的轨道和星下点轨迹。LEO 卫星通过卫星星座才能实现全球覆盖。

根据卫星轨道平面和在轨道上的点位可以确定一颗卫星的位置。对于卫星星座,有简单的标记法或规则描述全球覆盖的星座。文献中有两种描述卫星星座的的标记法——Walker 构型码和 Ballard 构型码。

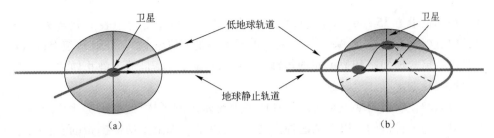

（a）　　　　　　　　　　　　　　　（b）

图 2.8　LEO 卫星星下点轨迹

- Walker 构型码（$N/P/p$）：N 为每个轨道面上的卫星数，P 为轨道面个数，p 为用于控制轨道面间距偏移量的轨道面不同相位的个数；
- Ballard 构型码（NP,P,m）：NP 为卫星总数，P 为轨道面个数，m 为描述轨道面间相位的谐因子（Harmonic Factor）。

Walker 构型码较常见，但 Ballard 构型码能够更加准确地描述轨道面间可能的偏移量。

2.3.5　轨道摄动

有许多细微的因素会影响卫星的轨道，导致由二体引力方程所推导的简单轨道预测失效。摄动因素具体如下。

- 地球的扁率：地球在赤道比两极更鼓一些，导致引力场比"点"引力源所形成的球对称场更加复杂；
- 太阳和月球引力影响：太阳和月球引力是除了地球自身引力场外对卫星影响最大的引力；
- 大气阻力：当卫星穿过地球大气层的上层时所产生的摩擦；
- 太阳辐射压力：太阳光子和卫星碰撞后，被吸收或反射所产生的压力。

2.3.6　卫星高度和覆盖

高度越高，可视距离就越长。距离越长，通信所需的传输功率就越高。图 2.9 显示了这种简单的卫星高度与覆盖之间的关系。

GEO 卫星的高度最高，覆盖面积最大，LEO 卫星高度最低，覆盖面积最小，MEO 介于两者之间。

GEO 卫星提供对同一区域的固定和连续覆盖，而 LEO 和 MEO 卫星都会逐步移动出覆盖区域。这意味着 LEO 和 MEO 卫

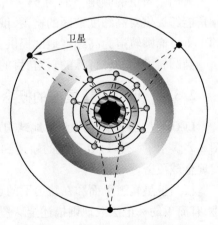

图 2.9　高度与覆盖间的关系

虽然可使终端小型化,但代价是复杂的卫星星座。伴随这种复杂性的还有卫星星座部署和运管的高昂开销。另一方面,相较于 GEO 卫星,LEO 和 MEO 卫星可以使用较小的航天器提供同样的对地传输功率。

尽管近年来星座卫星的研发在技术领域取得了重要进展,但从经济角度考虑,还需要时间来减小系统成本并从新业务和应用中盈利,这样才能充分发挥星座的优势。

卫星网络提供对地覆盖,尤其是地面网络无法覆盖的地区。因此,本节采用以地球为中心的视角来讨论卫星网络和地球的关系。

2.3.7　天线增益和波束宽度角

在无线电通信中,天线是传输链路非常重要的组成部分。它帮助辐射功率向接收天线方向集中,但是接收天线只能接收来自发射天线的一小部分功率。大多数功率都散播到了一个更宽的区域中。图 2.10 显示了一个由天线大小和使用的传输频率决定的典型的天线方向图(Antenna Radiation Pattern)。

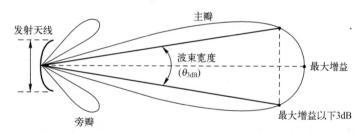

图 2.10　天线方向图

天线的最大增益表示为

$$G_{\max} = (4\pi/\lambda^2)\eta A$$

式中:$\lambda = c/f$ 为波长,光速 $c = 3 \times 10^8$ m/s,f 为电磁波频率;天线的几何表面积 $A = \pi D^2$,D 是直径。

在视轴的 θ 角方向,增益的值为(相对于全向天线)

$$G(\theta) = G_{\max} - 12\left(\frac{\theta}{\theta_{3db}}\right)^2$$

方向图的半功率波束宽度为

$$\theta_{3db} = k\frac{\lambda}{D}$$

对于典型天线,$k = 70°$(1.22,如果 θ_{3db} 单位是弧度)。

因此,得

$$\theta_{3db} = 70\left(\frac{\lambda}{D}\right) = 70\left[\frac{c}{fD}\right]$$

2.3.8 覆盖计算

卫星的高度决定了全球波束天线的覆盖范围,以及覆盖边缘的地面站到卫星的距离。图 2.11 显示了仰角 β 和高度 h_E 的关系。

在图 2.11 中,OPS 是一个直角三角形,有

$$Sp = (h_E + R_E)\sin\alpha \tag{2.35}$$
$$Op = (h_E + R_E)\cos\alpha$$
$$Ap = Sp\tan\beta \tag{2.36}$$

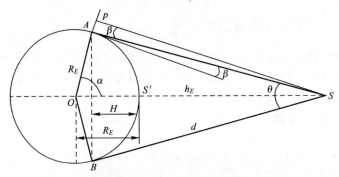

图 2.11 仰角和高度的关系

因为 $Ap = AS\sin\beta$,再由式(2.35)和式(2.36),得 $AS = Sp\tan\beta/\sin\beta = (h_E + R_E)\sin\alpha/\cos\beta$。

当 $\beta = 0$ 时,$AS = (h_E + R_E)\sin\alpha$。可以算出 $\cos\alpha = R_E/(h_E + R_E)$,则有

$$\sin^2\alpha = 1 - [R_E/(h_E + R_E)]^2$$

因此,有

$$(AS)^2 = (h_E + R_E)^2 - R_E^2 \tag{2.37}$$

因为当 $\beta = 0$ 时 OAS 是直角三角形,也可直接计算得

$$(AS)^2 + R_E^2 = (h_E + R_E)^2$$

这与式(2.37)是一致的。

最大覆盖区域可计算公式为

$$\text{Coverage} = 2\pi R_E H = 2\pi R_E^2 \left[1 - \frac{R_E}{(h_E + R_E)}\right]$$

2.3.9 从地面站到卫星的距离和传播时延

有两个角度用于从地表的任意一点定位卫星(如图 2.12 所示)。

(1) 仰角(β):在由指定点、卫星和地心三点确定的平面上,过指定点的水平线和卫星的夹角。

(2) 方位角(α):在所处位置的水平面上测量的角度,是指定点、卫星和地心

三点构成平面与水平面的交线和正北方向线之间的夹角。

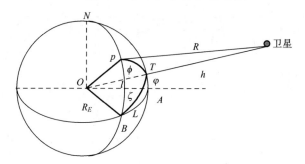

图 2.12　地面站和卫星间的距离

从地心到卫星的距离是 $r = h + R_E$。

从地面站到卫星的距离计算公式为

$$R^2 = R_E^2 + r^2 - 2R_E r \cos\phi$$

$$\tan\beta = [\cos\phi - (R_E/r)]/\sin\phi$$

$$\sin\alpha = \sin L \cos\varphi / \sin\phi$$

$$\cos\phi = \cos L \cos\varphi \cos l + \sin\varphi \sin l$$

式中: L 和 l 分别是地面站的经度和纬度。对于 GEO, 有 $\varphi = 0$, 则 $\cos\varphi = 1, \sin\varphi = 0$。

从地面站到卫星的传播时延为

$$T_p = \frac{R}{c} = \frac{35786 \times 10^3}{3 \times 10^8} \approx 0.12 \text{s}$$

因此, 从一个地面站到另一个地面站的单向传播时延为

$$T_p = \frac{R_1 + R_2}{c}$$

式中: R_1 和 R_2 为两个地面站到卫星的距离。

2.4　卫星链路特性和调制传输

基本的传输信号元素包括载波和调制信号。载波是一种连续的正弦波, 不包含任何信息。调制信号是要经载波传输的消息信号(Message Signal)。通过调制载波的幅度、频率或相位, 可以得到不同的调制模式: 调幅、调频和调相。在接收端, 解调器将消息信号从载波中分离出来, 解调过程与发送端采用的调制模式有关。图 2.13 显示了不同的解调过程。通过调制, 消息信号可以在载波的频率上传输。调制可以用来在频域上提供对无线电频段的多路访问。

除了调制信号, 卫星传输信道状态也会引起载波幅度、频率或相位的变化, 从而导致传输错误。因此在传输过程中非常重要的一点是使用纠错码来尽可能地恢复错误。

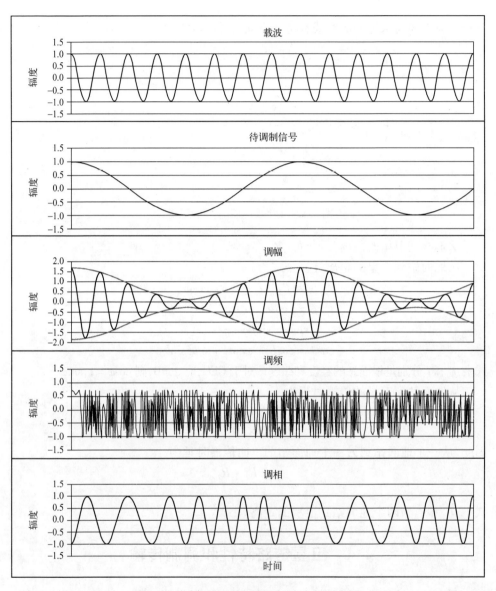

图 2.13　载波、待调制的信号和调制后的信号

2.4.1　卫星链路特性

与线缆不同,卫星链路质量是不可控的。下列因素会引起卫星链路的传播损失。

● 工作频率:大气吸收会导致信号衰减,而由对流层导致的损耗的严重程度会随频率的增加而增加。

● 天线仰角和极化:穿过对流层的传输路径长度与天线仰角成反比。相应的,传输损耗、噪声和去极化也随天线仰角的减小而增长。雨衰是极化敏感的(Polarization Sensitive)。同样去极化也是极化敏感的,而且圆极化是最易受影响的。

● 地面站海拔:因为高纬度地区通信路径上经过对流层的距离较短,因此损失也少。

● 地面站噪声温度是指相对于系统噪声温度的天空噪声温度(Sky Noise Temperature)等级,反映的是天空噪声对下行链路信噪比的影响。

● 当地气象:地面站附近降雨量和降雨特征是决定频率和主要传输损耗的首要因素。

● 品质因数(Figure of Merit)G/T 表示接收机的效率。G 是以分贝为单位的天线接收增益,T 是接收系统噪声温度,表示为相对 $10°$ 开尔文(Kelvin)的分贝值。因此 G/T 用分贝表示,其采用扩展符号 dB/K 是为了标记出温度的单位为卡尔文。

因为卫星链路传输距离长,所以自由空间损耗是主要能量损耗。尽管如此,其他损耗也不可忽略,因为它们会增加数个分贝的损耗。在 10GHz 频率以上,大气吸收和降雨导致的损耗十分显著。在这个频段,电磁波与大气中的分子相互作用并产生谐振,从而引发信号衰减。最主要的谐振衰减是在 22.235GHz 由于水蒸气产生的衰减和 53~65GHz 由于氧气产生的衰减。其他频率上的损耗通常很小(小于 1dB)。这些大气损耗可以被计算并包含到链路预算方程中,以确定它们对整体链路质量的影响。

在小于 1GHz 的低频段,多径衰减和电离层闪烁在损耗中占主导地位。当大气中电子密度很大时会产生法拉第旋转衰减,不过采用合适的极化方式,在高增益通信中这种损耗可以被控制。

2.4.2 调制技术

作为例子,数学描述载波为

$$c_r(t) = A_c \cos(2\pi f_c t)$$

式中:A_c 为载波幅度;f_c 为载波频率。

调幅波(Amplitude – Modulated Wave)可表示为

$$s(t) = [A_c + k_a m(t)] \cos(2\pi f_c t)$$

式中:$m(t)$ 为消息信号;k_a 为调制器对振幅的灵敏度。

调频波(Frequency – Modulated Wave)可表示为

$$s(t) = A_c \cos[2\pi(f_c + k_f m(t))t]$$

式中:k_f 为调制器对频率的灵敏度。

调相波(Phase – Modulated Wave)可表示为

$$s(t) = A_c \cos[2\pi f_c t + k_p m(t)]$$

式中:k_p为调制器对相位的灵敏度。

在调频波中,令$\theta_f(t) = 2\pi(f_c + k_f m(t))t$,可知$m(t)$引起频率变化$\Delta f = k_f m(t)$等价于相位变化$\Delta \theta_f = 2\pi(f_c + \Delta f)\Delta t = 2\pi[f_c + k_f m(t)]\Delta t$,因此有

$$\frac{d\theta_f(t)}{dt} = 2\pi f_c + 2\pi k_f m(t)$$

$$\theta_f(t) = 2\pi f_c t + 2\pi k_f \int_0^t m(t)\,dt$$

也就是说,由载波频率和消息信号的积分可以生成调频波。

在调相波中,$\theta_p(t) = 2\pi f_c t + k_p m(t)$,即调相波是由载波频率和消息信号生成。因此,调相波可以由调频波推导出来,反之亦然。相位调制和频率调制统称为角度调制。

2.4.3 卫星传输的相移键控方案

在数字传输过程中,卫星链路状况会发生变化,传输幅度也会随链路状况变化而变化。因此,无法使用调幅方式。调频难于实现且带宽利用效率不高。与调幅和调频相比,调相具有优势且易于实现。因此,卫星传输常采用调相方式。有多种不同的调相方案,目的是在功率、频率和实现效率之间取得最佳的折中。

最简单的相位调制模式是二进制相移键控(Binary Phase Shift Keying,BPSK)。该方案在一个载波频率周期内传输1bit。调制阶数越高,带宽效率越高。例如,E_b/N_0相同的条件下,正交相移键控(Quadrature Phase Shift Keying,QPSK)能够在一个载波频率周期内传输2bit,不过这是以误码性能为代价的。

相干解调(Coherent Demodulation)或相干检波(Coherent Detect)是指本地振荡器与调制载波的频率和相位严格相干或同步。否则,称为非相干解调或非相干检波,其解调采用匹配滤波器,使用的是不同的技术方法。

2.4.4 二进制相移键控

在一个相干二进制相移键控(Binary Phase Shift Keying,BPSK)系统中,使用一对信号分别表示二进制符号"1"和"0",这对信号的定义为

$$\begin{cases} s_1 = \sqrt{\dfrac{2E_b}{T_b}}\cos(2\pi f_c t) \\ s_2 = \sqrt{\dfrac{2E_b}{T_b}}\cos(2\pi f_c t + \pi) = -\sqrt{\dfrac{2E_b}{T_b}}\cos(2\pi f_c t) \end{cases}$$

以上定义可用一个单位能量的基函数,即

$$\phi_1 = \sqrt{2/T_b}\cos 2\pi f_c$$

表示在信号空间图(Signal – Space Diagram)或星座图上,如图2.14所示。

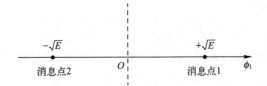

图 2.14　相干二进制相移键控信号空间图

2.4.5　正交相移键控

同样,在一个相干正交相移键控(Quadrature Phase Shift Keying,QPSK)系统中,定义了 4 个信号矢量,即

$$S_i = \begin{bmatrix} \sqrt{E}\cos\left((2i-1)\dfrac{\pi}{4}\right) \\ \sqrt{E}\sin\left((2i-1)\dfrac{\pi}{4}\right) \end{bmatrix} \quad i = 1,2,3,4$$

以上定义可用两个正交的单位能量基函数表示在信号空间图上,即

$$\phi_1 = \sqrt{2/T_b}\cos 2\pi f_c$$

$$\phi_2 = \sqrt{2/T_b}\sin 2\pi f_c$$

如图 2.15 所示。

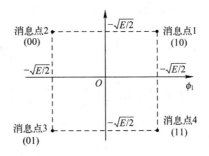

图 2.15　相干正交相移键控信号空间图

2.4.6　高斯滤波最小频移键控

有两种技术可用于提高带宽效率和误码性能:最小相移(Minimum Phase Shift)和经高斯滤波器的矩形脉冲成形。

令 W 代表脉冲成形滤波器的 3dB 基带带宽。脉冲滤波器的传递函数 $H(f)$ 和脉冲响应 $h(t)$ 分别定义为

$$H(f) = \exp\left(-\frac{\ln 2}{2}\left(\frac{f}{w}\right)^2\right)$$

$$h(t) = \sqrt{\frac{2\pi}{\ln 2}} W \exp\left(-\frac{2\pi^2}{\ln 2} W^2 t^2\right)$$

高斯滤波器对单位振幅矩形脉冲的响应和持续时间T_b(以原点为中心)可表示为

$$g(t) = \int_{-T_b/2}^{T_b/2} h(t-\tau)\,\mathrm{d}\tau = \sqrt{\frac{2\pi}{\ln 2}} W \int_{-T_b/2}^{T_b/2} \exp\left(-\frac{2\pi}{\ln 2} W^2 (t-\tau^2)\right)\mathrm{d}\tau$$

脉冲响应$g(t)$构成了高斯滤波最小频移键控(Gaussian – filtered Minimum Shift Keying,GMSK)调制器的频率成形脉冲,而无量纲的时间带宽积(Time – Bandwidth Product)WT_b扮演的是设计参数的角色。

当WT_b减小,频率成形脉冲的时间跨度会相应增长。极限状态$WT_b = \infty$对应一般 MSK 的情况;当$WT_b < 1$时,越来越多的发射功率会集中在 GMSK 信号的通频带(Pass Band)内。

2.4.7　误比特率(BER):调制模式的质量参数

传输期间卫星信道会产生误比特。误比特率(Bit Error Rate,BER)与接收端的信噪比(Signal – to – Noise,S/N)有关。为了得到可接受范围内的误比特率,接收端必须保证一个最小的信噪比,而发射端也要保持一定的信噪比。

信噪比和信道误比特率间的关系是对数字链路性能的一种度量。对一个特定的调制模式,可由信号噪声功率谱密度比 S/N_0 计算得

$$\frac{S}{N} = \frac{E_b R}{N_0 B} \quad \frac{E_b}{N_0} = \left(\frac{S}{N}\right)\left(\frac{B}{R}\right) = \frac{S}{\frac{N}{B}}\left(\frac{1}{R}\right) = \frac{S}{N_0}\left(\frac{1}{R}\right)$$

$$\left(\frac{E_b}{N_0}\right)dB = 10\log_{10}\frac{S}{N} - 10\log_{10}\frac{R}{B} = 10\log_{10}\frac{S}{N_0} - 10\log_{10}R \qquad (2.38)$$

式中:E_b为单位比特能量;N_0为噪声功率谱密度;R为数据速率;B为带宽。

数据速率和带宽比 R/B 称为调制的频谱效率或带宽效率(单位为 bit/s/Hz)。对于一个给定带宽,E_b/N_0必须足够大,才能实现具有良好的误码性能(以误比特率或误比特概率衡量)的传输比特速率。

可由公式计算误符号率。每个符号的比特数为$\log_2 M$,M是调制模式的编码级别。误比特率p_b与误符号率P_s的关系为

$$p_b = \frac{P_s}{\log_2 M} \qquad (2.39)$$

理论上,误码性能可以使用高斯概率计算,即

$$P(X > \mu + x\sigma_x) = Q(y) = \int_y^\infty \frac{1}{\sqrt{2\pi}} e^{-z^2/2}\mathrm{d}z$$

$$Q(0) = \frac{1}{2} \quad Q(-y) = 1 - Q(y) \quad (y \geqslant 0)$$

90

$$\mathrm{erfc}(y) \equiv \frac{2}{\sqrt{\pi}} \int_y^\infty e^{-z^2} \mathrm{d}z = 2Q(\sqrt{2}y)$$

表 2.1 显示了一些常用调制模式的误码性能。图 2.16 显示了由该表中公式计算出的一些结果。

表 2.1　调制方法

调制模式	P_E
相干 QPSK	$\dfrac{1}{2}\mathrm{erfc}(\sqrt{E_b/N_0})$
相干 BPSK	
相干 MPSK	
MSK	$\dfrac{1}{2}\mathrm{erfc}(\sqrt{E_b/N_0})$
GMSK	$\dfrac{1}{2}\mathrm{erfc}(\sqrt{\alpha E_b/2N_0})$，其中 α 是常量，依赖于时间带宽积 WT_b
相干 BFSK	$\dfrac{1}{2}\mathrm{erfc}(\sqrt{E_b/2N_0})$
非相干 DPSK	$\dfrac{1}{2}\exp(-E_b/N_0)$
非相干 BFSK	$\dfrac{1}{2}\exp(-E_b/2N_0)$

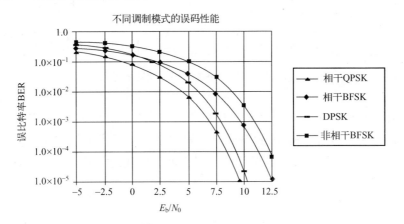

图 2.16　不同调制模式的误码性能

2.4.8　卫星网络的物理层

根据协议参考模型,卫星组网从物理层开始。物理层接收链路层帧,然后通过卫星以比特流的方式将帧发送到对等单元。同样,物理层也将从对等单元收到的比特流传给链路层。根据不同卫星通信载荷的实现,有简单将无线电信号从上行链路转发到下行链路的透明卫星,有对数字信号做处理后再转发到下行链路的在轨处理卫星,还有包含如交换或路由功能的更加复杂的载荷的卫星。

这里集中讨论经卫星发送和接收比特流和无线电信号的物理层。图2.17显示了在协议参考模型下卫星网络的物理层功能。图中一台用户终端产生比特流。编码器对比特流进行纠错编码和信道编码。调制器将编码后的信号调制到载波上,通过卫星链路传输。在网络的另一侧,经过相反的过程将比特流送到另一台用户终端。在卫星网络中,这些处理对用户是透明的。在处理过程中还可以包含不同的OBP功能或星间链路。

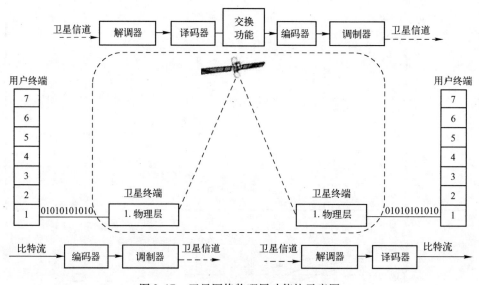

图2.17 卫星网络物理层功能块示意图

在有线网络中,数字比特流可以编码为基带信号,直接通过线缆传输。但是,卫星使用无线电链路传输,因此需要将信号调制后在无线电信道或载波上传输。而且,在信道编码前,要使用纠错编码以纠正可能出现的传输错误,从而减少误码概率,提高传输质量。

2.5 前向纠错

前向纠错(Forward Error Correction,FEC)技术是指在传输数据中加入冗余信息,当接收端接收到数据,使用这种冗余信息检测和纠正传输过程中产生的误码,如图2.18所示。FEC编码有很多种类。这里仅简单介绍其中几种,包括线性分组码(Linear Block Codes)、循环码(Cyclic Codes)、网格(Trellis)和卷积码(Convolutional Codes)、Turbo 码(Turbo Codes)和低密度奇偶校验(Low Density Parity Check,LDPC)码。

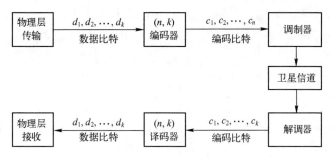

图 2.18　前向纠错编码

2.5.1　线性分组码

分组码是"无记忆"码,它将 k 个输入二进制信号映射到 n 个输出二进制信号,因为有冗余信息所以 $n > k$。

令 $m = [m_0, m_1, \cdots, m_{k-1}]$ 为信息位,$b = [b_0, b_1, \cdots, b_{n-k-1}]$ 为校验位,$\boldsymbol{P}$ 是一个发送和接收端都知道的 $k \times (n-k)$ 阶系数矩阵,可以生成校验位,即

$$b = m\boldsymbol{P} \tag{2.40}$$

如果码字 $c = [b : m]$ 被传输,可以使用式(2.40)检测误码,甚至纠正部分误码。

线性分组码的一个例子是汉明码 (n, k),其中码组长度为 $n = 2^r - 1$,信息位个数为 $k = 2^r - r - 1$ 或 $k + r + 1 = 2^r$,校验位个数为 $n - k = r$。

BCH(Bose – Chaudhuri – Hocquenghem)是带有参数的一类线性分组码。码组长度为 $n = 2^m - 1$,信息位个数为 $k \geq n - mt$,最小距离为 $d_{\min} \geq 2t + 1$,其中 m 为任意整数,$t = (2^m - 1)/2$ 为能检错的最大个数。

RS(Reed – Solomon)码是非二进制 BCH 码的一个子类。RS 码 (n, k) 将 m 位二进制码元编码为包含 $n = 2^m - 1$ 个码元(等于 $m(2^m - 1)$ 比特)的码组。纠正 t 个错误的 RS 码的参数为:码组长度为 $n = 2^m - 1$ 个码元,信息大小为 k 个码元,奇偶校验码大小为 $n - k = 2t$ 个码元,最小距离为 $d_{\min} \geq 2t + 1$ 个码元。

2.5.2　循环码

令 $g(X)$ 为最小次数为 $(n-k)$ 的多项式,又称为循环码的生成多项式。$g(X)$ 定义为

$$g(X) = 1 + \sum_{i=1}^{n-k-1} g_i X^i + X^{n-k}$$

若 $m(X) = m_0 X^1 + m_1 X^2 + \cdots + m_{k-1} X^{k-1}$ 表示信息,$b(X) = b_0 X^1 + b_1 X^2 + \cdots + b_{n-k-1} X^{n-k-1}$ 表示校验冗余信息,用 $X^{n-k} m(X)$ 除以 $g(X)$ 得到余式 $b(X)$,$b(X)$ 加 $X^{n-k} m(X)$ 得 $c(X)$。

因为能够检测出突发错误,所以循环编码常用于检错,又称为循环冗余校验(Cyclic Redundancy Check,CRC)码。表 2.2 给出了一些有用的 CRC 码。

表 2.2 循环冗余校验码(CRC)

码	生成多项式 $g(X)$	$n-k$
CRC – 12 码	$1 + X + X^2 + X^3 + X^{12} + X^{12}$	12
CRC – 12 码(USA)	$1 + X^2 + X^{15} + X^{16}$	16
CRC – ITU 码	$1 + X^5 + X^{12} + X^{16}$	16

二进制(n,k)CRC 码能够检测到如下错误模式。

● 所有长度小于等于 $n-k$ 的突发错误;

● 长度等于 $n-k+1$ 的一部分突发错误,这个所谓"一部分"的个数大于等于 $1-2^{-(n-k-1)}$;

● 小于等于$d_{min}-1$ 个错误的组合,其中d_{min}是线性分组码的最小距离。这个距离定义为一对码矢量(Code Vector)对应位置上取值不同的个数,又称为汉明距离;

● 带有奇数个错误的所有错误模式,前提是码的生成多项式有偶数个非零系数。

2.5.3 网格编码和卷积码

网格码是"有记忆"的,它记住了 L 个输入信号的目标码组之前的$(K-1)$个输入信号。这$(K-1)+L=K+L-1$ 个输入二进制信号在生成对应于 L 个输入信号的 $n[(K-1)+L]$ 个输出二进制信号时被使用。因此,码率为$L/[n(K+L-1)]$。

卷积码是网格码的一个子集。卷积编码器可以抽象为一个存储$(k-1)$个信息比特的有限状态机。在时间 j,部分信息序列中包含最近的 k 比特(m_{j-k+1}, m_{j-k+2},…,m_{j-1},m_j),其中m_j是当前比特位。在估计产生码位接收序列的最可能的数据序列时,卷积译码器利用了这种记忆能力。这称为卷积译码的最大似然估计法。1967 年,Andrew Viterbi 提出了使用最大似然估计法进行卷积译码的技术,其后这项技术成为卷积译码的标准。

2.5.4 级联码

线性分组码优势在于纠正突发错误,卷积码优势在于纠正随机错误。但是,如果有太多的随机错误,两者又都会产生突发错误。1974 年,Joseph Odenwalder 将这两种编码技术合并形成级联码。

首先用分组码作为内码编码,然后再用卷积码作为外码编码。译码时,外部首先做卷积译码,然后做内部分组码译码。

在内码编码和外码编码之间使用交织(Interleaving)技术,可以缓解分组码无法高效处理长度过长的突发错误的问题,从而进一步增强性能。

交织技术是一种输入—输出映射函数,它排列比特流或符号流的顺序,使得交织后比特流的位置独立于原始比特流。一个突发错误可以被随机化为多个随机错误并扩散到比特流中,这种随机错误可以在去交织之前被检测出来或被纠正。实现交织技术的设备或功能块一般称为交织器。

2.5.5 Turbo 码

Turbo 码是功能最强的前向纠错码之一,由 Claude Berrou 在 1993 年提出。采用 Turbo 码的通信传输可以逼近香农限。Turbo 码包含两个编码器和一个交织器,以便外信息(Extrinsic Information)被递归使用,从而最大化正确译码的概率。两个码中的任一个都可以是现有的任意一种编码。这里只用图 2.19 和图 2.20 分别说明 Turbo 码编码器和译码器的概念,不讨论 Turbo 码的细节。

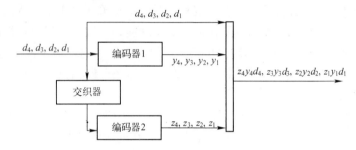

图 2.19 Turbo 码编码器的模块图

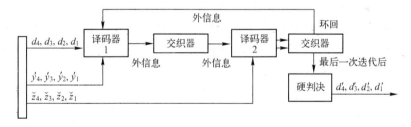

图 2.20 Turbo 码译码器的模块图

编码器的结构简单直观。因为递归使用外信息,译码器稍微复杂一些。对这个概念最方便的表示是在译码器 1 中引入对 $x = [\overline{d_1}, \overline{d_2}, \overline{d_3}, \overline{d_4}]$ 的软估计,用对数似然比(log – likelihood ratio)表示,即

$$l_1(d_i) = \log\left(\frac{P(d_i = 1 \mid x, y, \widetilde{l_2}(x))}{P(d_i = 0 \mid x, y, \widetilde{l_2}(x))}\right) \quad i = 1,2,3,4$$

$$l_2(d_i) = \log\left(\frac{P(d_i = 1 \mid x, y, \widetilde{l_1}(x))}{P(d_i = 0 \mid x, y, \widetilde{l_1}(x))}\right) \quad i = 1,2,3,4$$

$$l_1(x) = \sum_{1}^{4} l_1(d_i), \widetilde{l_1}(x) = l_1(x) - \widetilde{l_2}(x)$$

$$l_2(x) = \sum_{1}^{4} l_2(d_i), \widetilde{l_2}(x) = l_2(x) - \widetilde{l_1}(x)$$

其中$\widetilde{l_2}(x)$在首次迭代中设为0。通过硬判决(Hard Limiting)译码器2.输出端的对数似然比,计算得到对消息$x' = [d_1', d_2', d_3', d_4']$的估计,即

$$\hat{x} = \text{sign}(l_2(x))$$

其中符号函数(Sign Function)对$l_2(x)$的每个元素独立运算。

2.5.6　FEC 的性能

借助 FEC 技术,在绝大多数情况下,甚至是数据在传输过程中出现损坏的情况下,接收端都可以译码出数据。不过,如果有太多的比特损坏,接收端也有可能无法恢复出数据,因为它只能容忍一定程度的错误。众所周知,E_b/N_0是在给定编码方式和带宽的条件下,影响卫星传输误比特性能的参数。就误比特性能而言,相对于不进行编码,使用 FEC 编码卫星链路可以容忍更多的传输错误。这是一项非常有用的技术,因为由于一定链路状况下传输功率的限制,有时卫星传输本身很难实现特定的性能目标。

举例来说:假设 R 是信息速率,R_c是(n,k)分组码定义的编码后的数据速率,其中 n 为码长,k 为信息比特数,$R_c = (Rn/k)$。在同等误比特率条件下,编码前和编码后对功率要求的关系为

$$(C/R_c)/N_0 = (k/n)(C/R)/N_0 = (k/n)(E_b/N_0)$$

这些编码,以更大的带宽需求或更多的开销(降低了吞吐量)为代价,提供在同样E_b/N_0条件下维持目标链路质量的编码增益。这里仅通过图 2.21 给出简单的示例,不进行更具体的数学分析。

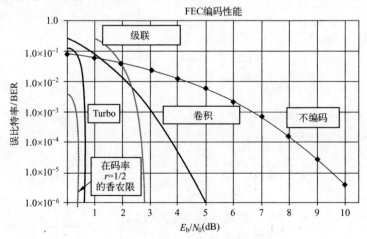

图 2.21　FEC 编码的比较

2.6 多 址 技 术

本节讨论卫星通信在共享介质上使用的多址模式(Multiple Access Scheme)。所谓"多址模式"是指在具有多业务的多个用户之间共享一个公共信道的方法,如图 2.22 所示。

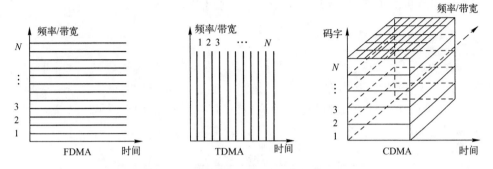

图 2.22 多址技术:FDMA,TDMA 和 CDMA

如图 2.22 所示有三种基本的多址技术:
- 频分多址(FDMA);
- 时分多址(TDMA);
- 码分多址(CDMA)。

复用(Multiplexing)与多址(Multiple Access)不同。复用是从相同位置共享带宽资源的一种聚集功能(Concentration Function),而多址则是从不同位置共享同一资源,如图 2.23 所示。

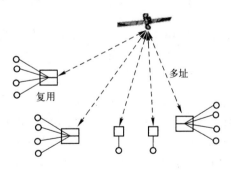

图 2.23 复用与多址概念的比较

2.6.1 频分多址(FDMA)

FDMA 是一项传统技术,这里是指多个地面站使用卫星转发器的不同频率同时进行传输。

FDMA 的优势在于地面站接入的简便性。单路单载波(Single Channel Per Carrier,SCPC)频分多址一般用于稀路由(Thin - Route)电话、VSAT 系统和接入网的移动终端业务。传输网(Transit Network)也使用 FDMA 复用多个信道以共享同一载波。但对于带宽需求变化的应用而言,FDMA 的灵活性不够。

当传输网使用多路单载波方式时,FDMA 存在严重的互调干扰,因此需要从饱和的传输功率回退几个分贝以克服高功率处的非线性问题。由此导致的 EIRP 下降会产生严重的负面影响,尤其是对于小型终端来说。

2.6.2 时分多址(TDMA)

在 TDMA 方式中,每个地面站分配带宽的一个时隙以传输信息。每个时隙可用于传输同步信息、控制信息和用户信息。通过基准突发时间(Reference Burst Time)实现同步。对于数字处理和传输而言,TDMA 更加便捷。图 2.24 显示了一个典型的 TDMA 的例子。

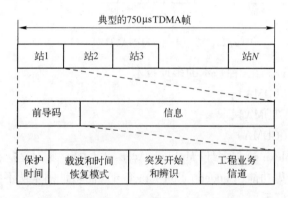

图 2.24　卫星 TDMA 模式的一个典型例子

在给定时间只有一路 TDMA 载波访问卫星转发器,占用全部下行链路功率。如果使用更加精确的计时技术将保护时间损失维持在最小值,则 TDMA 可以有效利用转发器功率资源和带宽资源。因为 TDMA 在高速传输时具有高带宽利用率,所以被传输网广泛采用。

显然,地面终端的 TDMA 突发传输不能彼此干扰。因此,在传输中每个地面站必须能够首先定位并随后控制突发时间段。每个突发必须在相对于基准突发时间的规定时间到达卫星转发器,确保没有两个突发重叠。同时还要保证任意两个突发之间的保护时间大小适中,既可以实现高传输效率,又可以避免因为无法保证完美的定时能力而导致的时隙间冲突。

这里同步是指一种过程,它为所有地面站提供时间信息并控制 TDMA 突发,使得它们处于规定的时隙内。就算每个地面站相对于 GEO 卫星是固定的,也必须执行这一过程,这是因为 GEO 卫星只是名义上定点在某一经度,如果以地心为参考点,GEO 卫星其实是在一个 0.002°的"窗口"中移动。而且,由于剩余轨道偏心率的影响,卫星的经度是变化的。因此 GEO 卫星实际上可以处于空间中一个 75km×75km×85km 的盒子里的任意位置。

卫星的漂移会引起大约 85km 的经度变化,这会导致往返时延的变化(约 500μs)以及信号频率的变化,即多普勒效应。

2.6.3 码分多址(CDMA)

码分多址(Code Division Multiple Access,CDMA)是使用扩频技术(Spread Spectrum)的一项多址技术,其中每个地面站使用一个唯一的扩频码访问共享带宽。这些扩频码彼此正交。为了容纳较大数量的用户,扩频码会由多个比特位组成。CDMA 属于扩频多址(Spread Spectrum Multiple Access,SSMA)。扩频的一个特点是可以工作于高非相关干扰水平下,这是军事通信一种非常重要的抗干扰特性。

宽带扩频函数来自于伪随机码序列(Pseudo – Random Code Sequence),随后生成的发射信号会占用同样宽的频带。在接收端,采用与发射端一致的扩频函数对输入信号进行相关解扩,然后信号同步,最后恢复出原始数据。在接收机的输出端,来自无关用户信号的少量残余相干分量形成加性噪声,称为自干扰(Self – Interference)。

随着用户数量的增加,系统整体噪声水平会升高并影响误比特率性能,从而限制了相同频率分配方式下系统能够容纳的最大并发信道数量。

随着连接数的增加,CDMA 的性能会逐渐衰减。

2.6.4 FDMA、TDMA 和 CDMA 的比较

表 2.3 简单比较了 FDMA、TDMA 和 CDMA。卫星网络更加关心与带宽利用率和功率资源利用率相关的特性,最终关心的是多址技术能提供的系统容量。

表 2.3　主要多址方式特性的比较

特性	FDMA	TDMA	CDMA
带宽利用率	单路单载波	多路单载波——局部分配	单路单载波,局部或全体分配
抗干扰	有限的	通过跳频有限的实现	可抑制干扰,到达噪声限
交调效应	最敏感(需要最大的回退)	较敏感(需要回退)	最不敏感(需要最少的回退)
多普勒频移	带宽限制	突发时间限制	接收端移除
频谱灵活性	每个载波使用最少的带宽	每个载波使用中等的带宽	需要连续的大量频谱段
容量	基本容量	通过跳频可以提高容量	负载未知所以容量不定

2.7　带　宽　分　配

多址模式提供的是针对所需应用和业务将带宽划分为合适大小的机制。而带宽分配模式提供的是以传输带宽和时间为单位分配带宽的机制。

带宽分配模式一般被划分为三类:固定分配接入(Fixed Assignment Access)、按需分配多址(Demand Assignment Multiple Access,DAMA)自适应接入和随机接入。这些技术可以满足以持续时间和传输速率衡量的不同类型用户业务的需求。根据应用不同,这些模式可以单独使用也可以联合使用。

2.7.1　固定分配

固定分配模式下,在终端的生命周期内或一个很长的时间段(年、月、周、日)内,终端的连接被永久性地分配大小固定的带宽资源。这意味着连接的空闲时段无法被利用(即空闲时段被浪费了)。传输网中基于对业务需求长期预测的固定网络带宽资源分配就是这种分配模式的一个例子。

2.7.2　按需分配

按需分配模式是指只有在有需求时才分配带宽资源。按需分配模式有两个变量:时间长度和数据速率。时间长度可以是固定的或变化的。对于一个给定的时间段,数据速率也可以是固定的或变化的。如果使用固定速率分配方法,则带宽资源占用量也是固定的,这意味着如果数据速率变化范围很大,就很难保证带宽使用效率。

在变速率分配方法中,分配的带宽资源将随速率的变化而变化。如果对于系统来说变化模式是未知的,那么也很难满足业务需求。即使使用了信令信息,传播时延也会使得卫星网络很难对短期需求做出快速响应。

按需分配模式一般用于短期并且时间变化量在小时和分钟级别的应用场景。

按需分配允许根据实时流量状况分配带宽资源。为了容纳多种业务类型的组合,带宽资源可以分为多个区间,每个区间采用独立的带宽分配模式。系统监视流量状况并动态调整。按需分配又称为动态分配模式或自适应分配模式。

2.7.3　随机接入

当对带宽访问的时间非常短时,如一个数据帧,上面提到的分配模式的开销都太大了,无法有效利用带宽资源。因此,采用随机接入是较好的选择。

随机接入允许不同的终端,一旦数据准备好就可以同时传输。因为传输时间很短,在业务负载低的情况下,传输成功率会很高。当然,传输可能会彼此冲突,冲突的概率随业务负载的增长而增长。当由于冲突(或传输错误)导致传输失败时,数据被重新传输。通过观察传输的数据或来自接收端的确认,系统还要对错误的包或丢包进行纠正。

随机接入是一种基于竞争的模式。必须消解竞争以提高传输成功率。一般如果出现冲突,发射终端会回退一段随机的时间,如果再次发生冲突则会进一步延长回退时间,直至冲突被消解。回退机制可以有效地将业务负载逐步降低到一个合理的水平。

随机接入可以实现合理的吞吐量,但是随机性的本质决定了其不能保证单个终端的性能。随机接入模式的典型例子是 Aloha 和时隙 Aloha。随机接入模式也可以和其他模式共同工作。

2.8　卫星组网的关键问题

在讨论了地面站和卫星间的连接问题后,现在讨论如何将卫星链接到网络。对于透明转发卫星,卫星可以被看作是一个在空中使链路"弯曲",从而将地面站连接在一起的一面"镜子",因此透明转发卫星也称为"弯管"卫星。对于星上处理或星上交换卫星,卫星可以被看作是一个空中的网络节点。不失一般性,后续章节均将卫星看作是一个空中的网络节点。

2.8.1　单跳卫星连接

在这种设置中,任意端到端的连接仅通过卫星路由一次。每颗卫星都被设置为一个"小岛",允许地面的网络节点与其他的地面站互联。卫星网络的拓扑为星型结构,卫星处于中央位置,如图 2.25 所示。

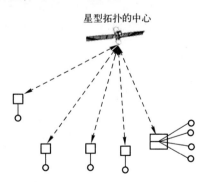

图 2.25　卫星为中心的单跳拓扑

2.8.2　多跳卫星连接

这时一条端到端的连接会通过相同或不同的卫星路由一次以上。前者广泛应用于 VSAT(Very Small Aperture Terminal)网络,VSAT 中两个终端间的信号过于微弱无法直接通信,因此使用一个大型的地面中心站放大通信终端间的信号。对于后者,是因为一跳的距离可能不够远,无法到达远程终端,所以需要多跳才能形成连接。卫星网络的拓扑是一个以地面中心站为中心的星型结构,或者通过地面中心站互联以连接多颗卫星的多个星型结构,如图2.26所示。

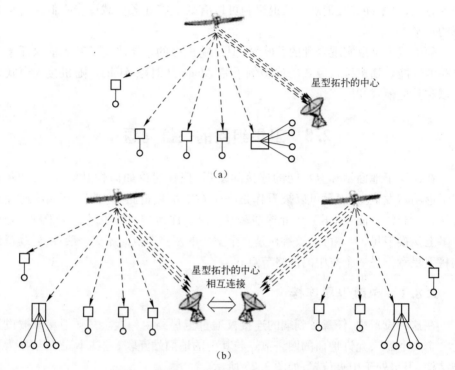

图 2.26   在中心位置具有中心站的多跳拓扑
(a) 单中心站单卫星拓扑配置;(b) 多卫星多中心站配置。

2.8.3   星间链路

为了减少网络连接的地面段,引入星间链路(Inter – Satellite Link, ISL)的概念。没有星间链路时,要将数量众多的卫星链接到一起,必须增加地面站的数量,尤其是对于卫星在空中连续移动的 LEO 或 GEO 星座。同时,网络拓扑也会随着星座的移动发生变化。

由于星间位置相对固定,可以链接卫星星座,从而在空中形成一个卫星网络。这样通过地面的少数几个地面站,就可以接入到整个卫星网络,当然这几个地面站会成为所有卫星链接成网的关键,如图2.27所示。

使用星间链路的另一个好处是卫星可以直接以视距传播的方式与其他卫星通信,这样就消除了地面与空中之间的多跳需求,从而减少了地空之间的业务流量,即减少了对有限空中频率资源的占用。但是,实现这一点要求更加复杂的在轨处

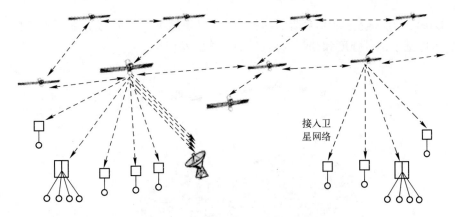

接入卫
星网络

图 2.27　具有星间链路的卫星网络

理/交换/路由卫星,与作为通信路径上的中继器的简单"弯管"卫星不同,这类卫星通过星间链路,可以在地面网关站不可见的区域完成通信任务。

对于圆轨道,在同一平面内首尾固定的星间链路具有固定的相对位置。对于不同轨道平面的卫星,星间链路的相对位置会发生变化。这是因为当轨道在交叉点处分离和汇聚时,卫星之间视轴方向路径的角度和长度都会发生改变,同时还带来以下问题:

- 卫星之间很高的相对运行速度;
- 由于摆动天线而产生的跟踪控制问题;
- 多普勒频移效应。

在椭圆轨道上,卫星可以看到"前方"和"后方"卫星的相对位置在轨道上大幅上升或下降,因此必须通过控制轨道平面内的链路指向对此进行补偿。准静止远地点(Quasi – Stationary Apogee)之间的平面间交叉链路相对易于维护。

可以看出,在空中复杂性和地面复杂性之间需要做出折中,即可以设计没有星间链路的卫星星座网络,或者设计带有星间链路和少量或适量地面站的网络来增加卫星网络和地面网络间的连通性。

2.8.4　切换

虽然在地面移动网络中通信切换(Handover/Handoff)已得到广泛研究,但是由于卫星之间以及卫星与地面站之间的相对运动,非静止轨道卫星网络中的切换给卫星网络设计带来了新的复杂性。

要始终保持连接源和目的之间的链路,就必须进行切换。卫星的覆盖区随卫星而移动,链路也从一颗星切换到下一颗星(称为星间切换)。对于多波束卫星,在点波束间(称为波束切换或星内切换)和卫星间(称为星间切换)都会发生切换,如图 2.28 所示。当下一个波束或卫星没有空闲电路来接管切换链路,就会发生链路丢失,进而导致面向连接的服务中断,这种情况称为切换失败。预切换(Prema-

103

ture Handover)一般会导致无谓的切换,而延迟切换又会导致服务中断概率的增加。可以基于信号强度和/或距离测量的方法触发切换。

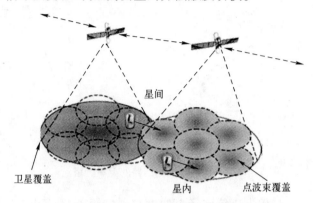

图 2.28　星间波束切换和星内波束切换的概念

有两种卫星切换场景:轨道面内卫星切换和轨道面间卫星切换。对于轨道面内卫星切换,假设用户在卫星 S 的覆盖区内从一个波束移动到另一个波束。网关知道用户的位置码和卫星位置,因此可以得知用户何时接近卫星 S 和卫星 T 的边界。网关会向卫星 S 发送一条消息,通知其准备移交用户,向同一平面内后端的卫星 T 发送另一条消息,通知其准备接管用户。随后,网关通过卫星 S 向地面站发送一条消息,以便和卫星 T 重新同步。当卫星向地面站发送消息通知地面站使用新频率时,就完成了切换。在这个切换场景中,网关可以被看作是一个智能性的实体(Intelligent Entity)。

除了切换是发生在不同轨道面的卫星之间外,轨道面间卫星切换与轨道面内卫星切换基本相同。与不同轨道面间卫星进行切换的原因有:①本轨道面中没有卫星覆盖用户或没有可用信道来完成切换;②因空间分集导致别的轨道面上的卫星能够提供更好的服务,例如高度高的卫星比高度低的卫星受遮挡因素的影响较小。

切换的发起和完成时间必须非常短。此外,切换还不能影响连接的服务质量。

考虑到卫星的轨道速度和覆盖范围,用户穿越卫星重叠区域的时间相对较短。但是,卫星星座的特性决定终端至少可以被两颗卫星覆盖。就保证每条连接的服务质量而言,这一特点使优化切换和为大量的连接服务成为可能。

随着终端技术的发展和与 GPS 功能的集成,卫星终端可以利用自己的位置信息为切换过程提供更多的支持。

2.8.5　卫星波束内切换和波束间切换

波束切换有两种场景:波束内切换和波束间切换。

在波束内切换的场景中,假设用户在卫星 S 的波束 A 的范围内,频率用 1 表示。当波束靠近另一个地理区域时,频率 1 将不可用。原因可能有两种。一种原因是政府规定,也就是说,在该区域一组特定的频率不能使用。另一种原因是干扰,当卫星 S 与相同频率的另一颗卫星太接近时会引起干扰。这时,就算用户仍然在波束 A 的范围内,卫星也会向终端地面站发送消息,要求将频率改换到 2,以维持通信链路。在这种场景中卫星被看作是一个智能性的实体。

在波束间切换的场景中,允许地面网关站或地面终端站连续监视波束 A 中频率 1 的射频功率。它们还通过通用广播信道(信息信道)监视两个相邻的候选切换波束 B 和 C 的射频功率。地面站根据射频信号强度决定切换时机。如果波束 B 的信号比波束 A 的信号强,并且波束 A 的信号等级已经弱于 QoS 要求的等级,则地面站将发起一个到卫星的切换请求,请求将用户切换到波束 B。卫星为地面站分配一个新的频率 3,这是因为相邻的两个波束不能使用同一频率(出于高效频率复用和覆盖的目的,一般使用 3、6 和 12 波束模式)。如果波束较小或卫星移动很快,波束间切换会非常频繁。在这种情形下,同样也要引入智能性的实体。

2.8.6　地球固定覆盖和卫星固定覆盖

本节讨论卫星星座中的切换问题。一个卫星星座可以被设计为地球固定覆盖(Earth Fixed Coverage,EFC)或卫星固定覆盖(Satellite Fixed Coverage,SFC),如图 2.29 所示。在 EFC 中,卫星波束的每个覆盖区域相对地球是固定的,因此它允许相对较长的切换时间。反之,SFC 的波束随卫星移动,因此它是相对卫星固定而相对地球移动的。SFC 的切换时间比较短,因为两个卫星覆盖区域的重叠部分很小,而且在高速移动。

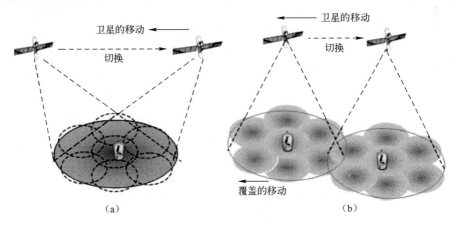

图 2.29　地球固定覆盖和卫星固定覆盖的卫星星座
(a) 地球固定覆盖(EFC);(b) 卫星固定覆盖(SFC)。

EFC 星座存在的问题是由每颗卫星射频信号传播时延的巨大差异引起的。这种因卫星位置的不同而产生的差异,会导致失序、覆盖缺失或重复覆盖(根据卫星相对地球位置而定）。

多波束卫星的优点是每颗卫星可以使用一组高增益扫描波束服务整个覆盖区域,每个波束一次照射一个独立的小规模区域。窄波束宽度有利于高效的频谱复用,进而带来高系统容量、高信道密度和低发射功率。但是,对于这种小型波束模式,当波束随卫星运动高速扫过地球表面时,在下一次切换之前,终端只有很短的时间进行通信。在地面蜂窝系统中,频繁的切换会导致低信道利用率、高处理开销和低系统容量。

在 EFC 中,每颗卫星管理当前服务区域的信道资源(与覆盖区域相关的频率和时隙)。只要终端处于同一个地球固定覆盖区内,无论有多少卫星和波束参与,它都会在一次呼叫过程中维持同样的信道分配。信道的重新分配是一种特例而非常规,这样就消除了大量的频率管理和切换开销。

每颗卫星都有一个数据库,定义了每个覆盖区域允许的服务类型。小型固定波束有助于卫星星座避免干扰、形成特定地理区域覆盖,以及沿着国境线勾勒服务区域。对于大型波束或者随卫星移动的波束来说,很难完成这些任务。通常使用有源天线(Active Antenna)在卫星高速飞行时将波束固定指向地面。

2.8.7　卫星网络星座内的路由

除了星间链路和卫星与地面站间的链路之外,还要通过路由利用这些链路寻找出提供端到端连接的路径。显然,路由直接影响网络资源的利用率和连接所提供的服务质量。

卫星星座采用的路由方法与卫星星座设计有关。LEO 星座的拓扑是动态变化的。任意两点间的网络连通性同样也是变化的。卫星星座在自转的地球之上随时间运动。每颗卫星与同一轨道面上的其他卫星的相对位置保持不变。卫星相对于地球终端和其他轨道面卫星的位置和传输时延在连续变化,不过这种变化是可预测的。除了网络拓扑变化外,由于业务流在网络中流动,所以路由路径也随时间而变化。所有这些因素都会影响从源到目的的连接或者包的路由选择。

两个端点之间的最大时延受实时传播时延的约束。这些约束限制了具有星间链路的系统中的跳数。LEO 网络中卫星的失效会导致通信孤岛。网络路由算法必须利用冗余链路和冗余卫星来容忍这些失效。

由于卫星轨道的动态性和时延的变化,大多数 LEO 系统都会使用某种形式的自适应路由技术提供端到端的连接。而自适应路由本身又会引入复杂性和时延变化。此外,自适应路由还可能导致包失序,所以接收端必须记录乱序的包。

由于所有卫星节点和星间链路具有相同的属性,所以很容易区分路由的卫星段和地面段。因此,可以在不同的段上使用不同的路由算法以提高效率,并且能够实现对网络特征的透明适配。

路由算法可以是分布式的也可以是集中式的。在集中式路由算法中,所有卫星将有关星座指令与控制的信息上报到一个中心节点,该节点随后计算路由并将信息发回所有卫星,用于进行连接或路由。

在分布式算法中,所有卫星交换网络度量信息(如传播时延、业务负载、可用带宽和节点失效情况等),然后每颗卫星独立计算自己的路由。计算时还要考虑如时延和带宽需求等 QoS 参数。路由算法往往需要在用户应用的 QoS 和网络资源利用效率之间进行折中。

由于卫星和用户终端的运动,卫星网络中路由的起点和终点以及 ISL 路径都会随时间而变化。因此,卫星网络路由比地面网络路由更加复杂。

2.8.8 网络互联

网络互联是卫星组网的最终阶段,它能够向用户终端或地面网络提供直接的连通性。除了带宽和传输速率等物理层连接的指标外,同样要考虑高层协议的互联。根据卫星网络、地面网络和卫星终端中使用协议的不同,网络互联可使用以下技术。

- 协议映射是在不同协议间转换功能和协议头的技术。
- 隧道是将某一种协议单元看作数据并在隧道协议中对其进行传输的技术。隧道协议只在隧道的末端被处理。
- 复用和解复用是将多路数据流复用到一路数据流和将一路数据流解复用为多路数据流的技术。
- 流量整形是对业务流量的特性,如速度和定时,进行整形,以适应传输网络。

2.8.9 卫星可用度和分集

卫星网络总的可用度(A_{total})依赖于卫星的可用度、卫星链路的可用度(A_{link})和卫星资源的可用度(A_{resource}),即

$$A_{\text{total}} = A_{\text{satellite}} \times A_{\text{link}} \times A_{\text{resource}}$$

显然只有当卫星、链路和带宽资源均可用时,卫星连接才是可用的。

从可靠性的角度看,网络连接应该具有以下特点:

- 连接处于不可用状态的时间所占的比例应该尽可能的小;
- 一条连接一旦建立,由于数据传输性能不足被终止或由于网络部件失效而被提前释放的概率应该较低。

一个网络连接段(Network Connection Portion)的可用度定义为该连接段能够支持一条连接的时间所占的比例。反之,不可用度是指该连接段不能支持一条连接的时间所占的比例。一个通用的可用度模型如图 2.30 所示。

该模型使用 4 种状态,对应于在可用状态下支持一条连接和实际使用一条连接的网络能力的组合。模型体现出两个独立的视角。

- 服务视角:可用度性能与用户体验到的性能直接相关。这表现在图 2.30 的

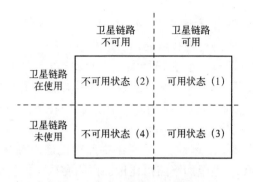

图 2.30　卫星网络的可用度模型

状态 1 和 2 上,甚至是在一个 On/Off 源的情况下也是如此,因为当要传输数据包时,用户只关心连接可用度的性能。

- 网络视角:独立于用户行为,描述可用度性能。图 2.30 中所有的 4 种状态都是适用的。

定义两种可用度参数如下。

- 可用率(Availability Ratio,AR)定义为在一个观测时期内,一个连接段处于可用状态(不管连接是否被使用)的时间的份额。

- 平均故障停工间隔时间(Mean Time Between Outages,MTBO)定义为从服务的视角看连接处于可用状态的时间长度的平均值。用户试图使用的可用时间的连续区间是串连的。

分集(Diversity)是提高卫星链路可用度的技术。分集具有不同的类型。这里只讨论两种分集技术。

- 地面到空间的分集是指在一次通信中使用多于一颗的卫星。这样通过减少信号屏蔽效应(由于建筑阻挡了地面终端与卫星间的路径而产生),并提供物理层和链路层的冗余,提高了物理层面上的可用度。软切换也是一种分集技术,即只有当新的连接成功建立才关闭旧的连接。

- 在轨网络分集是指针对卫星和链路故障提供冗余。只有当星座中卫星间距较小、数量较多的时候,这种方法才是可行的。

因为分集会影响经网状星间链路的路由,所以它会对端到端传输产生显著的影响。

进一步阅读

[1] Haykin, S. *Communication Systems*, 5th edition, John Wiley & Sons, Inc., 2009.

[2] ITU, *Handbook on Satellite Communications*, 3rd edition, John Wiley & Sons, Inc., 2002.

[3] Gerard, M., Michel, B., Zhili, S. (Contributing Editor) *Satellite Communications Systems: Systems, Techniques and Technology*, 5th edition, John Wiley & Sons Ltd., 2009.

练 习

1. 使用包括开普勒定律和牛顿定律在内的物理定律说明卫星轨道的特征。
2. 使用牛顿定律计算 GEO 卫星轨道参数。
3. 设计一个准 GEO 卫星星座,提供对北极地区的覆盖。
4. 计算 GEO 卫星链路的自由空间损耗。
5. 解释不同类型的调制技术,以及为何调相技术更适合卫星传输。
6. 说明纠错编码的重要性。
7. 说明 Turbo 码如何取得接近香农限的性能。
8. 解释多址和复用概念的区别。
9. 解释不同带宽资源分配模式的区别。
10. 讨论卫星网络设计的关键问题。
11. 解释在物理层以误比特率为指标的 QoS 的概念,以及改进 QoS 的技术。
12. 解释用可用度表述的卫星网络质量的概念,以及提高卫星可用度的技术。

3 B – ISDN ATM 和因特网协议

本章在基本协议分层原理的语境下介绍 B – ISDN ATM 和因特网协议,并讨论 B – ISDN 和因特网之间的网络互联。本章提供的一些基础知识,可以帮助读者更好地理解后续章节中有关卫星与地面网络互联、星上 ATM 和星上因特网的内容。同时本章还讨论了 B – ISDN ATM 和因特网协议的演变。在读完本章后,希望读者能够:

- 理解 ATM 协议和技术的概念。
- 知道 ATM 适配层的功能和它们提供的服务类型。
- 描述 ATM 信元如何被不同物理层传输。
- 了解 ATM 接口和网络。
- 解释流量管理、服务质量和流量监管功能之间的关系。
- 描述用于流量控制的通用信元速率算法(Generic Cell Rate Algorithm,GCRA)。
- 知道 IP 协议的功能。
- 理解传输控制协议和用户数据报协议以及它们的用途。
- 领会因特网和 ATM 之间网络互联的概念。
- 知道 ATM 和 IP 协议的演变。

3.1 ATM 协议和基本概念

ATM 是一种基于时分复用的快速包传输模式,它使用固定长度的信元 (53B),每个信元由信息字段(48B)和头部(5B)组成,如图 3.1 所示。在交换时, 可以通过头部辨识属于同一虚拟信道的信元。信元序列的完整性由每条虚拟信道维持。ATM 是 ITU – T 的 B – ISDN 标准化过程的产物。

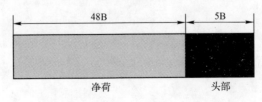

图 3.1　ATM 信元

B – ISDN 协议参考模型包含 3 个平面,其中:用户平面负责传输用户信息;控制平面负责呼叫控制、连接控制和信令信息;管理平面负责层管理和面管理。如

图 3.2 所示,OSI 7 层模型和 B－ISDN ATM 协议模型各层之间的关系如下。

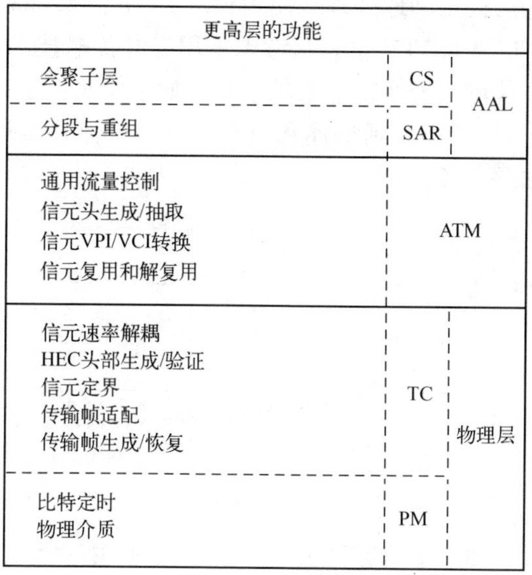

更高层的功能		
会聚子层	CS	AAL
分段与重组	SAR	
通用流量控制 信元头生成/抽取 信元 VPI/VCI 转换 信元复用和解复用	ATM	
信元速率解耦 HEC 头部生成/验证 信元定界 传输帧适配 传输帧生成/恢复	TC	物理层
比特定时 物理介质	PM	

图 3.2　ATM 协议栈功能

- ATM 的物理层与 OSI 模型的第一层几乎完全相同,实现比特级别上的功能。
- ATM 层等同于 OSI 模型的第二层偏上部和第三层偏下部的功能。
- ATM 的适配层实现对 OSI 更高层协议的适配。

53B 不仅是个不寻常的数字(甚至不是偶数),而且是相对于网络层数据包而言的一个较小的数字。这是折中的结果,因素包括包化(Packetisation)时延、包的开销和所实现的功能、交换缓冲区中的排列时延,以及一些策略性的让步。

3.1.1　包化时延

标准数字话音使用的是一条 64kbit/s 固定速率的数据流。在向 B－ISDN 演进的过程中,标准数字话音曾被认为是最重要的业务之一。在 4kHz 的频率带宽上,声音每秒采样 8000 次。每次采样使用 8bit 来编码——每秒 8000 个 8bit 采样导致数据速率为 64kbit/s。

为了装满信元 40B 的净荷,第一个声音采样会在被部分填充的信元中等待直到 40 次采样完成,然后信元被发送到网络中。这样第一个声音采样在信元被发送前停留了 5ms,称为"包化时延",这对于实时通信如话音通信非常重要。

在卫星通信中,每个方向上的时延大约在 250ms 量级。这么大的时延可能会造成电话通信中的问题,因为时延会干扰正常的通话。甚至于更低的时延,如 10～100ms,也会因话音网络中的回声和模数转换而导致问题。因此,为了减少时延,信元采用较小的长度。

但是,为了实现协议交换功能,信元一定会有一些开销,因为这样信元才可以被转发到正确的地方、被正确地处理。使用长度为5B的头部时,头部所占用带宽的比例是很高的。在当时,ATM主要是考虑采用光纤传输技术。而现在为了提供更好的移动性,无线传输已经变得越来越重要。如果信元长度太短,通信效率就会低下。这里面的关键是平衡时延特性和效率。5B的头部,48B的净荷,所以头部的开销小于10%,如图3.3所示。

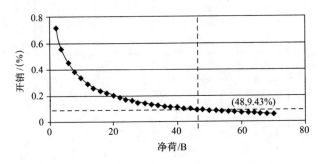

图 3.3 时延与信元净荷效率之间的折中

3.1.2 排队时延

数据业务对时延不太敏感,但对丢包很敏感。时延和时延变化对实时业务和网络管理与控制很重要。时延变化是指当信元在网络中传输时不同的信元会经历不同的时延。

例如,考虑一条高速链路,传输长度为100B的消息。假设这条链路被其他100个数据流共享。排队时延最好的情况是当消息到达时,没有别的数据要发送。所以发送该消息,排队时延几乎为零。而最坏的情况则是需要等待其他100个数据流发送完它们各自100B的消息。

这里考虑最坏的情况。如果净荷长度很短,会导致传输消息过程中需要发送很多信元,效率低下。而如果信元太长,信元等待所有其他信元发送的时间又会增加,如图3.4所示。

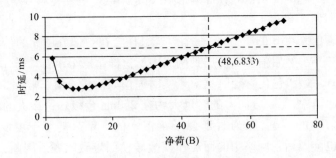

图 3.4 包化和排队导致的时延

当信元越来越大时,在能够访问链路之前,等待一个信元的时间随之线性增长。可以看到,当信元长度较小时,由于有大量的信元需要处理,所以时延会变大;而如果净荷长度变大,由于需要时间去处理大信元,所以时延也会变大。因此,在包交换网络中,时延和时延变化比在电路网络中更加不确定。

3.1.3 北美和欧洲间的折中方案

选择信元的尺寸成为重要的问题,需要深入的分析和技术考量。在欧洲,主要的考虑之一是包化时延,这是因为欧洲包括许多小国家,彼此电话网络间的距离很短。所以,它们不需要使用很多回声消除技术。

在北美,每个国家之间的距离很大,导致电话公司需要使用回声消除技术。因此,北美通常喜欢采用包括64B净荷和5B头部的大信元,然而欧洲通常喜欢采用包括32B净荷和4B头部的小信元。其中最大的区别之一是对处理话音的考虑,因为电话业务是当时最大的税收来源而且是电信网络上的主要流量。

48B 的净荷长度是在64B 和32B 之间折中的结果。而事实证明这个长度即达不到64B 时的效率,又不能避免使用回声消除器。很快,因特网流量快速增长,超过了电话流量,ATM 信元的大小不再重要,但是,用于实现最优化和折中,并使技术在全球范围内被接受的那些设计原则,仍然十分重要。

鉴于因特网现在已经支持所有类型的多媒体业务和应用,新一代网络目前专注于高效网络协议、对 IP 网络和应用的高效支持,以及未来的网络体系结构。

3.2　ATM 层

ATM 层的主要功能是在跨网络的两个终端之间传输信元。它是 ATM 协议栈的核心。如图 3.5 所示,ATM 信元有两种不同的头部格式:一个面向用户网络接口(User Network Interface,UNI),UNI 用于用户终端设备和网络节点间互联;另一个面向网络节点接口(Network Node Interface,NNI)。

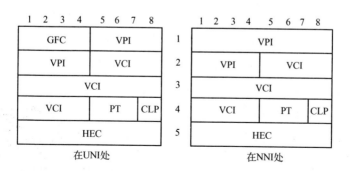

图 3.5　在 UNI 和 NNI 处的 ATM 信元头部的格式

113

3.2.1 GFC 字段

通用流量控制(Generic Flow Control,GFC)字段占用了头部的前 4bit。它只定义在用户和网络之间的 UNI 上,不在 NNI 中使用(NNI 是交换节点间的接口)。GFC 字段用于流量控制或者建立多路访问,使得网络能够控制 ATM 信元从用户终端流入网络。

3.2.2 VPI 和 VCI 字段

在头部用于交换目的的最重要的字段是虚拟通路标识符(Virtual Path Identifier,VPI)和虚拟信道标识符(Virtual Channel Identifier,VCI)。通过一台 ATM 交换机的多条虚拟连接如图 3.6 所示。在交换机内部,有连接表(或路由表),连接表将一个 VPI/VCI 及端口号与另一个端口号及 VPI/VCI 关联。

在如图 3.6 所示的例子中,当一个信元进入交换机时,交换机查看头部的 VPI/VCI 值。假设 VPI/VCI 的值是 0/37,这时信元进入端口 1,随后交换机查看端口 1 的表项,发现这个信元要到输出端口 3。从端口 3 发送之前,根据连接表/路由表,信元 VPI/VCI 值改为 0/76,信息内容保持不变。端口号的变化发生在物理层,而 VPI/VCI 的变化在链路层。

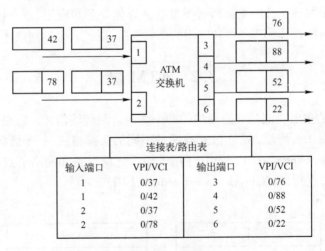

图 3.6 ATM 交换机中的连接表/路由表

改变 VPI/VCI 值有两个原因。首先,如果值是唯一的,只有大约 1700 万个不同的值。随着网络规模的增大,1700 万个连接对于整个网络来说是不够的。其次,不可能保证每个新建立的连接都有一个全球唯一的值。

有趣的是,这两个因素在因特网中变得相当重要。因特网使用 32 位 IPv4 地址格式时,可用的 TCP/IP 地址数量有限。而如果地址空间大到可以作为全球通用地址使用(如 IPv6 采用的 128 位地址格式),则相较于信元中的净荷,开销又会变大。

114

VPI/VCI 值只有在给定的接口/端口号上下文中才有意义。事实上,在这个例子中"37"用在两个接口/端口号,然而并没有歧义,因为它们在不同的物理接口上下文中。"37 – 端口 2"是一个单独的表项,所以信元会去往不同的目的地。

因此 VPI/VCI 值的组合允许网络将一个特定的信元和一个特定的连接关联起来,从而保证信元可以被路由到正确的目的地。使用两个值来识别一条物理层信道,如图 3.7 所示。一条虚通路包含一束(Bundle)虚信道。VPI 是 8bit,提供多达 256 种不同的虚信道束。当然,在每个 VPI 中,一条虚信道具有唯一的 VCI 值,而 VCI 值可以在不同的虚通路中被重用。

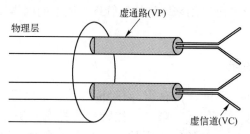

图 3.7　物理层 VP 和 VC 的概念

ATM 网络允许两种不同的连接方式,如图 3.8 和图 3.9 所示。这两幅图展示了网络是怎样支持"一束"连接、如何交换连接"束"以及其中每条独立的连接。

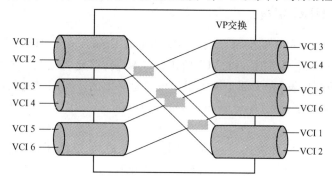

图 3.8　VP 交换的例子

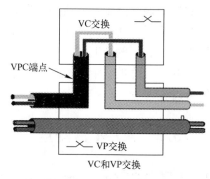

图 3.9　VP/VC 交换的例子

3.2.3 CLP 字段

默认情况下,1bit 的信元丢弃优先级(Cell Loss Priority,CLP)设置为 0 表示高优先级,设置为 1 表示低优先级。如果网络发生拥塞,将首先丢弃该位设置为 1 的信元。将信元标记为可丢弃的原因是什么呢?首先,信元丢弃优先级可由终端设定。在对低优先级信元收费比较低的广域网(WAN)中,出于经济上的考虑用户可能希望有这种选择。这种做法也可以用于为不同类型的流量设置优先级,以避免出现超出预先指定的服务等级的现象。ATM 网络还可以出于流量管理的目的设置该比特位。这些比特可以用来区别控制管理平面上的网络控制管理流量和用户平面上的数据流量。

3.2.4 PT 字段

净荷类型(Payload Type,PT)标识符有 3bit。第一个比特用于区分数据信元和操作、管理与维护(OAM)信元。第二个比特称为拥塞经历位(Congestion Experience Bit)。如果信元所经过的网络中的一个节点正在经历拥塞,则设置该比特。第三个比特被网络透明携带,目前定义的唯一用途是在 ATM 适配层类型 5 (AAL5)携带 IP 包时使用。

3.2.5 HEC 字段

最后需要一个 8bit 的头部错误校验(Header Error Check,HEC)字段,这是因为如果在信元穿过网络时 VPI/VCI 值出现了错误,信元将会被发送到错误的地方。从安全角度出发,在头部中加入错误校验是必要的。当然,根据具体的物理介质,例如在同步数字系列(Synchronous Digital Hierarchy,SDH)中,HEC 也用来界定信元边界。

HEC 实际上有两种模式。一种模式是检测模式,如果循环冗余校验(CRC)计算错误,信元丢弃。另一种模式允许纠正单个比特的错误。使用哪一种模式依赖于实际使用的介质。如果使用光纤,单比特错误纠正可能非常有意义,因为典型的错误是孤立的随机错误。如果错误倾向于在介质中突发,如铜和无线链路,单比特错误纠正可能就不是正确的做法了。此时,使用单比特错误纠正增加了多比特错误理解为单比特错误的风险,会发生错误的"纠正"。因此,错误检测能力反而会下降。

注意,HEC 是被逐链路重新计算的,因为它涵盖了 VPI 和 VCI 值,而当 ATM 信元经网络传输时这些值会发生改变。

3.3 ATM 适配层

如图 3.2 所示,ATM 适配层(ATM Adaptation Layer,AAL)分为两个子层:分段

与重组子层(Segmentation And Reassembly,SAR),有的文献称拆装子层;会聚子层(Convergence Sublayer,CS)。

- SAR:这一层将上层的信息分割成许多小段,每段的大小与一条虚拟连接ATM信元净荷的大小相匹配;在接收端,该层将虚拟连接信元的内容重组,形成数据单位传递给上层。

- CS:这一层执行类似消息鉴别和时间/时钟恢复的功能。可进一步划分为通用部分会聚子层(Common Part Convergence Sublayer,CPCS)和业务相关汇聚子层(Service Specific Convergence Sublayer,SSCS),用于支持 ATM 上的数据传输。AAL业务数据信元经 ATM 网络,从一个 AAL 业务访问点(Service Access Point,SAP)被传送到一个或多个其他业务访问点。AAL 用户可以选择一个特定的、与传输 AAL－SDU 所需 QoS 相关的 AAL－SAP。ATM 定义了 5 种 AAL,每种对应一类业务。

AAL 的角色是定义如何把不同类型业务的信息放入到信元净荷中。不同类型的业务和应用需要不同类型的 AAL。因此,了解业务种类非常重要。图 3.10 显示了 ITU－T 各类业务及其属性。

	A类	B类	C类	D类
定时关系	需要		不需要	
比特率	常量	变量		
连接模式	面向连接			无连接

例子：A—电路模拟，CBR视频
　　　B—VBR视频和音频
　　　C—CO数据传输
　　　D—CL数据传输

图 3.10　各类业务及其属性

- A 类具有以下属性:端到端定时、恒定比特率和面向连接。因此,A 类在ATM 顶层模拟了一条电路连接。这对于多媒体应用而言是非常重要的,因为今天几乎所有携带视频和话音的方法和技术都假定网络连接为(虚拟的)电路类型。这种技术在 ATM 中应用,也就意味着它要支持电路模拟业务(Circuit Emulation Service,CES)。

- B 类与 A 类相近,但允许可变比特率。这种情况可能是在进行视频编码但不以恒定的比特率播放。可变比特率在适应原始数据流的突发特性方面具有优势。

- C 类和 D 类没有端到端定时属性,但允许可变比特率。它们面向数据通信,C 类和 D 类之间的唯一区别在于面向连接还是无连接。

3.3.1　A 类的 AAL1

图 3.11 显示 A 类 AAL1 包格式,说明了 48B 净荷的用途。净荷中的 1B 必须

117

被 AAL1 协议使用,其他字节是可选的。

1bit	3bit	4bit	8bit	47或46B
CSI	SN	SNP	指针 (可选)	净荷

图 3.11　A 类 AAL1 包格式

会聚子层指示(Convergence Sublayer Indication,CSI)为 1bit。CSI = 1 表示存在一个 8bit 的指针,CSI = 0 则表示不存在。序列号(Sequence Number,SN)用于信元丢失检测,并采用自适应时钟的方法提供时间戳。序列号保护(Sequence Number Protection,SNP)使用 CRC 保护 SN。

这里有一组功能,包括信元丢失检测和提供时间戳,用于在两个端系统之间支持共同的时钟。通过模拟一个连接并识别该连接内的子信道,还可以实现利用头部确定字节边界。

自适应时钟方法的主要目标是实现时钟一致,以确保端系统能够播放出原始的信息流。例如,一个 64kbit/s 的话音业务,发送方收集声音采样,填充信元,并大约每 5.875ms(以每 125μs 一个八元组的速度传输 47 个八元组)发送一次信元。如图 3.12 所示,接收方以 64kbit/s 的速率播放原始位流。这里就可以看到时延和时延变化的影响。

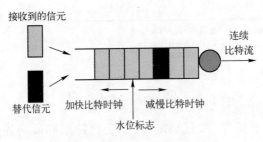

图 3.12　自适应时钟方法的说明

使用自适应时钟方法,接收方基于 64kbit/s 连接的特征设置一个缓冲区,并建立一个所谓的"水位线"(Watermark),随后开始收集信元直到到达水位线。然后接收方从净荷中提取比特并以 64kbit/s 的速率播放比特流。

如果播放得太快,缓冲区会变空,因为信元到达的速度小于排空速度,由此会产生缓冲饥饿的问题。如果太慢,缓冲区将会溢出,随之丢失信元。解决方法是接收方观察缓冲区相对于水位线的填满量。如果开始变空,就减慢(输出)时钟。如果开始变满,就加快(输出)时钟。这样一来,接收方的输出时钟频率保持在发送方时钟频率中心的周围。

缓冲区的大小必须是一个反映信元到达率变化的函数。如果信元以突发的方

118

式到达,就需要很大的缓冲区。当信元在网络中传输时,会产生多种时延变化。缓冲区越大,造成的时延越大。信元时延变化(Cell Delay Variation,CDV)或称信元时延抖动,是 QoS 中一个非常重要的因素,是流量管理中的一个重要参数。

另一个重要因素是信元丢失的影响。协议中设置的序列号的目的不是维持信元的顺序,而是检测信元丢失。如果丢失了一个信元,接收方应该检测到该丢失并放入一个替代信元。否则,时钟频率会变得不稳定。

有趣的是,使用这种方案,可以在 ATM 上维持一条任意(虚拟)速度的类电路连接。因为在支持电话业务方面具有特殊的重要性,AAL1 称为电话电路模拟器。

3.3.2　B 类的 AAL2

AAL 类型 2 (AAL2)是为 B 类定义的,但它没有被完全开发。这个 AAL 很重要,因为它允许 ATM 支持包话音、包视频等所具有的流量突发特性。它还允许传输仅被填充一半的信元。图 3.13 说明了 AAL2 包格式,其中 SN 与 AAL1 中的一样,IT 表示信息类型,LI 为净荷信息的长度指示器,CRC 用于错误校验。

图 3.13　B 类 AAL2 包格式

3.3.3　C 类和 D 类的 AAL3/4

在 AAL 类型 3/4(AAL3/4)中,协议在原始数据前后分别增加头部和尾部,然后信息被分成长度为 44B 的块。信元的净荷包括 2B 的头部和 2B 的尾部,所以整个结构正好是 48B。图 3.14 说明了 AAL3/4 的包格式。AAL3/4 是 AAL 3 和 AAL 4 原始规范的组合。

头部的功能包括 1B 的通用部分标识符(Common Part Identifier,CPI),其识别业务类型以及头部和尾部的其他字段中要实现的特定值。1B 的开始标签(Beginning Tag,BTag)字段用来辨识所有与本次会话有关的数据。两个字节的缓冲区分配大小(Buffer Allocation size,BAsize)字段定义接收方数据缓冲区的大小。对齐(ALignment,AL)字段用于尾部 32 位对齐时的填充。结束标签(End Tag,ETag)和头部的 BTag 一起用于关联所有与净荷相关的流量。长度(Length)字段以字节为单位指明净荷的长度。

注意每个信元都有一个 CRC 来检查比特错误。还有一个 MID(Message ID)。MID 允许在一个虚信道上复用和交织大量的不同信息。当连接的成本很高时,这

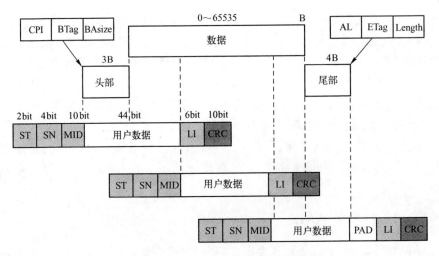

图 3.14　C 类和 D 类的 AAL3/4 包格式

样做非常有用,因为它有助于保证连接的高利用率。其他字段还包括段类型(Segment Type,ST)和序列号(SN)。

3.3.4　面向 IP 的 AAL5

另一个面向数据的适配层是 AAL 类型 5(AAL5)。它是特别为利用 ATM 净荷的全部 48B 携带 IP 包而设计的。这里,CRC 被加到最后,并通过填充使整个结构长度正好是整数个 48B 数据块。这样就可以恰好适配到整数个信元中。图 3.15 说明了 AAL5 包格式。

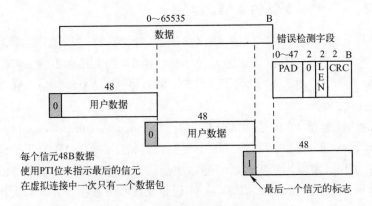

图 3.15　面向 IP 的 AAL5 包格式

为了决定何时重组以及何时停止重组,需要记住在 ATM 头部 PT 字段的第三个比特。除了数据包中最后的信元,其他信元这一位始终是零。

接收方通过查看 VPI/VCI 来重组信元,对于一个给定的 VPI/VCI,会将它们重

120

组成更大的包。这意味着单个 VPI/VCI 一次只支持一条数据包流。在给定连接上,多个对话不能交织。

3.4　物　理　层

对于 ATM 网络终端设备和网络节点的互通而言,首要的要求是在物理层通过物理介质(包括光纤、双绞线、同轴电缆、地面无线链路和卫星链路)成功传输信息。

如图 3.2 所示,物理层分为两个子层:物理介质(Physical Medium,PM)子层和传输会聚(Transmission Convergence,TC)子层。

3.4.1　物理介质子层

PM 子层只包含物理介质相关的功能(如比特编码、连接器特征、传播介质属性等)。它提供的比特传输能力包括比特位对齐、执行线路编码以及光、电和无线电信号之间的转换。ATM 最初选择的物理介质是光纤,但也可以使用同轴电缆、双绞线以及包括卫星在内的无线链路。PM 子层包括比特定时(Bit – Timing)功能,例如适配介质的波形的生成和接收、比特定时信息的插入和提取。

3.4.2　传输会聚子层

在 ATM 网络中,终端需要通过信元向网络发送数据。为了保持网络正确接收 ATM 信元,当没有信息需要发送时,终端仍然要向网络发送“空”信元,这是因为 ATM 要利用 HEC 字段的特性和 ATM 信元的固定大小来进行组帧。TC 子层的功能之一是在传输过程中插入空信元,然后当到达目的地后,再删除空信元,其目的是为了保持信元流的恒定。

由于光纤和其他物理介质之间耦合的细节各不相同,TC 子层也会有所不同(与具体的 ATM 信元的物理层传输有关)。TC 子层主要有 5 项功能,如图 3.2 所示。

- 最底层的功能是传输帧的生成和恢复。
- 下一个功能是传输帧的适配。该功能根据发送方传输系统使用的净荷结构,实现用于调节信元流的所有操作。同时,它从接收方的传输帧中提取信元流。帧可以是 SDH 封装格式或者 ITU – T Recommendation G.703 定义的封装格式。
- 信元定界(Cell Delineation)功能使接收方可以从比特流中恢复信元的边界。在传输之前和接收之后,该功能分别对一个信元的信息字段进行加扰和去扰,目的是保护信元定界机制。
- 发送方执行 HEC 序列生成功能。HEC 的值会被重新计算并与接收方接收到的值进行比较,从而用于纠正头部的错误,如果不能纠正就将信元丢弃。

● 信元速率解耦功能在发送方向上插入空信元,以适应传输系统中 ATM 信元与净荷容量间的比率。同时,该功能抑制接收方向上的所有空信元,只有指定的信元被传递给 ATM 层。

3.4.3 ATM 信元传输

由于 ATM 只是定义异步模式的一种协议,所以 ATM 信元的传输必须依赖于具体的网络技术。在 ITU – T I 系列标准中,为传输速度 155.520Mbit/s 或更高的公共 ATM 网络定义了目标解决方案和演化方案。

图 3.16 显示了 ITU – T I 系列标准推荐的目标解决方案。它建议物理层的传输模式是直接传输 ATM 信元,不过只为 ATM 层的用户数据提供 26/27 ATM 信元,以便 1/27 信元可以用于支持操作、管理与维护(Operation, Administration and Main-tenance,OAM)功能。选择 1/27 信元用于 OAM 的原因是使 ATM 信元传输模式兼容 SDH 标准中针对 ATM 信元传输所使用的演化方法。物理层 155.520Mbit/s 的传输速度与 SDH 标准定义的物理层传输速度相同。ATM 层传输速度为149.760Mbit/s,与 SDH 净荷的传输速度一致。

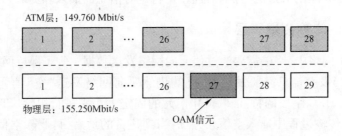

图 3.16 ATM 信元传输的 ITU – T 目标解决方案

ITU – T 定义了通过 SDH 传输 ATM 信元的演化方法。SDH 的根本特征是能够记录不依赖于特定介质的数据流的边界。虽然 SDH 的最初设计是在光纤上传输,但实际上它也可以运行于其他介质之上。

SDH 模式类型 1(STM – 1)帧以 155Mbit/s 的速率传输,如图 3.17 所示。字节在介质上一次传输一行。传输组成 SDH STM – 1 帧的所有 9 行的规定时间为125μs。这种 125μs 帧使得 STM – 1 与 64kbit/s 数字电话电路兼容(125μs/B)。

每行的前 9B 具有不同的开销功能(Overhead Function)。例如,前 2B 是用于识别帧的开始,以便接收方锁定该帧。

此外,尽管图中没有显示,还有另一列包含在"同步净荷封装"中的字节,它是一种额外开销,导致每一行有 260B 信息。因此,260B 每行 × 9 行 × 8bit 除以125μs,等于 149.76Mbit/s 的净荷速率,与目标解决方案相同。

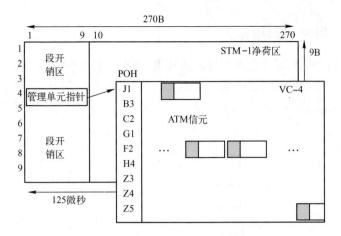

图 3.17 SDH STM – 1 结构

国际承载网络中的 STM – 1 是就 SDH 而言的最小可用数据包。SDH STM – 4 的比特率是 STM – 1 比特率的 4 倍。

SDH 还有一些非常好的特性,支持实现更高的速率——如 622Mbit/s,它可以结合 4 个 STM – 1 结构,通过简单的字节交织就可以达到 622Mbit/s 的速率(即形成 STM – 4),依次还可以达到 1.2Gbit/s 和 2.4Gbit/s 等速率。至少在理论上,这是一种从低速率接口得到高速率接口的简单方法。

使用 ATM 信元的 HEC 字段界定 SDH 净荷(VC – 4 Container)中的信元边界。当接收方想找出信元边界时,它会检查 5B 是否形成一个头部。首先对前 4B 进行 HEC 计算,并将结果与第 5 个字节匹配。如果相匹配,接收方会数出 48B 后再次计算。如果接收方发现在一行中的多次计算都是正确的,它就可以认为已经发现了信元边界。如果匹配失败,则接收方会将窗口滑动 1bit,然后重新计算。

虽然不知道净荷的 48B 中存放的是什么,但是用户数据中这种被 48B 分割的模式在任何时候出现的概率都基本为零。这是采用上述过程的依据。

对于空信元,HEC 的计算是首先计算 CRC 值,然后将 CRC 值和称为陪集(Coset)的比特模式进行“异或”运算,结果得到一个非零的 HEC。这样,HEC 就可以与空信元中的零相区别,仍然可用于信元定界。在接收端,执行另一个“异或”操作,生成用于比较的原始 CRC。

假设整个信元净荷都可以携带用户信息,则 STM – 1 帧净荷的速率是 135563Mbit/s。

3.5 ATM 接口与 ATM 组网

在用户和网络之间、网络节点之间以及网络之间,ATM 为组网提供了良好定义的接口。

123

3.5.1 用户 – 网络接入

如图 3.18 所示,可以用两个要素描述 B – ISDN 的用户 – 网络接入参考配置:功能群和参考点。宽带网络终端类型 1(B – NT1)和类型 2(B – NT2)均为宽带网络终端器(Terminator)。B – NT2 提供的接口允许非宽带的其他类型 TE 连接到宽带网络。

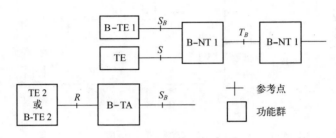

图 3.18 B – ISDN 参考配置

B – NT1 功能类似于 OSI 参考模型的第一层,它的功能有:
- 线路传输终端;
- 传输接口处理;
- OAM 功能。

B – NT2 功能类似于 OSI 模型第一层和更高的层。B – NT2 的功能有:
- 对不同接口介质和拓扑的适配功能;
- 流量的复用、解复用和集中;
- 缓冲 ATM 信元;
- 资源分配和用法参数控制(Usage Parameter Control);
- 信令协议处理;
- 接口处理;
- 内部连接的交换。

B – TE1 和 B – TE2 是宽带终端设备。B – TE1 可以通过参考点 S_B 和 T_B 直接连接到网络。B – TE2 只能通过宽带适配器连接到网络。

B – TA 是宽带终端适配器。它可以使无法直连的 B – TE2 连接到宽带网络。

S_B 和 T_B 分别表示终端与 B – NT2 之间以及 B – NT2 与 B – NT1 之间的参考点。参考点的特征如下。
- T_B 和 S_B:155. 520 和 622. 080Mbit/s。
- R:允许 TE2 或 B – TE2 终端的连接。

3.5.2 网络节点互连

在图 3.19 中,首先考虑左上角的专用 ATM 网络。终端和交换机之间的接口称为专用用户到网络接口(User – to – Network Interface,UNI)。到公共网络的接口称为公共 UNI。

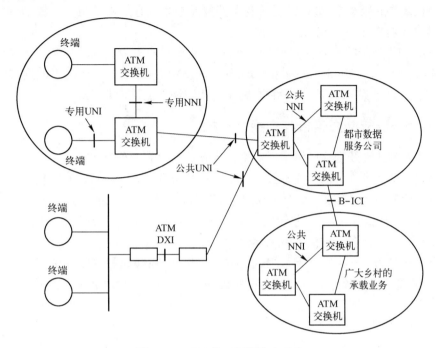

图 3.19　ATM 接口网络节点互连

在专用 ATM 网络中,将多个交换机连接到一个 ATM 网络时需要提及的一个问题,就是网络节点接口(Network Node Interface,NNI)。在某些方面,NNI 的命名是错误的,因为它不仅仅是一个接口。它是一种协议,允许多个设备以略有差异的拓扑结构互联,但同时形成一个单一的网络。其在公共领域的相应协议称为公共 NNI。

宽带综合业务数字网载波间接口(B – ISDN Inter – Carrier Interface,B – ICI)规定了两个载波如何使用 ATM 技术将多个业务复用到一条链路上,从而实现信息交换和业务协作。

3.5.3　ATM DXI

ATM 数据交换接口(Data eXchange Interface,DXI)允许一台现有的因特网设备(在这种情况下是指路由器)无需改动硬件就可以访问 ATM 网络。硬件的影响范围在一个单独的信道业务单元/数据业务信元(Channel Service Unit/Data Service Unit,CSU/DSU)内。DXI 的典型物理层是一个面向数据的接口,如以太网帧。

CSU/DSU 获得帧,把它们分割后放入信元。如果流量协定要求,则还要进行流量整形,最终送达 UNI。

3.5.4　B - ICI

在最初的版本中,B - ICI 是一种多路复用技术。它规定了两个载波如何使用ATM 技术将多个业务复用到一条链路。

B - ICI 规定的业务有信元中继业务、电路模拟业务、帧中继、交换式数兆位数据业务(Switched Multi - megabit Data Service,SMDS)。虽然承载网络的用户看不到这个接口,但它很重要,因为它有助于在承载网络上提供业务。

3.5.5　永久虚连接与交换虚连接

连接方式涉及到在网络中通过交换实现寻路。有两种技术。

第一种技术称为永久虚连接(Permanent Virtual Connection,PVC),它通过某种形式的业务指令过程实现。PVC 要求网络管理系统与各种设备通信,确定 VCI - VPI 的值是什么,进行了哪些转换。例如,网络管理系统告诉交换机对于从源到目的的每一个交换在其连接表中创建何种表项。

在一些场景中非常适于采用这种方式。例如,在共同利益联系密切的两个地方,有少量设备连接到 ATM 网络,这些设备不会频繁变动,两个地方的用户希望网络连接就像电话网专线那样工作。而这些连接的建立又需要一定时间的,因此要保留住连接,避免连接被拆除,而且还要以一种动态的方式设置。为了避免重复性工作,此时就需要建立所谓的"永久"虚连接。

第二种技术称为交换虚连接(Switched Virtual Connect,SVC)。SVC 允许一个终端动态地建立和拆除连接。

SVC 的操作方式是——信令协议使用一个预先定义的 VPI/VCI 值控制连接。该值为 VPI - 0/VCI - 5,而所控制的连接由呼叫处理功能终止。当然,正在接收的终端也有 VPI - 0/VCI - 5,在本地交换机或其他交换机的呼叫处理功能处终止。

VPI - 0/VCI - 5 连接上的信令协议与交换机通信,传递允许连接建立或拆除的信息(或者在连接保持状态下发生了改变的信息)。这是一种动态的连接配置方式,而且这些连接可以根据需要尽快建立与拆除。

要注意的是,为传递实际信息而建立的连接不应该使用 VPI - 0/VCI - 5,这个值是预留给网络信令和呼叫处理功能的。传递呼叫处理功能的连接与交换机的呼叫处理功能互不影响。

3.5.6　ATM 信令

ATM 网络信令必须满足以下的功能要求:
- 建立、保持和释放用于传输信息的 ATM 虚信道连接;
- 协商一个连接的业务特征(使用 CAC 算法)。

信令功能也可支持多连接通话(Multi‑Connection Call)和多方通话(Multi‑Party Call)。多连接通话要求建立多条连接,以便设置一个包括各种业务类型(如话音、视频、图像和数据)的综合通话。它不仅可以从通话中删除一个或多个连接,还可以添加新的连接到现有通话。因此,网络必须将这些连接与所属的那个通话关联。多方通话包含两个以上终端用户之间的多条连接,如电话会议。

在宽带网络中,信令消息在专用信令虚信道中传输,即带外传输。B‑ISDN用户到网络接口可以定义不同类型的信令虚信道。具体描述如下。

● 元信令(Meta‑Signalling)虚信道:用于建立、检查和释放点到点和选择性广播信令虚信道。它是双向的和永久性的。

● 点到点信令虚信道:只是在活跃时,才分配一个信令端点(Signalling Endpoint)。信道是双向的,用于建立、控制和释放传输用户信息的虚信道连接(VCC)。在点到多点的信令访问配置中,管理信令虚信道需要元信令。

3.5.7　ATM寻址

一个信令协议需要某种寻址方案。专用网络可能会使用 OSI 网络服务访问点(Network Service Access Point,NSAP)类型的寻址(ISO/IEC8348)方案,主要原因是存在一个管理过程。公共运营商则可能使用 E.164 号码。

寻址方案要有用,必须有一个标准化的、能够被系统内所有交换机识别的地址格式。例如,当在某个国家内打电话时,会有一个预先定义好的电话号码格式。而在国家之间打电话时,会修改这个号码格式,包括如"国家代码"之类的信息。

每个呼叫建立消息都会包含这类信息两次——一次是确定被呼叫的一方(目的地),另一次是确定打电话的一方(源)。

图 3.20 显示了 3 种地址格式。地址字段中的第一个字节确定使用的是哪种地址格式(除了这里列出的 3 个值,这个字段的其他值被保留或用于其他功能)。

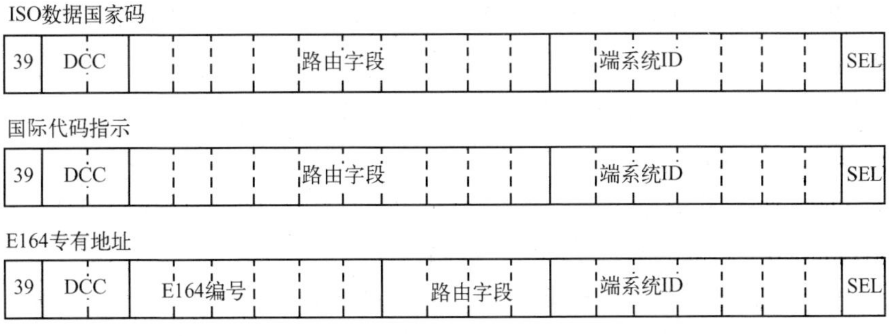

图 3.20　ATM 地址格式

3 种地址格式如下。

● 数据国家码(Data Country Code,DCC)。DCC 号码由每个国家官方管理。例

127

如,美国国家标准协会(American National Standard Institute,ANSI)。DCC 明确了负责"路由字段"的官方机构。

　　● 国际代码指示(International Code Designator,ICD)。ICD 经国际标准化组织 ISO 6523 分配,由英国标准协会(British Standards Institute,BSI)管理。

　　● E.164 地址。E.164 地址代表国际公共电信码号方案,由电话运营商管理,其中管理当局标志码是 E.164 号码的一部分。

　　不管使用何种编号方案,重要的是一个网络的建设者要获得官方的、全球唯一的号码,以防止后期网络信息岛互联时产生的混乱。

　　跟在 DCC 或 ICD 字段后——或紧随 E.164(在使用 E.164 格式的情况下)的——是"路由字段"。对于 DCC 和 IDC 而言,这个字段包含将要被呼叫的地址的信息。

　　这个"路由字段"可以看作是一个地址空间。"路由字段"暗示着它不仅是一个简单的地址。典型的例子是寻址机制常常以分层的形式来辅助路由。

　　路由字段的每个地址是指一台特定的交换机,甚至是交换机上的一个特定的 UNI。如果它仅指交换机,那么还需要更多的信息来找到准确的 UNI。另一方面,如果它规定了 UNI,那么就构成了一个唯一的全球地址。

3.5.8　地址注册

　　在图 3.20 中,考虑这样一种情况,前 13B 只规定一台特定的交换机,而非一个特定的 UNI。这时交换系统必须为通话找到合适的 UNI。

　　这可以通过后面称为"端系统 ID"的 6B 来完成。端系统或称终端可以包含附加的寻址信息。例如,终端可以将后 6B 提供给交换机来确认特定的 UNI。这样整个交换被分配一个 13B 的地址,而单个交换机则负责维护和使用端系统 ID。

　　这种机制对于大"虚拟专用网"用户特别有吸引力,此时用户从监督组织获得"交换地址",从本地管理者获得端系统 ID。这种方式为用户组织在不涉及外部网络的条件下管理其个体地址提供了便利。不过这样一来,任何组织以外的人想要访问特定的 UNI,都必须知道路由字段和端系统 ID。

　　端系统 ID 的 6B 没有被指定,其用途留给了制造商。一般对端系统 ID 的预期用法是将这 6B 用作分配给每个网络接口网卡的、唯一的 48bit MAC 地址。

　　当然,ATM 交换机和终端必须知道这些地址,以便路由电话、发送信令信息等。这些信息可以通过集成链路管理接口(Integrated Link Management Interface,ILMI)自动获取。一般交换机会提供 13 个最重要的字节(路由字段),而终端会提供后面的 6 字节(端系统 ID)。

　　ATM 网络不使用选择器(SEL)字节,但是它作为一个"用户信息字段"透明的穿过网络。因此,SEL 可以用来识别终端中的实体,如协议栈。

3.6 网络流量、服务质量和性能方面的问题

网络资源管理关注三个方面:提供的流量(使用流量参数和描述符来描述);协定的 QoS(用户终端得到的和网络提供的);对需求符合情况的核查,如果用户终端得到需要的 QoS 并且网络提供了期望的 QoS。

为了提供 QoS,ATM 网络需要分配网络资源,包括带宽、处理器和缓冲区,以便通过拥塞控制和流控制来保证良好的性能,如为虚信道提供特定的传输容量。

流量管理包括下列机制。

● 合约(Contract):在每条虚信道/虚通路上规定流量描述符和 QoS 要求。

● 连接许可控制(Connection Admission Control,CAC):沿一条资源充足的路径路由每条虚信道/虚通路,并且在没有足够的可用资源时拒绝路径建立请求。

● 流量监管:标记(通过信元丢失优先位)或丢弃违反合约的 ATM 信元。

● 算法:检查合约一致性或者通过流量整形来确认符合合约。

3.6.1 流量描述符

流量特征可以使用下面称为"流量描述符"的参数来描述。

● 峰值信元速率(Peak Cell Rate,PCR):通过用户终端发送 ATM 信元到网络的最大速率。

● 持续信元速率(Sustained Cell Rate,SCR):在很长一段时间间隔预期的或要求的信元平均速率。

● 最小信元速率(Minimum Cell Rate,MCR):客户认为是可以接受的、网络提供的每秒钟最小信元数量。

● 信元时延变化容限(Cell Delay Variation Tolerance,CDVT):说明在信元传输期间应用可以容忍多大的时延变化。

3.6.2 QoS 参数

QoS 参数描述了来自用户应用的业务需求。

● 信元传输时延(Cell Transfer Delay,CTD):除了经过网元(Network Element)和线路的正常时延,在 ATM 交换机处还向网络引入了额外的时延。在这一点上产生的时延是由统计异步复用导致的。如果有多于一个信元竞争同一输出,信元就必须在缓冲区中排队。这取决于交换机上通信负载的大小,以及由此产生的竞争的概率。

● 信元时延变化(Cell Delay Variation,CDV):时延依赖于交换机/网络设计(如缓冲区大小)和在该时刻的流量特征。这些因素会导致信元时延变化。有两个与 CDV 相关的性能参数:单测量点 CDV 和双测量点 CDV。单测量点 CDV 是指

相对于所协商的信元间到达时间(Inter – Cell Arrival Time),在一个单一测量点上观测到的信元到达事件模式的变化性。双测量点 CDV 是指相对于在连接输入端观测到的对应事件的模式,在连接输出端观测到的信元到达事件模式的变化性。

- 信元丢失率(Cell Loss Ratio,CLR):总丢失信元与总传输信元的比值。信元丢失的两个基本原因是信元头部出现错误或网络拥塞。
- 信元错误率(Cell Error Ratio,CER):总错误信元与总传输信元的比值。

3.6.3 性能问题

可以用 5 个性能参数刻画网络所实现的性能的特征:吞吐量、连接阻塞概率、信元丢失概率、交换时延和时延变化。

- 吞吐量:定义为信元离开交换机的速率,以单位时间内离开的信元的数量来度量。这个参数主要取决于 ATM 交换机的技术水平和设计指标。通过选择合适的交换机拓扑,可以增加吞吐量。
- 连接阻塞概率:由于 ATM 是面向连接的,在连接建立阶段,逻辑进口和出口之间会有一条逻辑连接。连接阻塞概率定义为由于缺少足够的资源在交换机进口和出口之间无法保证所有当前连接和新建连接质量的概率。
- 信元丢失概率:在 ATM 交换中,当在交换机中竞争一个队列的信元数量超出了这个队列能够处理的范围时,就会产生信元丢失的现象。信元丢失概率必须保持在一定的范围内以保证 QoS 要求。在内部非阻塞交换机中,信元只会在入口/出口处丢失。ATM 信元也可能被错误路由,错误地进入另一条逻辑通道。这称为信元误插入概率。
- 交换时延:这是交换机交换 ATM 信元所用的时间。这种时延有两个部分:
  固定交换时延,是指硬件内部信元传送产生的时延;
  排队时延,是指信元在交换机缓冲区内排队产生的时延。
- 抖动或时延变化:定义为交换时延超出一定值的概率。常用分位点(Quantile)来表示,例如在 10^{-9} 分位点 100ms 的抖动意味着交换时延大于 100ms 的概率小于 10^{-9}。

3.7 网络资源管理

ATM 网络必须公平地预先分配网络资源。需要特别指出的是,网络必须支持各种流量类型,并提供不同的业务等级。

例如,话音业务要求非常低的时延和时延变化。网络必须分配资源来保证这一点。解决这个问题时通常提到的概念是"网络管理",它负责管理网络资源和网络流量。

当要建立一条连接时,初始化业务的终端会声明一个流量合约(其中包括流量特征和 QoS 需求)。通过流量合约,网络将检查目前的网络使用情况,并确定是否建立一条能够容纳这项使用需求的连接。如果网络资源不可用,连接就会被拒绝。

虽然一切听起来还不错,但问题是很少能够准确了解一个给定的应用的流量特征。例如网页传输,通常认为比较了解这项应用,但实际上却无法预先知道网页有多大或传输的频率是多少。因此,精确地定义流量特征是什么,其实没有太大必要。

在这种情况下,流量监管的想法是比较有用的。网络"观察"一条连接上到达的信元,查看它们是否遵守合约。对于那些违反合约的信元,其信元丢弃优先级比特位会被置为 1。网络可以选择立刻丢弃这些信元或者是在开始进入拥塞状态时丢弃这些信元。

理论上,如果网络资源分配合理,丢弃所有的信元丢弃优先级被标记为 1 的信元,可以保证网络利用率保持在一个良好的工作点上。这对于实现 ATM "为不同类型业务提供不同的 QoS 保证"这一目标至关重要。ATM 网络流量控制涉及到多种功能。

3.7.1 连接许可控制(CAC)

连接许可控制(Connection Admission Control,CAC)可以定义为网络在通话建立阶段采取的一组动作,这些动作用于确认是否可以建立一条连接。接受新的连接请求要求有足够的网络资源,要保证能够建立一条满足一定 QoS 的端到端连接,而且新连接不会影响现有连接的 QoS。

CAC 有两类参数,描述如下。

● 刻画流量源特征的参数包括峰值信元速率、平均信元速率、突发性、峰值持续时间等。

● 表示所需 QoS 类型的参数包括信元传输时延、时延抖动、信元丢失率、突发信元丢失等。

网络中一条连接路径上的每台 ATM 交换机都要检查自己是否有足够的资源来保证该连接满足所要求的 QoS。

3.7.2 UPC 和 NPC

使用参数控制(Usage Parameter Control,UPC)和网络参数控制(Network Parameter Control,NPC)分别在用户到网络(User – to – Network)接口和网络到节点(Network – to – Node)接口执行类似的功能。它们代表的是网络监控和控制一条连接上流量所执行的一组动作,一般用信元流量大小和信元路由有效性来描述。这个功能也称为"监管功能",其主要目的是保护网络资源不受恶意连接和设备故

障的影响,以及强制要求每条连接服从其协商过的流量合约。理想的 UPC /NPC 算法具有以下特点:

- 能够识别出所有非法流量;
- 对参数违规的响应时间短;
- 复杂性低,易于实现。

3.7.3 优先级控制和拥塞控制

ATM 信元头部的信元丢弃优先级(CLP)比特位允许用户生成不同优先级的业务流,为了保证高优先级信元的网络性能,低优先级信元可以被丢弃。网络 UPC/NPC 功能会分别处理这两种优先级类型。

拥塞控制在 ATM 网络有效流量管理中发挥着重要作用。拥塞是网元的一种状态。在这种状态下,网络无法保证现有连接的 QoS 和新建连接要求的 QoS。业务流不可预测的随机性波动或网络故障均会导致拥塞。

拥塞控制是减小拥塞影响和防止拥塞蔓延的一种网络技术手段。它可以分配 CAC 或 UPC/NPC 过程,以避免出现网络过载的情况。例如,拥塞控制可以减少用户可用峰值比特率并对其进行监视。还可以使用前向显式拥塞通知(Explicit Forward CongestionNotification,EFCN)实现拥塞控制。一个在拥塞状态的网络节点,会在信元头部设置 EFCN 比特位。在接收端,网元利用这个指示位在协议中实现拥塞期间降低一条连接的信元速率的功能。

3.7.4 流量整形

流量整形可以改变一条连接上信元流的流量特征。它合理地分隔单个连接中的信元,降低峰值信元速率,减小信元时延变化。流量整形必须保持连接中的信元序列的完整性。流量整形是网络运营商和终端用户的一项可选功能。它帮助网络运营商以更加节省成本的方式优化网络设计。在用户驻地网络中,流量整形用于确保对穿过用户到网络接口(User - to - Network Interface)的流量合约的符合性。对于用户终端,流量整形可以生成符合流量合约的信元流量。

3.7.5 通用信元速率算法

流量合约基于所谓的通用信元速率算法(Generic Cell Rate Algorithm,GCRA)。这个算法精确地定义了什么时候信元流违反流量合约或不违反流量合约。考虑一个信元到达序列,通过在这个序列上运行算法,可以确定哪些信元(如果有的话)违反了合约。

该算法由两个参数定义:增量参数"I"和限制参数"L"。GCRA 可以通过以下两种算法中的任一个实现:漏桶算法(Leaky Bucket Algorithm)或虚拟调度算法(Virtual Scheduling Algorithm)。图 3.21 显示了算法的流程图。

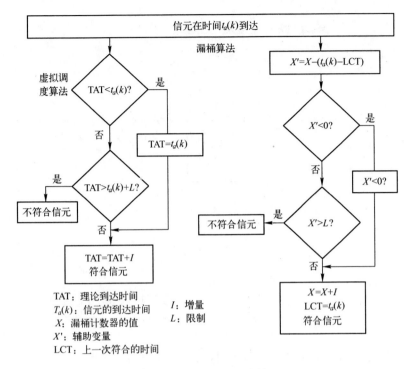

图 3.21　通用信元速率算法

两个算法有相同的目的,即确定信元是符合的(在预计到达时间到达)还是不符合的(比预计到达时间提前到来)。

3.7.6　漏桶算法(LBA)

漏桶算法,也称为"连续状态漏桶"算法。想象一个有洞的桶,有"水"正在被倒入桶中,而漏水的速度是每信元时间泄露一个单位的水。每次一个信元进入网络,相当于有 I 个单位的水被倒进桶里。然后,水开始以每时隙一个单位的固定速度从洞中流出,如图 3.22 所示。

桶的大小定义为 I 和 L 两个参数之和。当加入 I 个单位违反合约时,任何到达信元都会导致桶溢出。

假设桶最初是空的,所以可以接收大量信元。但是,如果信元到达的很快,则桶最终会被填满。这时最好是减小信元的到达速度。事实上,可以被处理的总速率是 I 的大小和泄漏率之间的差。I 影响长期信元速率,L 影响短期信元速率,因为它影响桶的大小。这种方式实际上控制了信元如何在网络中突发。

考虑一个流量平稳的漏桶算法的例子。在图 3.23 中,信元时间被从左到右平均分割。在信元到达时间之前桶的状态用 $t-$ 来代表,之后的桶的状态用 $t+$ 来表示。

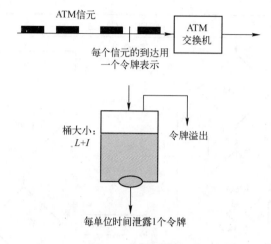

图 3.22　漏桶算法

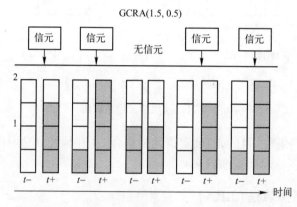

图 3.23　平稳流量漏桶的例子——GCRA(1.5,0.5)

　　假设桶大小为两个单位,一开始是空的。一个信元通过连接进入桶中,相当于一个半单位的水被添加到桶里(每个信元包含一个半单位的信息,即增量参数 I = 1.5)。同时,假定每信元时间只泄漏一个单位的水。当下一个信元到达时,在增加一个半单位水的同时,有一个单位的水已经被排出。现在的桶有两个单位的水——它被装满了。

　　如果再有信元进入,它就会违反合约,因为这时没有足够的空间容纳 1.5 个单位的水。因此,假设遵守规则,不发送信元,桶的水位保持不变。然后,桶最终排空,返回初始状态。

　　称为"平稳"流量的原因是因为它有很强的周期性。在这个例子中,每 2/3 的信元时间,传输一个信元,而通常认为这种模式无限进行的。当然,2/3 正是增量参数 I 的倒数。可以调整 I 和泄漏率,使参数为任何想要的增量值——17/23,15/16 等。事实上,可以完全灵活地选择参数,实现任何粒度的速率。

134

考虑一个具有流量突发性的例子。为了实现突发的效果,将限制参数 L 增加为 7,增量参数 I 为 4.5,所以桶深 11.5,如图 3.24 所示。

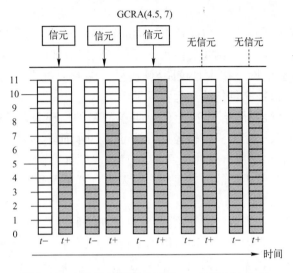

图 3.24   突发流量漏桶的例子——GCRA(4.5,7)

在这个例子中,发送 3 个信元,而桶在 3 个信元后就完全满了。现在速率仍然是每信元时间只排一个单位的水,但增量是 4.5。显然,在发送另一个信元之前,需要时间让水位降下来。

如果等待时间足够长,桶将完全变空。然后桶可以接受另 3 个信元的突发。这说明了增加限制参数允许更多流量突发类型所产生的效果。这对于典型的数据应用来说十分重要。

3.7.7   虚拟调度算法(VSA)

在虚拟调度算法(VSA)中,I 是用来分隔两个连续到达信元之间时间的参数。它允许两个信元的间隔比 I 小,但必须大于 $(I-L)$。对于一组连续的信元,总偏移时间被控制为小于 L。图 3.25 说明了 VSA 的概念。它表明信元 1 和信元 2 之间的到达间隔时间应该大于或等于 I。如果信元 2 到达的比 I 早,但是比 $(I-L)$ 晚,信元 2 会被认为是一个符合信元,否则被认为是一个不符合信元。

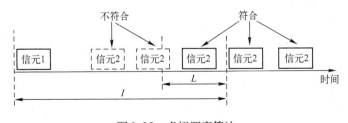

图 3.25   虚拟调度算法

3.8　因特网协议

因特网协议走了一条与 ATM 协议不同的道路,并且最终发展成为今天实际的网络标准。诞生初期,因特网主要由大学、研究所、工业部门、军事部门和美国政府开发和使用。主要的网络技术是校园网、拨号终端和通过骨干网连接的服务器。主要应用是电子邮件、文件传输和远程登录。

因特网的爆炸性发展始于 90 年代中期,WWW 的出现为普通用户提供了一种简单的网络访问界面,用户只需轻轻点击就可以上网,而不需要了解任何的技术细节。其影响远远超出了所有人的想象,从信息获取、通信、娱乐到电子商务、电子政务等,它渗透到了日常生活的方方面面。每天都有基于 WWW 技术的新应用和服务出现。

同时,技术和工业领域已经开始融合,计算机、通信、广播、移动和固定网络彼此不再分隔,这些都是因为有了因特网的支持。而因特网本身最初的设计也已经不能满足日益增长的需求,因此因特网工程任务组(Internet Engineering Task Force,IETF)开始致力于研发下一代网络。IPv6 就是这一努力的结果。第三/四代(3G/4G)移动网络在移动通信中也采用了全 IP 的方案。这里只简要介绍因特网协议。后续章节将针对与卫星网络相关的未来因特网应用和业务,从协议、性能、流量工程和 QoS 支持等角度,进一步探讨包括 IPv6 的下一代因特网。

3.8.1　因特网组网基础

因特网是计算机和数据网络演化的结果。针对不同类型的网络使用不同的方法,会有许多的技术可用于支持不同的数据业务和应用。网络技术包括局域网(LAN)、城域网(MAN)和广域网(WAN),它们使用星型、总线环、树状和网状拓扑以及不同介质访问控制机制。

像 ATM 一样,因特网是一种网络协议,而不是传输技术。与 ATM 不同的是因特网的设计允许不同的网络技术互联,它使得同一类型的网络层数据包可以利用不同的网络技术传输。

LAN 主要用于房间、建筑物或校园范围内的计算机互联。MAN 是一种在城市范围内连接不同局域网的高速网络。而 WAN 则用于国家、大洲或全球范围。在因特网出现之前,借助于协议转换、帧格式以及不同网络技术间传输速度自适应,网桥被用于在链路级别上连接多种不同类型的网络。那时,将具有不同协议、不同类型的网络连接成为一个更大的网络,是一项巨大的挑战。因特网采取了一种完全不同的方法,有别于在不同网络协议和技术之间进行转换,因特网通过引入一个称为 IP(Internet Protocol)的、通用的无连接协议,实现了跨不同网络技术的数据包传输。

136

3.8.2　协议体系

在处理网络设计的复杂性方面,协议体系和分层原则是重要的概念。因特网协议定义了网络层及其上层的功能。如何在不同类型的网络技术中传送数据包之类的细节,被认为是下层功能,由具体的网络技术定义,所要保证的是该网络技术能够提供可携带净荷的帧,以及能够让因特网数据包通过的链路层功能。在网络层的上面是传输层,然后是应用层。

3.8.3　无连接的网络层

因特网网络层是无连接的,提供尽力而为的服务。整个网络由多个子网组成,每个子网都可以是包括 LAN、MAN 和 WAN 在内的任何类型的网络技术。在同一子网络中,具体说就是在共享介质网络中(如 LAN)使用广播帧、拨号链路中使用点到点的链路帧、在 WAN 中使用多业务帧,用户终端可以实现彼此直接通信。

路由器处于子网的边缘,将各个子网连接在一起。路由器间可以直接相互通信,也可以和同一子网中的用户终端通信。也就是说,因特网路由器是通过许多不同的网络技术互联在一起的。每个由源终端生成的数据包都带有目的和源终端的地址,可以被发送到同一子网内的目的终端或者路由器。路由器接收数据包并向由路由协议定义的下一台路由器转发数据包,直到数据包到达目的地。

3.8.4　IP 包格式

在因特网参考模型中,只有一个网络层协议,就是 IP 协议。IP 是一种特殊的协议,它可以利用下层不同类型网络技术(如以太网、WiFi、3/4G 移动网络或卫星网络)提供的传输服务,并向其上的传输层协议提供端到端的网络层服务。

IP 包可以在不同类型的网络中传输而格式保持不变。任何在 IP 层之上的协议只能访问 IP 包提供的功能。因此 IP 层屏蔽了不同网络技术的差异,如图 3.26所示。

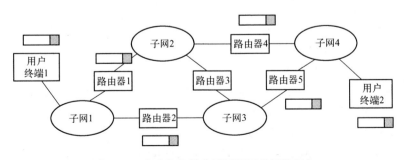

图 3.26　通过路由器和子网的因特网数据包

图 3.27 显示了 IP 版本 4(IPv4)数据包的格式。

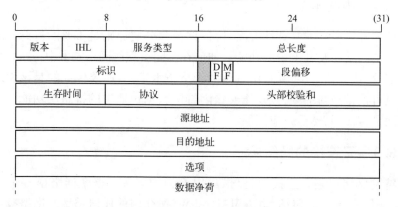

图 3.27　IP 包头部格式

下面是对 IP 包头部每个字段的简要介绍。

● 版本(Version)字段说明数据报属于哪个协议版本,供路由器和用户终端处理数据包时使用。当前版本是 4,所以也称为 IPv4。IPv5 是一个实验版本。IPv4 进化到下一代 IPv6,头部会发生巨大的变化。后面会讨论到这一点。

● 因特网头部长度(Internet Header Length, IHL)字段以 32bit 字(32 - bit words)为单位指明头部有多长。这个 4bit 字段的最小值是 5,最大值是 15,这限制了头部的长度最大为 60B。

● 服务类型(Type of Service, ToS)字段允许主机告诉网络它想要什么样的服务。字段的内容所指示的可以是时延、吞吐量和可靠性要求的各种组合。

● 总长度(Total Length)字段所指明的长度为头部和数据长度的和。最大值是 65535B。

● 标识(Identification)字段用来让目的主机决定一个新到达的分段属于哪个数据报。网络中的每个 IP 包被唯一标识。在 IPv6 中没有分段这种方法。

● DF:不分段。这告诉网络不要对数据包分段,因为接收方可能无法重新组装数据包。

● MF:更多的分段。这表明该 IP 包还有更多的片段要到达。

● 段偏移(Fragment Offset)字段表示在当前数据报中该分段的位置。

● 生存时间(Time to Live)字段是一个计数器,用于限制数据包的生存期,防止数据包永久留在网络中。

● 协议(Protocol)字段指明净荷中的协议数据。可以是传输层的传输控制协议(TCP)或用户数据报协议(UDP)。也有可能是其他传输层协议。

● 校验和(Check Sum)字段只校验 IP 头部。

● 源地址(Source Address)和目的地址(Destination Address)字段表示源和目的主机的网络号和主机号。

138

● 选项(Options)字段是可变长度的。定义了 5 个功能:安全(Security)、严格源路由(Strict Source Routing)、宽松源路由(Loose Source Routing)、记录路由路径(Record Route)和时间戳(Time Stamp)(见表 3.1)。

表 3.1　IPv4 数据包头的选项字段

选　项	描　述
Security	规定数据报的秘密程度
Strict source routing	给出必须要遵循的完整路径
Loose source routing	给出不能错过的路由器列表
Record route	让每个路由器都附上它的 IP 地址
Time stamp	让每个路由器加上它的地址和时戳

3.8.5　IP 地址

IP 包中源和目的地址字段的 IP 地址长度为 32bit。它可以有 3 个部分。第一部分标识网络地址的类型(从 A 到 E),第二部分是网络号(Net – ID),第三部分是主机号(Host – ID)。图 3.28 显示了 IPv4 地址的格式。

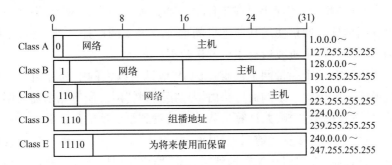

图 3.28　IP 地址格式

在 A 类和 B 类地址中,有大量的主机号。主机组合为子网时,可以通过使用高比特位的主机号标识。引入子网掩码的目的是指明网络号、子网号和主机号之间的分割。

同样,C 类地址有大量的网络号。一些低比特位网络号可以组合形成一个超网(Super Net)。这也被称为无类别域间路由(Classless Inter Domain Routing, CIDR)寻址。路由器不需要知道超网或域内的任何东西。

A、B 和 C 类地址定义了主机的附着点。D 类地址代表的是组播地址而非网络内的一个附着点。E 类地址被保留,以供将来使用。一些特殊 IP 地址如图 3.29 所示。

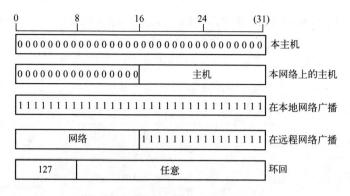

图 3.29　特殊 IP 地址

3.8.6　因特网地址和物理网络地址之间的映射

因特网地址可用于识别因特网中的子网。每个地址包括两个部分:一部分唯一地标识一个子网,另一部分标识一台主机。物理地址用于识别与传输技术有关的网络终端。例如,在电话网络中用电话号码代表个人电话,在以太网中使用以太网地址代表唯一的网络接口网卡(NIC)。

每台主机(便携机、智能手机或工作站),通过安装以太网网卡,都有一个全球唯一的以太网地址。通过使用其他主机的地址或以太网广播地址,一台主机可以向以太网中的另一台主机或所有主机发送数据。

每台主机还有一个因特网上的唯一的 IP 地址。以太网中具有相同网络号的所有主机形成一个子网。子网通过路由器连接到因特网。所有路由器使用路由协议交换信息,发现网络拓扑,并计算将数据包转发到目的地的最佳路由。

显然,主机可以直接发送数据包到同一子网中的另一台主机。对于其他在子网外的主机,可以将数据包首先发送到路由器,路由器再向下一台路由器转发数据包,直到数据包到达目的地。因此,因特网可以视为一个使用多种网络传输技术、由相互连接的路由器组成的网络。然而,在路由器间的因特网数据包传输,需要使用本地地址(如 MAC 地址)和相应网络技术的数据帧。由于本地地址标识了对本地网络技术的接入点,而因特网地址标识了主机,因此需要一种映射机制,以具体定义附着在网络接入点上的主机并形成子网。

网络管理者可以为小型网络手动设置映射,但是在全球网络范围内最好有一种网络协议来实现自动映射。

3.8.7　ARP、RARP 和 HDCP

地址解析协议(Address Resolution Protocol,ARP)实现 IP 地址和网络地址如以太网地址(RFC 826)之间的映射。在网络内部,通过映射,一台主机可以根据 IP

地址得到网络地址。如果 IP 地址属于外部网络,主机将向路由器(可以是默认的或者是代理的)转发 IP 地址。

逆向地址解析协议(Reverse Address Resolution Protocol,RARP)用于解决相反的问题,即根据一个网络地址例如以太网地址发现 IP 地址。通常通过引入 RARP 服务器(RFC 903)来解决这个问题。RARP 服务器会维护一份地址映射表。使用 RARP 的一个常见的例子是当一台正在启动的计算机没有 IP 地址时,它需要联系 RARP 服务器以获得一个 IP 地址,从而接入因特网。

动态主机配置协议(Dynamic Host Configuration Protocol,DHCP)服务器维护一个可用 IP 地址和配置信息的数据库。当它从主机接收到请求时,动态地向主机分配 IP 地址和网络配置信息。协议细节由 RFC 2131 规定,在 RFC 3396 和 RFC 4361 中更新。

3.9　因特网路由协议

因特网中的每台路由器有一个路由表,指明了用于向所有目的地转发数据包的下一台路由器或默认路由器。随着因特网规模的增长,手动配置路由表已经变得不现实或不可能。早期为了方便起见,手动配置小型网络,其实也存在着容易出错的问题。为了自动地和动态地配置因特网,必须开发相应的协议。

由单一组织拥有或者由共同政策管理的那一部分因特网可以形成一个域或自治系统(Autonomous System,AS)。内部网关路由协议(Interior Gateway Routing Protocol,IGRP)用于域内的 IP 路由。而域间使用的外部网关路由协议(Exterior Gateway Routing Protocol,EGRP)往往需要考虑政策、经济或安全问题。

3.9.1　内部网关路由协议(IGRP)

最初的路由协议称为路由信息协议(Routing Information Protocol,RIP),它使用距离矢量算法。在域内,每台路由器都有包含到目标网络的下一台路由器的路由表。路由器定期与相邻路由器交换路由表信息,并根据新收到的信息更新其路由表。

由于 RIP 存在收敛缓慢的问题,1979 年引入了一种使用链路状态算法的新路由协议。这个协议称为链路状态路由协议。与从相邻路由器获得路由信息不同,每台使用链路状态协议的路由器收集链路上的信息,通过网络泛洪,发送自身的和从相邻路由器接收的链路状态信息。网络中的每一台路由器都将有相同的链路状态信息集合,并能够独立的计算路由表。这解决了 RIP 在大规模网络中存在的问题。

1988 年,IETF 开始研究一个新的内部网关路由协议,称为基于链路状态的开放式最短路径优先(Open Shortest Path First,OSPF)协议,1990 年该协议成为标准

（参考 RFC 2328 和 RFC 5340）。该协议基于发表在公开文献上的算法和协议（这是"开放"这个词出现在协议名称中的原因），它被设计为可以支持：各种距离度量，自动并快速地适应拓扑变化；基于业务类型和实时通信的路由；负载均衡；分层系统和一定的安全级别；处理利用隧道连接到因特网的路由。

OSPF 支持三种类型的连接和网络，包括两台路由器之间的点到点线路、组播网络（如 LAN），以及无广播的多路访问网络（如 WAN）。

启动时，路由器发送 HELLO 消息。相邻的路由器（在每个 LAN 中被指定的路由器）交换信息。每台路由器周期性地、向它相邻的每一台路由器泛洪链路状态信息。数据库描述消息包括所有链路状态项的序列号，在网络数据包中被发送。通过泛洪，每台路由器通知了其所有的邻居路由器。这样，每台路由器针对其所在的域，构造路由图，并计算最短路径以形成路由表。

3.9.2 外部网关路由协议（EGRP）

内部网关协议所要做的是尽可能有效地发送数据包。而外部网关路由器在很大程度上关心的是政策问题。EGRP 本质上是一种距离矢量协议，但是它又具有额外的机制可以避免距离矢量算法所存在的相关问题。每个 EGRP 路由器都记录用于解决距离矢量问题的精确路径。EGRP 又称为边界网关协议（Board Gateway Protocol，BGP），由 RFC 4271 定义。

3.10 传输层协议：TCP 和 UDP

主机上的传输层协议定义了两台主机之间的通信协议。当数据包到达一台主机时，它会决定由哪个应用进程处理数据，例如 Email、Telnet、FTP 还是 WWW。传输层的其他功能还包括可靠性、定时、流控和拥塞控制。在网络参考模型中传输层有两种协议。

3.10.1 传输控制协议（TCP）

TCP 是面向连接的、端到端的可靠协议。它提供成对的主机进程之间的可靠进程间通信，其中一台主机作为服务器，其他主机作为客户端。客户端使用三次握手机制，主动发起连接请求，而服务器则被动等待连接。协议并不假设承载数据包的网络技术是可靠的。TCP 假定它从下层协议（如 IP）获得的是一个简单的、潜在不可靠的数据报服务。原则上，TCP 应该能够运行于从有线局域网和包交换网到无线局域网、无线移动网和卫星网络的各种通信系统。

3.10.2 TCP 段头部格式

图 3.30 显示了 TCP 段头部，其中各字段功能如下。

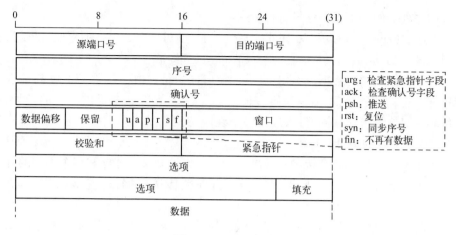

图 3.30　TCP 段头部

- 源端口(Source Port)和目的端口(Destination Port)字段,每个字段都有 16bit,指定被进程作为地址使用的源端口号和目的端口号,源和目的电脑上的进程通过地址发送和接收数据,实现相互通信。

- 序号(Sequence Number)字段占 32bit。它标识了这个段的第一个数据八位组(设置了 SYN 控制比特位时除外)。如果有 SYN,序号为初始序列号(ISN),而第一个数据八位组的序号为 ISN + 1。

- 确认号(Acknowledgement Number)字段占 32bit。如果设置了 ACK 控制比特位,则这个字段包含的是数据发送者期望接收的下一个序号的值。只要连接建立,就会发送确认号。

- 数据偏移(Data Offset)字段占 4bit。指明 TCP 头部包含多少个 32 比特字。也表明了数据从哪里开始。TCP 头部(包括有可选项的情况)是 32bit 长的整数倍。

- 保留(Reserved)字段的 6bit 供未来使用(默认必须是零)。

- 控制比特位(Control Bits)包括 6bit,从左到右功能分别是:URG,是指紧急指针字段有效性指示;ACK,是指确认号字段有效性指示;PSH,是指推送功能;RST,是指连接复位;SYN,是指同步序号;FIN,是指没有更多的来自发送方的数据。

- 窗口(Window)字段占 16bit,指定了从被确认的八位组算起,本段的发送者可以接受的(对方发送的)八位组的数量。

- 校验和(Check Sum)字段占 16bit。它将头部和文本中的所有 16 比特字按二进制反码形式累加,再对累加和取二进制反码。如果一个段要校验的头部和数据八位组的数量为奇数,为了校验,要在最右边填充一个全零的八位组以形成一个 16 比特字。填补的数字不作为段的一部分被传输。当计算校验和时,校验和字段本身被替换为 0。

- 紧急指针(Urgent Pointer)字段占 16bit。这个字段将当前紧急指针的值作为本段中序列号的一个正偏移量进行传递。

● 选项(Options)和填充(Padding)字段的长度可变。通过选项字段,可以为协议引入额外的功能。

为了识别不同的数据流,TCP 提供了端口标识符。由于每条 TCP 独立地选择端口标识符,所以它们可能不是唯一的。为了在每条 TCP 中提供唯一的地址,IP 地址和端口标识符被共同使用,形成一个在因特网的所有子网中都是唯一的称为套接字(Socket)的地址。

一条连接由两端的套接字完全决定。一个本地套接字能够和多个不同的外部套接字形成多条连接。连接可以在两个方向上传送数据,也就是说,它是全双工的。

TCP 可以自由地将端口和进程关联。但是,具体实现时要遵循一些基本的规则。其中,一种便捷的机制是使用众所周知的套接字,为标准服务提供预分配地址。例如,远程登录服务进程的套接字端口号总是为 23,FTP 的数据端口号为 20 而控制端口号为 21,TFTP 端口号为 69,SMTP 端口号为 25,POP3 端口号为 110,WWW HTTP 端口号为 80。

系统端口(编号 0 ~ 1023)由 IETF 标准分配,用户端口(编号 1024 ~ 4915)由因特网地址编码分配机构(Internet Assigned Numbers Authority,IANA)分配,而动态专用端口(49152 ~ 65535)则可自由使用。

3.10.3　连接建立和数据传输

在系统调用 OPEN 中,通过本地和外部套接字参数定义一条连接。相应的,TCP 提供一个本地连接名称(Local Connection Name),在后继调用中,用户会通过该名称来使用连接。为了存储信息,设想有一个称为传输控制块(Transmission Control Block,TCB)的数据结构。有一种实现策略就是将指向 TCB 的指针作为本地连接名称。系统调用 OPEN 还规定了所建立的连接是主动式的还是被动式的。

用于建立连接的过程需要利用同步控制标识(SYN)并涉及三条消息的交换。第一条消息是从客户进程到服务器进程的连接建立请求;第二条信息是从服务器到客户端的对请求的回复;第三条消息是从客户端到服务器的连接确认。这个交换过程被称为"三次握手"。当序号在两个方向上都已经同步时,连接被建立。连接的释放同样涉及消息的交换,这时使用的是结束控制标识(FIN)。

在连接上传输的数据可以被看成是一个八位组的流。在每个系统调用 SEND 中,发送进程会指明该调用(以及任何之前调用)的数据应该通过设置 PUSH 标识被立即推送到接收进程。

发送方 TCP 从发送进程收集数据,在被通知使用推送功能之前,它可以选择合适的时机在段中将这些数据发送出去。被通知使用推送功能后,它则必须发送所有未发出的数据。接收方 TCP 看到 PUSH 标识后,它将不再等待从发送方 TCP

接收更多的数据,而是立刻向接收进程传递数据。在 PUSH 功能和段边界之间没有必要的联系。任何特定段中的数据都有可能是一个或多个独立的 SEND 调用的结果。

3.10.4 拥塞和流控

TCP 的功能之一是面向因特网的、基于终端主机的拥塞控制。这是因特网整体稳定性的一个关键部分。在拥塞控制算法中,TCP 将网络抽象为由传输数据包的链路和缓冲数据包的队列组成。队列提供瞬时过载链路上的输出缓冲,从而平滑瞬时流量突发以适应链路带宽。

当流量超过了链路容量导致队列缓冲区溢出时,就必须丢弃数据包。传统的丢弃最近的数据包的做法(称为弃尾)已经不再被推荐,虽然它仍被广泛使用。实际上,为了实现主动队列管理,目前已经开发出了多种随机早期检测(Random Early Detection,RED)方案。

TCP 使用序号和确认(ACK)在端到端的基础上提供可靠的、有序的和一次性的发送。TCP 的 ACK 是累积的,也就是说,接收到的每个段都会被隐式地确认。如果有数据丢包,ACK 累积将会停止。

由于在传统有线网络技术中,拥塞是导致丢包的主要原因,所以 TCP 把丢包作为网络拥塞的标识(但这样的假设并不适用于无线和卫星网络,对于这些网络而言,丢包更可能是由于传输错误引起的)。丢包是自动的,子网不需要知道任何有关 IP 或 TCP 的信息。它只是在拥塞的时候简单地丢弃数据包。当然,对于丢包策略来说,一些要比另一些更加公平。

TCP 有两种不同的方式从丢包中恢复。其中一种最重要的方式是发生超时重传丢失的数据包。如果在一个固定时期内没有收到 ACK,TCP 将重传最久的、没有被确认的数据包。TCP 将这次 ACK 丢失看作是网络拥塞的结果,继续传输之前它等待重传被确认。如果没有再次发生超时(即重传被确认),TCP 会逐渐增加传输的数据包的数量。

而如果重传也发生了超时,则会引起 TCP 性能的严重下降。这是因为在超时期间发送方会空转,而且在超时后发送方会重启,并且将拥塞窗口大小设置为最初的一个单位(即一个最大报文段长度)。为了能够在批量传输过程中从偶然丢包中恢复,RFC 2001 开发了称为"快速重传"和"快速恢复"的方案。

这种方案的基本原理是:当在批量传输中丢失一个数据包时,接收方会对后继的数据包继续返回 ACK,但这些 ACK 并不实际确认任何数据,它们称为"重复确认"(因为其确认号始终为丢失的数据包的序号)。发送方 TCP 将重复确认看作是对数据包丢失的一种提醒,因此不等到超时就重发数据包。重复确认机制形成了对一个数据包的否定确认(NAK),而该数据包的序号与即将到来的 TCP 包的确认号相同。在假定已经发生了丢包之前,TCP 会等待,直到收到了一定数量的重复确认(目前这个数量为3)。这样做的原因是避免在乱序传输的情况下出现不必要的重传。

除了拥塞控制,TCP还通过流量控制来防止发送方淹没接收方。TCP拥塞避免算法(RFC 5681)是一个端到端系统拥塞控制和流量控制算法。该算法在发送方和接收方之间维护一个拥塞窗口(cwnd),控制在任何给定时间点连接上正在传输的数据的总量。减小cwnd,会降低连接可获得的整体带宽;增加cwnd,可以提升性能,直到达到可用带宽的门限。

TCP可以探测可用网络带宽,具体做法是首先将cwnd设置为一个数据包大小,然后每次收到从接收方返回的ACK就将cwnd增加一个数据包大小。这就是所谓的"慢启动"机制。当检测到丢包(或者其他机制通告的拥塞)时,cwnd重新设置为一个数据包大小,慢启动过程重复,直到cwnd大小达到丢包前它被设置的值的一半。此后cwnd继续增加,但为了避免拥塞,增加的速度比以前慢很多。如果不再发生丢包,cwnd最终会到达接收方通告的窗口大小。图3.31是拥塞控制和避免算法的一个例子。

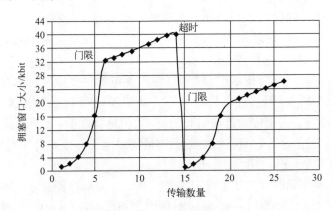

图3.31　拥塞控制与避免

3.10.5　用户数据报协议(UDP)

UDP是RFC 768定义的传输层协议数据报模式的一种具体形式。UDP假定IP为底层协议。

UDP以一种最简的协议机制实现应用程序间的消息发送。UDP提供的是无连接服务,不保证可靠传输和有序传输,也不恢复丢失的数据。因此,协议本身非常简单,适合于实时数据传输使用。实时应用不需要丢包重传,因为任何重传机制都很难满足实时应用的需求。

图3.32显示了UDP数据报头部格式。UDP数据报头部字段的功能如下。

● 源端口(Source Port)字段是一个可选的字段,源端口如果被使用,其含义是表示在没有任何其他信息的情况下,发送进程的端口可以被应答进程用作应答端口。如果不使用,则填入全0。

146

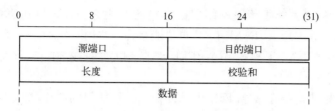

图 3.32　UDP 数据报头部格式

● 目的端口（Destination Port）字段在特定的因特网目的地址上下文中有意义。

● 长度（Length）字段指明包括头部和数据的、以八位组为单位的用户数据报长度（这意味着长度的最小值是 8）。

● 校验和（Check Sum）的计算是将来自 IP 头部和 UDP 头部的伪头部信息按二进制反码形式累加，再对累加和取二进制反码。

● 必要时，在数据（Data）末端添加全零的八位组，以保证其为两个八位组的整数倍。

UDP 主要用于因特网名称服务和一般文件传输，以及不需要对丢失数据重传的实时应用，如 VoIP、视频流和组播。公知端口的定义方式与 TCP 相同。

3.11　IP 和 ATM 网络互联

因为有大量的计算机和网络终端通过局域网、城域网和广域网以及运行于其上的因特网协议互联，所以一个关键要素是实现这些网络技术和 ATM 之间的互操作。未来因特网的成功关键是提供 QoS 支持，以及更高层协议与应用的统一网络视图。

这里简要介绍 ATM 承载 IP（IP over ATM）技术，包括运行模式、地址解析机制（用于将因特网地址直接映射到 ATM 地址）和因特网封装（如图 3.33 所示）。

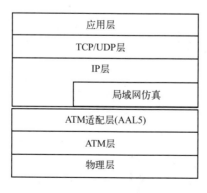

图 3.33　局域网仿真和典型 IP over ATM 的协议栈

一种在 ATM 网络上传输网络层数据包的方法称为局域网仿真（LAN Emulation，LANE）。顾名思义，LANE 协议的功能是在 ATM 网络之上仿真一个局域网。LANE 协议专门定义了模拟一个 IEEE 802.3 以太网或 802.5 令牌环局域网的机制。

以叠加模式运行在 ATM 网络上的任何网络层协议的传输都涉及两个方面：数据包封装和地址解析。IETF 为这两个方面提供了解决方案，如下所述。

3.11.1 数据包封装

IETF 在 RFC 2684 中定义了通过 ATM(AAL5)连接传输网络层或链路层数据包的方法，同时也定义了在一条 ATM 虚连接之上复用多种协议的方法。正如 LANE 一样，为两个节点之间的数据传输重用同一条连接是有意义的，因为这样在第一次连接建立之后，后继将会节省连接资源空间和连接建立时延。不过，这只有在使用非特定比特率（Unspecified Bit Rate，UBR）或可用比特率（Available Bit Rate，ABR）连接时才有可能——如果网络层需要 QoS 保证，那么通常每条不同的流都会要求独立的连接。

为了允许连接重用，对于节点来说，必须有一种通过 ATM 连接接收网络层数据包的方法，从而知道已经接收了什么类型的数据包、将数据包传递给了何种应用或何种更高级别的实体。因此，数据包必须要有一个复用字段前缀。在 RFC 2684 中定义了两种方法。

• 逻辑链路控制/子网接入点（LLC/SNAP）封装。在这种方法中，具有被标准 LLC/SNAP 头部定义的封装包类型的单条连接，可以承载多种协议类型。不过，LLC/SNAP 封装也意味着所有使用这种封装的连接都终止于端系统的 LLC 层。

• VC 多路复用。在 VC 多路复用方法中，一条 ATM 连接只承载一个单一的协议，协议类型在连接建立时被隐式定义。这时，不需要复用字段或类型字段，或者数据包不携带复用字段或类型字段，尽管被封装的数据包可能会有一个填充字段前缀。

当希望绕过底层协议实现直接应用到应用（application - to - appliaction）的 ATM 连接时，就需要使用 VC 复用封装。但是，如前所述，这种直接连接排除了 ATM 网络之外节点互联的可能性。

LLC/ SNAP 封装是 IP over ATM 最常见的封装方式。ITU - T 也采用其作为 ATM 之上多协议传输的默认封装方式。在相关工作中，IP over ATM 的最大传输单元（Maximum Transfer Unit，MTU）大小的默认值为 9180B。不过，也允许对 MTU 的大小进行协商，例如对于 AAL5 最大可达 64kB，这是因为使用大数据包可以获得大幅的性能提高。这也使得实现 IP over ATM 的节点可以使用 IP 路径 MTU 发现机制，从而避免因 IP 分段给性能带来不利影响。

3.11.2 IP 和 ATM 地址解析

为了实现 IP over ATM,必须有一种机制将 IP 地址解析到相应的 ATM 地址。例如,考虑一个两台路由器通过 ATM 网络连接的例子。如果一台路由器通过局域网接口收到一个数据包,它会首先检查路由表的下一跳,以确定通过哪个端口将包转发到哪一台下一跳路由器。如果查表表明要通过 ATM 接口转发数据包,路由器会查询地址解析表以确定下一跳路由器的 ATM 地址(当然,也可以使用连接两台路由器的 PVC 的 VPI/VCI 值来配置表)。

地址解析表虽然可以手动配置,但可扩展性不强。RFC 1577 定义了一个协议来支持 IP 地址的自动地址解析。这个协议称为"标准的 ATM 承载 IP"(classical IP over ATM),它引入了逻辑 IP 子网(Logical IP Sub – net,LIS)的概念。像正常的 IP 子网一样,一个 LIS 由连接到一个 ATM 网络的一组 IP 节点构成(如主机或路由器),这些节点属于同一个 IP 子网。

为了解析 LIS 中的节点地址,每个 LIS 有一台 ATM 地址解析协议(ATMARP)服务器,而 LIS 中的所有节点(LIS 客户端)都会设置该服务器唯一的 ATM 地址。当一个节点在 LIS 中出现,它首先使用该地址建立一条到 ATMARP 服务器的连接。一旦 ATMARP 服务器检测到一条来自新 LIS 客户端的连接,它就传递一个反向 ARP 请求到客户端,并询问节点的 IP 地址和 ATM 地址,然后将其保存在 AT-MARP 表中。

随后,LIS 中希望解析目的 IP 地址的节点向服务器发送一个 ATMARP 请求。如果地址映射存在,服务器会向节点返回一个 ATMARP 应答。如果地址映射不存在,服务器返回一个 ATM_NAK,表示没有找到注册的地址映射。出于鲁棒性考虑,ATMARP 服务器的地址表项具有超时机制,因此客户端需要响应服务器的反向 ARP 查询请求,定期刷新表项。一旦 LIS 客户端获得对应于一个特定的 IP 地址的 ATM 地址,它就可以建立一条到地址的连接。

这种标准模型的操作非常简单。但是,它有许多限制。名词"标准"(classical)就代表了一种限制。它意味着协议不能改变以下 IP 主机要求(IP Host Requirement)——即到源节点 IP 子网外部的数据包都必须发送给一台默认路由器。然而,这项要求并不适合 IP over ATM 和其他所有"非广播型多址"(Non – Broadcast Multi – Access,NBMA)网络的运作。在这些网络中可以定义多个 LIS,而且网络本身可以支持两个不同 LIS 中的两台主机直接通信。

然而,由于 RFC 1577 保留了主机要求,在 IP over ATM 的上下文中,同一 ATM 网络中的属于两个不同 LIS 的两个节点之间的通信,必须穿过源和目的节点之间路径上的每一台中间跳 ATM 路由器。这显然是低效的,因为这时 ATM 路由器成了瓶颈;同时,这也导致无法在两个节点之间建立一条带有指定 QoS 要求的连接。

进一步阅读

[1] Black, U., *ATM: Foundation for Broadband Networks*, Prentice Hall Series in Advanced Communication Technologies, 1995.
[2] Comer, D.E., *Computer Networks and Internet*, 3rd edition, Prentice Hall, 1999.
[3] Cuthbert, G., ATM: broadband telecommunications solution, *IEE Telecommunication Series No.29*, 1993.
[4] Tanenbaum A., *Computer Networks*, 4th edition. Prentice Hall, 2003.
[5] RFC 791, Internet Protocol, Jon Postel, IETF, September 1981.
[6] RFC 793, Transmission control protocol, Jon Postel, IETF, September 1981.
[7] RFC 768, User datagram protocol, Jon Postel, IETF, August 1980.
[8] RFC 826, An Ethernet Address Resolution Protocol, David C. Plummer, IETF, November 1982.
[9] RFC 903, A Reverse Address Resolution Protocol, Finlayson, Mann, Mogul, Theimer, IETF, June 1984.
[10] RFC 2328, OSPF version 2, J. Moy, IETF, April 1998.
[11] RFC 2453, RIP version 2, G. Malkin, IETF, November 1998.
[12] RFC 4271, A Border Gateway Protocol 4 (BGP-4), Y. Rekhter and T. Li, IETF, January 2006.
[13] RFC 5681, TCP Congestion Control, M. Allman, V. Paxson and E. Blanton, IETF, September 2009.
[14] RFC 2684, Multiprotocol Encapsulation over ATM Adaptation Layer 5, D. Grossman, J. Heinanen, IETF, September 1999.
[15] RFC 1577, Classical IP and ARP over ATM, M. Laubach, IETF, January 1994.
[16] RFC 2474, Definition of the Differentiated Services Field (DS Field) in the IPv4 and IPv6 Headers, IETF, K. Nichols, S. Blake, F. Baker, D. Black, IETF, December 1998.
[17] RFC 6864, Updated Specification of the IPv4 ID Field, J. Touch, Feburary, 2013.
[18] RFC 1323, TCP extension for high performance, V. Jacobson, R. Braden, D. Borman, May 1992.
[19] RFC 5340, OSPF for IPv6, R. Coltun, D. Ferguson, J. Moy, A. Lindem, July 2008.
[20] RFC 6286, Autonomous-system-wide unique BGP identifier for BGP, E. Chen, J. Yuan, June 2011.
[21] RFC 1932, IP over ATM: A framework document, R. Cole, D. Shur, C. Villamizar, April 1996.
[22] ITU-T I.363.1, B-ISDN ATM Adaptation Layer specification: Type 1 AAL, 08/1996.
[23] ITU-T I.363.2, B-ISDN ATM Adaptation Layer specification: Type 2 AAL, 11/2000.
[24] ITU-T I.363.3, B-ISDN ATM Adaptation Layer specification: Type 3/4 AAL, 08/1996.
[25] ITU-T I.363.5, B-ISDN ATM Adaptation Layer specification: Type 5 AAL, 08/1996.

练 习

1. 解释 ATM 协议和技术的概念。

2. 讨论 ATM 适配层(AAL)的功能和它们提供的业务类型。

3. 概述如何使用 E1 连接传输 ATM 信元。

4. 解释 VP 和 VC 交换的概念。

5. 解释如何实现 QoS 和高效利用网络资源。

6. 描述漏桶算法和虚拟调度算法

7. 解释 IP 协议的功能。

8. 解释传输控制协议(TCP)和用户数据报协议(UDP)以及它们之间的不同。

9. 解释标准的 ATM 承载 IP(classical IP over ATM)的概念。

4 卫星与地面网络的网络互联

本章主要从接入网和传输网(或称转接网)等方面介绍卫星与地面网络的网络互联。内容还包括与用户面、控制面和管理面相关的网络业务、网络假设基准连接(Network Hypothetical Reference Connection)、流量工程、网络信令方案、性能目标、卫星承载 SDH,以及卫星与移动 Ad Hoc 网络互联。在读完本章后,希望读者能够:

- 了解与网络互联有关的基本术语和概念。
- 了解与用户面、控制面和管理面相关的网络业务。
- 描述网络假设基准连接。
- 描述复用与多址接入方案之间的区别。
- 理解流量工程的基本概念。
- 理解数字网络的演变。
- 能够区分不同类型的信令方案。
- 清楚端到端基准连接中卫星网络的性能目标。
- 理解卫星承载 SDH。
- 理解卫星和 MANET 互联的概念。

4.1 组网的概念

电信网络最初的设计、开发和优化关注的是 3.1 kHz 窄带实时电话业务的话音传输质量。

在早期的数据网络中,人们试图在不增加额外网络设施的情况下,充分利用 3.1 kHz 带宽来进行数据通信。在当时的条件下,数据终端的传输速度相对较低。除电话业务外,网络还支持非话音信号的传输,如传真和调制解调器信号传输以及纯数字数据传输。在一定程度上,电信网络可以满足当时数据通信的传输需求。

由于作为网络终端的计算机的快速发展,人们需要开发高速数据网络以满足日益增长的数据通信需求,进而产生了面向不同业务的不同类型网络。数据网络上的流量变得越来越大,对于网络容量的需求也越来越高。流量的增长给利用数据网络传输电话语音业务带来了机遇。大容量用户终端和网络技术的应用使得电话业务、数据业务和广播业务的融合成为可能。一种新型的网络——宽带网络被开发出来,以支持这种业务领域和网络领域的融合。

这些技术发展对于新型业务与应用意义重大，但同时也给不同类型网络之间的互联带来了挑战。因为经济上的原因，新型网络不得不兼容既有的网络。

当卫星网络与各种不同类型网络互联时，面临的挑战将更加巨大。电话网络中存在的一个很大的问题就是终端和网络都是已经设计好的，其中一方的任何改动都会受到另一方的制约。现代网络试图将用户终端的功能从网络中分离，这样用户终端在提供服务时可以不用过多考虑网络上的流量是如何传输的，而网络也可以在基本不考虑终端如何处理流量的情况下，提供不同类型的传输方案。

下面基于同样的原理讨论卫星与地面网络的互联，即地面网络的需求是什么、通过互联卫星网络会如何满足这些需求。

一个中型或大型专用网络会包括多个相互连接的多路电话系统（Multi – Line Telephony System，MLTS）。术语"公司网络"或"企业网络"有时用来描述一个大型专用网络；在某些国家，这些术语在法律上代表了一组互联的专用网络。从网络互联的角度来看，一个大型专用网络和多个小型的、互联的网络之间没有本质的区别。所以，此类网络统称为"专用网络"（Private Network）。

一个专用网络可以是一个终接网（即连接终端设备的网络），也可以是在其他网络间提供传输连接的网络（即传输网或转接网）。因为传输网的情况和公用网络非常类似，所以这里将重点讨论终接网。

相对于实现细节，人们将更关注各种网络内部或网络之间互联的原理，同时不考虑涉及到的公用或专用网络的具体数量，以及它们之间通过何种具体配置进行连接。

因此，对于这里讨论的网络而言，不存在大小、配置、层次和使用的技术的限制，也不存在网络构成组件的限制。

目前，世界上所有的通信网络都是数字的。在频域上，无线电资源管理采用的仍然是与模拟网络相同的原理；而在时域上，所有的东西都是数字化的。鉴于数字信号传输介质和交换设备中数字信号处理的广泛应用，这里将重点讨论数字网络。

4.2　组　网　术　语

在具体讨论之前，首先解释相关的术语。

● 参考点或基准点（Reference Point）是在两个不交叠的功能群组（Function Group）结合处的一个概念群组（Conceptual Group）。两个功能群组使用相同定义的概念群组，通过参考点进行信息交换。

● 互通（Interworking）是通用术语，用来描述两个系统或子系统交换信息的行为，包括网络互联和业务互通两个方面。

● 网络互联（Internetworking）是指不同网络的相互连接，目的是跨多个网络实现业务的互操作。

152

● 业务互通(Service Interworking)是指一个网络的全部或部分业务被转化为(或是成为可用的)同一网络或其他网络中的类似业务。

● 互通单元(InterWorking Unit, IWU)是位于包含一种或多种互通功能的参考点之间的一个物理实体,用于实现两个功能群组的互联。如果它们之间没有公共参考点,两个功能群组需要进行映射或转换才能实现彼此通信。

4.2.1 专用网络

术语"专用网络"是指相对于面向一般大众的公用网络而言,只为特定用户群组提供服务的网络。一般地,专用网络是一个终接网(Terminating Network),包括多个互联节点(本地交换机、路由器、网关),通过公用网络和其他网络互联。

一个专用网络具有以下特征。

● 它通常包含 1 个以上的网络节点元素,可通过公用网络或租用线路,或者虚拟专用网络(Virtual Private Network, VPN)进行连接。

● 它只为单一用户或特定用户组提供网络功能,一般大众无法访问。

● 尽管大多数专用网络都是在某一地点使用局域网技术,但是它并不受地域大小或特定国家领域或区域的限制。

● 对扩展和其他网络接入点的数量没有限制。

4.2.2 公用网络

术语"公用网络"是指提供传输、交换、路由以及其他公众可用功能的网络,并不限制于特定的用户组。在这种上下文中,"公用"一词并不意味着与网络运营商的法律地位有某种联系。

某些情况下,一个公用网络只能提供有限的功能。在竞争激烈的环境,公用网络可能会被限定只服务于有限数量的客户,或者仅提供特定的特性或功能。一般来说,公用网络只在特定的地理区域内提供到其他网络或终端的接入点。

从端到端连接的角度来看,公用网络可以作为传输网(两个网络之间的链路)工作,也可以作为传输网与终接网的组合工作。此时,公用网络提供到终端设备(如电话机、本地交换机、电脑、路由器或网关)的连接。

4.2.3 电话业务质量

在电话网络中,有关服务质量的问题要同时考虑电话机和不同的网络组件。在一次电话交谈中,对话音传输质量的感觉首先是一种主观上的判断。"质量"的概念可能会被视为一个变量而非一个唯一的离散量,这取决于在终端模式(如手机)和特定业务(如无线)下,用户对 3.1kHz 电话话音传输质量的期望。这里所谓端到端的因素,其考虑的内容包括从一个人的讲话发声到另一个人的耳朵接听。

为了在给定条件下判断质量和"主观测试"的性能,ITU – T 开发了几种方法。

153

最常见的一种方法是实验室测试(例如只听测试"listening – only test"),其中测试对象被要求按照感觉对质量进行分类。例如"质量等级"可以划分为从 1 ~ 5 的 5 个等级分数,分别代表糟糕、差、一般、好、优秀。

利用这些分数,可以计算在同样测试条件下对几个测试对象打分的平均值,就得到了所谓的"平均意见分"(Mean Opinion Score, MOS)。从理论上讲,平均意见分的分值范围在 1 ~ 5 之间。通过计算所有测试人员对测试目标做出的类似"好或优秀"或"差或糟糕"的评价的百分比,也可以形成对话音传输质量的评估。对于一个给定连接,这些结果被表示为"好或优秀的百分比"(%GoB)和"差或糟糕的百分比"(%PoW)。

评估电话网络的服务质量是一项复杂的任务,其涉及在给定配置条件下收集各种网络组件的必要信息,以及它们与影响端到端连接话音传输质量的传输损失之间的关系。ITU – T 已经开发了多种方法和工具来评估电话网络的服务质量。

在数字网络中,网络任一部分的损失都不会从一部分传播到另一部分。因此,服务质量可以针对每个组件分别进行评估。例如,现代网络终端能够在播放之前缓冲数字化的声音或者把声音存放在内存中。在保持多长时间和缓冲多少声音方面,终端应该具有一定的自由度。同样,现代网络以帧或包的形式处理数字话音,在处理时长和帧或包的大小方面也应该具有一定的自由度。

因为时延是影响电话业务服务质量的主要因素之一,所以任何时延或时延变化都应该被最小化;但是对于数据业务,应该最小化的是丢包,因为数据业务对丢包更加敏感。

4.2.4　基于 IP 的网络

不同类型网络技术(包括局域网、广域网、无线网和卫星网络)上因特网协议的传输,形成了基于 IP 的网络(IP based Networks)。从边界网关协议(Board Gateway Protocol, BGP)路由器的角度来看,世界由自治系统(Autonomous System, AS)和连接它们的线路组成。如果在彼此间有连接边界路由器的线路,就认为两个 AS 是相互连接的。

网络可以被分为三类。第一类是末端网络(Stub Networks),只有一台 BGP 路由器连接到外部,因此不能用于经转业务(Transit Traffic)。第二类是多连接网络,可用于经转业务,除非它们拒绝。第三类是传输网络,它愿意处理第三方业务,不过可能有一定的限制条件,而且通常会收取服务费。

每个 AS 的结构类似。末端网络向骨干网发送流量,同时也从骨干网接收流量,而骨干网负责在 AS 之间传输流量。典型的网络包括:
- 专用的企业内部网(一般为 LAN);
- 经 WAN 的因特网服务提供商(ISP)域;
- 公用因特网(互相连接的 WAN)。

它们包括内部路由器和边缘路由器（如在 LAN 和 WAN 之间）。电信网络可以用于链接路由器，以及将 IP 终端链接到 ISP。

基于 IP 的网络依赖 IP 提供基于包的数据传输。因此，在从应用层实时传输协议（RTP）、传输层用户数据报协议（UDP）到网络层互联网协议（IP）的过程中，数字话音信号会分成小段。这些协议的头部一般包含以下数据：

- 处理实时应用所需的特定信息；
- 实时应用进程的端口号；
- 用于数据包传输的 IP 地址；
- 用于传输 IP 包的物理地址和帧。

最后在接收端，通过话音数据段可以构造出原始的连续数字话音信号。对于非实时数据业务，在传输层使用的是传输控制协议（TCP）。

4.3　网络组件和连接

在端到端连接中的网络组件可分为三大类：网络终端、网络连接和网络节点。

4.3.1　网络终端

就话音传输而言，终端是指各种类型的电话机（数字的或模拟的、有线的、无线的或移动的），包括与用户的口和耳的声音接口。使用发送响度评定值（Send Loudness Rating，SLR）和接收响度评定值（Receive Loudness Rating，RLR）刻画这些组件的特征，而它们又对连接的总响度评定值（Overall Loudness Rating，OLR）有贡献。其他参数，如侧音掩蔽评定值（Side Tone Masking Rating，STMR）、听者侧音评定值（Listener Side Tone Rating，LSTR）、话机的设计（D – factor）、发送和接收方向的频率响应以及噪音基底等，也有助于话音传输质量的端到端连接评定。

在无线系统或基于 IP 的系统中，可能会引入额外的失真和时延，这取决于所使用接口的编码和调制算法。不过，在包网络中，带有存储和处理能力的终端在克服电话网络存在的固有问题方面具有很大的优势。

对于数据传输而言，终端包括所有类型的电脑、智能手机和智能电视。

4.3.2　网络节点

网络节点是指所有类型的交换设备，如电话网络中的本地交换机和主交换机以及因特网中的路由器。这些节点可能使用模拟/数字交换技术或者包交换技术。在电信网络中模拟系统引起的主要问题是信号损失和噪声。交换设备接口内部或之间进行四线到二线转换的地方，信号反射会引起回声效应。由于信号处理以及与数字填充和代码转换相关的量化失真，数字交换系统会增加端到端时延。此外，由于数据缓冲和因传输错误或缓存溢出导致的丢包，基于包的路由器也会带来时延和时延抖动。

4.3.3 网络连接

网络连接使用各种介质作为网络节点之间、网络节点和网络终端之间的设施。这些连接的物理介质可能是金属(铜)、光纤或无线电波。信号形式是模拟的或者数字的。与模拟信号传输相关的问题包括传播时间(通常与距离成正比)、信号损失、频率响应和噪声(主要是由于纵向干扰)。对于短的和中等的线路长度而言，由于频率响应和噪声导致的问题通常可以忽略。

对于数字传输，主要的问题是由金属、光纤和无线电介质中的传播时间引起的。就无线部分而言，根据其所使用的编码和调制算法，还会引入额外的时延。对于包含模数转换的连接，不利因素还包括信号损失和失真。

复用(Multiplexing)是指通过单一的物理介质传输多条信道。现有的网络中有各种各样的复用系统，包括：

- 空分复用(Space Division Multiplexing,SDM)；
- 频分复用(Frequency Division Multiplexing,FDM)；
- 时分复用(Time Division Multiplexing,TDM)；
- 码分复用(Code Division Multiplexing,CDM)。

在电话网络中，连接支持64kbit/s 脉冲编码调制(PCM)，或更近期的基于低比特率编解码器的压缩技术。在宽带网络中，除电话业务外，连接能够支持高达吉比特每秒的高速视频和数据业务。

4.3.4 端到端路径

两个用户终端之间的端到端路径可以近在咫尺或者远在世界的另一边。路径可能只涉及一个专用网络或本地交换，也可能涉及专用网络和本地交换、公用网络中的远程连接以及国际连接。

在电话网络中，入话和出话的优势是只在本地电话区域内发起或终止。通常可以将业务划分为本地电话、国内长途电话和国际长途电话。因此，少量的国内长途连接就可以支持大量的用户终端。同样，可以使用更小数量的国际连接，因为只有很小比例的电话会被路由到国际连接。

端到端连接还可能涉及到不同类型的网络技术，包括电缆、光纤、地面无线或卫星网络。所有的技术都以不同的方式对网络的性能和 QoS 做出贡献。为了实现用户可接受的端到端路径质量，必须在不同类型的技术之间进行折中。

例如，对于一个可接受的电话质量而言，合理的要求是由时延、噪声、回声或其他干扰因素导致的连接损失不会影响或干扰正常的通信。然而，同样的质量水平可能不会被收听音乐的应用所接受，或者在数据业务中导致传输错误。

可接受质量等级的变化也取决于业务的类型，以及对经济、技术和利益因素等方面的考量。在经济因素方面,可能关心的是使用和实现的成本;在技术因素方面,可能是科技发展水平的限制;在利益方面,就移动、长途和卫星网络的使用而言,相比于彻底无法通信,人们可能还是能够接受比较低的质量等级。

4.3.5 参考配置

参考配置(Reference Configurations)提供了对所关注的端到端路径以及会对端到端 QoS 和性能产生影响的所有终端、节点和连接的一个概览。

由于网络中层次、结构、路由、编号和网络技术类型的多样性,不同的组网技术(无线、有线和卫星)可能在参考配置中扮演不同的角色。这里讨论一些典型的参考配置,它们可以用于评估 QoS 和网络性能,以及评估采用不同技术的网络在提供服务时所扮演的角色。

图 4.1 显示了电话网络的一种基本参考配置。这是一个包括国际业务、公用网络、专用网络以及所有连接的通用场景。

这里假设国内公用网络中电话接入点之间的损失配额(Impairment Allowance)是以国际连接为参照对称分配的,此时国际连接可视为是面向国际长途的公用网络的虚拟中心。对于不涉及国际长途的连接,可以在最高级别的网络部分假定一个等效虚拟中心,如图 4.1 所示。

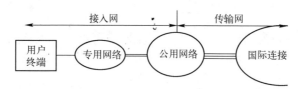

图 4.1　接入网和传输网的基本配置

专用网络通常连接到本地交换机或路由器(处于分层体系的最底层),或者连接到公用网络中的一个普通连接点。可以旁路本地交换机,将专用网络直接连接到更高层(如国际连接)。在某些情况下,特别是对于大型专用网络,旁路技术允许向专用网络更多地分配特定的传输参数(如时延)。

尽管虚拟专用网络(VPN)由公用网络运营商提供,但应当视为专用网络的一部分。这也适用于由公用网络运营商提供的、连接专用网络的租赁线路。带有租赁线路和 VPN 连接的专用网络会对端到端 QoS 和性能产生影响。

4.4　网络流量和信令

网络互联涉及以下流量类型:用户流量、信令流量和管理流量。用户流量由用户终端直接产生和使用。信令流量为用户传递消息,以实现在网络中的相互连接。管理流量在网路中提供相关信息,其作用是动态、有效地控制用户流量和网络资源

157

以满足用户流量的 QoS 需求。用户流量属于应用层,它占用绝大部分的网络资源(如带宽)。管理流量也会占用相当一部分资源。图 4.2 显示了用户、信令和管理功能之间的关系。

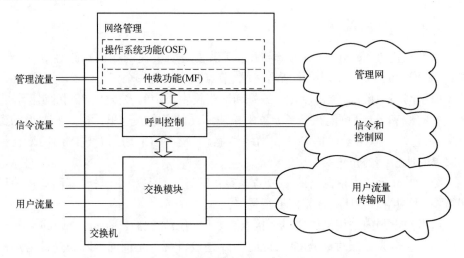

图 4.2　用户、信令和管理功能之间的关系

4.4.1　用户流量和网络业务

用户流量由一系列用户业务产生。卫星网络可以支持大范围的电信业务,包括电话、宽带接入、电视广播等等。图 4.3 显示了一些典型的网络连接和接口的例子。

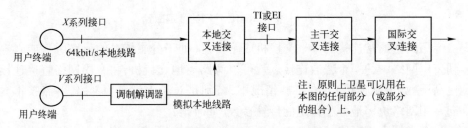

图 4.3　网络连接和接口的例子

电话、传真和各种低比特率数据传输业务起初都是基于模拟传输的。如今,它们基于数字技术得以系统的实现和发展。在模拟传输中,网络连接期间,网络带宽在频域上分配。而在数字传输中,网络带宽在时域上分配。时分多路复用数字载波的使用,尤其是和自适应差分脉冲编码调制(Adaptive Differential Pulse Code Modulation,ADPCM)、低比特率编码、带数字电路倍增设备(Digital Circuit Multiplication Equipment,DCME)的数字话音插空(Digital Speech Interpolation,DSI)技术等结合使用时,可以提供更高的通信容量(表现为载波上的信道数量增加)。

158

除数字话音外,现在的宽带网络可以支持视频会议、高速数据传输、高质量的音频或声音节目信道,以及包交换数据业务。它还可以支持话音、视频和数据的集成或者它们组合形成的多媒体业务。

卫星的使用必须考虑端到端的客户需求,以及特定网络配置下的信令/路由约束。这些业务的需求可能也会随卫星链路容量的变化而发生变化。

4.4.2 信令系统和信令流量

传统上,电话网络一般把信令分为用户信令(Subscriber Signalling)和局间信令(Inter – Switch Signalling),按功能又可分为听觉视觉信令(Audible – Visual Signalling)、监管信令(Supervisory Signalling)和地址信令(Address Signalling)。

用户信令告诉本地交换机,一个用户希望通过拨打代表远方另一个用户的号码来联系该用户。局间信令提供交换机正常路由电话所需的信息,同时还提供对其路径上电话的监管。信令能够为网络运营商提供相关信息,以便收取网络服务费用。

听觉视觉信令提供警报(如振铃、寻呼和摘机提醒)和呼叫进展(如拨号音、忙音和回电话)信息。监管信令提供从用户终端到本地交换机的转发控制,以便抢占、持有或释放一个连接,同时还提供包括空闲、忙和断开等后向状态。当用户终端拨打一个号码(网络根据其来路由电话)时,产生地址信令。

用户拨号之后的信令时延和建立通话的信令开销是两个需要折中的因素,因为网络需要逐条链路地预留资源,直到通话建立成功或失败。

4.4.3 带内信令

在电话网络中,带内信令(In – Band Signalling)是指信令系统在传统话音信道内使用一个音频单音或者提示音,来传达信令信息。它可分为三种信令类别:单频(Single Frequency, SF)、双频(Two Frequency, TF)和多频(Multi Frequency, MF)。因为传统话音信道占用的频带是 300 ~ 3400Hz,所以 SF 和 TF 信令系统使用2000 ~ 3000Hz带宽(在这个范围话音能量较低)。

SF 信令几乎完全用于监管。其最常用的频率是2600Hz,尤其是在北美。在双线式主干线路上,一般一个方向用2600Hz 而另一个方向用2400Hz。图4.4(a)显示了2600Hz带内信令的概念,图4.4(b)显示了北美使用的两个3700Hz带外信令(ITU 为3825Hz)。与此相同,数字网络也可以有带内和带外信令,如图 4.5所示。

TF 信令用于监管信令(又称线路信令)和地址信令。SF 和 TF 信令系统往往与载波(FDM)运用有关。在线路信令中,"闲"是指挂机状态,而"忙"是指摘机状态。因此这种类型的线路信令有两种音频信号,对于 SF 和 TF 一般是"送音示闲"(Tone on When Idle)和"送音示忙"(Tone on When Busy)。

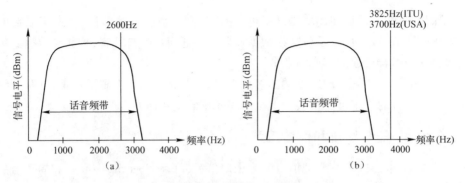

图 4.4　模拟网络的带内信令和带外信令

(a) 带内信令；(b) 带外信令。

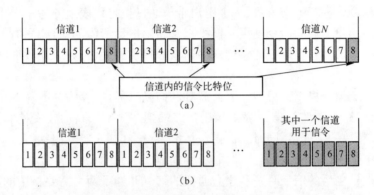

图 4.5　数字网络的带内信令和带外信令

(a) 带内信令；(b) 带外信令。

　　需要注意的是,带内信令的主要问题是存在所谓"盖过"(Talk Down)的可能性,这是指正常信道中的一个偶然的音调序列导致了监管设备的过早激活或失效。这样的音调可以模拟 SF 信号音,迫使一条信道中途退出(即监管设备使信道返回到空闲状态)。相比之下,模拟 TF 信号音的可能性不大。为了避免 SF 线路中出现"盖过"的情况,可使用时延电路或槽过滤器(Slot Filter)旁路信令信号音。这种过滤器会导致部分的话音衰减,除非在通话时关闭它们。如果线路是用于数据传输的,则必须关闭它们。因此,人们提出 TF 或 MF 信令系统以克服 SF 信令系统的问题。

　　MF 信令主要用于交换机之间的地址信令。它是一种使用 5 或 6 个单音频率的带内方法,每次使用两个,每个都有 4 种不同的频率选择,形成了电话机上 16 个按钮的典型信令。

4.4.4　带外信令

　　在带外信令中,监管信息的传输频率高于传统的 3400 Hz 声音频带。在所有情况下,它都是一个单频系统。带外信令的优势在于空闲时既可以使用"送音"

160

(Tone On)也可以使用"断音"(Tone Off)。带外信令不会出现"盖过"现象,因为所有监管信息的频带都与信道中的话音信息部分的频带有一定的距离。首选的带外频率是 3825Hz,而在美国常用 3700Hz,如图 4.4(b)所示。带外信令比较有吸引力,但它的一个缺点就是当需要修补信道时,信令线路也要跟着进行相应的改造。

4.4.5 随路和非随路信令

早期,信令在同一介质同一信道中与业务数据一起传输。实际上信令也可以走与业务数据不同的介质或路径。目前,信令一般在一个独立的信道上传输,用于控制另一组信道。一个典型的例子是欧洲的 PCM E1,其中用一条独立的数字信道支持所有 30 条业务信道的监管信令。如果信令和它所关联的信道是在同一介质和路径上传输的,那它就仍然属于随路信令(Associated Channel Signalling)系统。

如果独立的信令信道走了一条不同的路径(可能使用不同的介质),那它就称为非随路信令(见图 4.6)或分离信令。ITU - T 信令系统 7 号(ITU - TSS7)总是使用独立信道,但可以是随路的也可以是非随路的。

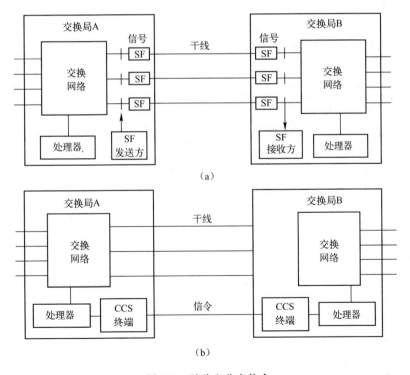

图 4.6　随路和分离信令

(a) 传统随路信令系统;(b) 带有通用信道信令(CCS)的分离信道信令系统。

161

4.4.6　网络管理

在 OSI 参考模型中,网络管理功能分为 5 个类别,定义如下:
- 配置和名字管理;
- 性能管理;
- 维护管理;
- 记账管理;
- 安全管理。

配置和名称管理的功能和工具用于识别和管理网络对象,功能主要包括改变对象配置、分配对象名称、收集对象状态信息(定期的和应急的)和对象控制状态。

性能管理功能和工具用于支持规划和改进系统性能,涉及的功能和机制有监视和分析网络性能和 QoS 参数,控制和优化网络。

维护管理功能和工具用于定位和处理网络异常,涉及的功能和机制有收集故障报告、运行诊断、定位故障源和执行纠正措施。

记账管理功能和工具用于对网络资源的使用记账,涉及的功能和机制有通知用户已产生的费用、通过设置费用限额来限制对资源的使用、合并使用多个网络资源所产生的费用,以及计算用户账单。

安全管理功能和工具用于支持管理功能和保护管理对象,包括身份验证、授权、访问控制、加密和解密以及安全日志记录。请注意,这里安全管理更多针对的是网络安全而不是用户信息安全。

4.4.7　网络操作系统和仲裁功能

网络管理是在网络操作系统中实现的,包括用户特定功能和通用功能;通用功能进一步细分为基础设施功能和用户通用功能。

基础设施功能提供底层的、与计算机相关的、支持各种应用进程的功能,包括物理通信和消息传递、数据存储和检索以及人机界面。

用户通用功能一般用于网络操作系统,可支持多个用户特定功能。一些通用功能举例如下。
- 监视:在远程站点观察系统和基本系统参数。
- 统计、数据分配和数据收集:生成和更新统计数据,收集系统数据,利用系统数据提供其他功能。
- 测试执行和测试控制:不论是检测错误还是证明单元或网元的正确操作,测试都以同样的方式执行,与测试目的无关。设备或新功能的维护安装、性能管理和日常操作都需要测试。如果测试使用额外的网络资源,期望在最小化测试占用资源的同时最大化测试期间的系统可用度,则测试执行和控制可能还会涉及配置控制和保护行为。

- 配置管理:跟踪实际的网络配置,了解有效的网络或网元配置。重新配置网络或网元,或者在必要时对网络重新配置提供支持。

网络操作系统涉及四层管理功能:商业管理、业务管理、网络管理和网元管理,商业管理在顶部,网元管理在底部,如图4.7所示。

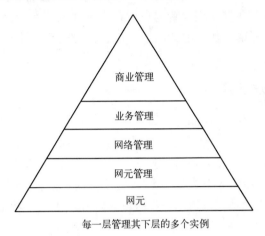

每一层管理其下层的多个实例

图4.7 网络操作系统中管理功能的层次

- 商业管理包括拥有和运营该业务(也可能是网络)的组织实现其政策和策略所需要的功能。这些功能受到更高级别因素的影响,如立法或宏观经济,还可能包括关税政策和质量管理策略。当设备或网络性能下降时,质量管理策略将为业务运行提供指导性意见。大多数功能最初都不是自动化的。

- 业务管理关注特定的业务,如电话、数据、网络和宽带业务。业务可能跨多个网络实现。业务管理的功能包括客户相关功能(例如订购记录、访问权限、使用记录和账户),以及有别于网络设施的、业务自身所提供的设施的建立与维护。

- 网络管理解决的是管理网络的问题,包括网络配置、性能分析和统计监视。

- 网元管理提供对一个区域内的多个网元的管理功能。这些功能一般集中在维护方面,但也会包括配置能力和对某些网元的统计监视。网元管理不关注网络整体层面的问题。

仲裁功能(Mediation Function,MF)作用于在网元功能和操作系统功能之间传递的信息之上,以实现平滑和高效的通信。其功能包括通信控制、协议转换和数据处理以及通信原语,还包括数据存储和涉及决策的处理过程。

4.5 接入网和传输网

根据ITU - T建议书Y.101,接入网(Access Network)定义为包括电缆线路和传输设施等实体在内的一种具体实现,它能够提供网络和用户设备之间电信业务所需的传送承载能力。传输网(Transit Network),又称为转接网,可以视为节点和链路的集合,它们提供两个或多个预定义点之间通信所需的连接(Connection)。

必须慎重地根据容量和功能定义接口,以便于用户设备和网络各自独立演化。而且当具有大容量和新型功能的新用户设备出现时,必须开发与之相适应的新的接口。从模拟电话网络到数字电话网络,再到包网络和宽带网络,可以看到接入网和传输网演化的轨迹。

4.5.1 模拟电话网络

尽管目前几乎所有的网络都已经数字化,但是许多住宅到本地交换局的连接仍然是模拟的。随着非对称数字用户线路(Asymmetric Digital Subscriber Line, AD-SL)等宽带接入网的普遍安装,模拟连接正在逐渐消失。ADSL 是一种调制解调技术,它将双绞电话线转化为对多媒体和高速数据通信的接入路径。ADSL 在两个方向上的传输比特速率是不同的,一般用户终端和本地交换机之间的典型比率为1:8。

讨论模拟电话网络,不是因为这项技术本身对于未来很重要,而是因为模拟电话网络的设计、实现、控制、管理和运行的原理已经得到多年实践的检验,并且在现在和今后一段时期内仍将与人们息息相关。当然,在技术发展过程中,这些原理会应用在新的网络环境中。

电话网络针对电话业务被精心设计、建设和优化。按照当前技术和知识的语境来表述,电话就是用户业务,信道就是网络资源,而 4kHz 的带宽被分配给每个信道以获得良好的、可接受的服务质量。

4.5.2 电话网络流量工程的概念

通过设计优化,电话网络提供到广大家庭和办公室的 4kHz 信道电话业务。在其中还要考虑经济的因素,如用户需求和满足这些需求的网络成本。目前有成熟的理论来对用户流量、网络资源、网络性能和服务等级进行建模。

● 话务流量(以下简称流量)由呼叫到达和持续时间刻画,以 Erlang 为单位,标记为 A。Erlang 是一名丹麦数学家,为了纪念他对电话网络流量工程的突出贡献,所以以他的名字作为度量单位。Erlang 是一个无量纲单位,定义为呼叫到达率和平均持续时间(以小时为单位)的乘积。Erlang - Hour 代表一个呼叫持续 1h 或一个电路被占用 1h。呼叫到达和持续时间的模式在本质上是随机的,因此采用统计的方法,利用概率分布、均值、方差等来刻画。流量在不同的时间尺度上随时间发生变化,包括瞬间变化、每小时变化、每天变化和季节性变化。

● 理论上网络可以通过提供充足的资源来满足所有的流量需求,但这样做代价可能非常昂贵,而且从经济效益的角度考虑,应该是以有限的可用度来满足绝大多数的需求。网络允许流量排队以等待网络资源可用,也允许优先或特殊对待某部分流量。

- 性能标准形成了对网络性能的量化测量,其参数包括时延概率、平均时延、超出一定时间范围的时延的概率、呼叫延迟的数量和呼叫阻塞的数量。
- 服务等级是用于测量呼叫损失概率(简称呼损率)的参数之一,服务等级由网络实现而且是用户对可接受的服务质量的期望。

目前有完善的数学理论可以处理典型场景中的各种要素,包括呼叫到达和持续时间的分布、流量源(用户)的数量、电路的可用度和对呼叫损失(简称呼损)的处理。这里将一些简单和有效的数学公式总结如下。

- 用于计算服务等级 E_B 的 Erlang B 公式为

$$E_B = \frac{A^n/n!}{\sum_{x=0}^{n}(A^x/x!)}$$

式中:n 为可用电路的数量;A 为进入系统的流量的平均值(以 Erlang 为单位)。假设源(请求服务的用户)的数目无穷大,每个源的流量密度相等而且是呼损清除的(lost call cleared)。

- 泊松(Poisson)公式用于计算因信道数量 n 不足以支持进入系统的流量 A 而导致的呼叫损失或呼叫延迟的概率 P,即

$$P = e^{-A}\sum_{x=n}^{\infty}\frac{A^x}{x!}$$

假设源的数目无穷大,每个源的流量密度相等而且是呼损保持的(lost call held)。

- 用于计算呼叫延迟概率的 Erlang C 公式为

$$P = \frac{\dfrac{A^n}{n!}\dfrac{n}{n-A}}{\sum_{x=0}^{n-1}\dfrac{A^x}{x!}+\dfrac{A^n}{n!}\dfrac{n}{n-A}}$$

假设源的数目无穷大,呼损延迟,指数保持时间和按到达顺序进行呼叫服务。

- 用于计算呼叫延迟概率的二项式(Binomial)公式为

$$P = \left(\frac{s-A}{s}\right)^{s-1}\sum_{x=n}^{s-1}\binom{s-1}{x}\left(\frac{A}{s-A}\right)^x$$

假设源的数目有限,每个源的流量密度相等而且是呼损保持的。

4.5.3 频域上的卫星网络接入

为了通过卫星传输电话信道,必须在分配的频段上生成适合卫星链路传输的载波,且调制载波的信道信号可以经卫星传输。在接收一侧,解调过程可以从载波中分离信道信号,因此接收机可以恢复出原来的电话信号,随后被发往用户终端或者向用户终端路由电话信号的网络。

如果只有一个单独的信道调制载波,称为单路单载波(Single Channel Per Carrier,SCPC),即每个载波只承载一路信道。这种方式通常用于接入网,将用户终端连接到网络或其他终端。它还可以用作一条"稀"路由(Thin Route),连接本地交换机和低流量密度的网络。

如果是一组信道调制载波,称为多路单载波(Multi Channel Per Carrier,MCPC)。这通常用于传输网,实现多个网络之间的互联或者到接入网的本地交换。

4.5.4 星上电路交换

如果地面站之间的所有连接都使用一条全球覆盖波束,那么就不需要有任何星上交换功能了。但是如果使用的是多个点波束,星上交换就会发挥巨大的优势,因为它允许地面站同时发射多条信道到多个点波束,而无需事先分离这些信道。因此,星上交换给卫星网络带来了极大的灵活性,并且能够潜在地节省带宽资源。

图4.8说明了带有两个点波束的星上交换的概念。如果没有星上交换功能,由于要使用两条不同的弯管通道,两个传输必须在地面站处被分离,其中一个用于点波束内的连接,另一个用于点波束间的连接。如果同样的信号要传送到两个点波束,也需要对同样的信号进行两次独立的传输;因此,在上行链路传输中会需要两倍的带宽,也可能是复用不同点波束的相同的带宽。

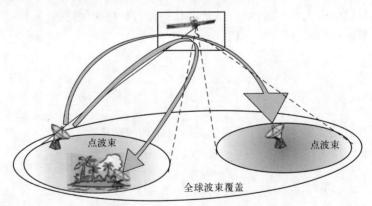

图4.8 星上电路交换的图解

通过使用星上交换,所有的信道可以一起发射,然后通过卫星上的交换经不同的点波束将它们传送到各自的目的地面站。如果同样的信号被发送到不同的点波束,星上交换机可以将信号复制后发给多个点波束,此时不需要地面站的多次发射。通过采取适当的措施避免相互之间的干扰,两个点波束可以使用相同的频段。

4.6 数字电话网

数字传输系统出现于 20 世纪 70 年代早期。1937 年第一次提出脉冲编码调制(Pulse Code Modulation, PCM)方法。PCM 允许用二进制形式表示模拟波形,如人类的声音。它可以使用 64kbit/s 的数字比特流来表示一个标准的 4kHz 模拟电话信号。通过合并多条 PCM 信道并在一条铜双绞线上传输它们(这条双绞线以前是被一路模拟信号占用的),数字处理技术可以有效降低传输系统的成本。

4.6.1 数字多路复用分层体系

在欧洲以及其后的世界上许多其他地方,所采用的标准的时分多路复用(TDM)方案是将多条 3064kbit/s 信道与两条携带控制信息(包括信令和同步信息)的信道合并,产生一条 2048Mbit/s 的信道。

随着电话语音需求的增长,网络流量也在不断增加,标准的 2048Mbit/s 信号已经无法支撑主干网络上的流量负载。为了避免使用过多的 2048Mbit/s 链路,人们决定进一步提高复用水平。欧洲采用的标准是合并 4 条 2048Mbit/s 信道产生一条 8448Mbit/s 信道。这种复用方式与以前的略有不同,输入信号每次以比特而不是以字节合并,即比特间插而非字节间插。随着需求的增长,更高的复用水平(34368Mbit/s、139246Mbit/s 甚至更高)被加入到标准中,形成了一种复用分层体系,如图 4.9 所示。

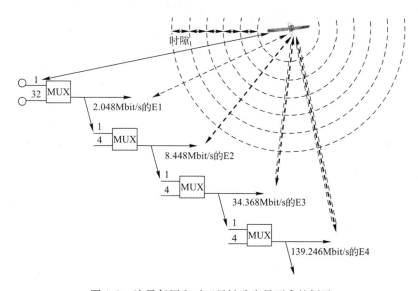

图 4.9　流量复用和对卫星链路容量要求的例子

北美和日本使用不同的复用分层体系,但是遵循的原理相同。

4.6.2 卫星数字传输和星上交换

数字信号可以在时域上处理。因此,除了在频域上共享带宽资源外,地面站也可以在时域共享带宽。时分多路复用可以应用于如图 4.9 所示的传输分层体系中任何等级上的卫星传输。对于星上交换,可以使用时分交换技术,而且通常是与电路交换(或空分交换)一起使用。

4.6.3 准同步数字系列(PDH)

多路复用分层体系从原理上看似乎很简单,但实际并非如此。当要复用多条 2Mbit/s 的信道时,它们有可能已经被不同的设备创建了,这导致每条信道的比特率略有不同。因此,在这些 2Mbit/s 信道可以被比特间插之前,必须通过增加"仿制"(Dummy)信息比特或"调整比特"(Justification Bits)让它们的比特率变得一致。调整比特在解复用时被丢弃,仅保留原始信号。如图 4.10 所示,这个过程称为准同步(Plesiochronous)操作,"Plesiochronous"在希腊语中的含义是"几乎同步"。

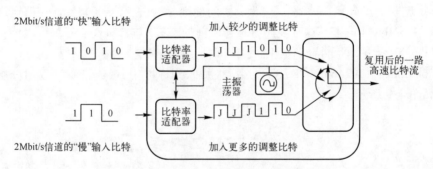

图 4.10 准同步数字系列概念图

上面所提到的与同步相关的问题会发生在多路复用分层体系的每一等级上,所以在每个阶段都会有调整比特加入。这种在整个分层体系上使用准同步操作的做法是术语"准同步数字系列"(Plesiochronous Digital Hierarchy,PDH)的来源。

4.6.4 PDH 的局限性

低比特速率流到高比特速率流的复用和解复用看起来简单直接,但实际上它并不灵活也不简单。在 PDH 的每一等级都使用调整比特意味着在高比特速率流中将无法准确定位低比特速率流。例如,访问 E4 139246Mbit/s 数据流中的一条 E12048Mbit/s 数据流,E4 必须要首先完全解复用 E3 34368Mbit/s 和 E2 8448Mbit/s,如图 4.11 所示。

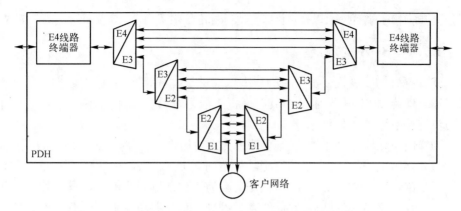

图 4.11　在 PDH 网络中插入一个网络节点的复用和解复用过程

一旦辨别和提取出所需的 E1 线路,信道就必须被重新复用回 E4 线路。显然由于存在信道分离和插入的要求,PDH 不是一种灵活的连接模式,也无法提供快捷的服务,同时这个过程中所需的大量的复用器将会是一笔巨大的开销。

大量的复用设备带来的另一个问题是控制问题。在其网络路径上,一条 E1 线路可能会经过多台交换机。保持对设备互连关系的详细记录是确保其路径正确的唯一方法。随着网络中连接重连活动数量的增加,保持记录的时效性变得越来越困难,而且出错的概率也更大。这种错误不仅会影响正在建立的连接,还会破坏正在进行流量传输的现有连接。

PDH 另一个局限是它缺乏性能监视能力。在为企业客户提供更好的可用度和误码性能方面,运营商正面临着越来越大的压力,然而 PDH 帧格式中的网络管理功能不能很好地对此提供支持。

4.7　同步数字系列(SDH)

当 PDH 在灵活高效地满足客户和运营商需求方面出现瓶颈时,人们研发了同步传输技术以克服 PDH 存在的问题,特别是像无法在不解复用整个系统的条件下从大容量系统中提取出某条电路这样的问题,如图 4.12 所示。

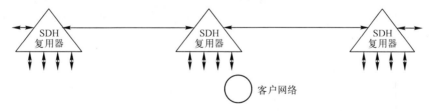

图 4.12　在 SDH 网络中插入一个网络节点的分插功能

同步传输可以视为传输系列进化过程中的下一个逻辑阶段。标准化工作与同步传输技术发展相伴。定义的新标准也为解决其他一些问题提供了机会。这些问题涉及到分层体系中的网管能力,以及在设备和国际标准传输系列之间定义标准接口的需求。

4.7.1　SDH 的发展

SDH 标准的发展代表了技术的一次重大进步。视频会议、远程数据库访问和多媒体文件传输等业务要求一个具有虚拟无限带宽的、灵活的网络。SDH 克服了准同步传输系统的复杂性。

同样使用光纤,同步网络能够显著地提高可用带宽,同时减少网络中的设备数量。另外,SDH 中对复杂网络的管理功能给网络带来极大的灵活性。

同步传输系统的开发是直接明了的,因为它们能够与现有的准同步系统共同工作。SDH 定义了一种结构,它能够合并准同步信号并将它们封装到一个标准的 SDH 信号中。这称为向后兼容,即新技术能够与遗留技术共同工作。

同步网络的复杂网络管理能力改进了对传输网络的控制,提高了网络可用度,以及网络恢复和重配置的能力。

4.7.2　SDH 标准

ITU – T 建议书 G.707、G.708 和 G.709 覆盖了同步数字系列,代表了 SDH 标准工作的完成。1989 年首先在 ITU – T 蓝皮书中发表,随后在 2007 年 1 月被 G.707 / Y1322 取代。除了这三个主要的 ITU – T 建议书,还设立了多个工作组来进一步起草涉及 SDH 其他方面的建议书,如标准光纤接口和标准 OAM 功能。

ITU – T 建议书定义了 SDH 的多个基本传输速率。第一个是 155.520Mbit/s,通常称为同步传送模块等级 1(Synchronous Transport Module Level 1,STM – 1)。图 4.13 显示了 STM – 1 帧的结构。定义的传输速率还包括 STM – 4 和 STM – 16(分别是 622Mbit/s 和 2.4Gbit/s),而且提出了更高的等级以供研究。

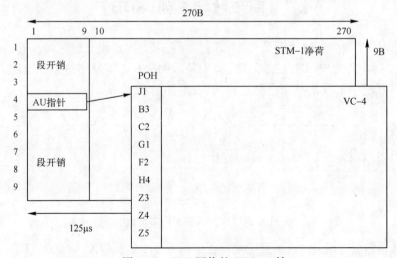

图 4.13　SDH 网络的 STM – 1 帧

4.7.3　PDH 到 SDH 的映射

建议书还定义了一种多路复用结构,通过 STM‒1 信号可以携带一组低速率信号作为净荷,这样一来同步网络就可以承载现有的 PDH 信号,如图 4.14 所示。

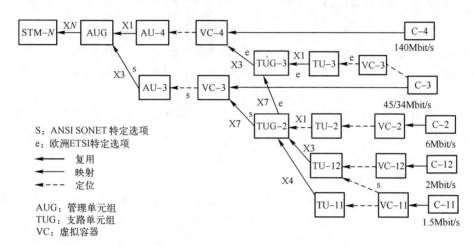

图 4.14　从 PDH 到 SDH 的映射

根据建议书 G.709 中定义的方法,从 1.5 ～ 140Mbit/s 的准同步信号,都可以组合形成一个 STM‒1 信号。

SDH 定义了一组"容器",每个对应一个现有的准同步速率。来自一个准同步信号的信息可以映射到相应的容器。随后每一个容器还加入一些称为通路开销(Path OverHead,POH)的控制信息。容器和 POH 一起构成一个"虚拟容器"(Virtual Container,VC)。

在同步网络中,所有设备都与全网时钟同步。然而,需要注意的是与传输链路相关的时延可能会随时间稍有变化。因此,STM‒1 帧中虚拟容器的位置可能不是固定的。通过为每个虚拟容器关联一个指针就可以适应这些变化。指针指示了 STM‒1 帧中 VC 开始的位置。为了适应 VC 的位置,指针可以根据需要增大或减小。

G.709 定义了可以填充 STM‒1 帧净荷的虚拟容器的不同组合。装载容器和附加开销的过程会在 SDH 的各个等级中被重复,结果是小的虚拟容器嵌套在了大的虚拟容器之中。这个过程不断重复直至最大尺寸的 VC 被填满,并装载到 STM‒1 帧的净荷中(如图 4.14 所示)。

当 STM‒1 帧的净荷区域被装满后,一些控制信息字节被添加到帧中形成"段开销"(Section Overhead)。这些段开销字节属于两个同步复用器间光纤段的净荷。它们的目的是为 OAM、控制方法和帧定位等功能提供通信信道。

当同步网络中需要高于 STM – 1155Mbit/s 的传输速率时,要使用一种相对直接的字节间插多路复用方案。采用这种方案,可以实现 622Mbit/s(STM – 4)、2.4Gbit/s(STM – 16)、9.6Gbit/s 和 38.5Gbit/s 的速率。

4.7.4 SDH 的优点

SDH 网络的一个主要优点是使用同步设备所带来的网络简单性。一个单一的同步复用器就可以完成整个准同步"复用器堆"的功能,从而大大减少了所需设备的总量。SDH 网络提供的高效信道分插功能、强大的网络管理功能,以及便捷的接入能力,都有助于缓解新型多媒体业务的高带宽线路供给压力。

同步网络的网络管理功能可以直接识别链路和节点故障。通过使用自愈环架构(Self – Healing Ring Architectures),网络可以自动重新配置并立即重新路由业务流量,直到故障设备修复。

SDH 标准允许来自不同制造商的传输设备共同工作在同一条链路上。这种能力称为"光纤中汇合"(Mid – Fibre Meet),已经成为了标准,它定义了光子水平上光纤到光纤的接口。这种接口决定了光纤线路的速率、波长、功率、脉冲形状和编码。SDH 标准还定义了帧结构、开销和净荷映射。同时,SDH 标准也促进了北美和欧洲传输系列之间的互通。

4.7.5 同步操作

STM 信号的基本元素是一组用于承载 G.707 中定义的传输速率(即 1.5Mbit/s 和 2.0Mbits 传输系列)的字节。下面描述 SDH 传输系列中的每一个等级。

● 虚拟容器等级 n(VC – n),其中 n = 1 ~ 4,由容器加上携带通路开销的额外容量构成。对于 VC – 3 或 VC – 4,净荷可能是多个支路单元(Tributary Units,TU)或支路单元组(Tributary Units Group,TUG)。

● 支路单元等级 n(TU – n),其中 n = 1 ~ 3,由一个虚拟容器和一个支路单元指针构成。TU 中 VC 的位置不固定,但 TU 指针的位置是固定的(具体位置与复用结构的下一级有关),它指示出 VC 开始的位置。

● 支路单元组(TUG)由一组相同的 TU 构成。

● 管理单元等级 n(AU – n),其中 n = 3 ~ 4,包括一个 VC 和一个 AU 指针。与 STM – 1 帧相关的 AU 指针的相位对准是固定的,它指示了 VC 的位置。

● 同步传送模块等级 1(STM – 1)是 SDH 的基本元素。它由净荷(由 AU 组成)和构成段开销的额外字节组成。帧格式如图 4.13 所示,头部如图 4.15 所示。段开销允许相邻的同步网元之间传递控制信息。

在 STM – 1 帧内,信息类型每 270B 重复一次。因此,STM – 1 帧通常认为是一个(270B × 9 行)结构。这种结构的头 9 列构成 SOH 区域,而剩下的 261 列是净荷区域。

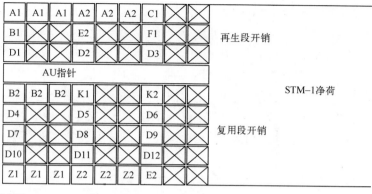

图 4.15　STM－1 帧的段开销(SOH)

段开销(Section Over Head,SOH)字节用于相邻同步设备之间的通信。除用于帧同步外,它们还完成各种管理与监督功能。各字节的详细说明如下。

- A1、A2 是帧定位字节。
- B1、B2 是奇偶校验字节。
- C1 指示 STM－1 在 STM－N 帧中的位置。
- D1 ~ D12 用于数据通信信道和网络管理。
- E1 和 E2 用于传号信道(即公务联络字节)。
- F1 用于用户信道。
- K1,K2 用于自动保护交换(Automatic Protection Switching,APS)信道。
- Z1,Z2 是保留字节由国家使用。

VC－4 的通路开销(Path Over Head,POH)(如图 4.13 所示)包含以下字节。

- B3 BIP－8(比特间插奇偶校验位):使用 BIP－8 偶校验,提供对通路的误码监视。
- C2 信号标记:指示 VC－n 净荷的构成。
- F2 通路用户信道:提供一个用户通信信道。
- G1 通路状态:允许从接收端将接收信号的状态返回给通路的发送端。
- H4 多帧指示器:用于指示净荷的复帧类别和净荷位置。
- J1 通路跟踪:用于验证 VC－n 通路连接。
- Z3 - Z5:供国家使用。

STM－N 是通过使用字节间插合并低等级 STM 信号而形成的。在 SDH 标准中定义的基本传输速率为155.520Mbit/s(STM－1)。一个 STM－1 帧包括2430 个8bit 字节,对应于 125μs 的帧周期。同样定义的还有 4 个更高的比特率:622.080Mbit/s(STM－4),622.080Mbit/s(STM－16),9953.280Mbit/s(STM－64)

和39813.120Mbit/s(STM-256)。

一旦STM-1净荷区域被最大可用单元填满,就会生成一个指针,指示出相关单元的位置。这就是所谓的AU指针。它是帧的段开销区域的一部分。在STM-1帧中使用指针意味着无需使用缓冲区,准同步信号就可以纳入同步网络。这是因为信号可以被打包到VC中,并在任意时刻插入到帧中,然后由指针指示其位置。之所以能够使用指针这种方法,是由于定义了同步虚拟容器,它们的大小比自身所携带的净荷稍大,因此净荷可以相对于包含它的STM-1帧进行偏移。

当频率和相位由于传播时延的变化而出现轻微变化时,指针可以随之调整。这样在任何数据流中,都能识别单独的支路信道和分插信息,从而克服了PDH的主要缺点。

4.7.6 同步光纤网(SONET)

在北美ANSI公布了它的SONET标准,它与SDH同期开发并且原理相同,可以认为是全球SDH标准的一个子集,当然其中也有一些具体的区别。

SONET的基本模块是同步传送信号等级1(Synchronous Transport Signal Level 1,STS-1),在比特率和帧大小方面它比STM-1小三倍。它的比特率为51.840Mbit/s,与光纤载波等级1(Optical Carrier level 1,OC-1)的相同。STS-1帧包括9×90B,帧周期是125μs,其中3列用作传送开销,87列用作STS-1净荷,称为封装容量。

OC-3/STS-3的数据速率与STM-1相同,净荷带宽150.336Mbit/s或线路速率155.520Mbit/s。

4.7.7 卫星承载SDH——Intelsat的场景

ITU-T和ITU-R标准组织以及Intelsat及其成员,共同开发了一系列以卫星作为部分传输链路的、兼容SDH的网络配置。ITU-R研究组4(SG 4)负责卫星业务并研究ITU-T建议对卫星通信网络的适用性。

SDH不是专为基本速率信号传输而设计。由于155.520Mbit/s的比特率对于卫星网络的实现和运行都是一个巨大的挑战,所以人们研究了各种网络配置,以保证卫星传输SDH信号时,相关的SDH组件可以工作于较低的比特率上。这些网络配置称为"场景"(Scenarios)。场景定义了支持卫星承载SDH的各种选择,现总结如下。

● 经标准的70 MHz转发器的完整STM-1传输(点到点)。这要求STM-1调制解调器能够将STM-1数字信号转换为模拟形式,以便经标准的70MHz转发器传输。虽然Intelsat成员国支持这种做法,但是对于它能否取得可靠的长期效果并没有信心。这是因为对STM-1的传输非常接近70 MHz转发器的理论极限,所以在工程上实现所要求的传输质量是一项挑战,具有一定的风险。此外,如此大容量的 SDH 卫星链路传输也并没有非常明确的需求。虽然在海底电缆恢复期间,一般需要使用高比特率 PDH 中间数据速率(Intermediate Data Rate, IDR)卫星链路,但仅仅为了备份大容量 SDH 电缆就开发一个完整的新卫星系统,似乎并不是一种高效的卫星资源利用方法。

- 随 STM – 1 下行链路减少 STM(STM – R)上行链路速率(点到多点)。这种场景针对的是多目的地系统,要求 SDH 信号的星上处理,理论上的好处是网络运营商可以灵活使用转发器。不过由于可靠性问题和技术有待进一步验证等原因,大多数网络运营商并不倾向于采用这种方法。这种方法可能会妨碍未来对卫星转发器的其他使用,而且随之带来的额外的复杂性可能会降低卫星的可靠性和寿命,并增加早期费用。

- 在地面站提供具有 SDH 到 PDH 转换的 PDH IDR 链路。这是向运营商提供 SDH 兼容性的最简单的方法,但代价是丧失了 SDH 的所有优势,而且 SDH 到 PDH 的转换设备还要产生额外的费用。不过,在早期的 SDH 实现中,它可能是唯一可用的方法。而随着新技术的快速发展,所有的转换设备都将成为过去。

- 扩展中间数据速率(Extended IDR)。该方法被认为是最好的解决方案,因为它保留了卫星固有的灵活性(灵活性可视为卫星系统对于电缆系统的主要优势),而且对卫星和地面站设计的影响最小。此外,还保留了 SDH 的一些管理优势,包括端到端通路性能监视、信号标记和其他"开销"。这种方法的开发工作集中在确定数据通信信道的哪些方面可以由 IDR 承载。

因为 IDR 能够在比 STM – 1 低的多的比特率下支持一系列的 PDH 信号,所以实现 IDR,对转发器频率计划的影响最小,其中可能混合兼容 PDH 的和兼容 SDH 的 IDR 载波。在具体实现时,一般不会选择研制新型调制解调器这种高开销的做法(例如 STM – 1 和 STM – R),而是通过修改现有 IDR 调制解调器使它在低速率上与 SHD 兼容来实现。扩展 IDR 方法广泛应用于卫星网络的运营。

4.8 卫星网络的假设参考

由于卫星网络的特性,很自然地会想到利用卫星网络将数字网络扩展到全球覆盖。尽管数字网络对使用何种特定的传输系统并没有限制,但是仍然需要从卫星无线电工程的角度对以下问题进行认真研究:在支持数字网络时卫星系统与传统系统有何不同、卫星传输错误如何影响网络性能、卫星链路的传播时延如何影响网络的运行。ITU – R SG 4 的责任就是定义卫星链路承载数字信道在环境和性能方面的相关要求,并且根据对整个数字连接的卫星部分的重要性来转换 ITU – T 标准。

4.8.1　ITU – T 假设参考连接(HRX)

ITU – T G. 821 和 G. 826 建议书定义了假设参考连接(Hypothetical Reference Connection,HRX)。它用于明确整个端到端连接主要传输段对性能的要求。整个端到端连接的参考距离是 27500km,这是沿地球表面两个用户之间可能的最长连接。

根据 HRX 上下文中整个端到端连接的典型距离,可以界定出 3 种基本的段,而 HRX 为低、中和高等级段分配的、可接受的性能退化比例分别为 30%、30% 和 40%。

处于两侧的从用户终端到本地交换局的连接均分低等级段 30% 的性能退化。同样,从本地交换局到国际交换局的两个中等级段也均分 30% 的性能退化。如果用于端到端连接,固定卫星业务的卫星链路应该等效于高等级段的一半,即 20% 的性能退化。

就距离而言,高等级段计为 25 000km,低和中等级段在连接的两侧各计为 1 250km。如果用于端到端连接,卫星链路计为 12 500km。

4.8.2　针对卫星的 ITU – R 假设参考数字通路(HRDP)

ITU – R 在 ITU – R S. 521 中定义了假设参考数字通路(Hypothetical Reference Digital Path,HRDP),以便于研究 ITU – T 定义的假设参考连接(HRX)中固定卫星链路的用法。如图 4. 16 和图 4. 17 所示,HRDP 由地 – 星 – 地链路组成,其中在空间段可能有一条或多条星间链路,同时地面网络具有适合于 HRDP 的接口。

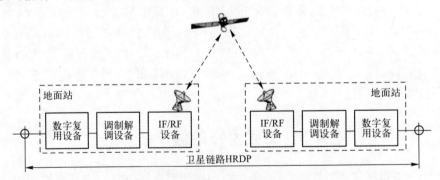

图 4.16　假设参考数字通路(HRDP)

此外,地面站还包括用于补偿卫星链路传输时间变化(由卫星运动引起)影响的设施,在时域上的数字传输中(如 PDH)这种时变的影响十分显著。

ITU – R HRDP 使用 HRX 定义的 12 500km 来发展性能和可用度目标。这个距离兼顾了最大单跳覆盖相当于大约 16 000km 地面距离的不同卫星网络配置。因此,在大多数情况下,卫星用于连接的国际段,而且两个落地点通常距用户不到

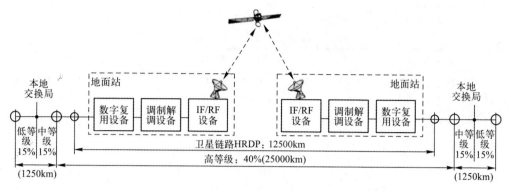

图 4.17　ITU – T HRX 中 64kbit/s 的 HRDP

1 000km。实际上,卫星网络落地点应该设计得尽可能接近用户终端。

4.8.3　性能目标

支持 SDH 的卫星网络应该允许端到端连接,以满足 ITU – T 定义的性能目标。为了实现端到端连接的性能目标,ITU – R 已经开发了针对卫星的建议书。

* 对于 64kbit/s 电路的质量指标,ITU – R S. 614 给出了与 ITU – T G. 821 有关的规范(见表 4.1 和表 4.2)。
* 对于运行在主速率及其以上速率的 HDRP 的误码性能,ITU – R S. 1062 给出了与 ITU – T G. 826 相关的规范(见表 4.3)。

表 4.1　64Kbit/s 数字电话的质量目标

测量条件	数字(PCM)电话 (S. 522)误比特率 BER	64kbit/s ISDN(S. 522) 误比特率 BER
占一月中的 20%(测量间隔平均值为 10min)	10^{-6}	
占一月中的 10%(测量间隔平均值为 10min)		10^{-7}
占一月中的 2%(测量间隔平均值为 10min)		10^{-6}
占一月中的 0.3%(测量间隔平均值为 1min)	10^{-4}	
占一月中的 0.05%(测量间隔平均值为 1s)	10^{-3}	
占一月中的 0.03%(测量间隔平均值为 1s)		10^{-3}

表 4.2　国际 ISDN 连接的整个端到端和卫星 HRDP 误码性能目标

性能分类	定　义	端到端性能 目标	卫星 HRDP 性能目标
退化秒	BER > 10^{-6} 的分钟间隔(即多于每分钟 4 个错误)	<10%	<2%
严重误码秒	BER > 10^{-3} 的分钟间隔	<0.2%	<0.03%
误码秒	有一个或多个误码的分钟间隔	<0.03%	<1.6%

表 4.3　针对主速率及其以上速率数字连接的整个端到端和
卫星 HRDP 误码性能目标

性能分类	定　义	端到端目标		卫星 HRDP 目标	
比特率	—	1.5 ~ 15Mbit/s	15 ~ 55Mbit/s	1.5 ~ 15Mbit/s	15 ~ 55Mbit/s
比特/块	—	2000 ~ 8000	4000 ~ 20000	2000 ~ 8000	4000 ~ 20000
误码秒（ES）比（ESR）	ES/t: SES:1s 中有一个或多个误块。 t:在固定测量间隔内的可用时间。	0.04	0.0075	0.014	0.0262
严重误码秒（SES）比（SESR）	ES/t: SES:1s 中有 30% 误块或有一个严重扰动期（SDP）。 SDP:4 个连续块或 1s 内的 BER 为 10^{-2}。	0.002	0.002	0.007	0.007
背景误块（BBE）比（BBER）	BBE/b BBE:发生在 SES 以外的误块。 b:在固定测量间隔内块的总量（除了在 SES 和不可用时间内的块）。	3×10^{-4}	2×10^{-4}	1.05×10^{-4}	0.7×10^{-4}

注:在 ITU – R S.1062 中还有更高的速率,包括 55 ~ 160Mbit/s 和 160 ~ 3500Mbit/s

4.9　卫星和 MANET

　　MANET(Mobile Wireless Ad Hoc Network)在近年来得到长足发展,应用前景广阔,涉及应急救援、环境监测、科学研究、商业环境、家庭和企业网络、教育、娱乐、军事行动以及位置感知服务。MANET 所具有的网络拓扑自适应能力,在提供本地连通性方面具有巨大的优势。但是,这些应用往往产生在缺乏基础设施的或偏远的地区,因此还需要有其他手段提供从本地到外界的远程连接。

　　卫星是提供远程连接的解决方案之一,而且有时可能是 MANET 与其他地方通信的唯一选择。利用固定卫星业务(FSS)和移动卫星业务(MSS),可以提供到因特网的宽带连接,能够实现野外的声音、数据和视频交换,还可以将控制消息和业务数据从服务中心中继到 MANET。目前,卫星不仅可看作是可替代路由路径的一部分,而且还可看作是综合集成网络的一部分。卫星和地面网络的融合正在成为推动高效全球信息支撑结构形成的关键因素。

　　一方面, Ad Hoc 网络具有动态拓扑、带宽有限、能量受限、物理安全性和分布式管理能力有限的特征。从网络的观点来看,需要关注以下主要问题。

　　• 路由技术的选择;

　　• 配置和管理;

- 有限的带宽,这意味着必须最小化网络管理所占的比例,从而使"净荷"数据的交换最大化;
- 链路变化,这意味着链路质量信息是强制性,以便正确控制无线电通信;
- 隐藏节点问题,它会导致两个不知情节点的同时广播,并因此造成碰撞;
- 能量,电池的连续使用时间是有限的;
- 移动性和动态拓扑。

另一方面,经卫星的宽带通信可以应用于许多不同的场景,特别是:
- 当地面通信基础设施不可用或者在经济上不划算时;
- 卫星系统多播/广播特性可以得到充分的发挥(如卫星电视广播);
- 卫星网络作为地面网络的辅助系统或者回程传输系统。

体现卫星优势的例子包括在无法接入地面 DSL 的地区经卫星提供 IP 网络,提供新的准视频点播(Near – Video on Demand)架构,集成 WiFi、LTE 或 TETRA 的卫星网络,或者利用卫星网络作为船舶、火车或飞机等移动网络的集体回程系统。

为了在一个高度移动、动态和远程的环境中提供本地和远程的连通性,会自然产生卫星和 MANET 网络互联的概念。

但是,这种组合面临多种挑战,包括网络资源优化、链路可用度、提供服务质量(QoS)和体验质量(QoE,一种主观衡量客户对服务的体验的方法),以及最小化成本和能量。

这些问题涉及到 MANET 重组(为了连接到卫星接入点)、卫星接入点的重组、对使用哪个卫星接入点的选择、使用卫星作为两个 MANET 之间的中继、根据当前网络状况调整路由,以及通过跨层信息交换来改进资源管理等。

卫星网络和 MANET 互联的概念如图 4.18 所示。

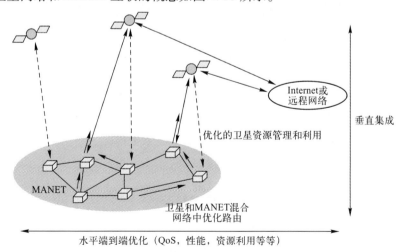

图 4.18　MANET 和卫星混合网络的概念

179

4.9.1　网络场景

可以通过场景解释卫星和 MANET 网络的概念、相关的挑战和潜力。为了理解这些异构、动态和分布式环境的复杂性,这里使用自上而下和自下而上的方法审视其协议、功能和网络体系结构。

移动 Ad–Hoc 网络节点的随机运动,可能会导致无线网络中出现一些不连通的区间。静止/非静止轨道卫星可看作是一个"范围拓展"(Range Extension)的网络。

考虑因素包括:在同一 Ad Hoc 簇(Cluster)中节点之间的连通性;不同 Ad Hoc 网络节点之间的连通性(节点使用不同设备或技术的可能性增大)。一方面可以通过 MANET 重组来实现对接入点的连接,另一方面也可以让接入点自身重组。

对于有多颗卫星且通过固定干线连接 MANET 的场景,必须谨慎折中考虑以下因素:提供更高的 QoE,减少通信成本,减少能量消耗以确保网络生存时间。这些因素与路由(单播和多播)、当前网络状态(网络拓扑、链路质量、节点位置等等)、网络链路的可用度和特征(上行/下行、成本等)以及网络使用要求(优先级、QoS、速度等)密切相关。

当一个接入点退出 MANET 时,或者为了让传输节点从多个接入点中选择以便形成最佳连接时,一种选择卫星接入点的自组织方案如图 4.19 所示。而图 4.20 则显示了当初始网络被分成两个 MANET 时一种保持连通性的解决方案。

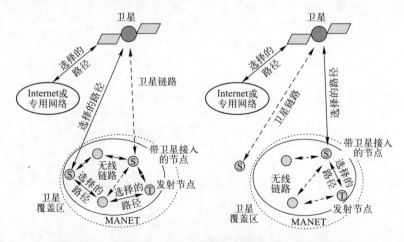

图 4.19　MANET—卫星混合网络的挑战:选择卫星接入点

除了标准的 MANET 路由算法,卫星和 MANET 互联也要考虑接入点信息、节点位置和 QoS 机制。位置信息有助于实现先进的路由技术,并能够支持 QoS。地理路由协议可以使用 GPS 和伽利略等卫星定位系统,以便节点获知自己的位置,并与网络中其他节点分享。因特网工程任务组(IETF)已经定义了一些 MANET 路

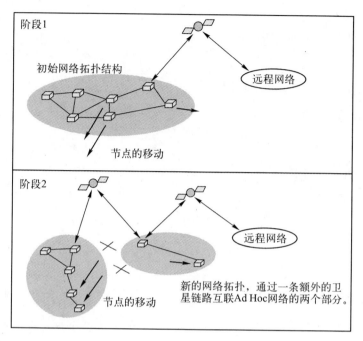

阶段1

初始网络拓扑结构

远程网络

节点的移动

阶段2

远程网络

节点的移动

新的网络拓扑,通过一条额外的卫星链路互联Ad Hoc网络的两个部分。

图4.20　MANET—卫星混合网络的挑战:卫星作为两个 MANET 之间的中继

由协议,如 Ad Hoc 按需距离矢量(Ad Hoc On – demand Distance Vector,AODV)、优化链路状态路由协议(Optimised Link State Routing,OLSR)和动态源路由(Dynamic Source Routing,DSR)等。

在网络连通性提供者之间,网络管理的复杂性会增加。自治功能运行在网络控制层面,便于协商网络之间的约定,以及有效验证和执行约定。目前,包含卫星链路的 MANET 的网络管理还需要进一步的研究。

一般来说,Ad Hoc 网络节点资源除数据通信外,还支持网络的形成和管理活动。由于 MANET 缺少基础支撑结构,所以经常采用分布式网络管理方式。然而,卫星接入链路的使用可能会要求有一个集中的管理实体,来管理接入点、接入点集合以及接入点之间的切换。因此,采用集中式还是分布式、或者混合式网络管理、网络重组,以及决策机制的选择(手动或自动),都是具有挑战性的问题。

图4.21 显示了卫星接入点的连接/断开(为增加吞吐量或节约能量),以及卫星接入点的选择(水平切换)。

就所要求的业务而言,应用可以千差万别,这也意味着会对网络的组织和资源的使用产生不同的影响。数据业务(如文件传输、Web 服务、电子邮件等)对时延要求较低,但是对可靠性和完整性的要求很高。

另一方面,话音和视频对时延有非常严格的要求(如 GEO 卫星的大时延可能会妨碍应急分队之间的通信,造成误解或反应迟缓,从而导致财产或生命的损

181

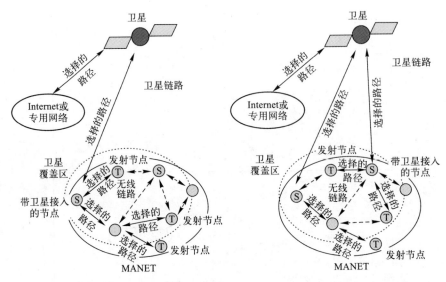

图 4.21　卫星和 MANET 网络:资源管理——自动激活接入点以增加吞吐率

失),但话音和视频对传输错误的要求相对宽松,传输中的少量错误只会导致图像模糊或声音含糊,而人类的大脑能够主动弥补这些问题。因此一般来说,视频和话音要求实时通信。可以根据优先级来划分对不同业务的支持能力(由 QoS 和 QoE 刻画的)。

　　其他有趣的问题包括 GEO 和 LEO 卫星对这种复合网络的影响。GEO 卫星的时延(大约 240～270ms,取决于卫星终端的位置)可能会在某些情况下增加话音业务的难度。从原理上来说,LEO 卫星 30ms 的时延更适合话音和视频传输。根据所期望的服务,网络必须能够进行折中并选择合适的卫星业务(当 GEO 业务和 LEO 业务都可用时)。

　　网络优化应该考虑诸如运营和服务成本、能耗、服务质量和可用度等。这与应用场景密切相关,并且在很大程度上受所选择应用的影响。

4.10　与异构网络的互联

　　卫星提供各种各样的手段来适应不同的传输速率,包括基本速率、主速率和高速中间数据速率(IDR)。因此,不同网络的互联之间存在显著的差异。

　　卫星网络可以用作成对地面站之间的稀路由(Thin Route),也可以用作提供基本速率和主速率的接入网,或者互联具有成千上万条连接的大型网络的传输网。

　　传输比特率是网络的物理层特征,只是互通问题的一个方面。异构网络互联还有更高层协议的问题。通常引入互通单元,来解决不同类型网络互联时高层协议功能上的差异。这里将讨论一些异构网络互通的一般性问题。

4.10.1 业务

在异构网络中存在不同的业务。例如,数字网络支持视频电话业务,电话网络支持普通电话业务。如果是两者之中从一方到另一方的呼叫,为了成功建立连接,需要忽略视频信息。因为普通电话业务是视频电话业务的一个子集,所以视频电话终端中的话音业务可以作为一个普通的电话终端工作。另一个例子是电子邮件和传真之间的转换,其中的互通功能更加复杂,因为涉及到了提供不同业务的不同终端。

一些业务并不总是需要彼此互联,如文件传输,而另一些业务可能根本就无法互联。通常业务级的互联定义了实现异构网络互联的功能要求。

4.10.2 寻址

在异构网络中,寻址是需要考虑的一个重要问题。这就需要保持多个独立的、异构的组网模式。而且,在网络中用于识别终端的地址必须是唯一的。

两个网络中的每个网络互联单元都应该有两个地址,分属于两个网络。终端和网络互联单元之间存在映射,这样终端可以通过网络互联单元与另一个网络的终端连接。从源到目的的一条长途连接可能会经过多个异构网络。

典型的地址类型包括:因特网地址,局域网地址(如以太网),电话网络地址(如电话号码)。

4.10.3 路由

另一个重要的问题是路由,因为两个网络可能有明显不同的传输速度、路由机制、协议功能和 QoS 要求。因此,保持每个网络中的路由独立性十分重要。网络互联单元必须要处理的差异包括接入网络的协议、数据包和帧的格式及大小,以及保持端到端连接所要求的 QoS。除了经不同类型网络传送用户信息,还要考虑控制信令和管理问题。

在因特网和 IP 电话业务中有异构路由的典型例子,其中的端到端连接可能会经过局域网、城域网、电话网络、移动网络和卫星网络。

4.10.4 演进

对于所有电信领域的参与者来说,演进都是一个重要的问题,因为它预测了网络和业务长期的未来发展。演进与计划不同,计划专注于具体任务,提供有关未来要采取的行动的信息和具体数据。

科技进步是演进的推动力,它影响着"变化"和"增长"这两个方面,而这两个方面又相互依赖。此外,经济因素和经济条件也对演进具有强烈的影响。未来的一个发展趋势是从不同容量的独立子网向单一网络转变。这个单一网络将合并所有组件,能够提供更多的功能和更大的容量。

由于灵活性和适应性,卫星系统已广泛用于各种网络拓扑和各种传输速度——从简单的点到点连接到复杂的多点到多点网络,从几千比特每秒到数百兆比特每秒。在许多情况下,卫星网络可以提供替代地面网络的通信手段,而且从技术和经济角度来看都具有一定优势。

卫星网络的功能可以和传统的传播介质相同,也可以更进一步,即提供先进的交换能力与各种地面网络共同工作。

在宽带网络的早期阶段,卫星可以作为一种灵活的传输机制,为无法接入宽带网络的用户提供一种有效的链接手段。对于一些用户而言,卫星提供了到宽带网络的初始接入。

宽带网络一旦建立,可以将卫星作为地面网络的补充,在地面网络技术难以安装或者造价昂贵的区域,使用卫星提供覆盖全球的业务,如广播业务和移动业务。

为了迎接挑战,卫星技术正在不断演进,通过使用更高频段的星上交换技术,卫星的技术优势将得到充分发挥,进而实现更好的移动和广播业务。

进一步阅读

[1] ITU-R Recommendation S.614-3, Allowable error performance for a hypothetical reference digital path in the fixed-satellite service operating below 15 GHz when forming part of an international connection in an integrated services digital network, Question ITU-R 52/4, 1986-1990-1992-1994.

[2] ITU-R Recommendation S.1062-3, Allowable error performance for a hypothetical reference digital path operating at or above the primary rate, Question ITU-R 75/4, 1994-1995-1999-2005.

[3] ITU-T Recommendation G.107, The E-model, a computational model for use in transmission planning, 12/2011.

[4] ITU-T Recommendation G.108 Application of the E-model: a planning guide, 09/1999.

[5] ITU-T Recommendation G.821, Error performance of an international digital connection cooperating at a bit rate below the primary rate and forming part of an integrated services digital network, 12/2002.

[6] ITU-T Recommendation G.826, Error performance parameters and objectives for international constant bit rate digital paths at or above the primary rate, 12/2002.

[7] ITU-T Recommendation I.351/Y.801/Y.1501, Relationships among ISDN, Internet protocol and GII performance recommendations (1988, 1993, 1997, 2000), 07/2004.

[8] ITU-T Recommendation I.525, Interworking between networks operating at bit rates less than 64 kbit/s with 64 kbit/s-based ISDN and B-ISDN, 08/1996.

[9] ITU-T Recommendation Y.101 Global information infrastructure terminology: terms and definitions, 03/2000.

[10] ITU-T Recommendation E.800, Definitions of terms related to quality of service and network performance including dependability, 09/2008.

[11] ITU-T Recommendation G.702, Digital hierarchy data rates, 11/88.

[12] ITU-T Recommendation G.703, Physical/electrical characteristics of hierarchical digital interfaces, 11/2001.

[13] ITU-T Recommendation G.704, Synchronous frame structures used at 1544, 6312, 2048, 8448 and 44 736 kbits/s hierarchical levels, 10/98.

[14] ITU-T Recommendation G.707/Y.1322, Network node interface for the synchronous digital hierarchy (SDH),01/2007.

[15] ITU-T Recommendation G.708, Sub STM-0 network node interface for the synchronous digital hierarchy (SDH), 06/99.

[16] ITU-T Recommendation G.709/Y.1331, Interfaces for the Optical Transport Network (OTN), 02/2012.

[17] ITU-T Recommendation I.430, Basic user-network interface – layer 1 specification, 11/95.

[18] ITU-T Recommendation I.431, Primary rate user-network interface – layer 1 specification, 03/93.

[19] ITU-R S.521-4, Hypothetical reference digital paths for systems using digital transmission in the fixed-satellite

service, 01/2000

[20] ITU-R S.614-4, Allowable error performance for a satellite hypothetical reference digital path in the fixed-satellite service operating below 15 GHZ when forming part of an international connection in an integrated services digital network, 02/05.

[21] ITU-R S.1062-2, Allowable error performance for a satellite hypothetical reference digital path operating below 15 GHZ, Draft Revision of Recommendation, 02/05.

[22] ITU-T G.114, One-way transmission time, 05/03.

[23] ITU-T E.500, Traffic intensity measurement priciples, 11/98.

[24] ITU-T E.523, Standard traffic profiles for international traffic streams, 11/88.

[25] Andre Oliveira, Zhili Sun, Philippe Boutry, Diego Gimenez, Antonio Pietrabissa, Katja Banovec Juros, Internetworking and wireless ad hoc networks for emergency and disaster relief services, DOI: 10.1504/IJSCPM.2011.039737, International Journal of Satellite Communications Policy and Management (IJSCPM), Volume 1, Issue 1, 2011.

练 习

1. 解释术语：互通（Interworking）与网络互联（Internetworking）。

2. 对参考配置（Reference Configuration）的概念给出一个概要性的解释。

3. 解释用户平面、控制平面和管理平面中不同的网络流量。

4. 解释网络假设基准连接以及针对卫星的相关性能目标。

5. 解释电话网络中流量工程的基本模型和参数。

6. 解释数字网络的原理。

7. 解释信令模式的不同类型及其在网络中的作用。

8. 解释如何计算端到端参考连接中卫星网络的性能目标。

9. 讨论卫星承载 SDH 的问题。

10. 解释卫星和 MANET 网络互联的概念。

5 卫星网络承载 B – ISDN ATM

本章介绍宽带卫星组网的概念及其相关的 B – ISDN ATM 技术。尽管所有的网络都在向全 IP 化组网演进，但新一代的因特网也开始吸收 ATM 的基本原理和技术，以支持服务质量（QoS）、服务等级（CoS）、快速包交换、流量控制和流量管理等功能。在读完本章后，希望读者能够：

- 了解与宽带卫星网络相关的概念和设计问题；
- 了解宽带卫星网络中 GEO、MEO 和 LEO 的概念；
- 描述宽带网络互联和终端接入的体系结构；
- 描述卫星在宽带网络中扮演的主要角色；
- 理解卫星网络中卫星透明载荷和星上交换载荷的概念；
- 理解宽带卫星网络中的 QoS 和性能问题，以及相应的增强技术。

5.1 背 景

在 20 世纪 90 年代初，随着宽带通信领域基于 ATM 和光纤传输技术的研究与发展，产生了以高成本效益互联专用和公用宽带 ATM LAN（又称为 ATM 信息岛）以及通过卫星接入这些宽带信息岛的强烈需求。但是，地面网络在为广大区域提供宽带连接方面存在一定的缺陷，尤其是对于地面线路铺设和运营造价昂贵的边远地区和乡村。由于其灵活性和全球覆盖特性，卫星组网被认为是补充地面网络、实现全球宽带的一个合理方案。同时，卫星网络还可以提供分配型和广播型业务。

商业领域也产生了由卫星提供宽带网络的需求，以期大幅拓展宽带业务。标志性应用包括链接远程工作场地（如石油钻塔）到企业骨干网、为移动平台（如飞机和船舶）提供宽带娱乐业务等。其他例子还包括在通信线路毁坏或缺失情况下的应急与灾害救援，以及边远地区或郊区的医疗服务。

5.1.1 组网问题

提供互联能力，并且以所需的 QoS 和带宽接入地理上分散的宽带信息岛，是组网的关键问题。因为具有全球覆盖和便于广播的特点，卫星网络非常适于宽带移动业务和广播业务，其中存在主要的技术挑战是设计面向宽带业务的、低造价和高速率的小型卫星终端。

卫星网络的设计要与地面网络直接兼容。B – ISDN 的发展是演进性而非革命性的,这已是共识。同样,卫星网络要具有兼容性,即能够与宽带网络、现有数据网络(如 LAN 和 MAN)互联。

与其他包网络一样,ATM 是使用异步传输模式支持宽带业务的一组协议的集合;ATM 不是一种传输技术,但是可以用于多种不同类型的传输技术和介质(包括无线、有线和卫星网络)之上。ITU – T 制定了 ATM 标准,而 ITU – R 探讨了卫星 ATM 网络的潜在可能性。

20 世纪 90 年代末,因特网上 WWW 业务和应用的出现,彻底改变了电信和数据通信网络产业的面貌。支持 IP 和 QoS 几乎成为了强制性的要求。随后技术的发展进一步导致了电信业用户终端、网络、业务和应用的融合,以及结合 IP 网络和 ATM 网络优势的下一代因特网的发展。

5.1.2　B – ISDN 组网环境中的卫星业务

卫星系统的主要优势是宽覆盖和广播能力。目前有许多卫星能够提供遍及全球的宽带连接。卫星系统的造价和复杂性与距离无关。在将宽带能力扩展到乡村和边远地区方面,卫星具有明显优势。从较少受到地理因素约束的角度来说,卫星链路的安装更加迅速和便捷。它们使得覆盖区域内的长距离连接,尤其是对点对多点和广播业务,具有更高的成本效益。同样,卫星还可以作为地面网络和移动网络的补充。

在宽带组网环境中,卫星网络可以用于用户接入也可用于网络传输。在用户接入模式下,卫星系统处于宽带网络边缘,为大量的用户直接或经本地网络接入宽带网络提供链路。在这种模式下,卫星系统接口的一侧是用户网络接口(User Network Interface,UNI)类型,另一侧是网络节点接口(Network Node Interface,NNI)类型。

在网络传输模式下,卫星系统提供与 B – ISDN 网络节点或网络信息岛的高速链路。这时系统两侧接口均为 NNI 类型。图 5.1 显示了面向宽带网络接入和移动接入的卫星系统配置的例子,图 5.2 显示了与宽带信息岛或宽带网络的互联。

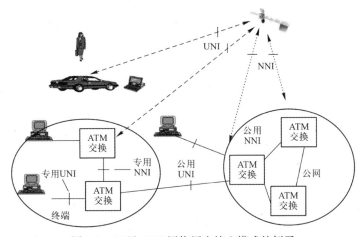

图 5.1　卫星 ATM 网络用户接入模式的例子

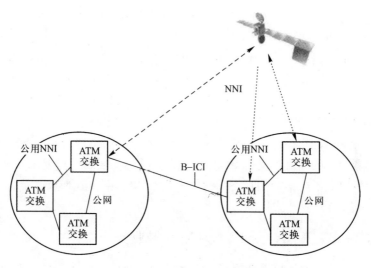

图 5.2　卫星 ATM 网络网络传输模式的例子

5.2　卫星 B – ISDN ATM 系统的设计问题

在时延、误码和带宽特性方面,卫星网络与地面网络有着本质的不同,这些特性会对网络流量、拥塞控制过程和传输协议运行的性能产生不良影响。

5.2.1　传播时延

一条连接上的包传播时延由三项组成:从源地面终端到卫星的上行链路传播时延(t_{up}),星间链路传播时延(t_i,如果有 ISL)和卫星到目的地面终端的下行链路传播时延(t_{down})。

卫星与地面终端间的上行链路和下行链路传播时延(t_{up} 和 t_{down})分别表示信号从源地面终端传播到网络中第一颗卫星所用的时间和信号从网络中最后一颗卫星到达目的地面终端所用的时间。它们可表示为

$$t_{up} = \frac{源终端到卫星的距离}{光速}$$

$$t_{down} = \frac{卫星到目的终端的距离}{光速}$$

端到端时延与 LEO/MEO 星座设计有关。相对于 GEO 卫星,LEO 上行和下行链路传播时延更短,且随时间变化。

令发送时延为 t_t,星间链路时延为 t_i,星上交换和处理时延为 t_s,缓存时延为 t_q,地面网络引起的时延为 t_n。星间、星上交换、处理和缓存时延是随一条连接穿越过的路径而累积的。时延的变化是由轨道动态性、缓存、自适应路由(在 LEO 中)和星上处理引起的。端到端时延(D)可表示为

188

$$D = t_{t} + t_{up} + t_{i} + t_{down} + t_{s} + t_{q} + t_{n}$$

发送时延(t_{t})是以网络数据速率发送一个数据包所用的时间,即

$$t_{t} = \frac{包大小}{数据速率}$$

对于高速宽带网络,发送时延相对于卫星传播时延可以忽略不计。例如,在2Mbit/s 的链路上发送一个 ATM 信元仅用时 212μs。这个值远远小于卫星的传播时延。与传播时延相比,t_{i}、t_{s}、t_{q} 和 t_{n} 均非常小,因此可以在计算中忽略。

星间链路时延t_{i}是连接所经过的所有星间链路时延的总和。星间链路可能在同一轨道平面内,也可能穿过轨道平面。轨道平面内的链路连接同一轨道平面的卫星,而穿过轨道平面的链路则连接不同轨道平面内的卫星。

在 GEO 系统中,星间链路时延的大小可以假设为在一条连接的生命周期内是固定的,因为 GEO 卫星几乎是静止在地球上方的一个特定位置,且彼此间相对也是静止的。在 LEO 星座中,星间链路时延依赖于轨道半径、轨道上的卫星数量和轨道间距离(或轨道数量)。圆轨道中所有轨道平面内的链路都可以看作是固定的。跨轨道平面的星间链路时延随时间变化,而且在高纬度链路会中断,必须重构。因此,LEO 系统呈现的是一种变化的星间链路时延。

LEO 卫星轨道高度较低,具有较小的传播时延,但是需要多颗卫星以形成提供全球覆盖和服务的卫星星座。尽管 LEO 系统传播时延小,但是由于连接切换和其他与轨道动态特性有关的因素,LEO 系统时延变化很大。

GEO 系统的大时延和 LEO 系统的大时延变化对实时和非实时应用都有影响。许多实时应用都对 GEO 系统中的大时延和 LEO 系统中的时延变化敏感。在基于确认和超时的拥塞控制机制中,性能与时延带宽积(Delay – Bandwidth Product)密切相关。

此外,往返时延(Round Trip Time,RTT)的测量也对时延变化敏感,因为时延的变化会引起误超时(False Time – Outs)和基于确认的数据业务的重传。因此,宽带卫星网络中的拥塞控制问题与低时延的地面网络不同。在使用卫星网络提供数据、话音和视频业务之前,必须解决卫星与地面网络的互操作和性能问题。

5.2.2 衰减和约束

自由空间衰减(又称自由空间损耗,L_{FS})表示两个等向性天线间链路的接收和发射功率的比率,即

$$L_{FS} = (4\pi R / \lambda)^{2}$$

式中:R 为传播距离;λ 为波长。一颗 GEO 卫星和卫星正下方地面站间的距离是35786km(等于卫星轨道高度)。因此L_{FS}在 C 频段为 200dB 左右,在 Ku 频段为207dB 左右。衰减同样受大气中雨、云、雪、冰和汽等因素的影响。

卫星通信带宽为受限资源,因此将始终会是一项稀缺资产。需要很高的成本

才能实现低误比特率条件下 99.95% 的可用传输速率。而将可用速率需求降低 0.05% ,可以实现大幅减小卫星链路开销的目的。一个优化的可用等级其实是性能和成本之间的折中。

由于法规、运行约束和传播环境的限制,在选择卫星链路参数方面通常会受到多种制约。法规由 ITU – R、ITU – T 和 ITU – D 制定。它们针对特定电信应用的无线电波发送和/或接收定义空间无线电通信业务。无线电通信业务的概念被应用于频段的分配和在兼容业务间共享给定带宽的条件分析。运行约束与下列因素有关:C/N_0 的实现、有足够的卫星天线波束以特定天线增益覆盖服务区、卫星系统间干扰水平、同频段卫星间轨道间隔和最小总开销等。

因此,设计满足一定误码性能目标的高速传输卫星系统面临着巨大的挑战。

5.3 GEO 卫星 B – ISDN ATM 组网结构

本节基于 CATALYST 项目的设计,讨论基于宽带组网体系结构的 GEO 卫星。CATALYST 项目是由欧洲框架计划 RACE II(Research in Advanced Communication in Europe phase II)资助的第一个卫星项目,目的是开发一个试验型宽带卫星网络,实现地理分布的、称为“宽带信息岛”的多个宽带网络的互联。1992 至 1993 年 CATALYST 进行了演示,其中包括在欧洲的卫星上第一次传输 ATM 信元。

CATALYST 在设计与不同网络和卫星的接口时采用了一种模块化的方法,实现了网络包与 ATM 信元的互相转化。该项目的网络体系结构和产生的概念同样适用于现代宽带网络和业务。下面介绍一下该项目演示的主要部件的功能。

5.3.1 地面段

该项目为了利用现有的卫星系统,主要的开发工作都在地面段完成。项目开发了多个模块,每个模块都有用于包和信元转换的缓存和/或流量复用。缓存同样用于接收高速突发流量。

因此,可以将卫星 ATM 系统设计为能够与容量在 10 ~ 150Mbit/s 之间的不同的网络互联(以太网是 10Mbit/s,DQDB 是 34Mbit/s,FDDI 是 100Mbit/s,而 ATM 网络是 150Mbit/s)。图 5.3 为地面段设备模块示意图。

出于网络互联的目的,项目开发了如下不同的模块。

● ATM 线路终端连接器(ATM Line Terminator,ATM – LT)提供 ATM 网络和地面站 ATM 设备间 155Mbit/s 的接口。ATM – LT 是 ATM 网络的终止点,它将 ATM 信元传递给 ATM 适配模块(ATM Adaptation Module,ATM – AM)。

● Ethernet LAN 适配模块(Ethernet LAN Adaptation Module,E – LAM)提供与以太网类型局域网的接口。

● FDDI LAN 适配模块(FDDI LAN Adaptation Module,F – LAM)提供与 FDDI

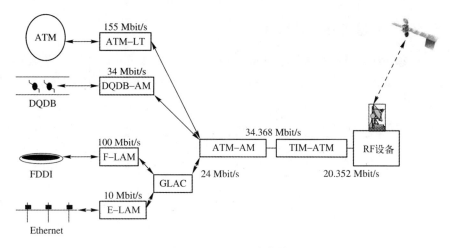

图5.3　地面段设备模块

网络的的接口。

● 通用 LAN ATM 转换器模块(Generic LAN ATM Converter, GLAC)将 FDDI 和 Ethernet 的包转换为 ATM 信元,然后将信元传递给 ATM 适配模块。

● DQDB 适配模块(DQDB Adaptation Module, DQDB – AM)提供带有少量缓存的、与 DQDB 网络的接口。它将 DQDB 包转换为 ATM 信元,然后传递给 ATM 适配模块。

● ATM – AM 是一个 ATM 适配器。它将两个端口的 ATM 信元流复用到一条 ATM 信元流。该模块将信元传递给 ATM 地面接口模块(Terrestrial Interface Module for ATM, TIM – ATM),并提供地面网络和卫星地面站间的接口。

● TIM – ATM 有两个采用 ping – pong 配置的缓存。每个缓存可存储 960 个信元。在一个缓存发送信元的同时, ATM – AM 向另一个缓存注入信元。缓存的发送每 20s 切换一次。

5.3.2　空间段

在演示系统中,天气条件良好时,使用转发器带宽为 36MHz 的 EUTELSATII 卫星,传输容量约 20Mbit/s。当连接多个宽带信息岛时,这一容量被多个地面站共享。在提供良好的 QoS 和高效利用卫星资源(带宽和发射功率)之间,演示系统进行了折中。

相较于传播时延,地面段的时延可以忽略。地面段模块的缓存会导致时延的变化,即缓存流量负载的高低会影响时延的大小。绝大多数的时延变化是由 TIM – ATM 缓存引起的。受时延变化的影响下,平均时延 10ms 而最大时延有 20ms。当缓存溢出时,还会发生信元丢失。通过控制应用数量、流量大小和为每个应用分配适当的带宽,系统中时延、时延变化和信元丢失的影响可以控制到最小。

5.3.3　卫星带宽资源管理

系统使用由多个地面站共享、20ms 帧长的 TDMA 系统。每个地面站有固定的时隙,对应于最大 960 个信元的传输容量(等于 20.352Mbit/s)。图 5.4 显示了通用的 TDMA 格式。

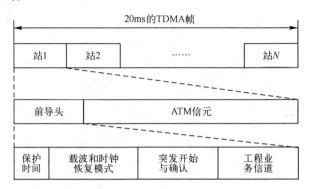

图 5.4　TDMA 帧格式(地面站到卫星)

有三级资源管理机制。第一级由网络控制中心(NCC)控制,为每个地面站分配带宽容量。分配是以突发时间计划(Burst Time Plans,BTP)的形式进行的。每个 BTP 内指定了地面站的突发时间,从而限制突发时地面站能够发送的信元的数量。在 CATALYST 项目演示中,限制是每个 BTP 小于或等于 960 个 ATM 信元,突发时间的总和小于等于 1104 个信元。

第二级是每个 BTP 内的虚通路(VP)管理。BTP 约束了能够分配给 VP 的带宽容量。第三级是对虚通道(VC)的管理。它取决于 VP 的可用带宽资源。图 5.5 显示了带宽容量的资源管理机制。每个地面站分配到 BTP 中的一个时隙。每个时隙被进一步划分,以便于根据 VPI 和 VCI 的需求分配。卫星带宽的分配在连接建立时完成。连接期间,允许带宽的动态变化、分配、共享或重新协商。

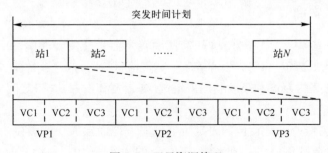

图 5.5　卫星资源管理

为了高效实现资源管理,卫星链路带宽的分配可以映射到 ATM 网络的 VP 结构中,而每条连接可以映射到 VC 结构中。BTP 可以是一个连续突发或者来自

192

TDMA 帧的一组子突发(Sub‒Burst)时间的组合。

突发时间计划、数据到达率和地面站缓存大小对系统性能有重要影响。为了避免缓存溢出,系统需要控制流量到达速率、突发大小和突发时间计划的分配。对于一个给定的缓存大小,为避免缓存溢出,允许的最大流量速率是突发时间计划和突发大小的函数,信元丢失率是流量到达速率和分配的突发时间计划的函数。

5.3.4 连接许可控制

连接许可控制(Connection Admission Control,CAC)定义为网络在通话建立阶段采取的动作的集合。如果有充足的可用资源,既能够保证新的通话在全网中的 QoS,又能够维持所有已有通话的 QoS,那么通过 CAC 就可以建立一条连接。CAC 同样也应用于一次通话中连接参数的重新协商。在 B‒ISDN 环境中,对于多媒体业务或像视频电话和视频会议那样的多方通话业务,一次呼叫可能需要使用多于一条的连接。

点播业务、永久性业务或预约业务可能都需要一条连接。CAC 机制需要有关流量描述符和 QoS 的信息,以便决定是否接受一条连接。卫星的 CAC 应该集成在整个网络的 CAC 机制中。

5.3.5 网络监控功能

网络监控功能在用户终端和网络节点之间采用的是使用参数控制(Usage Parameter Control,UPC),在网络节点间采用的是网络参数控制(Network Parameter Control,NPC)。UPC 和 NPC 监视和控制流量,保护网络(尤其是卫星链路)并强化通话期间的协商流量合约(Negotiated Traffic Contract)。必须控制所有类型连接的峰值信元速率。其他的流量参数如平均信元速率、突发和峰值持续时间均取决于控制。

在信元级别,如果符合协商流量合约,信元就可以通过连接。如果检测到不符合,就会采取信元标记(Cell Tagging)或丢弃等动作,以保护网络。

除了 UPC 和 NPC 标记,用户还可以利用信元丢弃优先级(Cell Loss Priority,CLP)比特位来生成不同的业务流优先级,这称为优先级控制(Priority Control,PC)。不过这样一来,一个用户的低优先级流量可能就无法通过一个被标记的信元来辨别,因为用户和网络都在 ATM 信头中使用了同样的 CLP 比特位。星上设备也可以实现流量整形,以达到修改流量特征的目的。例如,使用流量整形技术,可以通过合理分布信元在时间上的间隔,从而减小峰值信元速率、限制突发长度和减小时延抖动。

5.3.6 被动拥塞控制

尽管预防性的控制方法试图在拥塞发生前阻止它,但是由于地面站的缓存复用或交换机输出缓存的溢出,卫星系统仍然会经历拥塞。在这种情况下,由于网络只依赖 UPC,网络和源之间没有反馈信息的交换,所以对发生的拥塞缺乏相应的对策。

拥塞定义为一种网络状态,在这种状态下,对于已经建立的连接,网络无法满足其原定的 QoS 目标。拥塞控制是网络为了最小化拥塞的强度、范围和持续时间所采取的动作的集合。当出现网络拥塞的迹象时,被动拥塞控制会转为主动拥塞控制。

许多应用(主要是那些负责数据传输的应用)可以在网络提出要求的情况下降低自己的发送速率。同样,当有额外的可用网络带宽时,它们也会希望提高发送速率。这种类型的应用由可用比特速率(Available Bit Rate, ABR)业务支持。这些应用的带宽分配依赖于网络的拥塞状态。

ABR 业务建议使用基于速率的控制,网络状态信息经由称为资源管理信元的特殊控制信元传递到数据源。速率信息可以以两种形式返回到源头。

- 二进制拥塞通知(Binary Congestion Notification, BCN)使用 1bit 来标识拥塞和未拥塞状态。由于其广播能力,BCN 适合于卫星应用。
- 精确速率(Explicit Rate, ER)指示由网络使用,用于通知数据源为了避免拥塞其应该使用的具体带宽。

地面站可以通过测量流量到达速率或是监测缓存状态来判断拥塞状态。

5.4　先进卫星 B – ISDN ATM 网络

在 1991 年 1 月第一颗再生型 INTELSAT 卫星升空之前,所有的卫星都是透明卫星。尽管再生、多波束和星上交换卫星具有潜在的优势,但是随之而来的是为保证可靠性而增加的复杂度、对使用灵活性的影响、处理非预期的业务需求(在质和量两个方面)变化的能力和新的操作流程。尽管复杂度仍然是卫星有效载荷考虑的首要问题,先进宽带卫星网络尝试利用星上处理和交换、多波束卫星和 LEO/MEO 星座的优点。

5.4.1　无线接入层

卫星接入的无线接入层(Radio Access Layer, RAL)必须考虑卫星系统的性能需求。一般倾向于对其使用与频率无关的定义方式,定义的参数包括范围、比特率、发射功率、调制/编码、帧格式和加密。为了取得最大带宽利用率,还需考虑对不同链路状态的动态调整技术和编码技术。

介质访问控制(MAC)协议用于支持多个切换节点对卫星信道的共享。正如 UNI 所定义的那样,MAC 协议的首要需求是保证对所有业务类型的带宽分配。MAC 协议应该同时满足公平和高效两个准则。

194

数据链路控制层(DLC)负责在卫星链路上可靠地传输数据帧。因为更高层的性能对信元丢失极为敏感,所以 DLC 需要实现差错控制,并且要处理简单(或带宽严重非对称)链路上的一些特殊情况。同时,还要考虑针对特定 QoS 类型剪裁 DLC 算法。

这里物理层、MAC 层和 DLC 层均针对基于卫星建立无线链路而定义,为了支持与它们的资源控制和管理有关的控制面功能,不仅需要无线控制机制,同时还需要包含支持移动性的元信令(Meta – Signalling)。

5.4.2 星上处理(OBP)的特点

透明卫星仅包括放大器、变频器和滤波器。这类卫星能够适应多变的需求,但是这是以空间段高昂的费用以及复杂的地面终端为代价的。OBP 增加了卫星的复杂性,但是减小了空间段的使用成本和地面终端的成本。星上处理功能有以下不同的等级。

- 再生转发器(调制和编码);
- 星上电路交换和包交换;
- 灵活的 IP 路由。

这些功能不会都实现在一种载荷上,具体的搭配方式要根据应用来确定。使用 OBP 带来的好处如下。

- 再生转发器:再生模式的优点是上下行链路互相分离,可以彼此独立设计。对于传统的透明卫星 $(C/N)_U$ 和 $(C/N)_D$ 是互相影响的,而对于再生转发器它们是独立的。此时由于衰减减小,所以误比特率性能提升。对于同样的总载噪比 $(C/N)_T$,再生转发器可以承受级别更强的干扰。

- 多速率通信:有了 OBP,星上可以实现高传输速率与低传输速率之间的转换。地面终端与一跳邻居地面终端之间可以工作在不同的传输速率上。对于透明转发器,速率转换必须在地面完成,因此需要两跳。多速率通信意味着多载波解调和基带切换。

以上特点减少了复杂性,降低了地面终端的造价。

5.4.3 B – ISDN ATM 星上交换

在星上部署交换功能,会在性能提升和业务灵活性等方面带来潜在的好处。对于点波束覆盖和/或星间通信的卫星星座,这点尤其重要,因为卫星具有交换功能后,就可以在星座上构建网络,进而减少对地面设施的依赖。图5.6 显示了星上和地面的协议栈。

对于 ATM 星上交换卫星而言,卫星就像是一个网络的交换节点(如图 5.6 所示),与两个以上的地面网络端节点互联。当连接建立后,星上交换机根据信头中的 VPI/VCI 和路由表来路由 ATM 信元。同时,需要支持作为接入链路时用户网络接口

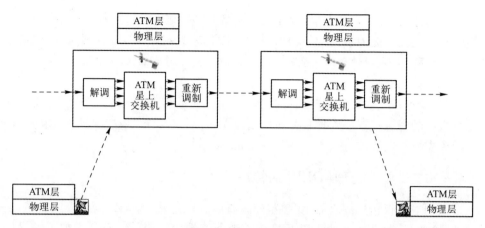

图 5.6　带有 ATM 星上交换机的卫星

(UNI)使用的信令协议和作为传输链路时网络节点接口(NNI)使用的信令协议。

具有高增益、多个点波束的星上交换卫星被认为是先进卫星通信系统的关键要素。这些卫星支持小型的、高性价比的终端,能够提供所需的灵活性,并且在突发多媒体业务环境中能够增加资源的利用率。

实现星上交换能力会增加卫星的复杂性,但是星上交换也具有以下优点:

- 降低了地面站成本;
- 仅用一半的时延就能提供按需的带宽;
- 增强了互联互通能力;
- 提供了额外的灵活性和地面链路性能的额外提升,这是指在发射和接收仅一路单载波的条件下,任一上行链路波束内的地面站可以和任一下行链路波束内的地面站通信。

星上处理卫星设计的一个关键问题是星上基带交换架构的选择问题。可行的星上交换类型有:

- 电路交换;
- 快速包交换(包长可变);
- 混合交换;
- ATM 信元交换(包长固定);
- 星上 IP 路由。

表 5.1 根据承载的业务总结了星上交换的优缺点。

从带宽利用率的角度看,在网络流量主体部分恒定、可变短突发平稳或长突发的情况下,电路交换具有优势。但是,对于突发业务,电路交换会导致带宽容量的极大浪费。

对于卫星网络承载包交换业务和电路交换业务来说,快速包交换是一种有吸引力的选择。由于包头开销,突发业务的带宽利用率会略微降低。

表 5.1　不同交换技术的比较

交换架构	电路交换	快速包交换	混合交换	信元交换（ATM 交换）
优点	• 对于电路交换业务的高带宽利用率 • 在网络不需要频繁重新配置业务的情况下具有较高的效率 • 通过限制对网络的接入简化了拥塞控制	• 自主路由 • 不需要为路由分配额外的存储空间 • 传输不需要重新配置星上交换机的连接 • 易于实现自治的专用网络 • 对于包交换业务，具有灵活性和高带宽利用率 • 兼容电路交换业务	• 能够处理绝大多数业务 • 优化程度介于电路交换和包交换之间 • 星上复杂性低于快速包交换 • 能够为每种业务类型提供专用硬件	• 使用 VC/VP 的自主路由 • 不需要为路由分配额外的存储空间 • 传输不需要重新配置星上交换机的连接 • 易于实现自治的专用网络 • 可以为所有业务源提供灵活性和高带宽利用率 • 兼容电路交换业务 • 速度可与快速包交换比肩
缺点	• 每次建立电路都需要重新配置地面站的时间/频率计划 • 固定带宽分配（不灵活） • 支持包交换业务时带宽利用率极低 • 难以实现自治的专用网络	• 由于包头的原因支持电路交换业务时开销要大于电路交换 • 会出现竞争和拥塞	• 对未来业务不能保持最大的灵活性，因为未来卫星电路业务和包业务的分配是未知的 • 为了实现能够处理所有卫星业务的设计容量，导致卫星资源的浪费	• 由于 5B ATM 头的原因支持电路交换业务时开销要大于包交换 • 会出现竞争和拥塞

在某些情况下，混合交换方案，即同时包含包交换业务和电路交换的交换，可以提供一个较优的星上处理器体系结构。但是业务的分配是未知的，这使得这种交换方案的实现存在规模过大或过小的风险。

对于卫星组网，固定包长快速包交换对于包大小固定的电路交换和包交换业务是一种有吸引力的解决方案。使用包的统计复用，可以实现最高的带宽利用率，只不过每个包的开销相对大一些。

此外，考虑到整星质量和功率消耗的限制，由于唯一使用数字通信技术，所以包交换技术尤其适用于卫星交换。同时，为了无缝集成，卫星组网应遵循地面技术发展的趋势，这非常重要。

5.4.4　多波束卫星

多波束卫星的特征是有多个天线波束，能够覆盖不同的服务区域，如图 5.7 所示。星上接收时，信号出现在一个或多个接收天线的输出端。中继器输出端的信号必须被馈送到不同的发射天线。

通过提高星上的品质因数 G/T，点波束卫星会给地面站部分带来好处。同样还可以在不同的点波束多次复用同一频段,从而实现在不增加所分配带宽的条件下增加网络总的容量。不过,这时在波束间会存在一定的干扰。

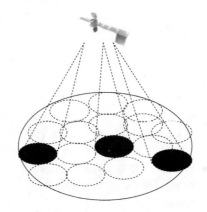

图 5.7　多波束卫星

目前用于覆盖区域之间互联互通的一种技术是星上交换 TDMA(SS – TD-MA)。还有一段时间使用的是包交换星上多波束卫星。

5.4.5　LEO/MEO 卫星星座

GEO 卫星的一个主要缺点是由卫星与地面站间的距离引起的。传统上,GEO 卫星主要用于提供固定电信和广播业务。近年来,出现了带有小型终端的、用于全球通信的低/中轨道卫星星座。卫星与地面站间的距离大大缩小。MEO 卫星星座需要较多的卫星及备份星才能提供全球覆盖,而 LEO 卫星星座需要的卫星数量则更多。

与 GEO 卫星网络相比,LEO/MEO 卫星网络更加复杂,但是具有较小的端到端时延、更少的自由空间损耗和更高的总容量。但是,由于 LEO/MEO 轨道上的卫星相对于用户终端运动速度较快,所以卫星切换成为了一个关键问题。

对于要求短空间段往返时延(相较于 GEO 的 500ms,LEO/MEO 一般为 20/100ms)的高度交互式业务,LEO/MEO 卫星星座是一种有效的解决方案。系统可以提供与地面网络近似的性能,从而允许使用通用的协议、应用和标准。

5.4.6　星间链路

可以考虑使用 ISL(Inter – Satellite Links)进行 LEO/MEO 卫星星座的路由。ISL 技术的优势是毋庸置疑的。在某种程度上,星上交换或其他形式的包交换都能够纳入到 ISL 的应用中。

当决定使用 ISL 时,需要考虑的问题包括:

● 组网方面的考虑(覆盖、时延和切换);

- 物理链路的可行性(星间的动态性);
- 质量、功率和造价约束(链路预算)。

在考虑是否在系统中搭载 ISL 载荷时,除了可能的效益和问题外,质量和功率损耗也是需要考虑的因素。因为激光载荷已经越来越可靠,并能提供更高的链路容量,所以现在除了微波载荷外激光载荷也成为了一种可行的选择。必须考虑的还有有效载荷的跟踪能力,尤其是当星间动态性很高的时候,这时相比于激光载荷,微波星间链路载荷具有一定的优势。

现将 ISL 的优点总结如下:
- 呼叫可以通过另一颗卫星在最优的地面站落地,从而减小了地面"尾部"的长度;
- 星上基带交换简化了地面控制——减少了时延;
- 增加了全球覆盖程度——可以覆盖海洋和没有地面站的区域;
- 只需一个网络控制中心和地球网关站。

ISL 的缺点可总结如下:
- 增加了卫星的复杂性和成本;
- 卫星/用户链路可用功率降低;
- 由于星间动态性必须考虑星间切换问题;
- 需要对卫星进行功能上的补偿,即所谓的补货策略(Replenishment Strategy);
- 需要进行频率协调;
- 需要对交叉链路(Cross – Link Dimensioning)进行优化。

5.4.7 移动管理

切换控制是移动网络的基本功能,能够保证终端在通话不掉线的条件下在网络骨干中迁移。

在大多数应用中,为接入 GEO 卫星而进行的切换都比较简单。对某些特殊情况,例如洲际飞行,才需要在有覆盖重叠区的 GEO 卫星之间进行慢切换(即切换时间比较充裕)。对于 LEO/MEO 卫星网络,切换应该避免干扰已有的连接。

位置管理是指在移动节点"名字"和当前"路由标识"之间一对一映射的能力。位置管理主要应用于有星上切换的场景。

5.4.8 使用更高的频段

卫星星座在用户终端和网关之间的连接可以使用 Ku 频段(11/14GHz)。网关之间的高速传输链路可以使用 Ku 频段或 Ka 频段(20/30GHz)。为了实现未来宽带卫星通信网络中 T 比特每秒的超高速传输速率,目前已经开展了 Q 频段(40GHz)和 V 频段(50GHz)的研究工作。

根据 ITU 无线电规则,GEO 卫星网络应该予以保护,以免受来自非对地静止系统的任何有害干扰。对地静止轨道卫星和星座卫星的位置是长期不变和可预知的,因此利用预先确定的切换流程,通过角度分隔就可实现这种保护措施。当网关站与 LEO/MEO 卫星的连线和网关站与对地静止卫星的连线之间的夹角小于 1°时,该 LEO/MEO 卫星的传输会终止,链路将切换到另外的、不会产生干扰的 LEO/MEO 卫星。

卫星星座提供了对宽带服务的全球接入,它是一种具有成本效益的解决方案。这种结构能够:支持多样化的业务;降低系统实现成本和技术风险;保证与地面网络的无缝兼容和互补;提供适应业务随时间演化和跨区域业务需求差异的灵活性;最优化对频谱的利用。

5.5 B – ISDN ATM 性能

ITU – T I.356 定义了一系列参数,用于量化一条宽带 ISDN 连接的 ATM 信元传输性能。这个 ITU 建议包括信元传输的临时性能目标,其中一些目标与用户选择的 QoS 类型有关。

5.5.1 B – ISDN 性能的分层模型

ITU – T I.356 定义了 B – ISDN 性能的分层模型,如图 5.8 所示。

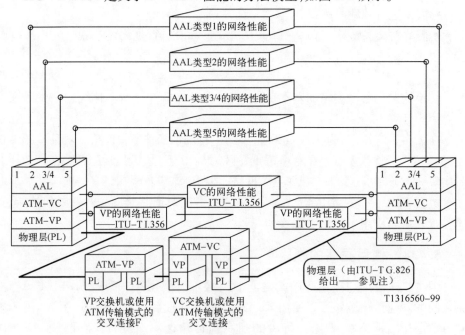

注:额外的物理层性能参数和目标的需求正在研究中。

图 5.8 B – ISDN 性能分层模型(来源:ITU 2000[3],经 ITU 许可重绘。)

可以看到,提供给用户的网络性能(NP)依赖于三个层的性能。

- 物理层:可以基于准同步数字系列(Plesiochronous Digital Hierarchy,PDH)、同步数字系列(Synchronous Digital Hierarchy,SDH)或基于信元的传输系统。连接被 ATM 设备交换或交叉连接的地方是物理层的终止处,因此在交换时物理层并没有端到端的含义。

- ATM 层:基于信元。ATM 层与物理介质和应用无关,分为两种子层:ATM – VP 层和 ATM – VC 层。ATM – VC 层始终具有端到端的含义。在 VC 交换时 ATM – VP 层没有用户到用户的含义。ITU – T I.356 定义了 ATM 层的网络性能,包括 ATM – VP 层和 ATM – VC 层。

- ATM 适配层(AAL):增强 ATM 层提供的性能以满足更高层的需要。AAL 支持多种协议类型,每种协议提供了不同的功能和性能。

5.5.2 网络性能参数

ITU – T I.356 还使用信元传输结果定义了一组 ATM 信元传输性能参数。以对测量点(Measurement Points,MP)的观测为基础,可以估计所有参数。下面是对 ATM 性能参数的总结。

- 信元错误率(Cell Error Ratio,CER)是指所研究的总体中错误信元总数与所有成功传输信元、打标签信元和错误信元之和的比率。在信元错误率的计算中,不考虑包含在严重错误信元块内的成功传输信元、打标签信元和错误信元。

- 信元丢失率(Cell Loss Ratio,CLR)是指所研究的总体中丢失信元总数与传输信元总数的比率。在信元丢失率的计算中,不考虑包含在严重错误信元块内的丢失信元和传输信元。有三种特殊的情况需要注意,对于 ATM 信头中的 CLR 标签:CLR0 代表高优先级信元,CLR0 + 1 代表从高到低优先级变化的信元,CLR1 代表低优先级信元。

- 信元误插入率(Cell Misinsertion Ratio,CMR)是指在一个特定时间段内错误插入的信元总数除以这段时间长度(相当于每个连接秒中错误插入的信元个数)。在信元误插入率的计算中,不考虑与严重错误信元块有关的错误插入信元和时间段。

- 严重错误信元块比率(Severely Errored Cell Block Ratio,SECBR)是指在所研究的总体中严重错误信元块总数和信元块总数的比率。

- 信元传输时延(Cell Transfer Delay,CTD)的定义只能应用到成功传输的、错误的和打标签的信元输出上。信元传输时延是两个相应信元传输事件发生的间隔时间。

- 平均信元传输时延是一定数量的信元传输时延的算数平均值。

- 与信元时延变化(Cell Delay Variation,CDV)有关的两个信元传输性能参数的定义如图 5.9 所示。第一个参数,单测量点信元时延变化(One – Point Cell Delay Variation),是基于对单一测量点上连续信元到达序列的观测而定义的。第二个参数,双测量点信元时延变化(Two－Point Cell Delay Variation),是基于对两个测量点上相应信元到达的观测而定义的。这两个测量点界定了一个虚连接部分。双测量点信元时延变化给出了对端到端性能的一种测量(如图 5.9 所示)。

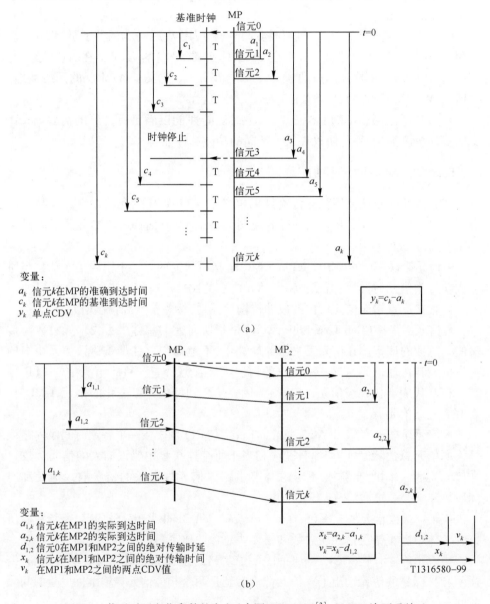

变量:

a_k 信元k在MP的准确到达时间
c_k 信元k在MP的基准到达时间
y_k 单点CDV

$$y_k = c_k - a_k$$

(a)

变量:

$a_{1,k}$ 信元k在MP1的实际到达时间
$a_{2,k}$ 信元k在MP2的实际到达时间
$d_{1,2}$ 信元0在MP1和MP2之间的绝对传输时延
x_k 信元k在MP1和MP2之间的绝对传输时间
v_k 在MP1和MP2之间的两点CDV值

$$x_k = a_{2,k} - a_{1,k}$$
$$v_k = x_k - d_{1,2}$$

T1316580-99

(b)

图 5.9 信元时延变化参数的定义(来源:ITU 2000[3],经 ITU 许可重绘。)

(a) 单测量点定义;(b) 双测量点定义。

对于MP_1和MP_2间的信元 k,两点信元时延变化v_k等于MP_1和MP_2间信元 k 的绝

202

对信元传输时延 x_k 和定义的基准信元传输时延 $d_{1,2}$ 的差,即 $v_k = x_k - d_{1,2}$。

MP_1 和 MP_2 间信元 k 的绝对信元传输时延 x_k 是在 MP_2 的信元实际到达时间 a_{2k} 和在 MP_1 的信元实际到达时间 a_{1k} 的差,即 $x_k = a_{1k} - a_{2k}$。MP_1 和 MP_2 间基准信元传输时延 $d_{1,2}$ 是信元 0 从 MP_1 到 MP_2 所经历的绝对信元传输时延。

5.5.3 卫星突发错误对 ATM 层的影响

ATM 的设计针对的是像光纤那样拥有良好误码特性的物理介质,这类介质从 20 世纪 70 年代开始性能已经得到了大幅的提升。因此,ATM 中没有一般协议中处理不可靠信道的许多特性。虽然这样一来 ATM 所针对的光固定网络(Optical Fixed Networks)中的协议可以大大简化,但是当在一个易出错的信道上(如卫星、无线和移动网络)使用 ATM 时,就会带来严重的问题。

突发错误对 ATM 层功能最主要的影响是信元丢失率(CLR)的剧烈增长。ATM 信头中的 8bit 差错控制(HEC)字段只能纠正头中的 1bit 错误。但是,在突发错误环境中,如果突发错误发生在信头,有可能就会产生多于 1bit 的错误。因此,对于突发错误而言,HEC 字段是低效的,CLR 会大幅增长。

可以通过简单的分析和试验证明:对于随机错误,信元丢失率 CLR 与误比特率 BER 的平方成正比;对于突发错误,CLR 与 BER 是线性的关系。所以对于同样的 BER,在突发错误的情况下,CLR 的值(与 BER 成正比)要比随机错误的 CLR 的值(与 BER 的平方成正比)高几个数量级。同样,对于突发错误,因为 CLR 与 BER 是线性的关系,所以随着 BER 的减小,CLR 的减小不如随机错误信道条件下减小得快。最后,对于突发错误,CLR 随平均突发长度的下降而增长。这是因为对于同样的总误比特数,较短的错误突发意味着更多的信元受到了影响。

另一个细微但是有趣的问题是误插入信元。因为 ATM 信头中的 8bit 的 HEC 是由头部中的其他 32bit 决定的,所以在 2^{40}(ATM 头 40bit)种可能中只有 2^{32} 种有效 ATM 头模式。因此对于一个信头,如果被突发错误命中,有 $2^{32}/2^{40}$ 的可能性受损的信头是一个有效的 ATM 信头。而且,如果受损的信头与有效信头仅差 1bit,HEC 将会予以纠正,并将纠正后的信头作为有效信头接受。对于每个有效信头的比特模式(共 2^{32} 种可能),都对应有 40 种其他模式(40bit 中反转 1bit 就形成一个模式)可被 HEC 纠正。"错误突发"命中这些模式中的一个信头的概率是 $40 \times 2^{32}/2^{40}$。总的来说,一个 ATM 信头被突发错误命中后所形成的随机比特模式,将有 $41 \times 2^{32}/2^{40}$($=41/256 \approx 1/6$)的可能性被系统认为是一个有效的信头。在这种情况下,一个原本要被丢弃的信元,就有可能当作一个有效的信元(这里不检测净荷中的错误,这些错误由端节点的传输协议检测)。这样的信元称为"误插入"信元。此外,一个信元被误插入到一条具有突发错误的信道的概率 P_{mi} 大约是信道信元丢失率的 $1/6$,即

$$P_{mi} \approx \frac{CLR}{6}$$

如果 CLR 可以表示为 BER 的常数倍,则误插入信元概率也是 BER 的常数倍,即

$$P_{mi} = k \times BER$$

这个概率乘以每秒钟传输的 ATM 信元个数 r,然后再除以总的可能的 ATM 连接数(2^{24}),就得到了信元插入速率 C_{ir},即信元插入到一条连接的速率为

$$C_{ir} = \frac{1}{2^{24}}(k \times BER \times r)$$

因为总的可能的 ATM 连接数非常大,所以就算对于高误比特率($\approx 10^{-4}$)和高数据速率($\approx 34Mbit/s$),信元插入速率也是可以忽略的(大约每月一个插入信元)。因此,由随机错误到突发错误的转变会引起 ATM CLR 的显著升高。

5.5.4 突发错误对 AAL 协议的影响

与 ATM HEC 码一样,AAL 协议类型 1、3/4 和 5 使用的循环冗余校验码容易受到错误突发的影响。这些编码未能检测出来的突发错误会引起协议机制故障或数据出错。AAL 协议类型 1 的分段与重组(SAR)头包括 4bit 的序列号(SN),并由 3bit 的 CRC 码和 1bit 的奇偶校验位进行保护。信头的一个错误突发不被 CRC 码和奇偶校验检测出的可能性为 15/255 = 1/17。这样一个在 SAR 层未检出的错误会导致接收端汇聚子层的同步失败。AAL 3/4 在 SAR 层使用 10bit 的 CRC。

卫星信道的突发错误和扰动增加了未检出错误的概率。但是,ATM 信元净荷的全字节交织通过将突发错误分布到两个 AAL 3/4 的净荷中,可以将未检出错误率减少好几个数量级。而将突发错误分布到两个 AAL 3/4 的净荷中的代价是检出错误率和 AAL 3/4 净荷丢弃率翻倍。AAL 类型 5 使用 32bit 的 CRC 码,检测长度不超过 32bit 的所有突发错误。对于较长的突发,这种码的检测能力要远远强于 AAL 3/4 的 CRC。而且,它使用一个长度校验(Length Check)字段,甚至当 CRC 检测失败时,也能够发现一个 AAL 5 净荷中信元的增加或减少。因此 AAL 5 净荷中的突发错误不大可能不被检测出来。

可以看到,因为缺少用于保护的冗余比特,ATM AAL 1 和 3/4 易于受突发错误影响;而 AAL 5 使用了冗余比特,所以更加健壮。

5.5.5 差错控制机制

有三种类型的差错控制机制用于提升卫星宽带业务质量:重传机制、前向纠错(FEC)和交织技术。

卫星 ATM 网络试图在晴天条件下 99% 的时间里维持低于 10^{-8} 的 BER。采用 FEC 编码的卫星信道的突发错误特性对物理层、ATM 层和 AAL 层协议性能都有

不利影响。交织机制减小了突发错误对卫星链路的影响。

FEC 一个典型的例子是使用外码 RS 编/解码和内码卷积编码/维特比解码的串联码。外码 RS 编/解码可以纠正由内码编/解码引起的错误突发。RS 码会消耗一点额外的带宽(例如在 2Mbit/s 的带宽下消耗为 9%)。

ATM 和 AAL 层头使用的 HEC 码能够纠正头中的单比特错误。因此,如果 N 个头的比特在编码前交织、编码后去交织,错误突发将扩展到 N 个头,使得去交织后形成的两个连续头出现多于 1bit 的错误的可能性非常小。这样 HEC 码能够纠正单比特错误并且通过双模式操作,使得没有信元或 AAL PDU 会被丢弃。交织涉及信道上比特的重组,但不会增加额外的比特。不过,交织和去交织的处理需要额外的内存,并会在发端和收端引入时延。

使用 FEC 和交织技术可以减轻突发错误。当所产生的时延在应用的可接受范围内时,这些方案的性能与码率(带宽利用率)和/或编码增益(功率效率)直接相关。

5.5.6　宽带卫星网络的增强技术

在宽带卫星网络中,必须充分利用 FEC 编码和交织技术,并且在传输质量(以误码性能衡量)和卫星资源(如带宽和功率)之间进行折中。

● ATM 的设计针对的是具有良好误码特性的物理介质(如光纤)之上的传输。由于简化了差错控制,ATM 开销较小,但是当 ATM 被用在易错信道(如卫星链路)上传输时,这种方式也带来了严重的问题。

● 卫星系统是功率或带宽受限的,为了实现可靠传输,在卫星调制解调器上经常使用 FEC 码。有了这种类型的码(典型的是卷积码),输入数据流不再是一个符号、一个符号地被重建。数据流中的某些冗余被加以利用。

● 一般来说,编码技术以编码开销为代价减小了 BER,或者降低了在给定 S/N 条件下达到一定 QoS 所需的发射功率。但是当译码出错时,一般会有多个比特受到影响,从而导致突发错误。因为 ATM 的设计仅对于随机的单比特错误是健壮的,所以突发错误会显著降低 ATM 的性能。

因此,为了使卫星链路上 ATM 信元的传输更加健壮,需要开发一些增强技术。这些技术的性能与码率(带宽利用率)及有额外处理时延的编码增益(功率效率)直接相关。

对于高速率的大型地面站,增强技术以尽力而为的方式处理突发错误。

● 通过对多个信元的头部(不包括净荷)进行交织,可以实现随机单比特错误信道(如 AWGN 信道)中 ATM 的性能目标。要注意的是,交织只是对信道上的比特进行重组(在 ATM 信头中扩散误码),并不产生会减小总比特速率的额外开销。但是,交织会占用收端和发端的内存,并引入额外的时延。假设一个错误突发中平均有 20bit 的错误,基本上需要 100 个信头的交织。这需要大约 10kB 的内存,并在

50Mbit/s 速率下引入 840μs 的时延,在 2Mbits/s 速率下引入 21ms 的时延。既然上面的交织方案要求一个连续的数据流,对于只有单一 ATM 信元被传输的便携终端来说,这种方法就不适用了。

● FEC 应用于卫星链路后出现的另一种纠正突发错误的方法是 Reed – Solomon(RS)码。已经证明这种基于码元的分组码在和卷积 FEC 码串联使用时,性能十分优越。

● 此外,如果长度大于 RS 码所能够纠正的长度,错误突发应该扩散到多个码元,以便利用分组码的纠错能力。这可以通过在两个码之间进行交织实现。

对于小型便携终端,快速部署和重定位是非常重要的需求。发射比特速率一般在 2.048Mbit/s 以下。当只有少数信元从终端发射而导致信元间交织不可行时,就必须找出保护单个信元的方法。一个完整的 ATM 信元交织(不仅是信头),称为信元内交织,可以获得少量的性能增益。

使用附加编码,可以改善对 ATM 信元的保护。需要注意的是,这些编码引入了额外的开销,并因此减小了数据比特速率。FEC 或串联 FEC 不适用于增强卫星链路上 ATM 性能有以下几个原因。首先,如果只使用 FEC 编码,一般会使用码元交织将突发错误散布在多个 ATM 信头。对于某些应用,这种方式在低数据速率时会产生很大的交织时延(与数据速率成反比)。其次,RS 码与 FEC 串联纠正突发错误,此时要么需要额外的带宽,要么会导致数据速率降低。

优化卫星链路上的协议增强设备性能,也有助于提高网络性能。综合使用协议转换技术和差错控制技术,可以使数据链路层得到优化。在发射端,修改标准 ATM 信元以适配卫星链路。在接收端,应用差错恢复技术,并且将修改过的 ATM 信元(S – ATM cell)转化为标准 ATM 信元。

修改标准 ATM 信元的主要目的是最小化 ATM 信头开销(每 48B 有 5B)。地址字段(被分到 VPI 和 VCI 中)占 ATM 信头中的 24bit。这表示最多可以建立 2^{24} 个 VC。对于常数比特率(Constant Bit Rate,CBR)连接下所有信元头部携带相同地址信息的情况,可以找出避免重复相同信息的方法。在这种场景中,使用 24bit 的地址空间是对带宽的浪费。

当交织不适用时,保护 ATM 信头的一种方法是将 24bit 的地址空间压缩到 8bit,节省出来的比特可以用于存储上一个信元的重复的信头信息(HEC 字段除外)。此时仍然根据信头的前 4 个字节计算 HEC,并将其插入到信头的第 5 个字节。因此,如果信头包含错误,接收端可以在缓存中存储净荷部分,然后从下一个信元中恢复头部信息(如果下一个信元头部不包含错误的话)。这种方法并不保护净荷。研究表明与标准 ATM 传输甚至是交织相比,这种方法能够大幅改善 CLR。

另一种方法是使用 3 字节的 HEC,而不是使用对卫星环境而言不太适用的

1字节的 HEC。

5.6 宽带卫星系统的演变

尽管光纤正在迅速成为宽带通信业务的首选传输介质,卫星系统仍然发挥着重要的作用。在向全球宽带解决方案演进的过程中,卫星网络的布局和容量可以用来补充地面宽带网络。

卫星在宽带网络中的作用将随地面网络的演变而变化。但是,在下列宽带网络发展的两个场景中,卫星所扮演的角色是明确的。

● 宽带网络全球覆盖的初始阶段:此时主要通过卫星连接分布在不同地区或国家的宽带网络(一般称为宽带信息岛),以弥补地面网络的不足。

● 宽带网络全球覆盖的成熟阶段:此时地面宽带骨干设施已经达到了一定的成熟度。在这个阶段,卫星用于提供广播业务,以及为偏远地区提供高成本效益的链路,作为地面网络的补充。此时,卫星为通过 UNI 访问宽带网络的大量端用户提供宽带链路。这为拓扑、重构和网络扩展等方面带来了高度的灵活性。卫星同样是远程移动站互联的理想工具,而且在地面系统故障的情况下可以提供备份解决方案。

在第一种场景中,卫星在宽带节点和宽带信息岛之间提供高比特率链路。CATALYST 演示提供了这种场景的一个例子,并且考虑了卫星和地面网络的兼容性。这种模式下卫星链路的接口是 NNI 类型。这种场景的特征是具有数量相对较少而速率相对较高的大型地面站。

在第二种场景中,卫星可以位于宽带网络的边缘,为大量用户提供接入链路。这种场景的特征是具有平均和峰值速率有限的大量的地面站。地面站的流量起伏很大。为了实现灵活的多址接入,要使用动态带宽分配机制。

突发流量的不可预测性,以及重新分配和管理卫星资源时卫星链路的长时延,都会影响对卫星资源的高效利用。高效的卫星系统多址接入方案仍然是一个需要深入研究的挑战性课题。使用具有交换能力和点波束的 OBP 卫星可以将时延减半,并有利于大量用户互联。使用星上处理实现空中流量统计复用,可以最大化卫星带宽利用率。

利用 GEO 卫星提供宽带业务已经被证明是可行的。但是,通过卫星向便携或移动终端提供高速宽带业务,在实现低时延、低终端功率要求和高最小仰角等方面还存在着巨大的挑战。开发利用 MEO 和 LEO 卫星系统是一条合理的演化路径。相较于 GEO 卫星,这些低轨道高度卫星的时延更短、终端功率要求更低。为了向小型便携和移动终端提供宽带业务,目前仍在研究和寻找最适当的轨道、新的合适的频段和多址接入方案。

正在向全 IP 解决方案演进的地面网络是影响卫星宽带网络发展方向的主要

因素。因此，全 IP 化卫星组网和星上 IP 路由问题也需要深入研究。

进一步阅读

[1] ITU-T Recommendation I.150, *B-ISDN Asynchronous Transfer Mode Functional Characteristics*, 02/1999.
[2] ITU-T Recommendation I.211, *B-ISDN Service Aspects*, March 1993.
[3] ITU-T Recommendation I.356, *On B-ISDN ATM Layer Cell Transfer Performance*, 03/2000.
[4] ITU-T Recommendation I.361, *ITU-T 'B-ISDN ATM Layer Specification*, 02/1999.
[5] ITU-T Recommendation I.371, *Traffic Control and Congestion Control in B-ISDN*, 03/2004.
[6] ITU-T Recommendation G826, End-to-end error performance parameters and objectives for international constant bit rate digital paths at or above the primary rate, 12/2002.
[7] RACE CFS, Satellites in the B-ISDN, general aspects, *RACE Common Functional Specifications D751*, Issue D, December 1993.
[8] Sun, Z., T. Ors and B.G. Evans, Satellite ATM for broadband ISDN, Telecommunication Systems, 119−131, 1995.
[9] Sun, Z., T. Ors and B.G. Evans, ATM-over-satellite demonstration of broadband network interconnection, Computer Communications, *Special Issue on Transport Protocols for High Speed Broadband Networks*, 12, 1998.

练　　习

1. 解释有关宽带卫星 B – ISDN ATM 的设计问题和概念。

2. 解释 CATALYST GEO 卫星 ATM 组网和带有 LEO/MEO 星座的先进卫星组网。

3. 概述卫星在宽带网络中扮演的重要角色，以及宽带网络互联的协议栈和终端访问配置。

4. 解释宽带网络中透明转发卫星和星上交换卫星的差别，并讨论其优缺点。

5. 解释宽带网络的性能问题和针对卫星网络的增强技术。

6. 解释星上处理和星上交换技术，并讨论其优缺点。

7. 讨论基于 GEO、MEO 和 LEO 的宽带网络的优缺点。

6 卫星网络承载 IP

本章对卫星网络承载网际协议(IP)进行简要介绍。本章将从以协议为中心、以网络为中心和以卫星为中心等多个不同的角度来讲解卫星组网。同时,本章还涉及以下内容:如何将 IP 包封装进不同网络技术的不同帧中;对 IP 的拓展,如 IP 组播、IP 安全以及 IP 服务质量(QoS);卫星承载 DVB 的概念(DVB – S 和 DVB – RCS),以及新一代的 DVB – S2 和 DVB – RCS2;IP QoS 架构。在读完本章后,希望读者能够:

- 理解卫星 IP 组网的概念。
- 理解 IP 包封装的概念。
- 描述对卫星网络的不同观点。
- 描述卫星承载的 IP 组播。
- 解释 DVB 及其相关协议栈。
- 解释卫星承载 DVB,包括 DVB – S/S2 和 DVB – RCS/RCS2。
- 介绍 DVB – S 和 DVB – RCS 上的 IP 安全机制。
- 了解 IP QoS 的性能目标和参数,以及综合服务(Intserv)与区分服务(Diffsev)的 QoS 架构。

6.1　卫星组网的不同视角

与地面网络一样,卫星网络承载了越来越多的因特网和数字广播流量,这些流量已经远远超过了电话流量。到目前为止,因特网流量主要来自于经典的因特网业务与应用,如 WWW、FTP 和 E – mail。就提供传统的尽力而为服务(Best – Effort Service)而言,卫星网络只需要支持经典的因特网网络应用。

因特网、电信、广播以及移动网络的融合推动了 IP 电话(VoIP)、IP 视频会议、视频流、IP 广播业务和移动因特网业务的发展。因此,卫星网络上的 IP 包能够承载更多的业务和应用类型,并且实现 IP 网络中的服务质量(QoS)。卫星组网领域已经开展了多项研究,目的是支持有 QoS 要求的新型实时多媒体和组播应用。

IP 的设计是独立于其他任何网络技术的,因此它能够适应所有可用的网络技术。对于卫星网络,有三种卫星承载 IP 的组网技术。

- 卫星通信网络——这种网络已经提供了很多年的传统卫星业务(如电话、传真、数据等)。同时,也通过点到点链路提供因特网接入和因特网子网互联。

● 基于甚小孔径终端(Very Small Aperture Terminal,VSAT)概念的卫星共享介质包网络——这种网络支持数据服务类型的业务已经很多年了,并且能够支持 IP。

● 数字视频广播(Digital Video Broadcasting,DVB)——经卫星基于 DVB 承载 IP 具有提供全球宽带接入的潜力。DVB – S 提供单向广播业务。用户终端能够通过卫星接收广播和数据业务。对于因特网业务,电信网络或 DVB – RCS 能够提供回传链路。DVB – RCS 提供经卫星的回传链路,使得用户终端能够通过卫星向因特网发回 IP 包。这种方式消除了使用地面电信网络做回传链路存在的限制,因此给用户终端带来了极大的灵活性和移动性。

需要注意的是,与 DVB 一样,可以把在电缆数据业务接口规范(Data Over Cable Service Interface Specification,DOCSIS)上运行的数据调整为卫星承载 IP(IP over Satellite)的数据。除了 DVB – S/S2 和 DVB – RCS/RCS2 之外,也有基于 DOCSIS 的宽带卫星网络的实现。概念非常相似,因此不再详述。

6.1.1　以协议为中心看卫星 IP 网络

卫星 IP 网络以协议为中心的视角强调在参考模型语境下的协议栈和协议功能。图 6.1 说明了 IP 和其他网络技术之间的关系。IP 提供了一个统一的网络,屏蔽了不同网络技术之间的差异;而不同的网络技术能以不同的方式传输 IP 包。

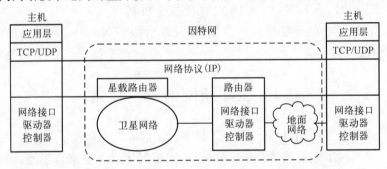

图 6.1　IP 与不同网络技术之间的关系

卫星网络包括面向连接的网络,共享介质的点到多点无连接网络和广播式网络。地面网络包括 LAN、MAN、WAN、拨号网络、电路网络和包网络。LAN 通常是基于共享介质的,而 WAN 通常基于点到点连接。物理传输可以通过有线链路也可以通过无线链路。

6.1.2　以卫星为中心看全球网络和因特网

以卫星为中心的视角强调卫星网络本身,卫星(GEO 或非 GEO)被视作为一个固定的基础设施,所有的地面设施都以卫星为参照系。图 6.2 是用以卫星为中心的视角看全球网络的示意图。图 6.3 显示了从以地球为中心的视角到以 GEO 卫

210

星为中心的视角看地球和 LEO 卫星的一种映射($\boldsymbol{O}_G$ 表示从 O 到 GEO 卫星位置 O_G 的矢量,$\boldsymbol{r}$ 表示从 O 到地表的矢量),则地表和 GEO 卫星轨道间的距离矢量 $\boldsymbol{\gamma}$ 可表示如下:

$$\boldsymbol{\gamma}^2 = \left(\frac{(\boldsymbol{r} - \boldsymbol{O}_G)^2}{2R_G} - 1 \right)(R_G - R_E)$$

式中:R_E 为地球半径。

同样,用 $\boldsymbol{r}$ 表示从 O 到 LEO 卫星的矢量,则 LEO 和 GEO 卫星轨道间的距离矢量 $\boldsymbol{\gamma}$ 可表示为:

$$\boldsymbol{\gamma}^2 = \left(\frac{(\boldsymbol{r} - \boldsymbol{O}_G)^2}{2R_G} - 1 \right)(R_G - R_L)$$

式中:R_L 为 LEO 卫星轨道半径。

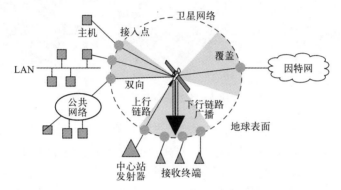

图 6.2 从以卫星为中心的视角看全球网络

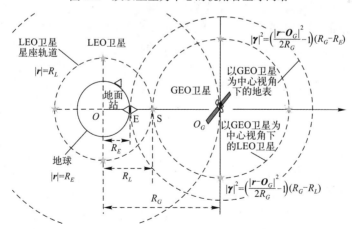

图 6.3 地球中心视图到 GEO 中心视图的映射

为了支持 IP,卫星网络必须支持数据帧在网络上携带 IP 包。路由器从一种类型网络的帧中获取 IP 包,然后将 IP 包重新打包到另一种类型网络的帧中,以便 IP 包能够在这种网络技术中传输。

6.1.3　以网络为中心看卫星网络

卫星系统和技术涉及两个方面:地面段和空间段。在空间段(卫星通信载荷),可以使用多种技术,包括透明(弯管)转发器、星上处理器、星上交换机、星上DVB－S或者DVB－RCS交换机,甚至是IP路由器。

卫星网络的以网络为中心的视角,强调组网功能而不是卫星技术。用户看到的是不同类型的网络技术和逻辑连接,而不是卫星技术和物理实现。图6.4显示了卫星网络的以网络为中心的视图。

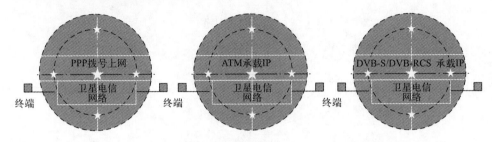

图6.4　卫星网络的以网络为中心的视图

所有这些功能都增加了卫星有效载荷支持具有多个点波束的星型(以地面网关站为中心的点对多点)和网状(多点对多点)拓扑的复杂性,因此存在发生故障的风险,但是其带来的好处是带宽和功率资源的最大化利用。

未来带有星上DVB交换的卫星将能够通过合并DVB－S和DVB－RCS标准来集成广播式和交互式业务。一个DVB－S再生载荷能够将来自不同源的信息复用到一路标准的下行链路DVB－S流上。另一个使用DVB－S星上交换的例子是经再生卫星载荷,采用MPEG－2封装承载IP的方式,实现多个局域网互联。

这些功能的实现依赖于网络运营者的需求,以及生产可靠且具有成本效益卫星的安全制造业。

6.2　IP 包封装

IP包封装考虑的是基于任意网络技术承载IP的问题。这是一种在链路层将IP包封装到数据帧的技术,使得IP包可以在不同的网络技术上传输。不同的网络技术可能使用不同的帧格式、帧大小和比特率来运送IP包。为了在网络上传输,IP包封装将IP包放入数据链路层帧的净荷中。以太网、令牌环网和无线局域网,它们都有各自封装IP包的标准帧格式。

6.2.1　基本概念

由于使用的可能是不同的封装技术,所以一个IP包有可能因为长度太长而无法放入到帧的净荷中。对于这种情况,IP 包将被拆成几个较小的段,由多个帧携带。此时,为了保证到达目的地后能够从段中重新组装出原始的 IP 包,每个段要增加一些额外的开销。

可以看出,由于额外的处理和开销,封装过程可能会对网络性能产生显著影响。图 6.5 展示了 IP 包封装的概念。当通过不同类型的网络运送 IP 包时,帧头部的功能以及包大小和数据速率都需要考虑。

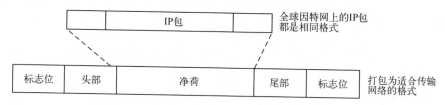

图 6.5　IP 包封装的基本概念

6.2.2　高级数据链路控制(HDLC)协议

HDLC(High – level Data Link Control)是链路层协议的一项国际标准,由 ISO/IEC 13239 定义,于 2002 年修订,2007 年再次讨论后定稿。HDLC 非常重要,是被广泛应用的二层协议。HDLC 定义了三种类型的站(主站,从站和复合站)、两种链路配置(平衡和非平衡)和三种数据传输模式(正常响应、异步应答和异步平衡应答)。图 6.6 显示了 HDLC 的帧结构。

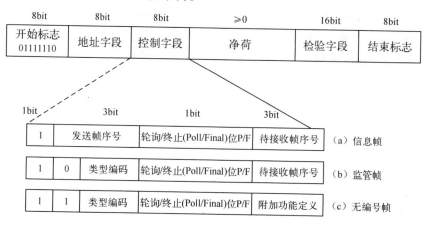

图 6.6　HDLC 帧结构

HDLC 帧结构是面向比特位的,基于一种称为比特填充(bit – stuffing)的技术,其中包含定义帧开始和结束的两个标志字段(8bit 模式 01111110),用于辨别多个终端的 8bit 地址字段,用于三种类型帧(信息、监管和无编号)的 8bit 控制字段,用于携带数据(网络层数据如 IP 包)的净荷和 16bit 的 CRC 校验字段。

6.2.3 点到点协议(PPP)

HDLC 帧适用于点到点协议(Point – to – Point Protocol, PPP)。PPP 是一项因特网 标准,广泛应用于拨号上网。PPP 进行错误检测,支持包括 IP 在内的多种协议,允许在连接时进行地址协商,容许身份验证。图 6.7 显示了 PPP 的帧结构。

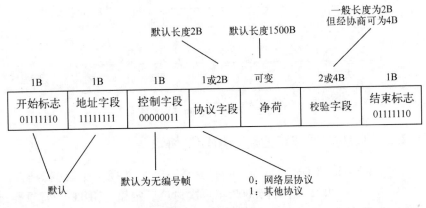

图 6.7 PPP 的帧结构

6.2.4 介质访问控制

HDLC 和 PPP 都是针对在点到点连接介质上传输而设计的。对于共享介质网络,还有一个称为链路层介质访问控制(Media Access Control, MAC)子层的附加层将大量的站点接入网络。图 6.8 显示了 MAC 帧结构的概要。

MAC 控制字段	目的 MAC地址	源MAC 地址	净荷(包含被封装 的IP包)	校验字段

图 6.8 MAC 帧结构

6.2.5 卫星承载 IP

为了承载 IP,卫星网络需要提供帧结构,以方便 IP 包进行封装并经卫星从一个接入点传输到另一个接入点。在卫星环境下,帧可以基于标准数据链路层协议或者其他任何卫星系统的协议。DVB – S 和 DVB – RCS 等现有网络已经对 IP 封装进行了定义。在 DVB – S 中,使用多协议封装(Multi – Protocol Encapsulation, MPE)标准将包括组播在内的 IP 包封装到以太网风格的头部中。

同样,可以将一个 IP 包封装在另一个 IP 包中,这样就建立了一条从一个因特网网络到另一个因特网网络传送 IP 包的隧道。

6.3 卫星 IP 组网

卫星的优势包括从地理上拓展到全球覆盖(包括陆地,海洋和空中)、向大量用户的大规模高效传送以及增加新用户时较低的边际成本。一颗卫星能够在因特网中扮演如下不同的角色。

● 最后一英里连接:如图 6.9 所示,用户终端直接接入提供直接前向和回传链路的卫星。业务源连接到卫星馈线或中心站,通过因特网、隧道或拨号链路向用户传送。

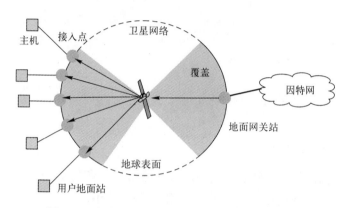

图 6.9　到因特网最后一英里连接的卫星中心视图

● 开始一英里连接:如图 6.10 所示,卫星直接向大量的 ISP 提供前向和回传链路连接。这是从服务器开始,IP 包到用户终端旅程中的第一英里。与最后一英里连接类似,服务器能够直接或者通过因特网、隧道或拨号链路连接到卫星馈线或者中心站。

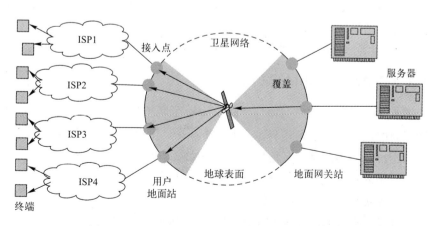

图 6.10　到因特网开始一英里连接的卫星中心视图

• 骨干连接:如图 6.11 所示,卫星提供因特网网关之间或 ISP 网关之间的连接,业务流量根据特定路由协议和网络链路参数通过卫星链路进行路由,从而实现在满足给定业务源对 QoS 的要求的同时,最小化连接成本。

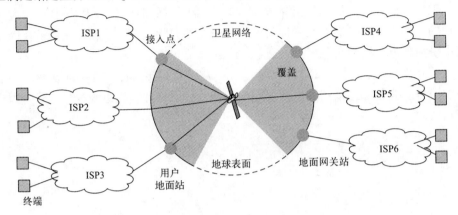

图 6.11　到因特网的骨干连接的卫星中心视图

6.3.1　星载路由

空间路由器的好处是能够通过使用标准路由算法将卫星网络整合到全球因特网网络中去。因特网由相互连接的子网组成,这些子网又称为自治系统(Autonomous System,AS)或自治域。

在 GEO 卫星网络中,通常只有一颗卫星覆盖一大块区域,形成一个 AS。星载路由器能够将来自于任意用户地面站或者地面网关站的 IP 包转发到任何其他站。对于星座,则由多颗卫星共同形成一个覆盖全球的 AS。因此,需要星座卫星网络内的路由。同一轨道平面内卫星之间的链路关系是固定的,而不同轨道平面卫星之间的链路关系是动态变化的。由于轨道上所有卫星的位置都是可预测的,因此可以利用预测结果来动态更新星载路由器的路由表并加强路由算法。而其连接则类似于 GEO 卫星网络中地面站和卫星之间的连接。

6.3.2　卫星网络中的移动 IP

由于 GEO 卫星的覆盖范围大,可以认为地面网络始终与同一颗卫星连接,对于会话期间的用户终端也是一样。但是,对于一个带有 LEO 卫星星座的网络,卫星网络与用户终端地面站或者地面网络网关站之间的关系是不断变化的。因此,如果因为卫星或者用户终端的移动而导致链路中断,必须考虑以下几个问题。

• 重新建立与卫星网络的物理连接。
• 及时更新路由表以保证 IP 包被路由到正确的目的地。
• 卫星网络中的移动性。

• 卫星网络和地面段之间的移动性。

这里基于移动 IP 的因特网标准协议(RFC5944)展开讨论。在标准解决方案中,允许移动节点使用两个 IP 地址:一个固定的家乡地址(Home Address)和一个移交地址(Care of Address,CoA)。CoA 在每一个新的附着点都会发生变化,而家乡地址始终保持不变。这里采用以卫星为中心的视角,即卫星网络是固定的,而地面上的一切,包括用户终端和地面网络,都是不断移动的,如图 6.12 所示。

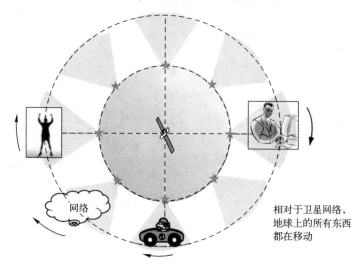

相对于卫星网络,
地球上的所有东西
都在移动

图 6.12　卫星固定/地面移动的以卫星为中心的视图

在移动 IP 标准中,当移动节点从一个地方移动到另一个地方时会维持已有的传输层连接,且 IP 地址保持不变。今天绝大多数的因特网应用都基于 TCP。一个 TCP 连接可由包括源 IP 地址、目的 IP 地址、源端口号和目的端口号的四元组(Quadruplet)标识。改变这四元组中的任意一个都会引起连接中断或丢失。另一方面,包到移动节点当前附着点的正确传送依赖于移动节点 IP 地址所包含的网络号(Network Number),而该网络号在新的附着点会发生变化。

在移动 IP 中,家乡地址是静态的而且用于辨识 TCP 连接等方面。CoA 在每一个新的附着点变化,可以看作移动节点在拓扑意义上的地址;它标示出了网络号,因此能够用于辨识网络拓扑中移动节点的附着点。

家乡地址的存在,使得移动节点看起来能够连续不断地接收家乡网络的数据。移动 IP 要求有一个网络节点作为家乡代理。当移动节点没有附着在它的家乡网络上(也就是说附着在所谓的外部网络上)时,家乡代理接收所有发往移动节点的包并安排将它们传送到移动节点的当前附着点。

当移动节点移动到一个新的地方,它会向家乡代理注册自己新的 CoA。为了让移动节点收到来自家乡网络的包,家乡代理将包从家乡网络传送至 CoA。而进一步的传送则需要 CoA 做转换或重定向 IP 包。当包到达 CoA 后,会进行逆变换,这样看起来包就再一次使用了移动节点的家乡地址作为目的 IP 地址。当发送往家乡地址的包到达移动节点时,TCP 将会对其进行正确处理。

在移动 IP 中,通过构造一个将移动节点 CoA 作为目的 IP 地址的新 IP 头部,家乡代理将包从家乡网络重定向到 CoA。这个新的头屏蔽或者封装了原始的包,这样在包到达 CoA 之前,移动节点的家乡地址都不会影响被封装的包的路由。这种封装方式称为隧道(Tunnelling),它相当于对一般的 IP 路由进行了旁路。

理解移动 IP 最好的方法是将其看作是由以下三个独立的机制协作形成。

● CoA 发现:代理广告(agent advertisement)和代理请求(agent solicitation)(RFC1256)。

● CoA 注册:当移动节点进入外地代理的覆盖范围时注册程序启动,发送带有 CoA 信息的注册请求。家乡代理收到该请求后,一般会将必要的信息添加到它的路由表中,然后批准该请求,并向移动节点发送对注册请求的应答。注册采用 MD5(Message Digest 5)进行认证(RFC6151)。

● CoA 隧道:IP – within – IP(隧道)方式是所有移动代理都必须支持的默认封装方式。最小封装(Minimal Encapsulation)比隧道要略微复杂一些,这是因为为了重组原始的 IP 头部,来自隧道头部的部分信息与内部最小封装头部中的信息进行了合并。另一方面,头部的开销减小了。

6.3.3 地址解析

地址解析又称为地址映射和配置。不同的网络技术可能使用不同的编址方案来分配地址,对设备而言又称为物理地址。例如,IEEE802 LAN 为每一个设备采用 48bit 地址,ATM 网络采用 15 位十进制数作为地址,电信网络采用 ITU – T E.164 编址方案。同样,在卫星网络中,每一个地面站或者网关站都有一个用于电路连接或包传输的物理地址。但是,与卫星网络互联的路由器只知道其他路由器的 IP 地址。因此,需要在每个 IP 地址和其相应的物理地址之间进行映射,以便路由器之间的包交换可以通过使用物理地址在卫星网络上实现。映射的细节取决于运行于卫星网络之上的数据链路层协议。

6.4 卫星 IP 组播

卫星数字广播业务的成功和 IP 业务流的非对称特性已经结合在一起,用于支持宽带因特网接入。很自然的,可以通过研究卫星 IP 组播来进一步挖掘卫星广播的能力。卫星网络可以是在源端、骨干或末端分支,向最终目的地转发 IP 包的 IP 组播路由树的一部分。图 6.13 显示了 GEOCAST 项目所使用的星型拓扑和网状拓扑的例子,GEOCAST 项目是欧盟第 5 期框架计划资助的,用于验证 GEO 卫星 IP 组播。

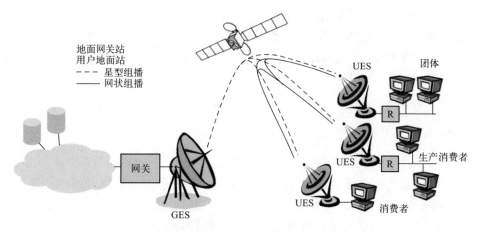

图 6.13 GEOCAST 系统作为星型拓扑和网状拓扑的例子

6.4.1 IP 组播的概念

首先回顾一下 IP 组播的概念。通过组播,一个通信网络源只需向网络传送 IP 包的一份复制,就可以实现同时向多个目的地发送 IP 包。这是因为网络复制了这些 IP 包,并在必要时将包扇出(Fan Out)给接收方。组播可以看作是由三种通信类型构成的谱系的一部分。

- 单播:从单一源向单一目的传输数据(例如,从服务器下载一个网页到用户浏览器,或者从一台机器向另一台机器传送文件)。
- 组播:从单一源向多个目的传输数据。其定义也包括多个源向多个目的的传送数据(即多点对多点)。视频会议是后者的一个例子。在视频会议中,每个参与者都可以看作是一个向其他参与者组播的单一源。
- 广播:从单一源向域内所有接收者传输数据(例如,在一个 LAN 中或从卫星到卫星点波束内的所有接收者)。

组播的优势可以总结如下。

- 降低了对网络带宽的占用:例如,如果数据包被组播到 100 个接收者,对于每个包,源端只需要发送一份拷贝。网络把这份拷贝向目的端转发,只有当需要向不同网络链路发送包以到达所有目的端时,才生成包的多份拷贝。因此,在网络的任意链路上只有每个包的一份拷贝被传输,相比于 100 个单播连接的方式,总的网络负载降低了。对于资源昂贵又比较有限的卫星系统来说,这种方式的好处尤其明显。同时,IP 组播能够很好地利用卫星的广播能力。
- 降低源端处理负载:源端主机不需要维护每一个接收者的通信链路状态信息。接收者能够收到所有的包,但是仅保存自己想要的包。

组播可以是尽力而为的也可以是可靠的。"尽力而为"是指没有机制保证任一组播源发出的数据会被所有的或者任一个接收者接收,通常一个源端在组播地址

219

上传输 UDP 包时会采用尽力而为的方式。"可靠"是指存在一种机制保证参与组播传输的所有接收者都能够收到源端发送的所有数据,这要求使用可靠的组播协议。

在 IP 层,尽力而为是指不可靠服务。这意味着 IP 层不会尝试恢复丢失的或错误的包,所以虽然当底层传输系统可靠时数据包也能够被可靠的传送,但是 IP 层提供的仍然是不可靠服务。

6.4.2　IP 组播编址

因特网上的每一个终端或者主机均由其 IP 地址唯一确定。在 IPv4 中,IP 地址为 32bit,分为网络号和主机号,分别用来表示网络和连入网络的终端。普通单播 IP 数据报(Datagram)的头部包括源地址和目的地址;路由器使用目的地址将包从源地址路由到目的地址。这种方式不能应用于组播,因为源端不知道何时、何地以及哪个终端将会接收这些包。本地主机决定它们希望接收哪个源的组播数据包。

因此,为组播单独预留一组地址。这组地址称为 D 类地址,范围从 224.0.0.0 ~ 239.255.255.255。与 A、B 和 C 类地址不同,这些地址与任何物理网络号或者主机号都没有关系,而是与类似于电视或者广播信道的组播组有关;组播组内的成员能够通过调整地址来接收发送到该地址的组播数据包。同时,这个地址也被组播路由器用于将组播包路由到该组播组的其他注册用户。下面介绍终端注册组播组的机制,即因特网组管理协议(Internet Group Management Protocol,IGMP)。

6.4.3　组播组管理

为了高效地利用网络资源,网络仅将组播包发送到有组播组用户的网络或者子网。IGMP 允许主机或者终端声明感兴趣的组播。如 RFC4604 中定义的一样,IGMP 支持三种类型的消息:报告、询问和退出。

一个希望接收组播的终端发布一个 IGMP 加入报告,该报告被最近的路由器接收。报告指定了要加入的组播组的 D 类地址。随后路由器使用组播路由协议决定一条到源的路径。

为了确定接收组播的终端的状态,路由器偶尔会向终端所在网络或子网发布一个 IGMP 询问消息。当终端接收到这样的询问后,它就会为自己的每一个组成员身份(可能会有很多)设置一个独立的定时器。每个定时器超时,终端都会发布一个 IGMP 报告来确认它仍然希望接收组播传输。

然而,为了抑制同一 D 类组地址的重复报告,如果一个终端已经接收到来自另一个终端对该组的报告,它会停止自己的定时器而且不发送报告。这样可以避免子网 IGMP 泛洪。

当路由器接收到退出组消息,它将询问该组。如果子网中该组的所有成员都已经退出,则路由器不会再向该子网传输任何组播包。

6.4.4 IP 组播路由

对于一个单播 IP 路由器,路由表中包含有通往指定 IP 目的地址的路径信息。但是这种路由表在 IP 组播中并不可用,因为组播包中并不含有关于包的目的地址的位置信息。因此必须使用不同的路由协议和路由表。组播路由协议确定一条路由,使得数据经网络从源传输到所有目的,同时最小化所需的总的网络资源。

需要注意的是,目的终端决定它们是否希望接收到组播包。在 IP 组播中,路由表是从目的到源建立的,而不是从源到目的,这是因为在 IP 数据报中只有源地址对应了唯一的物理位置。对于没有组播能力的路由器,将采用隧道技术支持组播通过。

IETF 已经开发了一组组播路由协议,包括 RFC1584 中定义的 OSPF 组播扩展 (Multicast Extensions to OSPF,M – OSPF)、RFC1075 中定义的距离矢量组播路由协议(Distance Vector Multicast Routing Protocol,DVMRP)、RFC4610 中定义的协议无关组播稀疏模式(Protocol – Independent Multicast – Sparse Mode,PIM – SM)、RFC3973 中定义的协议无关组播稠密模式(Protocol – Independent Multicast – Dense Mode,PIM – DM)和 RFC2189 中定义的有核树(Core – Based Tree,CBT)组播路由协议。

这里简单介绍一下两种协议的基本工作原理。DVMRP 和 PIM – DM 是"泛洪和剪枝"算法。在这些协议中,当源开始发送数据时,协议将向网络泛洪。所有没有组播接收者连接的路由器会向源发回一个剪枝消息(路由器能够通过是否接收到 IGMP 加入报告来判断是否有接收者连接)。这些协议的不足是所有的路由器都要获得剪枝状态(即"已经修剪了这个组播地址"),包括那些下游并没有组播接收者的路由器。

泛洪和剪枝协议使用逆路径转发(Reverse Path Forwarding,RPF)技术来将组播包从源转发到接收者,包的 RPF 接口就是路由器用来向源发送单播包的接口(图 6.14 显示了地面网络中的这项原理)。如果包到达 RPF 接口,它就将被泛洪到其他接口(除非已经被剪枝),但是如果包到达任何其他接口,默认情况下将被

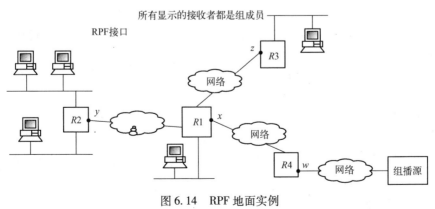

图 6.14　RPF 地面实例

221

丢弃。这保证了泛洪的效率并避免了包循环。

DVMRP 使用自己的路由表来计算到源的最佳路径,而 PIM – DM 则是基于下层的单播路由协议。

泛洪并不是一种向少量接收者传送 IP 包的高效方式。因此,可以用 PIM – SM 来建立组播树,以使组播包的传送更加有效。

6.4.5　IP 组播范围

范围界定(Scoping)是一种利用 IP 头部的 TTL 字段控制组播传输地理范围的机制。它告诉网络(就路由器跳数而言)一个 IP 包可以被传输多远,允许 IP 组播源来决定是将包只发送到本地子网还是更大的区域,或者是整个网络。其实现方式是每台路由器向下一跳转发包时,都将 TTL 减 1,当 TTL 变为 0 时路由器丢弃包。另一方面,每个子网可以根据自身安全策略,使用过滤器或者防火墙来丢弃一部分数据包,这些不在组播源的控制范围内。

可以看出,在卫星网络中,即使 TTL 值很小,IP 组播包也能够到达散布在广阔地理区域内的大量组播组成员。

6.4.6　卫星环境中 IGMP 的行为

在卫星环境中,组播组管理和范围界定机制可以为大范围分布的、大量用户的 IP 组播提供有效的解决方案。但是,星上 IGMP 还存在交互性的问题,接下来讨论该问题。

在传统的地面 LAN 中,一个 IGMP 报告会被 LAN 上的其他接收者收到,这防止了 LAN 中多个报告的泛洪。在卫星系统中,独立的地面站接收不到彼此的报告;考虑到卫星网络中会有大量的组播接收者(可能达到百万量级),多个组播 IGMP 报告会引起卫星网络中 IGMP 流量的严重泛洪。因此必须对 IGMP 和组播进行适应性改造(如图 6.15 所示)。

以一个从上行链路地面网关站输出到多个端用户终端(每个带有一台路由器)的组播为例,可以考虑如下的两种选择。

● 组播信道可被静态配置,经卫星链路向每一个下行链路路由器传输,此时 IGMP 流量仅运行于路由器和端用户终端之间,如图 6.15(a)所示。在这种情况下,没有 IGMP 流量通过空中接口。这是一种简单的做法,但是如果在点波束的特定组播信道上没有接收者,这样做可能会造成对稀缺卫星信道资源的浪费。

● 只在有一个或多个接收者时,组播信道才通过卫星链路传输(如同传统地面网络中那样)。IGMP 消息通过空中接口传输。当上行链路路由器在 IGMP 询问消息之后收到一份来自终端的 IGMP 报告时,要么路由器通过卫星重传 IGMP 报告给所有的地面站以避免泛洪,要么其他的接收者也传输 IGMP 报告从而导致泛洪,如图 6.15(b)所示。

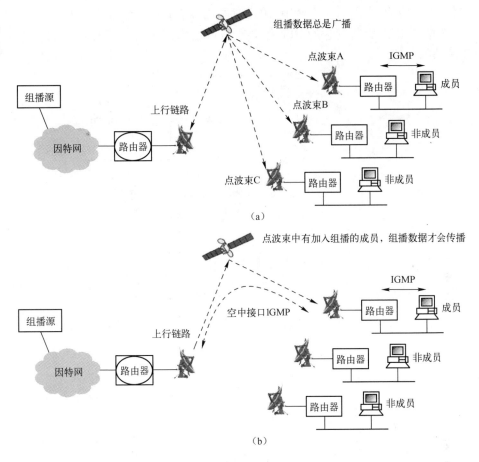

图 6.15 星上 IGMP

(a) 静态组播;(b) 动态组播。

在下行链路侧不存在路由器的体系结构中,可使用 IGMP 侦听(Snooping)向组成员转发组播流量,避免经空中接口传输 IGMP 流量。

6.4.7 卫星环境中的组播路由协议

以两个基于组播内部网关路由协议为例,来说明通过卫星传输组播路由协议的问题。

第一个例子是泛洪和剪枝算法(例如 DVMRP 或 PIM – DM)。当源开始传输时,数据被泛洪到网上,就像图 6.14 所示的在地面网络中那样。在图 6.16(a)中,下层的数据链路层支持点到多点连接,源产生的数据被从路由器 R4 泛洪到路由器 R1、R2 和 R3。

这要求组播组里每一个这样的源都有单点到多点电路。对于一个通过动态配置使每个卫星终端都能从数据源发送数据的大型组播组来说,这样做的代价非常

223

高昂。另一方面,在图6.16(b)中,源通过路由器 R4 向上行链路网关路由器 R1 发送数据。R1 随后通过它的 RPF 接口将数据泛洪回传,以达到向路由器 R2 和 R3 组播的目的。

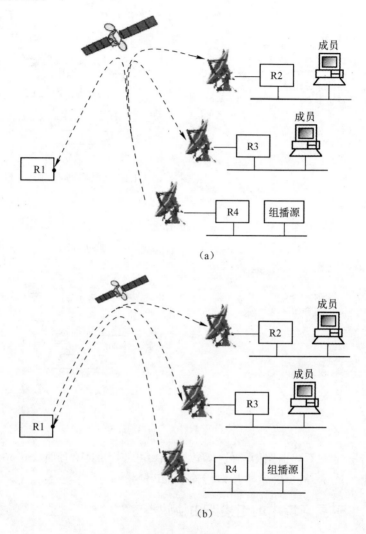

图 6.16 组播路由泛洪的两种方法

第二个例子是 CBT 组播路由协议。这种协议生成一棵连接组播组接收成员的树。当源向该组播组发送数据时,数据被网络中所有路由器转发,直到数据到达树的核心或者组播树上的一台路由器。之后,树既向它下游的叶子节点传送数据,也向核心回送数据。因此一般来说,以从源来的数据首先到达树的位置为参考,树会在两个方向上承载组播流量。不过,由于拥有地面回传路径的卫星链路具有不同的转发和回传路径路由,因此不适用于这种双向组播路由协议。

6.4.8 星上可靠组播协议

保证数据能够从源组播到所有的组播接收者,同时每一个由源发出的包能够成功地被组播组中的所有接收者收到,这是可靠组播协议需要解决的问题。同时,可靠组播协议还保证包的按序传输和不重复传输。因为可靠组播协议提供端到端的服务,所以在网络协议参考模型的语境中,它们被看做是传输层协议。RFC3208和 RFC4410 对此进行了解释。

相关文献描述了很多种可靠组播协议。但有一个问题是,高效组播比高效单播要复杂得多,因此许多组播协议是针对特定的应用类型开发的。

两个不同应用类型的例子是实时应用(需要低时延和可接受的丢包率)和组播文件传输(要求丢包率为 0 但对时延不敏感),这两种应用都有自己特殊的组播需求。

与卫星链路特别是 GEO 链路相关的两个主要问题是误码特性和往返时延(Round – Trip Time,RTT)。数据损坏意味着当存在大量的组播端用户时,一个或多个接收者会有很大的概率收不到数据;这也就要求设计可靠的组播网络协议,以重传输错误的数据。

众所周知,高往返时延尤其是地球静止轨道卫星的往返时延,会对双向实时通信(例如电话或者视频会议)产生负面影响,同时也会影响如 TCP 等网络协议的行为。此外,还有确认(Acknowledgement)和安全问题需要解决。面向卫星组网,目前已经开发了一些针对 TCP 流量的增强技术。

总之,可靠组播协议的发展和优化,特别是在可伸缩性、吞吐量、流量控制和拥塞控制等方面,对于地面网络和包含卫星链路的网络而言始终都是一个非常重要的研究课题。

6.5 基本网络安全机制

一般来讲,安全的目的在于保护端用户身份(包括他们的确切位置)、用户的输出输入数据流、信令流,同时还保护网络运营商,以避免未经授权和订阅使用网络。网络安全的基本机制除了数据安全加密之外,还包括使用公钥系统的认证、使用公私密钥系统的隐私保护和基于防火墙与密码的访问控制。网络安全对于卫星组网而言非常重要,但同时也面临很多复杂的问题,因为安全问题跨越了政治的和组织的边界。除了理解网络硬件和协议,它还涉及到怎样和何时使得通信参与者(如用户、计算机、服务和网络)能够彼此信任。

6.5.1 安全方法

安全编码可以通过下面两种方式进行。

● 层到层的方法:在这种情况中,某一层(例如,第三层 IP 层或者第四层 TCP/UDP 层)从上层收一个未编码的文件后,用协议数据单元(PDU)来封装这个文件,并在将其发送到另一端之前对整个帧进行编码。在另一端,对等实体的相应层会在将文件发送到更高层之前将 PDU 解码。不过,这种方法要求网络上的路由器能够处理被完全编码的帧。

● 端到端的方法:在这种情况中,用户会在应用层对文件进行直接编码,然后编码文件被交付到较低层进行传送。这意味着只有帧的数据净荷被编码了(而在上一种情况中所有的数据包括相关的协议头都被编码了)。

在第二种情况下,加密只会间接影响网络流量,而且也只是在编码算法会改变要传送数据的大小时才会影响流量。类似于 RSA 的 Hash 函数或者算法是这种情况的例子。

对于第一种情况,编码意味着额外的开销,并且减少了数据所能携带的有用负载。这种方式用于 IPv4 和 IPv6,并且两者的实现机制不同。

在 IPv4 中,加密是一个选项,它通过头部的"Option"字段进行激活;在 IPv6 中,它作为一个 64bit 的"额外头部(Extra Header)"被包含。

除了增加头部和数据大小变化外,可能还会出现用于交换会话密钥的消息,这在平常(即没有加密)的网络环境中是不会产生的。

6.5.2　单向哈希函数

一个单向哈希函数 $H(M)$ 处理一个任意长度的消息 M,输出一个固定长度的哈希码 $h = H(M)$。

有很多函数都是接收一个可变长度的输入,然后给出一个固定长度的输出,但是单向哈希函数具有更多的有用属性。

● 给定 M,可以很容易计算出 h;

● 给定 h,很难找出 M;

● 给定 M,很难找出另一个消息 M' 使得 $H(M) = H(M')$。

"难度"依赖于对每种状态的特定安全等级,但是大多数的已知应用都将"难度"定义为"需要 2^{64} 甚至更多的计算来求解"。当前这种类型的函数包括 MD4、MD5 和安全哈希算法(Secure Hash Algorithm,SHA),详情可参考 RFC 6151。从网络角度来看,这些算法更多地用于身份认证。

6.5.3　对称密码(带密钥)

带密钥的编码算法使用一个密钥 k 将一个任意长度的消息 M 转换为一个相同长度的编码消息 $E_k(M) = C$,逆变换 $[D_k(C)]$ 使用同一密钥 k,如图 6.17 所示。这类算法验证了以下特征:

● $D_k[E_k(M)]] = M$;

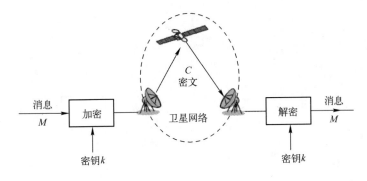

图 6.17 密钥系统

- 给定 M 和 k,容易计算出 C;
- 给定 C 和 k,容易计算出 M;
- 给定 M 和 C,很难找出 k。

当然,在这种情况下,难度与 k 的长度直接相关:2^{56} 位数据加密标准(Data Encryption Standard,DES)算法和 2^{128} 位国际数据加密算法(International Data Encryption Algorithm,IDEA)。在网络中主要是出于"封装保密净荷"(如编码数据)的目的使用这些算法,通常应用的领域是电子商务。

DES 可应用三次形成三重数据加密算法,称为三重 DES 或者三重 DEA。目前已经开发了高级加密标准(Advanced Encryption Standard,AES)以取代 DES。

6.5.4 非对称密码(带公钥/私钥)

不同于使用相同密钥的对称密码,非对称密码使用两个不同的密钥(如图 6.18 所示):一个密钥 e 用来加密(称为公钥),一个密钥 d 用来解密(称为私钥)。公钥是对外公开的,而私钥是保密的。

定义 $C = E_e(M)$ 和 $M = D_d(C)$,其中 M 是一个消息,C 是编码后的消息,E_e 是使用密钥 e 的编码函数,D_d 是使用密钥 d 的解码函数。它们有以下的属性。

- $D_d[E_e(M)] = M$;
- 给定 M 和 e,容易算出 C;
- 给定 C 和 d,容易算出 M;
- 给定 M 和 C,很难找出 e 或者 d;
- 给定 e,很难找出 d;
- 给定 d,很难找出 e。

两个密钥是相互独立的。编码密钥 e 可以被广泛公布,这也是命名为公钥的原因。私钥 d 则相反,只有负责解码消息的实体才知道。这种类型的算法最常用的是 RSA(命名来自于三个作者的名字:Rivest,Shamir 和 Adleman)。在网络中,当两个或者两个以上的人希望使用安全的方式进行通信时,可以使用这些算法进行

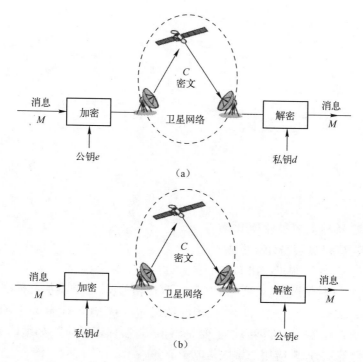

图 6.18　用于隐私(a)和认证(b)的公钥系统

加密传输(见图 6.18(a))或者身份认证(见图 6.18(b))。详细内容可以参考 RFC3447。

6.6　卫星网络安全

大面积部署卫星 IP 组播和卫星多媒体应用所要关注的一个重要问题就是卫星环境面临的安全挑战。这个问题的根源在于,相对于地面固定或移动网络,卫星天然的广播特性使其更加容易受到窃听和主动入侵。此外,卫星系统的长时延和高误码率可能会导致安全同步失败。因此,需要对安全机制进行仔细评估,以避免因安全方面的操作导致服务质量的下降。对于组播,除此之外还要考虑的问题是组播组成员的个数可能会非常庞大而且有很高的动态性。

6.6.1　IP 安全(IPsec)

这里只对 IPsec 的相关问题做简要的探讨。RFC 4301 给出了因特网安全架构的明确定义。RFC 5998 定义了最新的因特网密钥交换协议。

IPsec 协议套件在 IP 层提供可互操作、基于密码的安全服务(具有保密性、可认证性和完整性)。它包括认证协议——由认证头部(Authentication Header,AH)承载,保密协议——由封装的安全净荷(Encapsulated Security Payload,ESP)承载,以及因特网安全关联和密钥管理协议（Internet Security Association and Key Management Protocol,ISAKMP）。

IPAH 和 ESP 可以单独应用或者结合使用。每个都可以运行在两种模式下：传输模式或者隧道模式。在传输模式中（可参考图 6.19），协议的安全机制只应用于上层数据,IP 头中所包含的 IP 层操作所固有的信息并不受保护。

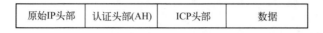

| 原始IP头部 | 认证头部(AH) | ICP头部 | 数据 |

图 6.19　IPv4 中的传输模式

在隧道模式下（参见图 6.20）,通过封装,上层协议数据和 IP 包的 IP 头都受到保护或者"形成隧道"。传输模式的用意在于端到端的防护,只能由原始 IP 数据包的源和目的主机实施。而隧道模式可以在防火墙之间使用。

| 封装IP头部 | 认证头部(AH) | 原始IP头部 | ICP头部 | 数据 |

图 6.20　隧道模式（IPv4 和 IPv6 相同）

IPsec 把网络安全看作一个端到端的问题来处理,由拥有数据的实体来管理;相对而言,数据链路层安全则由卫星运营商或者网络运营商提供。

防火墙可以根据 IP 地址和端口号设置过滤器来阻止某些 IP 包进入网络内部。同时传输层（例如安全套接字层）、数据链路层或者物理层也有安全机制。IPsec 架构为主机到主机、主机到网关和网关到网关都提供了安全机制。

6.6.2　防火墙和 VPN

防火墙由两个执行 IP 包过滤的路由器和一个用于高层校验的应用网关组成,如图 6.21 所示。内部路由器检查输出数据包;外部路由器检查输入数据包。介于两个路由器之间的应用网关进一步检查高层协议数据,包括 TCP、UDP、E – mail、

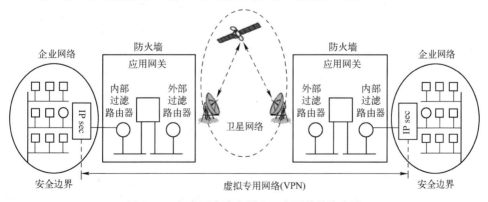

图 6.21　包含两个路由器和一个网关的防火墙

229

WWW 和其他应用数据。这种配置方式是为了确保所有出入数据包都会通过应用网关。包过滤是表驱动的,用于检查原始数据包。应用网关则检查内容、消息大小和头部。

　　IPsec 使用隧道模式为跨公共因特网的企业网络提供安全传输服务。这称为虚拟专用网络(Virtual Private Network,VPN)。虚拟意味着它不是一个独立的物理网络;专用则是指隧道通过加密机制提供了保密性。

6.6.3　IP 组播安全

　　对于安全 IP 组播而言,一个关键问题是确保组内所有成员都知道加密业务的密钥,而且还只能是这些用户知道。这实质上是一个密钥管理和分发的问题。组播组的大小和动态性对于密钥管理分发系统有很大的影响,尤其是对于大型组播组。当前有不少研究课题都是关于密钥管理架构的。

　　针对确保大型组播组(卫星组播中会经常出现)中密钥管理的可伸缩性问题,目前也开展了深入的研究;一个很有前景的机制是逻辑密钥分层结构(Logical Key Hierarchy,LKH)方案及其派生方案。这些密钥可以用在安全架构中如 IPsec。对于组播密钥管理的架构和相关问题,RFC 2627 进行了详细的描述。

　　使用 LKH 可以解决大规模更新密钥的复杂性问题,如图 6.22 所示。密钥被组织为树形结构。每个用户被分配一个密钥链,并且允许从叶到根节点存在一定的重叠。用户可以依据树来划分组播组,以便它们共享一些公用密钥,这样就可以通过广播一个单独的消息来更新组中所有用户的密钥。关于组播组安全关联和密钥管理协议(Group Security Association and Key Management Protocol,GSAKMP)的详细信息可以参考 RFC 4535。

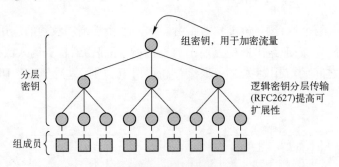

图 6.22　逻辑密钥分层结构(LKH)图

6.7　IP 服务质量(IP QoS)

　　传统 IP 协议的设计是面向无连接网络的,提供尽力而为的 IP 包传输服务。尽力而为意味着没有 QoS 要求。在今天新一代的因特网中,尽力传输已经不能满足需求。除尽力传输之外,还需要提供带有不同类型 QoS 的新业务和应用,这包括保证型 QoS(guaranteed QoS)和负荷受控型 QoS(controlled load QoS)。

这些需求对于提供 IP QoS 的网络来说是一项巨大的挑战。涉及的主要 QoS 参数包括端到端时延、时延变化、丢包、吞吐量、可靠性和可用性等。这些都必须在端到端的参考路径中测量,其中还要合理考虑卫星链路的传播时延。

对于 ITU – T(G.1000)定义的基于 IP 的网络和服务,有许多问题需要考虑。

- 网络段的动态资源分配;
- 确保实现所要求的端到端网络性能目标;
- 跨网络接口和端用户接口的端到端 QoS 的无缝信令;
- IP 网络和服务的性能监视;
- 严重网络中断或者受攻击后 IP 层连接的快速和完整恢复。

ITU – T Y.1540 定义的参数可以用来详细说明和评估一些性能,如国际 IP 数据通信业务 IP 包传输的速率、准确性、可靠性和可用性。这些定义的参数可应用于端到端、点到点 IP 业务以及提供这些业务的网络部分。作为 IP 业务的一项特征,ITU – T Y.1540 考虑了无连接传送(Connectionless Transport)。

端到端的 IP 业务是指两个终端主机之间用户生成的 IP 包的传输。这两个终端主机由其完整的 IP 地址确定。

6.7.1 IP 业务性能的分层模型

图 6.23 展示了 IP 业务性能的分层模型。它说明了 IP 业务性能的分层本质。

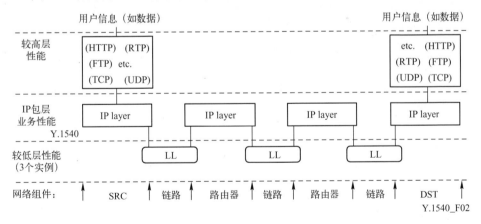

图 6.23 IP 业务性能的分层模型(来源:ITU – Y Y.1540;经 ITU 许可重绘)

提供给 IP 业务用户的性能依赖于其他层的性能。

- 较低层(通过"链路")提供面向连接或者无连接的传送来支持 IP 层。链路终止于转发 IP 包的节点处(即路由器或者交换机),因此没有端到端的含义。链路可能涉及到不同的技术类型,如 ATM、SDH、PDH、移动通信、无线通信和卫星等。

● IP 层提供无连接的 IP 数据报(即 IP 包)传送。对于一对给定的源和目的 IP 地址,IP 层是具有端到端含义的。IP 包头的某些要素可以被网络修改,但是 IP 用户数据则不能被 IP 层或其下层修改。

● 更高层在 IP 层的支持下,可进一步使能端到端通信。这些高层协议包括 TCP、UDP、FTP、RTP、RTCP、SMTP 和 HTTP。高层将修改并且可能会强化 IP 层所提供的端到端性能。

6.7.2　IP 包传输性能参数

ITU – T(Y. 1540)定义了一系列的 IP 包性能参数,用于描述跨一个基本段或者一个网络段集合(Network Section Ensemble,NSE)的所有成功的和错误的包的输出。这里对这些参数进行简要的解释。

IP 包传输时延(IP Packet Transfer Delay,IPTD)是指两个对应的 IP 包参考事件(IP Reference Event,IPRE)的发生间隔($t_2 - t_1$):入口事件(Ingress Event)IPRE1 发生在时间t_1,出口事件(Egress Event)IPRE2 发生在t_2,其中($t_2 > t_1$)且($t_2 - t_1$) $\leq$ T_{max}。如果包在 NSE 内被分段,那么t_2就是对应的最终出口事件的时间。端到端 IP 包传输时延是源(SRC)和目的(DST)测量点(Measurement Point,MP)之间的单向时延,如图 6. 24 所示。

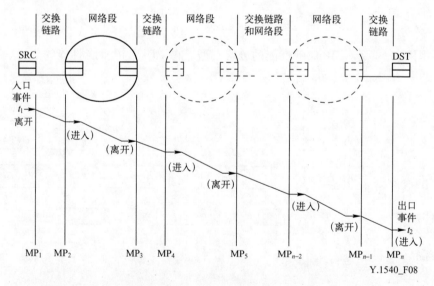

图 6. 24　IP 包传输时延事件(用于图示单个 IP 包的端到端传递,
来源:ITU – Y. 1540;经 ITU 许可重绘)

平均 IP 包传输时延(Mean IP Packet Transfer Delay)是 IP 包传输时延的算术平均值,它是全局性能的一个指示器。

端到端两点 IP 包时延变化(IP Packet Delay Variation,IPDV)正如其名,反映的

232

是 IP 包传输时延的变化。流媒体应用可以利用有关 IP 时延变化总的范围的信息，来避免缓存下溢或者上溢。IP 时延的变化将会导致 TCP 重传定时器门限的增长，同时也可能引发包重传的延迟或者不必要的包重传。

IP 包差错率(IP Packet Error Ratio，IPER)是所关注事件集合中，总错误包数与总成功传输的包数和总错误包数之和的比值。

IP 包丢失率(IP Packet Loss Ratio，IPLR)是所关注事件集合中，丢失的 IP 包总数与传输的 IP 包总数的比值。IETF RFC 3357 规定了描述单向丢包模式的各种度量(Metrics)。某些不可伸缩的实时应用，如话音和视频，特别关注连续丢包的情况。

一个出口测量点(MP)的虚假 IP 包率(Spurious IP Packet Rate)等于在该 MP 观察到的一个特定时间间隔内总的虚假 IP 包数除以这段时间间隔。(也可以描述为，每个服务秒内的虚假 IP 包数量)。

IP 包严重丢失块比率(IP Packet Severe Loss Block Ratio，IPSLBR)是所关注事件集合中，IP 包严重丢失块的数量与总块数的比值。这个参数可以识别由于路由更新导致的多条 IP 路径变化，也称路由震荡(Route Flapping)。路由震荡会引起大多数用户应用性能的下降。

6.7.3　不同 QoS 等级的 IP 网络性能指标

ITU – T Y. 1540 和 Y. 1541 建议书讨论的主题是网络传输容量(即在一段时间间隔输送到一个流的有效比特率)，以及网络传输容量与针对每种 QoS 等级定义的包传输 QoS 参数及指标之间的关系。IP 网络的性能指标见表 6.1。该建议书的最新版本已于 2011 年出版。

表 6.1　IP 网络 QoS 等级定义和网络性能指标

网络性能参数	网络性能指标特性	QoS 等级					等级 5 未规定(U)
		等级 0	等级 1	等级 2	等级 3	等级 4	
IPTD(传输时延)	平均时延上限	100ms	400ms	100ms	400ms	1s	U
IPDV(时延变化)	平均抖动上限	50ms	50ms	U	U	U	U
IPLR(丢包率)	最大丢包率	1×10^{-3}	1×10^{-3}	1×10^{-3}	1×10^{-3}	1×10^{-3}	U
IPER(错包率)	最大错包率	1×10^{-4}	1×10^{-4}	1×10^{-4}	1×10^{-4}	1×10^{-4}	U
(来源:ITU 2011[40]。经 ITU 许可重制)							

传输容量是基本的 QoS 参数。对于端用户所能察觉到的性能而言，传输容量的影响是第一位的。许多用户应用都有最小容量要求；在达成服务协定(Agreement)时需要考虑这些要求。Y. 1540 没有为容量定义参数；但是，它定义了丢包参数。通过将丢失的比特或者八位位组(Octet)从总的发送量中剔除，就可以判断出当时的网络容量。

理论上讲，由于实时性的约束，卫星 IP 网络无法提供等级 0 或者等级 2 的服务(参考表 6.2)，这时需要结合卫星所具有的其他优势进行综合考量。

表 6.2 对 IP QoS 等级的规定

QoS 等级	适合的业务应用	节点机制	网络技术
0	实时、抖动敏感、高交互性的业务,如 VoIP 和 VTC	高优先级的单独队列,流量整型	受限的路由和距离
1	实时、抖动敏感、高交互性的业务,如 VoIP 和 VTC		受限较少的路由和距离
2	高交互性的数据处理业务,如信令	较低优先级的单独队列	受限的路由和距离
3	交互性的数据处理业务		受限较少的路由和距离
4	要求低丢包率的业务,如大量短包数据和视频流媒体业务	较低优先级的长队列	任意路由/路径
5	传统 IP 网络上的尽力而为业务	最低优先级的单独队列	任意路由/路径

(来源:ITU 2011[40]。经 ITU 许可重制)

6.7.4 IP QoS 等级使用指南

表6.2 给出了一些针对网络 QoS 等级适用性和工程性的指导(Y.1541)。IETF 定义了两种架构来支持 QoS:综合服务(Intserv)和区分服务(Diffserv)。

6.8 QoS 的综合服务(Intserv)架构

在因特网内部,每个节点(交换机或者路由器)处理直至 IP 层的各层协议数据包。因特网只提供尽力而为的 IP 包传输。IP 包被从源向目的发送,但并不保证包能够正常到达目的。这种方式只适于能够容忍包延迟和丢失的弹性应用(Elastic Application)。端系统(客户端或服务器)在传输层引入 TCP,通过确认和重传机制提供可靠传输,从而弥补了网络层"尽力而为"模型的不足。

然而,新出现的实时应用有着完全不同的特性和对于数据应用的需求。它们不具备弹性,因此不能容忍时延变化,并且需要特定的网络条件才能维持良好的性能。为了扩大对 QoS 的支持,必须扩展 IP 体系结构,以实现对实时业务的支撑。

6.8.1 综合服务架构(ISA)的原理

综合服务架构(ISA)和 QoS 模型的首要目的是为 IP 应用提供端至端的"硬"QoS 保证,其中应用可以明确地指定其 QoS 需求,而网络将保证这些需求。

综合服务架构是 IETF 开发的一个框架,它主要为单独的应用会话提供个性化的 QoS 保证(RFC1633)。它是一个基于预留的 QoS 体系结构,可以通过动态控制和管理带宽(资源预留和访问控制)来确保用户公平的共享资源(包括链路带宽和路由器缓存)。它采用资源预留协议(RSVP;RFC2205)作为信令机制,用于指定应用程序的 QoS 要求和识别这些要求所应用到的包。下面是综合服务架构的两个关键特征:

234

● 资源预留:路由器需要知道已经为当前会话预留的资源数量和可用于分配的资源数量(资源指链路带宽和缓存等)。

● 会话建立:一个会话必须为从源到目的路径上每个网络路由器预留足够的资源,以确保端到端的 QoS 需求得到满足。会话建立(或者称为会话允许)过程需要路径上的每台路由器的支持。每台路由器必须确定新会话对本地资源的要求,并且要考虑其他正在进行的会话已经占用的资源数量,以便确定在不影响本地QoS 保证的条件下是否有足够的资源来满足新会话的 QoS 需求。

与综合服务相关的方法包括:资源预留、访问控制、流量分类、流量管控、排队和调度。

有两种类型的路由器:边界路由器(Edge Router,ER)和核心路由器(Core Router,CR)。ER 的功能是控制进入网络域的流(Flow),包括明确每个流的访问控制、分类、信令和资源预留。CR 的功能则是依据 ER 设置在 IP 包中的信息,尽可能快地转发 IP 包。

为了保证路由器能够判定它是否有足够的资源来满足一个会话的 QoS 需求,首先会话必须声明自己的 QoS 需求和流量特性。信令实体请求规范(R_Spec)定义了一条连接所请求的特定的 QoS;另一方面,流量规范(T_Spec)描述了流量特性。当前,基于这一目的的信令协议是 RSVP 协议。

一个会话(或应用)只有在它的资源请求被保证之后,才被允许发送数据。同样重要的是,批准一个请求决不能以违背其他承诺为代价。资源预留请求成功意味着 RSVP 感知节点上已经具有了相应的状态。只要应用信守自己的流量原则,网络就会通过维持每个流的状态,并使用排队和调度来实现服务承诺。

6.8.2　资源预留协议(RSVP)

资源预留协议(Resource Reservation Protocol,RSVP)是一种信令协议,用在综合服务架构中,为数据流预留网络资源(如带宽和缓存空间)。RSVP 请求访问路由路径上的每一台路由器。在每台路由器上,RSVP 试图为特定的流预留资源。因此,RSVP 软件必须运行于主机(发送者和接收者)和路由器上。RSVP 是一个基于流的协议,也就是说,每个流都进行了分类。资源预留需要在一个特定的时间段内进行刷新,否则资源将在时间段终止时被释放。这也称为“软状态”预留。下面是 RSVP 的两个关键特性。

● 它提供多播应用(如音频/视频会议和广播)中的带宽预留,同时也用于单播流量。不过,单播请求需要做为一个特例来进行处理。

● 它是面向接收者的,也就是说,数据流的接收者负责初始化和维护用于该数据流的资源预留。

RSVP 包括两个主要部分——包分类器和包调度器,均安装在主机上,负责对应用提交的包做 QoS 决策。在支持 RSVP 功能的主机和路由器中,不同组件之间的交互如图 6.25 所示。RSVP 预留带宽,并通知网络当前队列管理和包丢弃策略。支持 RSVP 功能的路由器将依据 QoS 需求来执行访问控制和包调度。访问控制模块判定在不侵犯现有连接所使用资源的条件下,本地是否有足够的资源来准许预留。包调度模块是一个关键组件,因为通过它可以实现对不同流的不同服务。

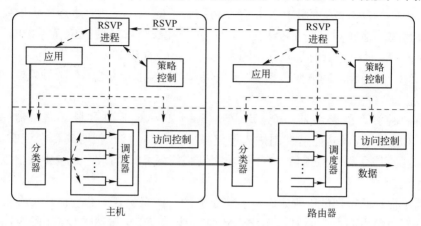

图 6.25　不同 RSVP 组件间的交互

　　RSVP 首先询问本地决策模块是否可以提供期望的 QoS(这其中包含基于资源的决策或者基于策略的决策),然后在包分类器和包调度器中配置需要的参数。包分类器实现每个包与合适的预留资源的关联,从而确保包被正确处理。分类工作通过检查包头完成。同时,包分类器基于配置的参数来决定包的路由。调度器做出转发决策以实现期望的 QoS。当主机链路层拥有自己的 QoS 管理能力时,包调度器就会与之协商来获取 RSVP 请求的 QoS。在其他情况下,例如主机使用一条租用线路,调度器自身会分配包传输容量。同时,它也会分配其他的系统资源,例如 CPU 时间和缓存等。

　　RSVP 使用的两个基本消息是 PATH 消息和 RESV 消息。PATH 消息由发送者发起,并且直接指向目的地。它沿着(从发送者到指定的目的地之间)应用包所要经过的路径设置状态。路径由底层路由协议决定。一个 PATH 消息包括的信息有上一跳(路径上的前一个 RSVP 感知实体)、发送者的 T_Spec 和 A_Spec(通告规范,用于获取路径特征)。在路径中的每台路由器上,本地 RSVP 实体会更新这些路由器内存中的参数,并且修改 PATH 消息携带的某些信息。

　　当收到 PATH 消息后,接收者会决定是否真正接收来自发送者的数据。一旦它希望继续这个会话,接收者就会根据 PATH 消息携带的通告信息来构建一个 RESV 消息,然后会沿已建立的路径将这条消息发回给发送者。此时路径上的路由器会调用 RSVP 处理过程,从 RESV 消息所包含的接收者 R_Spec 信息中提取资源请求,并进行资源预留。当接收者成功预留了整个路径上的资源后,就会返回一个成功消息。如果接收者想要维持这个预留,就会每隔 30s 发送一次相同的 RESV

236

消息。如果有任何一台路由器拒绝预留,那么请求就会被拒绝,并生成出错消息。中间路由器上已经预留的资源也会被释放。

RSVP 不是一个路由协议,它不会执行自己的寻路过程。像其他的 IP 流量一样,它依赖底层的路由协议来决定数据和控制流量的路径。因为路由信息会根据网络拓扑的变化(由于链路或者路由器失效)进行调整,所以 RSVP 预留也可以转移到路由协议计算出的新路径上。这种灵活性可以帮助 RSVP 更加有效应对当前和未来的单播或者组播路由协议。同时,它还特别适合于组播应用——RSVP 可以扩展到非常大的组播组,这是因为它使用面向接收者的预留请求,而这些请求可以融合到组播树的生成过程当中。当 RESV 消息到达一台路由器后,如果希望获取的 QoS 预留已经被同一组播组中其他的接收者声明过了,那么这个 RESV 消息就不需要进一步传递了。两个或者两个以上的接收者可以共享这个预留。

6.8.3 综合服务等级

在 QoS 支持方面,除了现有的尽力服务(Best Effort Service,BES)之外,Intserv 还定义了两个等级的服务:保证服务(Guaranteed Services,GS)和受控负载服务(Controlled Load Services,CLS)。通常来说,总的能力会被成比例的划分和分配来容纳这三种不同的服务等级。

● 保证服务(GS),又称为金质服务等级。它通过在每台路由器上预留一个速率,来限定最大的端到端包时延(可在数学上证明)。它可以保证包在所请求的传输时间内到达,并且不会因为队列溢出而被丢弃(假定流的流量符合特定流量参数)。这个服务是为要求固定时延的应用而设计的。

GS 流量必须在网络接入点进行监管,从而确保符合 T_Spec。不符合的包通常作为 BES 流量转发。GS 也需要流量整形,在整形过程中失败的包将会作为 BES 流量转发。

● 受控负载服务(CLS),又称为银质服务等级。在分配资源后,使用这个服务的大部分流量的传输体验接近于一个非拥塞的网络。CLS 目的在于模拟一个轻负载的网络,尽管实际上整个网络的负载有可能很重。换句话说,就是会话可以假定它的包会以"非常高的比例"成功通过路由器,不被丢弃,并且经历的是轻负载条件下的路由器排队时延。这种效果是通过控制所分配资源上的负载来实现的。

● 尽力服务(BES),又称为铜质服务等级。它是当前因特网所提供的服务。没有资源管理和流量控制。

CLS 和 BES 的主要不同是 CLS 不会由于网络负载的增加而明显恶化,而且和负载增加的程度无关。而随着网络负载的增加,BES 会逐步恶化。不过,CLS 并不能对性能做出量化的保证——它没有明确说明如何构建以"非常高比例"通过路由器的包,或者 QoS 如何才能逼近一个无负载网元上的 QoS 水平。

CLS 也需要流量监管。不符合要求的 CLS 流不能影响为符合要求的 CLS 流提供的 QoS,或者对 BES 流量的处理产生不公平的影响。

6.9　QoS 的区分服务(Diffserv)

区分服务把 IP 流量分为有限个数的优先级和/或时延等级(RFC2475)。分到高优先级和/或时延等级的流量相比于分到低等级的流量,会受到某些形式上的优待。区分服务架构并不给出明确的、硬性的端到端保证。只不过,在拥挤的路由器上,高优先级的流量总体上有更高的通过概率。

6.9.1　区分服务架构

区分服务的目的是提供可扩展且灵活的服务区分能力,而且不要求类似于 Intserv/RSVP 架构那样的信令开销,或者对因特网底层基础设施做明显改动。它试图在因特网中提供以不同方式处理不同等级流量的能力。

由于骨干网上可能出现成千上万的并发的由源到目的的业务流,所以网络必须具有可扩展性。而对灵活性的需求则来自于新服务等级的出现和旧服务等级的淘汰。区分服务架构没有定义特定的服务或服务等级(像 Intserv 那样),从这个意义上来说它是灵活的。取而代之的是,区分服务架构在网络体系结构中提供了功能组件,允许构建某种服务。

在区分服务 QoS 架构中没有预留的概念。它为流的整合提供不同的处理手段,流整合时,流量在整个网络中被聚合成为组(Group)或者类(Class)。具体方法是通过设置包头中的比特位来标记包,特别是 IPv4 包的服务类型(Type of Service, ToS)字段和 IPv6 包的流量类别(Traffic Class)字段(见图 6.26)。

0	1	2	3	4	5	6	7
优先级			服务类型(ToS)			必须为零	

图 6.26　服务类型(ToS)字段

在图 6.26 所示的服务类型字节结构中,前 3 个比特代表优先级,可以用来指示需要低时延或高吞吐量或低丢包率的服务。每个必须为零(Must Be Zero,MBZ)的比特都设置为 0。该字节在区分服务中重命名为区分服务(DS)字段,如图 6.27 所示。

0	1	2	3	4	5	6	7
区分服务代码点(DSCP)						当前未使用位	

图 6.27　区分服务(DS)字段

区分服务(DS)字段的前 6 个比特称为区分服务代码点(Differentiated Services Code Point,DSCP);最后两个比特是当前未使用位(Currently Unused,CU)。通过

适当地设置这些比特位,需要不同处理的不同服务会被标记上不同的优先级。这种区分方法允许网络(路由器)识别被请求的服务类型并对数据包做相应的处理(一般通过某种形式的优先队列管理和包调度方案来实现)。值得注意的是,这里关键的一点是利用包头携带这些方案所需的信息,从而省去了用于为单个数据包选择不同处理方式的信令协议。其结果是,每个节点上维持状态信息的需求大大减少——现在所需的信息量是与服务数量成正比,而不是像 Intserv 情况下与应用流数量成正比。

区分服务框架包括两大功能要素。

• 边缘功能:包标记(分类)和流量调节。这些功能实现在网络的边缘(入口),也就是说,要么在产生流量的支持区分服务的主机上,要么在流量通过的第一台支持区分服务的路由器上。进入网络的数据包将被标记,即包头 DS 字段的前 6 位会被赋值。包的标记依赖于对包所属流的即时特性的测量,以及与预先定义的流量特征的比较。标记定义了流量的类型或者包所属的具体行为聚合(Behaviour Aggregate,BA)。不同的行为聚合会在核心网络(Diffserv 域)中受到不同的对待或服务。被标记后,包可以立即进入网络,在一段时间延迟后被转发或者丢弃。这些都由流量调节功能完成,以确保符合预定义的配置。

• 核心功能:转发。当有 DS 标记的包到达支持区分服务的路由器时,根据与包的 BA 有关的所谓的每跳行为(Per – Hop Behaviour,PHB),包被转发到下一跳。PHB 影响竞争的流量类如何共享路由器缓存和链路带宽。Diffserv 架构的一条关键原则是一台路由的 PHB 只基于包的标记,即包所属的流量类别。它不会根据源和目的地址区分包。这种方法意味着核心路由不再需要维护源—目的对的状态信息——当涉及可扩展性需求时这是一个重要的问题。

实际上,区分服务架构定义了三个要素:选择包和赋予 DSCP 值的流量分类器;标记和强制限速的流量调节器;强制实施区分包处理的 PHB。

在区分服务被扩展到区分服务网络域(Diffserv Network Domain)之前,首先要在订购者和网络/服务提供商之间制定服务水平合约(Service Level Agreement,SLA)。SLA 会确立策略标准并定义流量配置。SLA 包括以下策略:监督条款、收费和计费合约,以及可用级别。不过,SLA 的一个关键子集是流量调节合约(Traffic Conditioning Agreement,TCA)。TCA 定义了流量配置、性能度量(如吞吐率、时延和丢包率),以及如何处理配置内和配置外包的指令(相对于已达成一致的流量配置)。在订购者向网络提交流量,以及网络/服务提供商处理所提交的流量时,会使用到 SLA 的内容,特别是 TCA。

6.9.2 流量分类

流量分类是在区分服务网络入口点使用的一项重要功能,目的是识别包是否属于区分服务的某种特定类型。根据分类结果,可以引申出输入包的流量配置和相应的策略、标记和整形规则。包分类器对包进行分类,分类器基于 DSCP 或者头部一个或多个字段的组合来选择包。常用的分类器包括行为聚合(BA)分类器和多字段(MF)分类器。包一旦被分类,就会被引导到合适的标记函数,并在那里被设置 DS 字段相应的值。

6.9.3 流量调整

流量调整器是一个实体,它对输入包应用流量控制功能,以确保流量流遵守 TCA 规则。这些功能包括:

- 标记器,根据设计好的规则,为一个已分类的包设置 DSCP。
- 计量器,将输入包与协商好的流量配置进行比较,并确定包是否在协商好的流量配置之内。尽管在区分服务架构中没有定义有关如何处理数据包的实际内容,但是这种比较决定了是否对包进行重标记、转发、延迟或丢弃。它的目的是使区分服务组件有足够的灵活性,以容纳大范围的和不断演化的服务集合。
- 整形会延迟一条业务流中的包,使得这条业务流符合协商过的流量配置。整形器或丢包器基于特定的规则丢包。

区分服务组件的逻辑视图如图 6.28 所示。

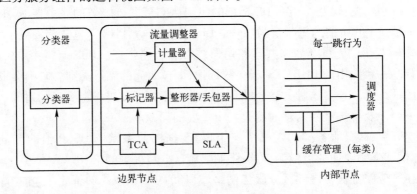

图 6.28 区分服务组件的逻辑视图

6.9.4 区分服务的每跳行为(PHB)

区分服务的第三个功能要素是由支持区分服务的核心路由器执行的包转发功能。转发功能称为"每跳行为"(Per Hop Behaviour,PHB),其定义是"一种对应用于特定区分服务行为聚合的、一个区分服务节点的外部可观测转发行为的描述"。这个定义包含多种考量。

- PHB 会导致不同的流量类别(即带有不同的 DS 字段值的流量),以及相应的各种流量不同的性能(即不同的外部可观测转发行为)。
- 尽管 PHB 在流量类别中定义了不同的性能或者行为,但它没有指派任何特定机制去实现这些行为。只要满足外部可观测的性能标准,就可以使用任何的实

240

现机制和缓存/带宽分配策略。例如,PHB 并不要求使用特定的包排队规则(例如,优先级队列、权重公平排队队列和先来先服务队列)来实现特定的行为。

- 性能的差异必须是可观察的,进而是可测的。

一个简单的 PHB 的例子是保证指定的、被标记的数据包至少在某些时间间隔内,获得一定比例的输出链路带宽。PHB 的另一个例子是可以指定某一类流量的优先级始终比另一类流量的高。也就是说,如果高优先级的包和低优先级的包同时出现在一台路由器的队列中,高优先级数据包将总是先离开。

区分服务定义了一个 PHB 的基本集合。这些 PHB 又由路径上的每台路由器都遵守的一组转发行为定义,即每个 PHB 都会对应一个特定的、赋予数据包的转发方法(转发方法由缓存管理机制和包调度机制具体实现)。目前有三种推荐的 PHB。

- 默认(DF)PHB 等价于目前 IP 网络中的尽力转发。由该服务标记的数据包不附着任何特定的规则,而网络在不提供任何性能保证的条件下将尽可能快和多地转发这些数据包。

- 加速转发(EF)PHB 指定来自路由器的某类流量的发送速率必须大于等于一个设定值。也就是说,在任何时间间隔内,这类流量都可以被保证获得足够的带宽,从而使得流量的输出速率大于等于最小配置速率。需要注意的是,EF PHB 意味着某种形式的流量类别之间的隔离,因为这种保证是独立于到达路由器的任何其他类别的流量强度的。因此,即使其他类别的流量快要吞没了路由器和链路资源,网络仍然必须提供足够资源给 EF 类,确保它获得最小速率保证。这种做法保证了带宽的可用性,而不考虑共享链路的流的数量。因此,EF PHB 提供的实际上是对保证最小带宽的链路的一个简单抽象类。它可以用于构建要求低丢包率、低时延、低抖动和保证带宽服务(也称为高级服务)的端到端业务。它本质上模拟了一条虚拟租用线路。

- 确保转发(AF)PHB 较为复杂。AF PHB 把流量分为四类,每一个 AF 类都被保证分配到一些最小数量的带宽和缓存。在每一类中,包进一步划分到三个"丢弃优先"(Drop Preference)类之中的一个。当 AF 类发生拥塞时,路由器根据其丢弃优先值来丢弃数据包。优先值高的数据包被丢弃而优先值低的数据包被保护免受丢弃。通过给每个类分配不同数量的资源,因特网服务提供商(ISP)可为不同的 AF 流量类别提供不同等级的性能。

因为只有三种 PHB 或流量类别,所以 DSCP 的前 3bit 就可以表示一个数据包所属的流量类别,剩下的 3bit 设置为零。前 3bit 中,实际上是前 2bit 在表示流量类别,并且在其后用于选择适当的队列(在输出端口每个流量类别都被分配一条自己的队列)。第 3bit 用于指示每个队列/类内部的丢弃优先值。

如前所述,区分服务架构只定义了数据包头中的 DS 和 PHB 字段。它没有指派任何特定的实现机制,以实现服务区分。服务提供商有责任也具有灵活性去实现他们所希望提供的、最适合具体服务区分的流量处理机制。这些流量处理机制一般包括流量过滤(分类)、队列管理和包调度机制。因此,有必要进行精心的设计,以确保在实现所期望的服务的同时能够保证设计的简洁性。

6.9.5　跨卫星网络区分服务域支持综合服务

综合服务和区分服务通过在用户和网络/服务提供商之间制定某种合约,来实现对尽力而为服务模型的超越。合约可以根据特定服务的空间和时间要求构建和分类所谓的"服务配置"(Service Profile)。在空间需求方面,Intserv/RSVP 提供了最大程度的细节——从源到目的、沿所采用的路径详细规定合约所应用的流。而Diffserv 则只提供了一种粗糙的方法——用户可以请求其流量的全体或一部分给予优于尽力而为模式的服务。在时间需求方面,Intserv/RSVP 也提供较灵活的方法——动态合约可以根据用户的需求按需设置和发布。区分服务支持静态合约,合约的期限是根据用户和服务提供者(以 SLA 的形式)之间的契约基础(Contractual Basis)定义的。

综合服务和区分服务所采用的方法是彼此矛盾的,这是很清楚的,但是这两种架构是可以互补的。就各自而言,综合服务在遭受可扩展性的困扰——虽然它承诺端到端基础上的严格控制的 QoS,但是其处理开销对于具有一定覆盖规模的因特网来说还是太大了。而区分服务只保证在聚合基础(基于每一类别)上的QoS——这里没有对构成某一流量类别的一条独立流的 QoS 保证。

然而,通过结合两种模型的优势,就有可能建立一个可扩展的、能够提供可预测服务保证的 QoS 架构。区分服务关注点是大型网络的需求,可以部署在高速传输网上。混合架构可以包括与 Diffserv 核心连接的、感知 Intserv/ RSVP 的外围域(接入网)。一个的典型配置示意图如图 6.29 所示,其中卫星作为核心网络连接接入网。

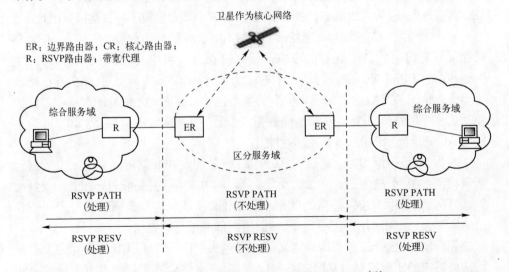

图 6.29　经卫星区分服务网络的综合服务网络架构(来源 ETSI 2009[43],经 ETSI 许可重绘)

在不同网络区域边界上的边缘路由器通常具有双重功能——一个是与末端网络(Stub Network)接口的标准 RSVP 功能;另一个是与传输网络接口的 Diffserv 功能。RSVP 一侧能够处理所有的 RSVP 信令要素。而 Diffserv 一侧还作为 Diffserv 域的准入控制器(Admission Controller)工作。在最简单的情况下,准入控制具有关于带宽已被使用多少、还剩下多少可用的信息。用这种信息作为 RESV 消息的参数,边缘路由器能够确定是否允许新的连接。如果请求被接受,则流量会映射到一个合适的 PHB,并且相关的 DSCP 会在包头中进行标记。可以假设 Intserv 的保证服务(GS)被映射到 EF PHB,而受控负载服务(CLS)被映射到最高优先级的 AF PHB。

端到端 QoS 的信令过程是由发送主机产生一条 PATH 消息触发的。在发给接收方的过程中,这条 PATH 消息只在它通过的 Intserv 域中被处理。在跨越边界的边缘路由器上,PATH 状态被加载到路由器上,而 Diffserv 传输网仅传输 PATH 消息并不对其进行处理。

在接收到 PATH 消息后,接收方产生一个 RESV 消息,并且采用 PATH 消息所经过的同样的路径,将 RESV 消息发回给发送者。当请求仍然在末端 Intserv 域中时,根据标准 Intserv 准入控制机制,它会被拒绝。在网络边界,RESV 会触发边缘路由器上的准入控制。路由器会把所请求的资源与相应的 Diffserv 服务水平进行比较。当有足够的资源且请求符合 SLA 时,请求被批准。RESV 消息被准许进入 Diffserv 传输网,并继续沿上游向发送者方向移动,而且不经处理。当再次进入 Intserv 末端时,正常的 Intserv 过程会重启,直到 RESV 消息达到发送者。RESV 消息携带着指定流量流和相应 Diffserv 服务水平的信息,最终止步于发送者。

6.10 卫星数字视频广播

卫星技术因卫星广播而广为人知。家庭外置天线的数量已经说明了有多少个家庭正在通过卫星广播接收电视节目。数字视频广播(Digital Video Broadcasting,DVB)项目始于1992年利用卫星进行数字电视广播的系统即 DVB-S 系统的开发,并于1993年形成规范(ETSI EN 300421)。随后,2005年3月的 ETSI EN 302307 版本1.1.1和2009年8月的版本1.2.1定义了 DVB-S2。

DVB-S 系统的设计采用模块化结构,基于独立的子系统,从而使得随后定义的其他 DVB 系统(DVB-C:有线; DVB-T:地面),可以和 DVB-S 保持高度的一致性。MPEG-2 信源编码和多路复用子系统对所有广播系统通用,只有提供信道编码和调制的"信道适配器"是针对每种介质(卫星、有线和地面)专门优化的。为了支持基于 DVB-S 的因特网业务,地面网络也被用作回传信道(图6.30)。

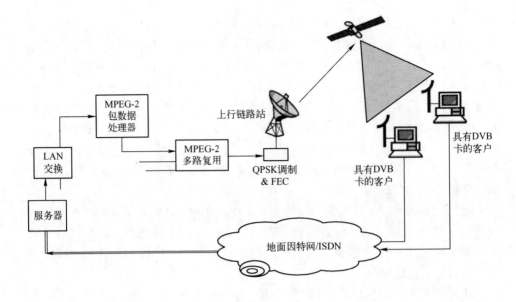

图 6.30　具有地面网络回传信道的 DVB – S

6.10.1　MPEG – 2 信源编码和复用 DVB – S 流

运动图像专家组(Motion Picture Expert Group, MPEG)已经开发了 MPEG – 2,它具有特定的编码格式,用于复用和解复用音频、视频和其他数据流,使之成为适于传输或存储的形式(图 6.31)。

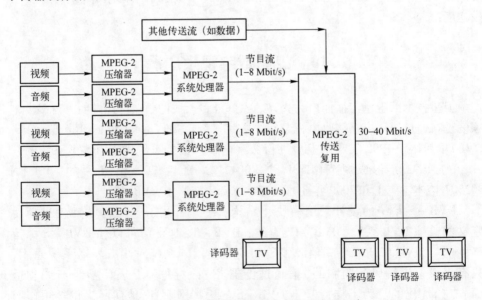

图 6.31　MPEG – 2 信源编码和复用 DVB – S 流

由 MPEG 音频、视频和数据编码器输出的每个基本流(Elementary Stream,ES)都包含一种单一类型的信号(通常是压缩的)。

每个 ES 被输入到一个 MPEG-2 的处理器,该处理器将数据累加到一条包化基本流(Packetised Elementary Stream,PES)形式的数据包流中(见图 6.32)。每个 PES 的大小最大为 65536 个字节。

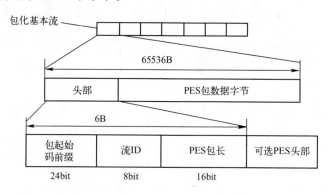

图 6.32　MPEG-2 包化基本流(PES)

每个 PES 数据包中包含诸如包长、PES 优先级、包传输速率、表示时间戳(Presentation Time Stamp)和解码时间戳等信息,用于流识别和分层编码。

6.10.2　DVB-S 系统

DVB 系统扩展了 MPEG-2 传输功能,这包括增加节目指南(包括图文电视风格和杂志风格)、增加对条件接收(Conditional Access,CA)的说明,以及针对有不同种类型数据包的交互服务增加可选的回传信道。卫星数字视频广播(DVB-S)定义了一系列的通过卫星链路发送 MPEG-TS 包的选项(见图 6.33)。每个 MPEG-TS 包的大小为 188B。

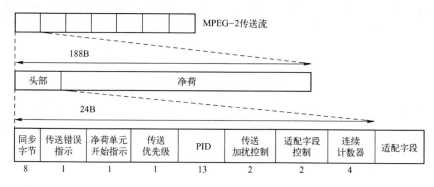

图 6.33　MPEG-2 传送流(MPEG-TS)(来源:ETSI 2011[39],经 ITU 许可重绘)

采用 DVB 技术,一个 38Mbit/s 的卫星 DVB 转发器(基于 DVB-S 标准)可以用于提供以下多种业务中的一项:

(1) 4~8 套标准的电视频道(取决于节目类型和质量);

(2) 两套高清电视(HDTV)频道;

(3) 150 套广播节目;

(4) 550 个 64kbit/s 的数据信道;

(5) 其他高速率和低速率的数据业务。

图 6.34 和 6.35 展示了 DVB – S 与 DVB – RCS 的传送、业务信息和 MPEG 信令。

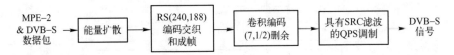

图 6.34 DVB – S 和 DVB – RCS 传送(来源:ETSI 2011[39],经 ITU 许可重绘)

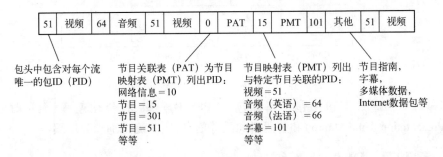

图 6.35 DVB 业务信息(DVB – SI)和 MPEG 信令(来源:ETSI 2006[46],经 ETSI 许可重绘)

信令信息包括:

● 节目关联表(Program Association Table,PAT)列出了描述每套节目的相关表的 PID。发送时,PAT 使用众所周知的 PID 值 0x000。

● 条件接收表(Conditional Access Table,CAT)定义了使用的加扰类型和传送流的 PID 值,其中包含对授权管理消息(Entitlement Management Message,EMM)的条件接收。发送时,CAT 使用众所周知的 PID 值 0x001。

● 节目映射表(Program Map Table,PMT)定义了一组与节目(如音频和视频等)相关的 PID。

● PID 等于 10 的网络信息表(Network Information Table,NIT)包含传送 MPEG 复用的承载网络的细节,其中包括载波频率。

● 数字存储介质命令与控制(Digital Storage Media Command and Control,DSM – CC)包含到接收方的消息。

信息包括:

● 群关联表(Bouquet Association Table,BAT)将业务划分为逻辑群组。

● 业务描述表(Service Description Table,SDT)描述业务的名字和其他细节。

● PID 等于 14 的时间和日期表(Time and Date Table,TDT)提供当前时间和

日期。

● PID 等于 13 的运行状态表(Running Status Table,RST)提供节目传输的状态,并考虑到了自动事件切换。

● PID 等于 12 的事件信息表(Event Information Table,EIT)提供有关节目传输的细节。

● PID 等于 11 的时间偏移表(Time Offset Table,TOT)给出了关于当前时间、日期和本地时间偏移量的信息。

6.10.3 DVB 安全

DVB 系统只提供链路层安全性。IPSec 封装安全净荷(Encapsulating Security Payload,ESP)隧道模式提供最佳的安全性。然而,这样做的代价是增加了 20B 的新 IP 报头,对一个卫星系统来说这是一个很大的开销。

DVB 有两种可用的安全级别:

● DVB 通用加扰;

● 单个用户前向链路和回传链路加扰。

虽然用户/服务提供商可以在数据链接层之上使用自己的安全系统,但是通常都希望数据链路层能提供一种安全系统,这样就无需再采用额外的措施来保证卫星链路的安全。卫星接入网络运营商尤其希望有链路级的安全方法,从而确保卫星链路安全并为他们的客户(如 ISP)提供数据保密能力。对于 DVB 而言,卫星交互网络基于 DVB/MPEG–TS 标准。安全层次图如图 6.36 所示。

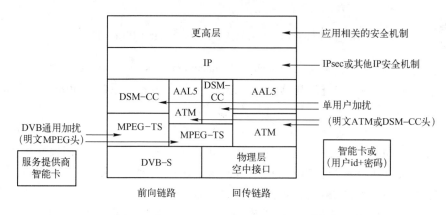

图 6.36 卫星交互式网络的安全层次图(来源:ETSI 2006[46],经 ETSI 许可重绘)

6.10.4 DVB–S 的条件接收

条件接收(CA)是一项业务,它允许广播者加密广播节目,从而实现为特定观众提供特定的节目。因此,在解码收看前,节目必须在接收端解密。CA

提供了诸多功能,如付费电视(PTV)、互动功能如视频点播(VOD)和游戏、限制访问某些资源(如电影),以及引导消息发送到特定机顶盒(可能是基于地理区域的)。

CA 最初是作为一项广播安全机制产生的,用于让数据源来确定哪些用户可以接收特定的广播节目。CA 有两个基本功能:①对传输编码(或加扰)并在接收端解码(或"去扰");②指定哪些接收者能够对传输去扰。

如图 6.37 所示,由源向所有接收者的传输包括一组加扰的 MPEG 组件(视频、音频、数据)、授权控制消息(Entitlement Control Message,ECM)和授权管理消息(Entitlement Management Message,EMM)。ECM 识别 CA 业务,并以加密的形式为每项 CA 业务携带控制字(Control Word,CW)和访问业务所需的其他参数。EMM 是一组标识个人用户权限的消息。

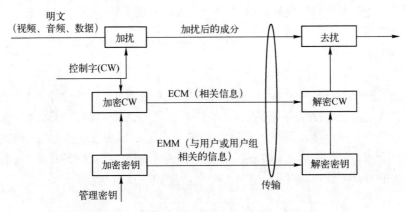

图 6.37　DVB 条件接收(来源:ETSI 2006[46],经 ETSI 许可重绘)

此外,订购者管理系统(Subscriber Management System,SMS)维护和存储商业上的客户关系(注册、授权、开具发票和结算)。订购者授权系统(Subscriber Authorisation System,SAS)加密码字并将其传送到解扰器。

在接收端,机顶盒(Set – Top Box,STB)的作用是对 CA 加密(CA Encryption)去扰和解码 MPEG – 2 流以供收看。每个包都有与之(在其头部)相关联的 PID。条件接收表(CAT)具有公知的 PID 值 1。这个表可以用来识别包含 EMM 的传送包中的 PID 值。解复用处理器还从非加密的数据包构造节目映射表(PMT),并给出了与特定节目相关联的所有传送流的 PID 值。与节目相关的私人数据也可以在表里,例如包含 ECM 的数据包的 PID 值。所有这些表(信令消息)都是明文发送,这是 DVB – S 系统固有的安全性弱点。

6.10.5　DVB – RCS 交互和 DVB 承载 IP

交互式卫星架构由一个地面站(中心站)、一或多颗在前向方向上的卫星,一

248

台在用户位置的卫星交互式终端即回传信道卫星终端（Return Channel Satellite Terminal，RCST）和在回传方向上的卫星。

前向路径携带从 ISP 到单个用户的流量，在广播中心（中心站）流量被复用到常规 DVB／MPEG-2 广播流中，然后被中继到 RCST。协议栈如图 6.38 所示。而图 6.39 显示了 DVB 承载 IP(IP over DVB)的多协议封装(Multi-Protocol Encapsulation，MPE)。

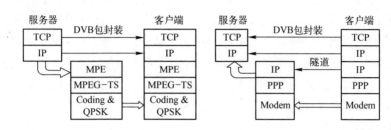

图 6.38　DVB-S 和 DVB-RCS 协议栈(来源：ETSI 2006[46]，经 ETSI 许可重绘)

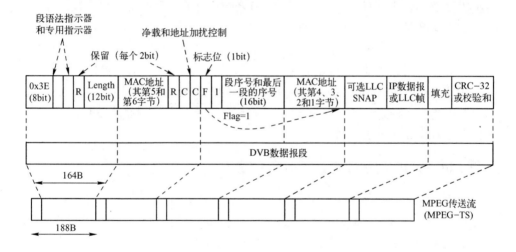

图 6.39　IP over DVB：多协议封装(MPE)(来源：ETSI 2006[46]，经 ETSI 许可重绘)

回传信道路径作为数字网络的一部分运行，由中心站提供到其他（卫星和地面）网络的网关。卫星终端采用计划式（Scheduled）的 MF-TDMA 方案来访问双向通信网络。MF-TDMA 允许一组终端使用一组被划分到时隙中的载波频率来与中心站通信。有四种类型的突发（Burst）：业务（TRF）突发、捕获（ACQ）突发、同步（SYNC）突发和公共信令信道（CSC）突发。

带 DVB 流解复用和再复用（Re-multiplexing）星载处理器的 DVB-RCS 已经有了新的发展。Ka 频段能提供更高的容量和更小的天线尺寸；IP 技术、协议和架构（包括经卫星链路的网络管理和 IP 安全）相互间紧密集成；DVB 和移动网络将

249

会更近一步融合,形成优势互补。

6.10.6　DVB - RCS 安全

DVB - RCS 标准提供了更先进的安全措施(相比于 DVB - SCA),包括卫星终端认证和与网络控制中心(Network Control Centre,NCC)的密钥交换。

DVB - RCS 安全可分为两个阶段:第一阶段是在登录过程中进行验证,在卫星终端与 NCC 之间约定一个安全会话密钥;在第二阶段,会话密钥被用于用户地面站(UES)和 NCC 之间的所有后续消息的加密。认证是基于 NCC 和 UES 之间所共享的一个称为 Cookie 的长期加密数据,长度为 160bit,存储在非易失性存储器中(如智能卡)。NCC 维护一个网络上 UES 的 Cookie 值的数据库。这些 Cookie 值由安全策略控制,不定期地更新,但相对于会话密钥而言 Cookie 更加脆弱。还可以使用消息序列编号来实现防复制措施。

一个需要单独考虑的问题是空间段的安全性。在带有星载 DVB 交换的卫星系统中,NCC 和 OBP(On - Board Processor)之间消息的完整性是非常重要的,因为要依靠它来确保指令消息是从 NCC 发出的。而 OBP 的主要问题是内存和计算能力有限,因为消息完整性的计算开销非常高。这种开销的具体大小取决于所使用的算法类型。例如:使用公钥数字签名提供消息完整性,计算量就很大;使用带秘密密钥的消息认证码(Message Authentication Code,MAC),计算量就会小一些。使用秘密密钥意味着需要一个密钥合约,即密钥可以是在安装时存储在 OBP 中的或者通过 DVB - RCS 密钥交换机制协商得到。

6.10.7　IP 组播安全

DVB - S 条件接收既可以用于卫星数字广播,也可用于在 MPEG - TS 一级的卫星安全组播通信。DVB - S 的去扰是基于节目的,其中整个节目可以使用相同的码字(CW)加扰。在电视广播中,节目可能包含视频、音频和数据,每个都有一个特定的 PID;对于 IP 传输,IP 数据报采用 MPE 形式封装并在一个特定的 PID 上传送。这种方式的主要缺点是,DVB - S 加扰系统倾向于集中式的授权管理消息(ECM)和授权控制消息(EMM),动态改变一个组播组 IP 的能力是有限的。

PID 的数目限制在 8192 个,如果每个组播组有一个 PID,很容易就限制了卫星支持的 IP 组播组总数。一种替代的方法是,每个 PID 支持几个组播组,或所有组都使用同一个 PID。另一方面,DVB - RCS 标准可以为卫星终端的认证和与卫星网络运营商的密钥交换提供更为先进的安全措施。但是,它不为终端到终端的通信(见图 6.13 所示的网状拓扑情形)提供安全措施。DVB - RCS 中每个终端只有一个密钥,因此不允许不同的组播组采用不同的密钥进行加密。

6.11 DVB – S 和 DVB – RCS 网络体系结构

除了传统的电视和电信业务,卫星也用于提供因特网业务。本节内容基于 ETSI TS 102429 – 1 V1.1.1。因特网业务可以基于透明或再生卫星实现,并且因为采用了下面的两个标准而得到了广泛的应用。

 • DVB – S(Digital Video Broadcasting via Satellite)仅允许从中心网关站到 DVB – S 终端的单向业务流。

 • DVB – RCS(DVB – Return Channel Satellite)除了从中心网关站到 DVB – S 终端的业务流外,还有从 DVB – RCS 终端到卫星的回传业务流。

对于透明卫星,网络只能构造为星型拓扑,其中所有用户地面站都连接到中心网关站。DVB – RCS 终端之间的连接必须在中心网关站交换,这意味着有两条独立的卫星传输链路:进站链路和出站链路。

对于带有星上交换功能的再生卫星,可以形成网状拓扑,其中所有的 DVB – RCS 地面站都可以通过星上交换直接互联。端到端的连接只需要通过卫星传输一次。相对于透明卫星系统,这减少了射频链路的数目和一半的端到端连接时延。

图 6.40 说明了再生卫星网状(Regenerative Satellite Mesh,RSM)系统的概念。它显示了透明卫星是如何为独立的 DVB – S 和 DVB – RCS 业务提供弯管(Bent Pipe)服务的,以及网状网形式的再生卫星系统是如何容纳这些业务的。同时,也显示了 DVB – S 和 DVB – RCS 标准是如何共同运作,从而将系统中不同上行链路和下行链路之间的多点波束能力和全交叉连通性结合在一起。

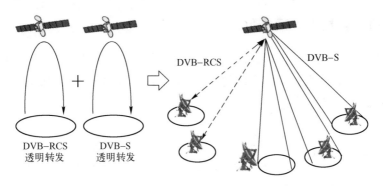

图 6.40　再生卫星网状(RSM)系统(来源:ETSI 2006[46],经 ETSI 许可重绘)

图 6.41 为组网概念图。所有的 DVB – RCS 用户地面站(RSCT)连接到再生卫星网关(RSGW)形成星型网络拓扑;所有的 DVB – RCS 用户地面站互联形成网状网络拓扑。

所有的 DVB – S 和 DVB – RCS 系统及其网络体系结构都已经由 ETSI 标准和

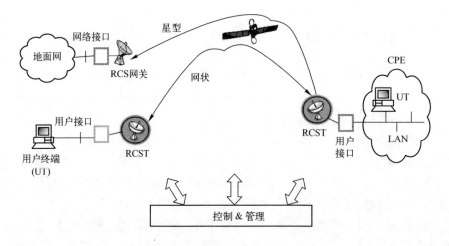

图 6.41 再生网状(RMS)网络结构的概念图(来源:ETSI 2006[46],经 ETSI 许可重绘)

技术规范明确定义。这些标准和技术规范加快了广播和网络服务卫星系统的发展。

卫星网络系统体系结构包含下列要素:

- 星上处理器(On – Board Processor,OBP);
- 管理站(Management Station,MS);
- 再生卫星网关(Regenerative Satellite Gateway,RSGW);
- 回传信道卫星地面站,也称为回传信道卫星终端(Return Channel Satellite-Terminal,RCST)。

6.11.1 星上处理器(OBP)

OBP 是再生卫星网状系统的核心,如图 6.42 所示。它将 DVB – RCS 和 DVB – S 卫星传输标准统一到一个再生多点波束卫星系统,允许不同上行链路和下行链路波束之间完全的交叉连通。

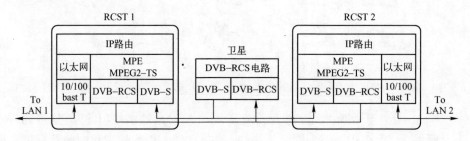

图 6.42 再生卫星网状(RSM)网络协议栈(来源:ETSI 2006[46],经 ETSI 许可重绘)

卫星可以有多个转发器,每个转发器由射频(RF)中频(IF)下变频器、基带处理器(Base – Band Processor,BBP)、调制器和上变频器组成。射频中频下变频器把输入信道从射频变频到基带频率;基带处理器将基带信号作为在转发器信道带宽内的解复用、解调和译码载波的输入,以便使用来自于任一输入转发器上行链路的载波信息产生一个遵循 DVB – S 标准的 MPEG – 2 包的单一复用;调制器将信息调制到 QPSK 星座;上变频器根据卫星频率计划将调制信号变频到合适的频率。

6.11.2　管理站(MS)

管理站(Management Station,MS)包括网管中心(NMC)和网络控制中心(NCC)。NMC 管理所有的网络要素、网络和服务供给。NCC 管理交互网络的控制,例如它响应来自系统用户的访问请求并管理 OBP 配置。

MS 卫星使用的终端称为 NCC_RCS 终端(NCC_RCST)。它是由室外单元(Outdoor Unit,ODU)和室内单元(Indoor Unit,IDU)组成。NCC_RCST ODU 实现 NCC_RCST 的无线电功能;而 NCC_RCST IDU 实现接入卫星的调制和解调功能。

6.11.3　再生卫星网关(RSGW)

RSGW 提供卫星和地面网络间的互联功能,如电话网络(包括 PSTN 或 ISDN)和面向 Internet/Intranet 的地面网络。RSGW 可能是一个透明卫星星型(TSS)接入网的星型拓扑中心站功能的一部分。RSGW 可以根据不同的 QoS 标准和不同的订购级别向客户提供服务保证。

RSGW 的上行链路传输原始比特率峰值至少为 8Mbit/s(2×4Mbit/s 的终端)。RSGW 在 IP 一级最大的下行链路吞吐量也至少为 8Mbit/s。小型 ISP 的低成本 RSGW 只提供峰值上行速率 2Mbit/s 的语音/视频服务。

根据连通性需求,RSGW 会包括不同的和可配置的成分。例如,一个 RSGW 可由多个 GW_RCST、交互式接收译码器(Interactive Receive Decoder,IRD)、一个 IP 路由器、一个多会议单元(Multi – Conference Unit,MCU)、语音和视频网关或网守(Gatekeeper)组成。

6.11.4　回传信道卫星终端(RCST)

RCST 包括两个单元:室内单元(IDU)和室外单元(ODU)。IDU 包含 DVB – S/DVB – RCS 调制解调器和本地网络接口。ODU 包括 RF 发射器、一个或多个 RF 接收器和天线。

RCST 允许用户无论是在单卫星跳(网状连通)还是通过 RSGW 的双卫星跳(星型连通)条件下都能彼此通信;它也允许用户通过单卫星跳内的 RSGW 与地面网络用户通信,例如 PSTN、ISDN 用户或任何基于 IP 的因特网业务。

不同类型终端的上行链路原始比特率峰值范围在 0.5Mbit/s 到 8.0Mbit/s 之间。一个 RCST 可以同时支持有保证的速率和时延,也可以支持各种尽力服务类型的业务。RCST 中的网络 QoS 机制基于 IP 流优先级以及面向应用的 DVB-RCS 最佳传输参数选择。RCST 可以与一个局域网内的因特网子网连接。

6.11.5　网络接口

卫星网络体系结构的组件通过以下接口彼此通信,如图 6.43 所示。

- T 接口:这是 RCST IDU 和用户终端(主机)或局域网之间的用户界面(UI)。
- N 接口:这是 NCC 和 RCST 之间用于控制和信令的接口,用于支持用户平面(U 平面)业务(同步、DVB 表和连接控制信令)。
- M 接口:这是用于管理目的(SNMP 和 MIB 交互)的 NMC 和 RCST 之间的接口。
- U 接口:这是卫星有效载荷和 RCST 物理接口(空中接口)之间的接口。
- P 接口:这是两个 RCST 之间针对对等层信令流量和用户数据流量事务处理(Transaction)的逻辑接口。
- O 接口:这是针对 OBP 控制和管理的 NCC 和 OBP 之间的接口。

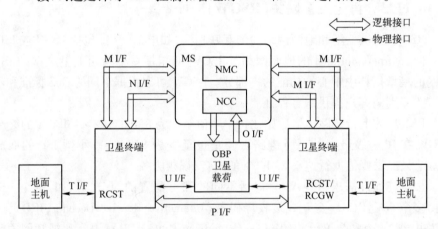

图 6.43　网络体系结构的接口(来源:ETSI 2006[46],经 ETSI 许可重绘)

6.11.6　网络系统特点

使用 DVB-S 和 DVB-RCS 进行网络互联时,网络系统的主要特点可以概括如下。

- RCST 的上行链路根据 DVB-RCS 标准和 MPEG 配置要求使用 MF-TDMA。
- 从卫星到 RCST 的下行链路与 DVB-S 标准完全兼容。
- OBP 允许以星上数据复制这种灵活的方式,将 MPEG 包从上行链路路由到下行链路以支持组播业务。

- 卫星星型连通网络支持卫星网络用户和地面网络用户之间经 RSGW 的单跳连通。
- 卫星网状连通网络支持卫星网络用户之间的单跳连通。

卫星系统支持对称预测流量（Symmetric Predicitive Traffic），以及由于大量用户动态分配生成的突发流量。

- 卫星系统支持与地面网络（如 PSTN、ISDN 和属于服务提供商的专用 IP 网络）的网络互联。
- 卫星系统支持综合 IP 数据业务以及原生 MPEG 视频广播。

6.12　网络协议栈结构

从网络角度看，如图 6.43 所示，卫星网络可以用于支持 IP 网络，其中 RCST 实现像 IP 路由器一样的 IP 路由功能，而 OBP 则可以实现 MPEG - 2 一级的电路交换。本节的内容基于 ETSI TS 102 429 - 1 V1.1.1 的协议栈体系结构。

卫星协议栈体系结构可以用分层原则的概念和 IP 网络互联的通用协议结构来进行说明，分为卫星的物理层和链路层。链路层包括介质访问控制子层和逻辑链路控制子层。划分两个子层的原因是为了分离卫星相关功能和卫星无关功能。

RCST 以对等（Pere to Pere）通信的方式与其他 RCST 构成网状通信或星型通信模式。参照 OSI/ISO 7 层参考模型，卫星无关业务访问协议（SI - SAP）位于链路层和网络层之间。卫星网络协议包括卫星链路控制（SLC）、卫星介质访问控制（SMAC）和物理（PHY）层。

卫星链路控制子层与网络层交换 IP 数据报；卫星介质访问控制子层具有传送功能，即传输 MPEG 包突发和接收包含在 TDM 中的 MPEG 包。

RCST 物理层负责在具有同步和位纠错功能的物理介质上传输数据。

6.13　物理层（PHY）

物理层是协议栈的最下层。它从卫星 MAC 层接收数据帧，并在物理介质上逐比特地传输数据。本节内容基于 ETSI TS 102429 - 1 V1.1.1 对物理层的论述。

物理层具有以下三个主要功能，用于提供机制和参数，以便卫星介质访问控制（SMAC）能够正确地在物理介质上传输数据流。

- 传输功能执行卫星和 RCST 之间的信号基带处理和无线电传输。
- 同步功能需要满足 MF - TDMA 对 RCST 和 OBP 的时间和频率的严格要求。RCST 同步功能为物理层提供了稳定的时钟和频率基准，以便于下行链路接收和上行链路传输的精确同步。

● 功率控制功能用于补偿无线电信道的变化,并最小化卫星层面的接收信号间干扰,以优化系统容量和可用度。RCST 物理层的控制平面功能同样可以根据接收到的网络时钟基准(Network Clock Reference,NCR)产生 RCST 的本地时钟和频率基准,而且根据所接收到的校正信息能够提供对突发传输时间、频率和功率电平的校准。

为了符合 DVB 标准,DVB – RCS 和 DVB – S 使用特定的波形。RCST 物理层具有与管理平面(M – 平面)和控制平面(C – 平面)的接口。RCST 通过 M – 平面向 NMC 发送警告和统计信息,并由 NMC 实施管理和配置(基于 SNMP 和 MIB);RCST 向 NCC 报告物理参数值,以便通过 C – 平面进行业务流和信令流的监测(同步和功率控制功能)。作为响应,卫星链路控制层(SLC)提供实时配置参数、登录参数和将在空中接口传输的业务数据包。

在 RCST 用户平面(U – 平面),物理层具有用于上行信号的上行链路传输或基于标准 DVB – RCS 的回传信道,以及用于下行信号的下行链路传输或基于 DVB – S 标准的前向信道。

6.13.1　上行链路(遵循 DVB – RCS 标准)

上行链路波形遵循 DVB – RCS 标准。上行链路卫星接入方案是多频时分多址(MF – TDMA)。MF – TDMA 上行链路基于多达 24 个 MPEG 包的突发传输,以及对登陆和同步过程定制数据包的传输。

编码可以使用任何一种 EN 301790 和 TR 101790 定义的 Turbo 码,一般会使用 4/5 和 3/4Turbo 码。QPSK 调制信号的脉冲形状基于滚降系数为 0.35 的平方根升余弦滤波。

信号被构造到超帧、帧和时隙的段(Segmentation)中,用于分配物理资源。这些段通过一个构成 MF – TDMA 信道的载波池(a pool of carriers)传送。NCC 分配一系列的突发到每个活跃的 RCST。每个突发都由遵循 MF – TDMA 模式的频率、带宽、开始时间和持续时间定义。

6.13.2　时隙

时隙由突发和突发边缘的保护时间组成。为了应对系统定时误差和 RCST 功率关闭瞬态(Power Switch Off Transient),设置保护时间是非常必要的。有三种类型的突发:业务(TRF)突发、公共信令信道(CSC)突发和同步(SYNC)突发。这些突发包含一个 255 个符号的固定长度的前导码,用于定时恢复和相位模糊抑制。

业务(TRF)时隙格式——TRF 突发用于携带数据流量以及信令和其他控制消息。它们由几个串联的 MPEG – TS 包组成,每个包长 188B。MPEG – TS 包被随机化和编码,并增加一个前导码用于突发检测。一个突发中 MPEG – 2 包的数量取决于编码和为上行链路帧所选择的突发的数量。每个 MPEG-2 包包括一个 1472bit(184B)的净荷数据字段和32bit(4B)包头。

每个 MPEG-2 包包含一个 4B 的头,并以一个众所周知的同步字节为开始。一组标识位被用来指示如何处理净荷。一个 13bit 的包标识符(PID)用于唯一地标识每个接收到的数据流。PID 允许接收端区分不同的数据流。TRF 突发由一个前导码和一个编码后的数据包组成。前导码的最后 48 个符号构成用于突发检测的独特工作项(Unique Work,UW)。编码的数据包则由 24 个 MPEG-2 包组成。

同步(SYNC)时隙格式——SYNC 突发需要在良好的同步和同步维持过程中精确地放置 RCST 突发传输和发送容量请求。SYNC 突发包含 16B 卫星访问控制(SAC)字段(16B 的长度是源于 OBP 设计的约束),其中:64bit 用于容量请求,16bit 用于 MAC 字段,24bit 为组 ID 或登录 ID,16bit 用于 CRC 错误检测,8bit 填充位是为了保证 SAC 16B 长度(在 CSC 之前插入)。SAC 被随机化和编码,并增加用于突发检测的前导码。

公共信令信道(CSC)时隙格式——CSC 突发被 RCST 使用,以便在登录过程中识别自身。它的总长度为 16B,包括 2B 的 CRC,其中 24bit 作为一个字段用于描述 RCST 的容量,48bit 为 RCST 的 MAC 地址,40bit 的保留字段和 16bit 的 CRC 字段。所有这些字段都被随机化和编码,并增加用于突发检测的前导码。

6.13.3 帧

帧由时隙组成,DVB-RCS 将其定义为上行链路上时间和频率的一部分(在"时-频"二维空间上划分)。上行链路帧周期是固定的,不会随着载波数据速率和 Turbo 码率改变。帧周期的默认值是 69632ms,这也对应于 1880064 个节目时钟基准(Programme Clock Reference,PCR)的计数间隔。一帧可以跨多个载波。对于载波速率(Carrier Rate)Ci,帧将会由 2^i 个子帧构成,其中 $i=1,\cdots,5$。

帧是面向 C1 载波速率定义的。根据每个突发的 MPEG-2 包数量和每帧的突发数量配置一个帧。其他载波类型由与 C1 结构相同的子帧组成。

表 6.3 基于 Turbo 码率和包含在帧中的 TRF 突发数量描述了帧的组成。每个 TRF 突发包含整数倍个 MPEG 包,并分配给一个 RCST。

每帧或每个子帧一个 TRF 突发的配置方式是面向视频业务的。对于每帧 6 个 TRF 突发的情况,每个 TRF 突发可以替换为 8 个 SYNC 时隙或 8 个 CSC 时隙(仅针对 C1 载波)。对于每帧 18 个 TRF 突发的情况,每三个 TRF 突发形成的组可以替换为 8 个 SYNC 时隙或 8 个 CSC 时隙(仅针对 C1 载波)。

表 6.4 和 6.5 描述了在两种不同的每帧 TRF 包(TRF Packets per Frame)配置下,随每帧 TRF 包的数量变化而变化的可能载波的主要参数。

表 6.3　帧构成

每帧(对于 C1 而言)或每子帧(对于其他数据速率而言)TRF 突发	T = 4/5		T = 3/4	
	每突发的 MPEG 包数	每帧的 MEPG 包数	每突发的 MEPG 包数	每帧的 MEPG 包数
配置 1:6 TRF	4	24	3	18
配置 2:18 TRF	1	18	1	18
配置 3:1 TRF	24	24	24	24

注:DVB‐RCS 标准中详细介绍了 Turbo 码(见 EN301 709 第 8.5.5.4 条),但仅 4/5 和 3/4 被用于表中示例的帧构成中(来源:ETSI 2006[46],经 ETSI 许可重制)

表 6.4　载波主要参数(每帧 24 个 TRF 包)

载 波 类 型	C1	C2	C3	C4 8Ri
每载波最大信息比特率	518.38 = 1Ri	1036.76 = 2Ri	2073.53 = 4Ri	4147.06 = Ri
QPSK 符号传输率	350.99	701.98	1403.95	2807.90
每 MF‐TDMA 信道载波数	64	32	16	8
MF‐TDMA 信道信息比特率	33.18	33.18	33.18	33.18

(来源:ETSI 2006[46],经 ETSI 许可重制)

表 6.5　载波主要参数(每帧 18 个 TRF 包)

载 波 类 型	C1	C2	C3	C4
每载波最大信息比特率(kb/s)	388.79	777.57	1555.15	3110.29
QPSK 符号传输率(ks/s)	350.99	701.98	1403.95	2807.90
每 MF‐TDMA 信道载波数	64	32	16	8
MF‐TDMA 信道信息比特率(Mb/s)	24.88	24.88	24.88	24.88

(来源:ETSI 2006[46],经 ETSI 许可重制)

表 6.4 给出了每帧 24 个 TRF 包情况下的主要参数,表 6.5 给出了每帧 18 个 TRF 包情况下的主要参数。

6.13.4　超帧

超帧由若干连续帧组成,定义为时间和频率的一部分(在"时‐频"二维空间上划分)。每个超帧默认包括 2 个帧,但也可以包括 1～31 个帧。每个 36MHz 转发器定义一个超帧。图 6.44 描述了超帧在时间和频率上的组织形式。

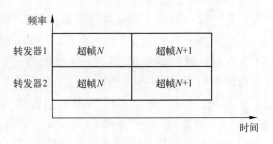

图 6.44　超帧的组织形式

一个超帧 ID 代表了一个指定 RCST 集合所访问的上行链路资源,因此可以通过使用不同的超帧 ID 分别管理不同的 RCST 集合。对于每个超帧,时隙的分配是按照 DVB – RCS 标准中所描述的时间突发表计划(Time Burst Table Plan,TBTP)通知给 RCST 的。一个 RCST 只在分配给它的时隙(专用接入)或随机访问的时隙(竞争接入)传送突发。可以基于一个比超帧长得多的时间周期,将某些时隙(如 SYNC 突发)分配给 RCST。这些时隙的时间周期与系统相关,但通常是秒级的。

6.13.5 载波类型和帧的构成

一个 MF – TDMA 信道是指划分到 N 个子带(Sub – Band)中的一段固定带宽。每个子带包括一个特定的载波类型或是多种载波类型。

有三种类型的载波。

● 登录载波,由一个 CSC 突发加上一组 TRF 突发构成,或 CSC 突发加上 SYNC 突发构成。

● 同步载波,由 TRF 突发加上 SYNC 突发构成,或只有 SYNC 突发。

● 业务载波只包括 TRF 突发。

登录和同步载波是 C1 载波。可以定义不同的业务载波。每个子带的载波数量取决于每类载波所占用的带宽。图 6.45 显示 C1 载波配置的例子。

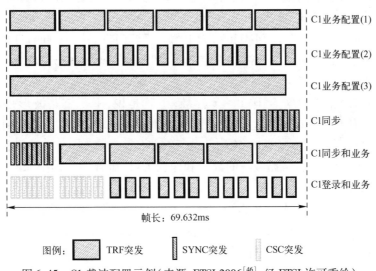

图 6.45　C1 载波配置示例(来源:ETSI 2006[46],经 ETSI 许可重绘)

6.13.6 上行链路 MF TDMA 信道频率计划

帧持续时间按一定的载波类型(CSC、SYNC、TRF)、载波速率(C1、C2、C3 和 C4)以及载波配置(每个突发的 MPEG – 2 包数量)被划分为时隙。

例如,考虑一个带宽为 36MHz 的 MF – TDMA。其上行链路载波使用滚降系数为 0.35 的 QPSK 调制。载波间距系数为 1.5。总占用带宽与的载波类型无关。如图 6.46 所示,36MHz 的频带分为 4 个 9MHz 的子带,子带又可配置为 16 个 C1 载波、8 个 C2 载波、4 个 C3 载波或 2 个 C4 载波，每个子带可以独立配置。但是，至少有一个子带配置为 C1 载波用于登录和同步。

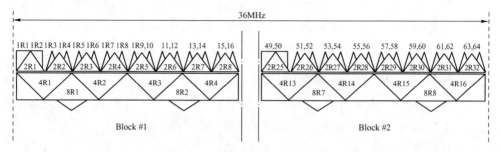

图 6.46　上行链路 MF – TDMA 信道频率计划(来源:ETSI 2006[46],经 ETSI 许可重绘)

6.13.7　下行链路(遵循 DVB – S 标准)

下行链路遵循 DVB – S 标准。星载 DVB 处理器可将不同的 MF – TDMA 上行链路信道复用到一路 TDM 下行链路信号中。组帧与上行链路相同。根据 DVB – S 标准对复用器输出的 TDM 比特流进行编码，最后得到一个 27Msym/s(QPSK symbols)的符合 DVB – S 标准的流(Stream)。

下行链路传输速率是 54Mbit/s,为里德—索罗门(Reed – Solomon)和卷积编码后的速率。所有在 DVB – S 标准中定义的卷积率(ConVolutional Rate,CVR)均可使用(1/2、2/3、3/4、5/6 和 7/8)。

下行链路格式也符合 DVB – S 标准,也就是说,下行链路波形是由复用在 MPEG – 2/DVB – S TDM 流上的固定长度的 MPEG – 2 包构成。考虑到在下行链路帧中独立于编码方式分配整数数目上行链路信道这一假设,映射到下行链路的 C1(518.3Kbit/s)上行链路载波的数量和作为 CVR 函数的一帧中 MPEG – 2 包的最大数量,如表 6.6 所列。

表 6.7 给出了根据 CVR 得出的每 TDM 的最大比特率。最大 MF – TDMA 信道比特率是 33.18Mbit/s(见表 6.4 和表 6.5),可以看出下行链路 TDM 数据速率在大多数情况下大于上行链路。

表 6.6　下行链路 TDM 中每帧的包数

卷　积　率	包/帧
1/2	48 载波(i. e. 96 ×1/2) ×24 =1152 包
2/3	64 载波(i. e. 96 ×2/3) ×24 =1536 包
3/4	72 载波(i. e. 96 ×3/4) ×24 =1728 包
5/6	80 载波(i. e. 96 ×5/6) ×24 =1920 包
7/8	84 载波(i. e. 96 ×7/8) ×24 =2016 包

注:在选择上行链路载波 C_1 中信息数据速率的最小值时,要考虑以下约束——这些速率应该在 500kb/s 左右而且与下行链路信号使用的编码率无关。(来源:ETSI 2006[46]。经 ETSI 许可重制)

表 6.7 下行链路 TDM 比特率

下行链路 CVR	1/2	2/3	3/4	5/6	7/8
每个 TDM 中的原始数据率(包含 RS 和 CVR)	54				
R – S 编码因子	0.92				
TDM 数据率(不包含 RS)	49.76				
TDM 数据率(不包含 RS 和 CVR)	24.88	33.18	37.22	41.47	43.54

(来源:ETSI 2006[46]. 经 ETSI 许可重制)

6.13.8 RCS 终端(RCST)传输

RCST 传输功能包括上、下行链路的无线电功能和基带处理功能。上行链路传输功能包括 DVB – RCS 调制和编码及上行链路射频(RF)传输。

RCST DVB – RCS 调制和编码功能完全遵循 DVB – RCS 标准,它所包含的功能如图 6.47 所示。

图 6.47 RCST DVB – RCS 调制和编码功能(来源:ETSI 2006[46],经 ETSI 许可重绘)

上行链路射频(RF)传输功能包括基带到 RF 的上变频(其中基带信号在中频(IF)调制载波,然后将载波上变频到 RF 频段)、射频(RF)放大和发射(以便在经由发射天线发射前使得该信号能够得到放大)。所得到的 EIRP 值必须满足链路预算的要求。

上行链路射频(RF)接收:射频(RF)信号经卫星天线接收,然后过滤并放大;射频(RF)下变频到 IF 并解调,将信号变换为基带信号。表 6.8 列出了上行链路传输配置参数。

表 6.8 上行链路传输配置参数

	CSC 突发	SYNC 突发	TRF 突发
净荷	16 字节	16 字节	以 MPEG 包为单位计算
调制	QPSK		
编码	CRC – 16 和 Turbo 码(*)		CRC – 32 和 Turbo 码(*)
内码编码顺序	自然序		
滤波	平方根升余弦滤波/滚降系数 0.35		

(*)注:可能的 Turbo 码参数由 DVB – RCS 标准 EN301790(8.5.5.4)定义。
(来源:ETSI 2006[46]。经 ETSI 许可重制)

RCST 下行传输功能包括下行链路 RF 接收和 DVB – S 解调和译码。

• 下行链路射频(RF)接收功能包括射频(RF)接收和放大,其中 RF 频段信号经接收天线接收、过滤和放大;然后是射频(RF)下变频到基带,其中信号从 RF 频段下变频到 IF 然后再解调到基带。

• DVB－S 解调与译码完全遵循 DVB－S 标准,其功能如图 6.48 所示。

图 6.48　DVB－S 解调和译码功能(来源:ETSI 2006[46],经 ETSI 许可重绘)

6.14　卫星介质访问控制(SMAC)层

卫星介质访问控制(SMAC)层位于物理层之上和 IP 网络层之下。它提供到 IP 网络层的传输服务,并且利用物理层传输 MPEG－2 格式的比特和字节。SMAC 负责发送和接收物理层 MPEG－2 数据包。本节内容基于 ETSI TS 102429－1V1.1.1 中对 SMAC 的描述。

在用户平面上,SMAC 层与物理层接口,发送 MPEG－2 数据包的 TRF 突发,并且接收 TDM 中所有的 MPEG－2 数据包。此外,在将数据包传到上一层前,SMAC 层还可以根据包标识符过滤数据包。SMAC 层的用户平面功能包括 MPEG－2 格式生成和多协议封装(MPE)。

在控制平面上,SMAC 层发送登录信息(特定 CSC 突发)和容量请求(特定 SYNC 突发)到物理层。SMAC 层的控制平面功能包括登录和 RCST 同步。

6.14.1　传送机制

RCST 传送机制(Transport Mechanism)对业务消息的协议栈基于上行链路 DVB－RCS 标准(MPEG－2 数据包映射到 MF－TDMA 突发)和下行链路 MPEG－2 标准(MPEG－2 传送流)。如图 6.49 所示的 RCST 用户平面协议栈,上、下行链路使用 DVB 多协议封装(MPE)方式,在 MPEG－2 数据包中发送 IP 数据报。

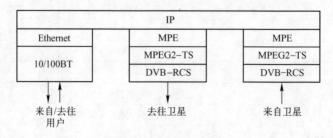

图 6.49　RCST 用户平面协议栈(来源:ETSI 2006[47],经 ETSI 许可重绘)

如图 6.50 所示的 RCST 控制平面协议栈,返回信令消息格式由 DVB－RCS 标准定义。信令消息由控制(CTRL)和管理(MNGM)消息构成,它们主要用于以数据单元标签方法(Data Unit Labelling Method, DULM)封装的连接控制协议消息(Connection Control Protocol Message)和特定的登录(CSC)及同步(SYNC)突发。容量请求通过与每个 SYNC 突发相关联的 SAC 字段传送。前向信令表封装在基于 DVB – S 标准的节目特定信息(Programme Specific Information, PSI)或业务信息(Service Information, SI)中。RCS 终端信息消息(Terminal Information Message, TIM)使用采用 DVB – RCS 标准定义的数据存储介质——命令与控制(DSM – CC)封装格式。星上基准时钟在专用 PCRMPEG – 2 数据包的适配(Adaptation)字段中传送。

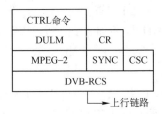

图 6.50　RCST 控制平面协议栈(来源:ETSI 2006[47],经 ETSI 许可重绘)

6.14.2　MPEG – 2、DVB – S 和 DVB – RCS 表

再生卫星网状(RSM)网络是一个"面向 DVB – RCS"的网络。因此,前向链路信令信息采用 DVB – RCS 标准所描述的机制和进程,并使用 MPEG – 2、DVB – S 和 DVB – RCS 表和消息。图 6.51 显示了这些表和消息的种类。

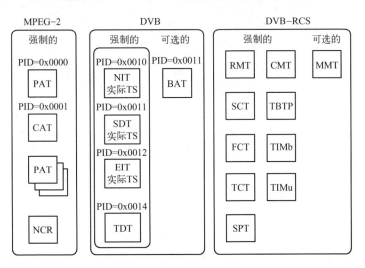

图 6.51　用于 RSM 网络的 MPEG – 2、DVB – S 和 DVB – RCS 表
(来源:ETSI 2006[47],经 ETSI 许可重绘)

ISO/IEC 13818 - 1 定义了业务信息(SI),又称为节目特定信息(PSI)。PSI 数据提供的信息可以使接收者自动配置,进而实现对被复用的不同节目流的解复用和译码。PSI 数据由四种类型的表构造。

- 节目关联表(Program Association Table,PAT):为复用的每个业务,指示出其位置:对应节目映射表(Program Map Table,PMT)的传送流(TS)的包标识符(PID)值。
- 条件接收表(Conditional Access Table,CAT):该表提供在复用中使用的条件接收(CA)的信息。
- 节目映射表(PMT):该表识别并指示出组成每个业务的流的位置,以及一个业务的节目时钟基准(Program Clock Reference,PCR)字段的位置。
- 网络信息表(Network Information Table,NIT):NIT 描述加入到一个 DVB 网络(由其 network_id 确定)的传送流,以及用于发现 RCS service_id、相关 TS_id 和卫星链路参数的载波信息。

除 PSI 外,需要为用户提供用于业务和事件辨识的信息。该种信息构造为 DVB 标准定义的带有语法和语义细节的表。下面仅列出再生卫星网状(RSM)网络所需的表。

- 业务群关联表(Bouquet Association Table,BAT):BAT 提供有关业务群的信息。赋予业务群名称的同时,它为每个业务群提供了一个业务列表。该表在 RSM 网络中是可选的。
- 业务描述表(Service Description Table,SDT):SDT 包含描述系统中业务的数据,例如业务名称和业务提供者等。
- 事件信息表(Event Information Table,EIT):EIT 包含有关事件或节目的数据,如事件名称、开始时间、持续时间等。使用不同的描述符可以传输不同种类的事件信息,例如不同的业务类型。
- 时间和日期表(Time and Date Table,TDT):TDT 给出有关当前时间信息和日期的信息。由于该信息更新频繁,所以用单独的表给出。

DVB - RCS 表的格式和语义遵循 DVB - RCS 标准规范,它包括以下内容。

- RCS 映射表(RCS Map Table,RMT):RMT 描述传送流调节参数,以便获得对前向链路信令(Forward Link Signalling,FLS)业务的访问。RCS 映射表可能包含一个或多个关联描述符(Linkage Descriptor),每个关联描述符指向一个 FLS 业务。每个 FLS 业务携带一系列信令表(SCT、TCT、FCT、SPT、TBTP、CMT)和用于定义 RCST 群体(Population)的终端信息消息(Terminal Information Message,TIM)。
- 超帧组成表(Superframe Composition Table,SCT):该表描述了整个再生卫星网状网络到超帧和帧的划分(Sub - Division)。该表列出了每个超帧、超帧标识、中心频率、表示为网络时钟基准(NCR)值的绝对时间和超帧计数。
- 帧组成表(Frame Composition Table,FCT):该表描述了帧到时隙的划分。

● 时隙组成表(Time – slot Composition Table,TCT):该表通过时隙标识符为每个时隙类型定义传输参数。它提供有关时隙属性的信息,如符号速率、编码率、前导码、净荷内容(TRF、CSC、ACQ、同步)等。

● 卫星位置表(Satellite Position Table,SPT):此表包含按固定时间间隔更新突发位置所需的卫星星历数据。

● 校正消息表(Correction MessageTable, CMT):NCC 将 CMT 发送给一组 RCST。CMT 的目的是建议已经登录的 RCST 应该对它们发射的突发做哪些校正。CMT 提供对突发频率、时间和振幅的校正值。

● 终端突发时间计划(Terminal Burst Time Plan,TBTP):该消息由 NCC 发送给一组终端。它包含对连续时隙块的分配。一个业务分配(Traffic Assignment)由块中起始时隙的数量和一个重复因子(给出连续时隙分配数目)来描述。

● 组播映射表(Multicast Map Table,MMT):此表向 RCST 提供 PID,以便其对接收到的某个 IP 组播会话进行译码。

● 终端信息消息(Terminal Information Message,TIM):该消息由 NCC 发送到一个采用 MAC 地址寻址的 RCST(即单播消息),或者由 NCC 使用一个保留的广播 MAC 地址广播到所有 RCST。TIM 包含前向链路的静态或准静态信息(如配置信息)。

在卫星系统中,除 NCR 外,所有表和消息都由 NCC 格式化和分发。但是根据信息源(NCC、NMC 或服务提供商)、表类型(PSI、SI 或 DVB – RCS)以及更新内容的方式的不同,有以下分类。

● 由 OBP 构建的网络时钟基准(NCR):NCR 来自星载基准时钟。它由 OBP 分发,通过插入在 TS 数据包中的节目时钟基准(PCR)传送。每个下行链路 TDM 有一个 NCR 计数器。这些计数器必须对齐以确保系统同步。对齐是通过 NCC 发送命令同时重置 4 个计数器来实现的。

● 由 NCC 动态构造的表:CMT、TIM – unicast(TIM – u)、TBTP 和 MMTDVB – RCS 表是从动态交互式网络信息组装而成的。NCC 使用以下几项来构造和分发这些表:NMC 传递的配置参数、OBP 返回的刷新信息(测量和突发净荷提取等),以及 RCST(容量和登录请求等)。

● 由 NCC 准静态组装的表:NIT、RMT、PAT 和 PMT 是由 NCC 从准静态配置信息中组装而成的表。该信息通过 NMC 传送给 NCC,目的是配置卫星和 RSM – B。

● 由 NCC 部分组装的表:SCT、FCT、TCT 和 TIM – broadcast(TIM – b)是由准静态配置信息在部分程度上组装而成的表。这些以 CT 结尾的表描述了上行链路 MF – TDMA 容量中超帧、帧和时隙的划分。它们用于 RCST 前向链路捕获,以及 MF – TDMA 信道构成发生改变的情况。TIM – b 通知 RCST 有关登录和同步的参数。

● 针对 NCC 的由外部信息组装的表:NCC 从 NMC 接收以米为单位的卫星位置信息和以 UTC 格式表示的应用时间,如果 NMC 通知卫星星历文件发生变化,NCC 将从文件服务器加载新的星历文件。NCC 根据当前星历文件和 UTC 时间周期性地更新 SPT 内容。

● 针对 NMC 的由外部信息组装的表：NMC 可以从视频服务提供商接收信息，以便帮助构建与视频节目相关的特定表（CAT、EIT、SDT）。这些视频节目的 PID 需要在 PMT 中被引用，同时该 PMT 的 PID 必须在 PAT 中被指明。

6.15 多协议封装（MPE）

多协议封装（Multi Protocol Encapsulation，MPE）段（Section）是一个包化的视频、音频或数据。段的寻址空间最多可为 64B，但如果段的开始和结束部分都是可识别的，则段的长度可以是任意大小。段长度不一定正好是 MPEG 包净荷的整数倍，而且有可能一个 MPE 段的最后一个 MPEG 包是空的。本节内容基于 ETSI TS 102429 – 1V1. 1. 1 对多协议封装（MPE）的描述。

MPE 通过模拟 LAN，提供了一种在 DVB 网络中通过 MPEG – 2 传送流（MPEG – TS）传输数据网络协议的机制。优化过的 MPE 已用于承载 IP，同时还可通过使用 LLC/SNAP 封装的方式传输任何其他网络协议。MPE 涵盖单播、多播和广播。封装支持数据包加密，可实现安全数据传输。

如图 6. 52 所示，运用 MPE 段装填（Packing）技术，可以充分利用 MPEG 数据包的净荷部分，从而获得更好的卫星带宽利用率。装填的思想是用一个或多个新 MPE 段的开始（Beginning）来代替填充（Padding）。

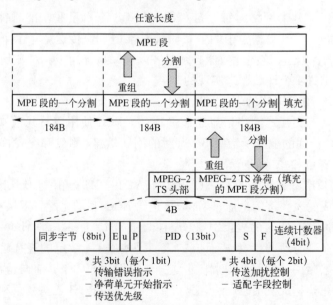

图 6. 52 MPEG – TS 中 MPE 段的封装（来源：ETSI TS 102429 – 1 V1. 1. 1；ⓒ ETSI 2006。
ETSI 标准可以从 http://www.etsi.org/standards 和 http://pda.etsi.org/pda/获得）

266

这意味着一个新的段将会在一个 MPEG 包的中部开始,紧跟在前一个段的后面。之所以可以这样做,得益于 MPEG – TS 头部中净荷单元开始指示符(Payload Unit Start Indicator,PUSI)和占据 MPEG – TS 净荷第一个字节的一字节指针(one – byte pointer):

* PUSI 指示出是否存在一个 MPE 段的开始,以及是否存在指针,见图 6.53。

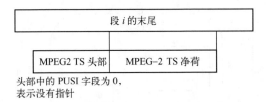

图 6.53 MPE/MPEG – 2 层装填行为(没有段开始的情况;来源:ETSI TS 102429 – 1V1.1.1;© ETSI 2006。ETSI 标准可以从 http://www.etsi.org/ standards 和 http://pda.etsi.org/pda/获得)

* 指针给出第一个 MPE 段开始的位置。如果存在多个段开始,则它们的位置可以从第一个段开始和每个 MPE 段头部中给出的 MPE 段长度来推断,见图 6.54。

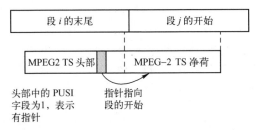

图 6.54 MPE/MPEG – 2 层装填行为(有一个新 MPE 段开始的情况;来源:ETSI TS 102429 – 1V1.1.1;© ETSI 2006。ETSI 标准可以从 http://www.etsi.org/standards 和 http://pda.etsi.org/pda/获得)

6.16 卫星链路控制层

卫星链路控制层(SLC)是由一系列控制功能和机制组成,以确保对在物理层流动的 IP 包的访问,并控制两个远程节点之间包流的传输。本节内容主要基于 ETSI TS 102 429 – 2 V1.1.1 中的卫星链路控制层。如图 6.55 所示,RCST 卫星链路控制层主要包括以下功能。

* 会话控制功能:前向链路捕获,登录/注销过程,同步过程;
* 资源控制功能:负责容量请求生成、缓存调度、流量发射控制(Traffic Emission Control)、分配消息处理(TBTP – 时间突发表计划)和信令发射控制。
* 连接控制功能:负责两个或多个 RCST 之间或一个 RCST 和 NCC 之间连接

的建立、释放和更动。在用户平面,连接控制功能通过互通(Interworking)功能与上层接口。这些功能主要是确保对输入 IP 流分类,从而将其映射到特定的连接(即连接聚合)。

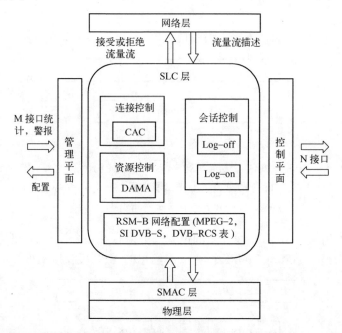

图 6.55 RCST 卫星链路控制(SLC)层功能(来源:ETSI TS 102429 – 2V1. 1. 1;© ETSI 2006。
ETSI 标准可以从 http://www. etsi. org/standards 和 http://pda. etsi. org/pda/获得)

6.16.1 会话控制

会话控制过程基于 DVB – RCS 标准。通过会话控制上下文(Session Control Context)中 RCST 和 NCC 之间的信令消息交换,实现会话控制。

从 NCC 到 RCST 的前向链路信令称为终端信息消息(Terminal Information Message,TIM)。它可以是全局的(TIM_b)用于广播或私有的(TIM_u)用于单播。使用预留的广播地址或者 RCST MAC 地址(其中包含前向链路和回传链路的静态或准静态信息),该消息被发送到数字存储介质命令与控制(DSM – CC)私有段(Private Section)中。

校正消息表(CMT)(以及附着于 TIM_u 的校正消息描述符)包括功率、频率和时间的校准信息,产生于 SYNC 突发前导码测量(或登录过程中的第一个 CSC 突发前导码),供 RCST 使用。从 SYNC 突发净荷中提取 RCST 标识符 group_id、logon _id(MAC 地址),用于明确被测量的 RCST。

从 RCST 到 NCC 的返向信令,通常是一个被授权用于 RCST 登录和 SYNC 突发发射的 C1 载波。CSC 突发由一个前导码和紧随其后的净荷组成。

CSC 突发由 RCST 以随机接入的方式发送,以便在登录时通过特定信息(从 CSC 突发净荷中提取,包括 RCST 容量和 MAC 地址)来证明自己;通过对 CSC 突发前导码的估计,实现频率初始化、时间同步和 RF 功率调整,并且在需要的情况下,由 NCC 返回给应用(放在 TIM_u 的校正消息描述符中)。

SYNC 突发由一个前导码和紧跟其后的 SAC 字段组成,用于精同步。在会话期间,通过 SYNC 突发前导码上重复性的频率、时间和功率估算来维持精同步,并且在需要的情况下,由 NCC 返回给应用(放在 CMT 中);SYNC 突发也用于容量和注销请求,以及利用 SAC 字段(从 SYNC 突发净荷中提取)的同步结果通知。

RCST 会话控制过程遵循以下原则。

- 会话控制活动开始于初始同步过程(前向链路信令 FLS 捕获)
- 再生卫星网状系统中不再使用 DVB 可选的"粗同步"选项。
- 对功率控制和同步的校正来自于 OBP 对 CSC 和 SYNC 突发前导码的估算,并由 NCC 返回给 RCST。

在会话控制过程的定义中,会话定义为 RCST 登录到 RSM 网络的"时间段"(Time Period)。为了登入和退出 RSM 网络,RCST 必须按照 DVB – RCS 标准中规定的一系列详细过程登录和注销网络。这些过程具体如下。

- 初始同步过程:RCST 首先获取前向链路信令和接收所有 RSM 网络信息所需的网络时钟基准(NCR),然后就可以接收所有关于 RSM 的信息。
- Log – on:NCC 通过 MAC 地址识别 RCST。RCST 接收在会话期间有效的 NCC 逻辑标识符(Group_id,Logon_id,PID,SYNC 突发脉冲等),同时也开始时间同步和 RF 功率调整。
- 精同步过程:为 RCST 实现时间、频率同步和功率调整。只要 RCST 一登录,就为其在同步载波上分配一个 SYNC 时隙,直至注销。
- 同步维护过程:周期性地重复精同步。
- Log – off:释放所有物理和逻辑资源,并从网络中退出。RCST 将向 NCC 发送 SYNC SAC 通知其注销。

对应以上过程,RCST 可能处于以下状态中的一个。

- 接收同步状态:初始同步过程完成(前向链路捕获),准备启动登录过程。RCST 可以基于端用户请求(通过 CLI 或 HTTP 接口)、由外部刺激产生的状态变化(Stimulus Transition)、或 NCC 唤醒请求(相当于 Transmit_Enable 状态的变化)来启动登录过程。
- 精同步准备状态:在登录过程完成(由 NCC 检测)后,RCST 准备启动精同步过程。
- 精同步状态:精同步过程完成,RCST 准备发送流量。
- 待机状态:在任何一个过程检测到异常将进入这个状态,之后 RCST 重新启动初始同步过程。

- 关闭状态:RCST 断电(不活跃)或已注销(不在 RSM - B 网络内)。

- 保持状态:这种特殊的 RCST 状态可由 NCC 在 RCST 会话的任意时间激活(由运营者决定)。NCC 发送包含在 TIM_u 中、被设置为 1 的 RCST 状态字段(transmit_disable),强制 RCST 进入保持状态。只有从 NCC 接收到设置为 0 的"transmit_disable"字段时,才允许 RCST 再次运行初始同步过程。如果在保持状态电源关闭,接通电源后 RCST 应该仍处于保持状态。随后 RCST 应捕获前向链路并立即返回到保持状态,等待 NCC 把"transmit_disable"字段设置为 0。

6.16.2　资源控制

资源控制基于 DVB - RCS 标准中定义的时隙分配过程。突发时间组成计划(Burst Time Composition Plan)的定义源于突发时间计划(Burst Time Plan,BTP)表:超帧组成表(Superframe Composition Table,SCT)、帧组成表(Frame Composition Table,FCT)和时隙组成表(Time - slot Composition Table,TCT)。终端突发时间由终端突发时间计划(Terminal Burst Time Plan,TBTP)表分配。

RCST 和 NCC 之间在资源控制上下文中的信令消息交换是基于 DVB - RCS 标准的。

从 NCC 到 RCST 的前向链路信令:TBTP 定义了以超帧为周期的动态时隙分配。RCST 利用 SCT、FCT 和 TCT 来了解上行 MF - TDMA 信道的组织,尤其是超帧、帧和时隙号。在 TBTP 中,这些参考信息和绝对日期(在 PCR 计数内)一起,被 RCST 用来如何使用分配的时隙。

每个组标识(group_id)、每条下行链路一个的 TBTP 段,包括以下信息。

- 组标识(group_id)。

- 超帧计数(模 2^{16})(superframe_count):由 NCC 设置,由当前值加上整数个超帧得到,其中要考虑到供 RCST 接收和处理的 2 个超帧。因为 TBTP 通告了超帧计数,所以 RCST 应该能够在第 $n+1$ 帧结束之前处理完第 n 帧接收到的 TBTP,定位所有分配给自己的突发,以便于在第 $n+2$ 帧使用这一信息。

- 按每个信道标识(channel_id)划分的、分配给 RCST 的时隙列表。

RCST 使用的突发分配基准是由超帧开始时间和持续时间给出,由 NCC 通过 SCT 更新和通告。知道了与超帧计数(superframe_count)关联的超帧开始时间(super_frame_start),RCST 就可以利用提取自 FCT 和 SCT 的时间和频率偏移量,获得分配给它的突发的精确位置。

此外,对于突发传输,RCST 会对 TBTP 中分配的时间进行预估,以便把其本地网络时钟基准偏移(D/L 传播时延)和突发传输时延(U/L 传播时延)等因素考虑在内。

从 RCST 到 NCC 的回传信令:在从 RCST 到 NCC 的回传信令的资源控制方面,使用卫星访问控制(SAC)字段(SYNC 突发)实现容量请求的动态分配。一个

SAC 字段中可以包含多个容量请求。

RCST 中的请求计算过程是无记忆的。也就是说,当计算一个请求时,RCST 并不考虑上一个与容量分配相关的请求的情况。

6.16.3　容量请求的分类

DVB – RCS 标准定义了基本的容量请求。资源控制可以通过组合以下这些 DVB – RCS 基准(Baseline)容量类别来形成对容量的请求。

● 连续速率分配(Continuous Rate Assignment,CRA):这种容量的分配不需要终端发送容量请求。这种容量是受保证的。其粒度基于映射到给定载波的 TRF_bust 的速率,并与选定的码率是 4/5 还是 3/4 有关。

● 基于速率的动态容量(Rate – Based Dynamic Capacity,RBDC):终端通过 SYNC 突发的 SAC 字段,以每个 channel_id 为基础,动态请求速率容量(Rate Capacity),并且终端之间公平共享容量。同一终端的后续请求会覆盖之前的请求。请求受超时机制和最大速率参数(在 RCST 的配置中设置)的约束。

● 基于流量的动态容量(Volume – Based Dynamic Capacity,VBDC):终端通过 SYNC 突发的 SAC 字段,以每个 channel_id 为基础,动态请求流量容量(Volume Capacity),并且终端之间公平共享容量。同一终端的后续请求会覆盖之前的请求。请求受超时机制和最大速率参数(在 RCST 的配置中设置)的约束。

● 空闲容量分配(Free Capacity Assignment,FCA):无需任何请求,自动根据配置文件从未使用的容量中为终端分配容量。这种以每个 channel_id 为基础的、分红式的容量,可用度的变化很大,其目的是减少容忍时延抖动的业务流上的时延。

RCST 支持动态无线电资源控制功能,也可作为一个按需分配多址(DAMA)代理(Agent)。通常假定 RCST 能够在一个带宽至少 36MHz 的 MF – TDMA 信道上进行快速跳频(Fast Frequency Hopping,FFH)。

6.16.4　连接控制

本节介绍连接控制协议(Connection Control Protocol,C2P)的基本概念。C2P 定义了接受(Acceptance)、建立、修改和释放连接所需的机制和消息。

信道由流(Stream)组成,流由连接组成,而连接由 IP 流(IP Flow)组成。图 6.56 说明了单播连接的一个典型布局,这些连接来自于附着在一个子网上的、向 TDM1 发送流量的 RCST – A:

● 到 RCST3 的高优先级连接由(ch_ID – 1、PID A – 1 HP、RCST3 的 MAC 地址)标识。

● 到 RCST2 的低优先级连接由(ch_ID – 1、PID A – 1 LP、RCST2 的 MAC 地址)标识。

连接(Connection):一条连接定义为以相同优先级,从一个卫星再生网状

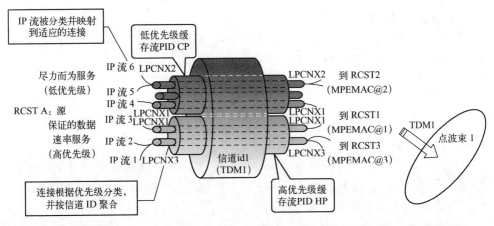

图 6.56 连接、channel_ID 和 PID 间的关系(来源：ETSI TS 102429 - 2V1. 1. 1；© ETSI 2006。
ETSI 标准可以从 http://www.etsi.org/standards 和 http://pda.etsi.org/pda/获得)

(SRM)网络的参考点向一个(单播)或多个(多播或广播)远程 RSM 网络参考点传播数据包(业务或信令)的手段。

这些 RSM 网络参考点对应 RSM - B RCST 或 RSGW。在两个 RCST/RSGW 之间,连接的数量可以与系统中定义的优先级的数量一样多。RSM 系统有 4 种不同的优先级,因此 RSM 系统两个 RCST/RSGW 之间最多可以建立 4 条连接。

每条连接使用 connection_reference_id 来标识,这个标识符允许每个 RCST/RSGW 在本地识别当前所有活动的连接。

连接控制协议(C2P)信息元素(Information Element, IE)字段可根据端用户业务需求,将连接与不同的属性关联。

IP 流(IP Flow)： 一个 IP 流由大量具有相同的源和目的地址的 IP 数据包组成。一条连接可以携带一个或几个单一的 IP 流。每个 RCST 都能够通过多字段分类(Multifield Classification)的方法识别 IP 流。

例如,一个 IP 流可以使用源地址、目的地址、区分服务代码点(DSCP)值、协议类型、源和目的端口号来标识。而多字段过滤标准(Multifield Filtering Criteria)则根据每个 RCST 上的流表(Flow Table)类型来配置。

信道(Channel)： 信道是一条在 RCST 和其所有目的 RCST 之间、共享同一波束的逻辑访问链路。一条信道通过 TBTP 与一条物理路由以及一个特定 MF - TDMA 上行链路资源相关联。

根据服务质量和路由,可以把单条或者多条连接映射到一条信道。分配给每条信道的总容量被这条信道上的所有连接共享。每条信道用一个 Channel_ID 标识。

流(Stream)： 在 DVB 系统中,流是指 MPEG - 2 传送流(MPEG - 2 TS)。因此每条连接可以使用 MPEG - 2 TS 流标识符来标识。

在双向连接的情况下,两个流标识符分别唯一标识业务的发送和接收。在单向连接的情况下,只需要一个流标识符来识别业务的发送或接收。

流标识符通常也按照 MPEG – 2 TS 的命名法称为节目标识符。

连接类型:有两种类型的连接——用于控制与管理的信令连接和用于用户数据的业务连接。

信令连接用于管理站(NCC 与 NMC)和 RCST 之间的通信。每条信令连接只可以传送控制与管理信息。信令连接在终端登录时自动打开,并不需要 C2P 消息。因此,并不真正的分配 connection_reference_id 给它们。信令连接所需的所有信息都包含在 RCST 接收到的登录消息中。

信令连接用于向 NCC 发送 C2P 控制消息,向 NMC 发送 SNMP 管理消息。

根据登录信息,对于发送和接收,每条连接将分配不同的 PID 值。RCST 中的每条信令连接都会分配不同的内部队列缓冲区。两条连接将共享分配在 ID 为 0 的保留信令信道上的时隙。这些连接对应于 RCST 的控制和管理平面。

如图 6.57 所示,有几个业务连接的子类型,包括网状或星型、双向或单向、以及两个或多个终端(RCST 或 RSGW)之间的单播或组播。

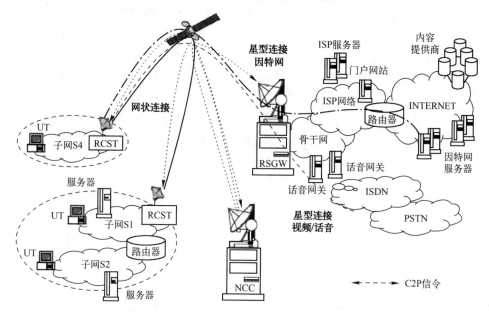

图 6.57　星型和网状连接(来源:ETSI TS 102 429 – 2V1.1.1;© ETSI 2006。ETSI 标准可以从 http://www.etsi.org/standards 和 http://pda.etsi.org/pda/获得)

- 星型连接:在 RSGW 和 RCST 之间建立的连接。
- 网状连接:任意两个用户 RCST 之间建立的连接。

这些连接属于 RCST 的用户平面(U – Plane)。业务连接的建立基于 RCST/RSGW 与 NCC 之间的 C2P 交换。(连接可以是基于管理要求(NMC)、由 NCC 发起,永久建立或释放;或者按由 RCST(GW_RCST)按需发起)。

● 永久连接(Permanent Connection):当对等终端同步后,由 NMC 主动建立。永久连接的建立和释放过程使用 C2P 协议。C2P 永久连接建立/释放是由 NCC 的连接控制功能发起(当收到来自 NMC 的指示后)。终端不能释放连接。

● 按需连接(On – demand Connection):根据 RCST 或 RSGW 的明确请求建立。按需连接的建立和释放过程使用 C2P 协议,由 RCST 或 RSGW 的连接控制功能发起。

6.17　服务质量(QoS)

IP 网络层 QoS 定义为从源主机到目的主机的每条 IP 流的服务质量需求被满足的概率。本节内容基于 ETSI TS 102 429 – 2 v1.1.1 中对 QoS 的描述。

网络层 QoS 依赖于整个再生卫星网状系统的业务配置和 RCST 的业务配置。只有当这些配置被接受以后,才可以定义网络层 QoS。网络层 QoS 机制包括对 IP 流进行优先级排序和要求卫星链路控制(SLC)层为应用提供最合适的传输参数。

这些机制为实时应用和非实时应用提供不同的优先级:视频和话音传输这些实时应用对时间敏感,对丢包不敏感,因此需要快速周转(Turnaround);而文件传输、电子邮件、WWW 等非实时应用对时间不敏感,但对丢包非常敏感。

RCST 级别 QoS 的实现是基于对卫星连接参数的调整(依据应用需求)。这就要求识别每种应用类型和管理每条应用流。RCST 上的 QoS 机制是基于业务区分的。RCST 能够把 IP 业务分成几条 IP 流。每条 IP 流使用多字段过滤器定义(Multifield Filter Definition)来辨识。IP 流之间的排队和调度依赖于 RCST 定义的 QoS 策略。

6.17.1　业务类型

以下是 DVB – RCS 标准定义的一些业务类型。

● 尽力而为或低优先级(LP):由没有特定时延和抖动要求的应用使用。这种业务从终端的传输调度器中获得最低的优先级。使用一个令牌桶或加权公平队列(Weighted Fair Queueing,WFQ)算法,来避免这个低优先级队列被实时非抖动敏感(real time non – jitter sensitive)的业务队列(高优先级队列)所阻塞。

● 实时非抖动敏感或高优先级(HP):由对时延敏感但对抖动不敏感的应用使用。这种业务从终端的传输调度器中获得最高的优先级。

● 实时抖动敏感或有抖动约束的高优先级(HPj):由对时延和抖动两者都敏感的应用使用。这种业务获得特定的传输资源,用于确保最小化 DVB – RCS TDMA 传输模式引起的抖动。所获得的传输资源独立于其他业务类型。

● 流(Streaming)或流优先级(StrP):通常用于视频业务或基于流量的应用。

274

6.17.2　流的分类

流(Flow)的分类机制允许 RCST 和 RSGW 为不同类型的应用提供不同的行为。RCST 和 RSGW 根据以下 IP 包中的字段辨别 IP 数据流：

- 源和目的地址；
- TCP / UDP 源和目的端口号；
- 区分服务代码点(DSCP)值；
- 净荷中携带的协议类型。

使用对上面字段的一组掩码来配置 RCST。根据这些掩码，RCST 把接收到的数据包划分为不同类型的流。

6.17.3　链路层连接 QoS 适配器

每一次新的流(flow)进入系统，RCST 或 RSGW 都必须确定是否存在一个合适的连接来传送此流，如果不存在则创建一条连接。在这种情况下，流的类型用于确定 NCC 所需要的连接参数，特别是优先级和带宽参数。

流类型和连接参数之间的关联在 RCST 的管理信息库(Management Information Base，MIB)中配置。最多可定义 5 个流类型和 1 个默认类型。表 6.9 列举了对 MIB 每个条目的功能描述。

表 6.9　流类型分类和 SLC 参数

	IP 头"掩码"	SLC – C2P 参数
流类型 (flow type)	源 IP 地址和掩码	主动定时器
	目的 IP 地址和掩码	优先级
	DSCP 范围	PDR 返回
	原端口号范围	SDR 返回
	目的端口号范围	PDR 转发
	协议类型和掩码	SDR 转发 单向/双向
(来源：ETSI 2006[47]，经 ETSI 许可重制)		

SLC 参数的默认设置是把"header mask"的每个字段都设置为"any value"。基于流类型的分类，RCST 可以自动估计下列内容。

- SLC – C2P 参数：连接类型(单播/组播)；方向性(单向/双向)；高优先级(HP)或低优先级(LP)业务类型；为接收和发送某一类型业务，要保证的数据速率和峰值数据速率；当没有更多业务时释放无线资源的主动超时。
- 不同的缓冲队列：HP 和 LP 缓冲区之间的区别(SMAC 缓冲区)。

对于所有的流量，可以定义受保证的和最大的比特率。如果一个特定的业务类别被配置为受保证的比特率，一旦请求这种 QoS 级别的流的第一个数据包进入卫星网络,系统会为流预留所需的容量(即受到保证的容量)。当没有更多的这种业务类型的数据包通过网络时,容量分配会超时,无线资源会释放。如果需要,终端会请求更多的容量。它可以分配到最大的峰值速率。

这种类型的预留称为"软状态"预留。与传统的"硬状态"连接资源相比,预留的资源是隐性释放的;在"硬状态"下,资源只有在收到释放信令后才会被释放。

6.18 网 络 层

网络层提供端到端的连接,这些连接通过网络交换机和路由器的外部接口,最终将业务数据传递到面向不同应用(如 VoIP、IP 组播、因特网接入和 LAN 互联)的网络服务。

RCST 网络层的用户平面(U – Plan)具有以下接口:

- 与 SLC 层交互的 IP 数据报;
- RCST 和用户终端(UT)之间的 IP 数据报。

本节内容基于 ETSI TS 102 429 – 2V1. 1. 1 中的网络层。在控制平面,网络层实现了支撑服务所需的多种控制平面功能。网络层的控制平面可以拆分为两部分。

- 服务无关部分,包括 NCC 和 RCST 间根据给定 IP 地址获取 MAC 地址的接口。
- 服务相关部分,包括:用于在 RSGW 和 RCST 之间提供组播功能的 IGMP 信令;用于在 UT 和 RCST 之间提供组播功能的 IGMP 信令;对于因特网接入,为了获得公共 IP 地址,RCST 和 RSGW 之间需要进行数据交换;对于局域网互连,则不需要额外的机制。

网络层的控制平面功能包括:

- 面向 RSGW 的 IGMP 代理,即与 RSGW 交互时 RCST 扮演 IGMP 主机的角色。
- 面向 RCST 局域网的 IGMP 查询功能。
- 与 ARP(嵌入在 C2P 中)关联的 IP 路由功能。

6.18.1 IP 路由和地址解析

IP 路由是网络层的功能。再生卫星网状(RSM)网络中的路由功能以"分散式路由器"的方式组织。路由功能的一部分在 RCST/ RSGW,另一部分在 NCC,是一种类似客户端/服务器的架构。NCC 是路由服务器,而 RCST/RSGW 是客户端。

当一个客户端要路由一个 IP 数据包时,它会向服务器请求路由这个包所需的信息。服务器发送路由信息,客户端保存该信息。同时,必须采用授权的某些"全局"子网前缀来配置每个客户端。

当一个 IP 包进入 RSM 网络时,由 RCST 或 RSGW 决定把这个包发往何处,其最终目标是获得目的设备的 MAC 地址。RCST 或 RSGW 查找自己的路由表,如果不存在卫星路径上的路由,就通过 C2P 连接请求消息向 NCC 发起地址解析协议(Address Resolution Procotol,ARP)请求。

就像路由器一样,RCST 执行 IP 路由功能。每次一个数据包进入 RCST,它就要决定把这个数据包发往何处,也就是要得到目的设备的 MAC 地址或下一跳路由器的 MAC 地址。

路由和寻址功能之间以及连接控制与管理之间有着密切的关系。就像一条跨任意类型网络的路由那样,连接跨卫星网络互联远程节点。而就路由而言,如果没有相关的知识(对于中间节点和端节点来说是地址信息,对于链接这些节点的路径来说是路由信息),端节点间的连接是不可能建立的。

所有的信息都集中在 NCC,用于建立端节点之间的连接。端节点可以是位于 RCST 之后(用户接口一侧)的子网上的任何用户设备。这些设备都有唯一的 IP 地址,该地址隶属于 RCST 的某一子网掩码。然而,因为卫星网络中的传输是基于 MPEG-2 TS 包格式的,所以必须获得端 RCST 的 MPE MAC 地址,才能建立连接。

NCC 提供机制将用户设备 IP 地址关联到 RCST 的 MPE MAC 地址。这种从 IP 地址到 MAC 地址的映射称为地址解析机制。

为了加速连接建立过程,ARP 功能和连接建立可以同时进行,即来自 RCST 的连接建立请求消息中同时包含一个 ARP 请求;相应的,NCC 对请求的响应也将同时包含 ARP 响应(目的 MAC 地址与子网)和连接参数。这些都可以在一次事务(Transaction)中实现。

RCST 的路由表利用下列信息配置:
- 覆盖卫星网络所有用户私有 IP 地址范围的一个或多个前缀;
- 辨识卫星网络所允许的公共 IP 地址范围的一个或多个前缀(每个 RSCT 可以不同);
- 一条默认路由(可选)。

根据卫星网络寻址方案,RCST 可以有一条默认路由,也可以没有。可以为每个 RCST 授权一条默认路由。是否使用默认路由项取决于 RCST 支持的业务类型。
- 涉及因特网接入服务的 RCST 的路由表,通常配置有一条到 ISP 的 RSGW 的默认路由。
- 涉及企业接入的 RCST 的路由表,通常配置有一条到电信运营商的 RSGW 的默认路由。
- 涉及局域网互连接入虚拟专用网(VPN)的 RCST 的路由表,通常配置有一条通向同一卫星网络中另一个 RCST 的默认路由。

6.18.2 IP 组播——星型和网状配置

RSM 系统基于两种拓扑结构支持两种 IP 组播业务。

- 星型 IP 组播:在星型 IP 组播中,组播流从一个 RSGW 向多个 RCST 动态转发。组播源在地面网络中,将其组播流转发到 RSGW。

- 网状 IP 组播:在网状 IP 组播中,组播流从一个源 RCST 向多个目的 RCST 静态转发。组播源在地面网络中,将其组播流转发到源 RCST。

如果 RSGW 具有因特网接入和向 MSP、ISP 或企业专用 IP 组播数据流分发的能力,星型 IP 组播意味着在全球范围内可用的网络组播数据流分发。

组播流的转发是动态的:运行在 RCST 和 RSGW 之间的 IGMPv2 协议负责组播组成员的设置。只有在至少有一个 RCST 请求加入流所对应的组播组时,RSGW 才在上行链路转发组播流。RSGW 负责管理组播成员,从而保证每个组播流仅发送一次。

图 6.58 说明了星型 IP 组播的网络拓扑结构。星型 IP 体系结构基于 ETSI TS 102 294 中定义的 IGMP 协议架构。

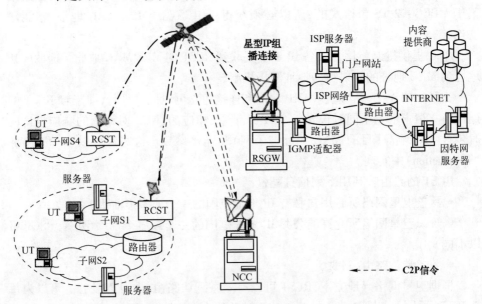

图 6.58 星型 IP 组播网络拓扑(来源:ETSI TS 102 429 - 2V1.1.1;ⓒ ETSI 2006。
ETSI 标准可以从 http://www.etsi.org/standards 和 http://pda.etsi.org/pda/获得)

星型 IP 组播拓扑结构涉及的网络实体包括用户终端(UT)、RCS 终端(RCST)、RCST 的 IP 子网路由器,以及 RCS 网关(RSGW)。

UT 在 IP 子网上通过用户接口连接到 RCST。UT 具有因特网组管理协议版本

2（IGMPv2）的主机功能，可以加入或退出一个组播组。

RCST 实现 IGMPv2 代理。在用户接口上，它是一个 IGMP 路由器和查询器，在卫星空中接口上它是一个 IGMP 主机。如果 UT 所在的 RCST 局域网内的另一个 UT 已经请求了某个组播流，IGMP 代理可以避免 RSGW 再次从 UT 收到同样的 IP 组播流请求消息。IGMP 代理知道 IP 组播流已经在以 TDM 方式传输，它可以无需询问 RSGW，就能给该流提供新的 UT。这样就减少了在空中接口上发送的 IGMP 消息的数量。IGMP 代理根据其组成员表，将从卫星空中接口接收到的组播数据流向其用户接口转发。

RCST 和 UT 之间路径上的所有路由器都实现了 IGMPv2 代理功能。其上游（Upstream）接口面向 RCST，而下游（Downstream）接口面向用户终端。

RSGW 由 GW_RCST、IGMP 适配器和组播边缘路由器组成。IGMP 适配器是一种遵循 TS 102 293 规范、针对卫星环境进行优化的 IGMP 代理。IGMP 适配器基于 IGMP V2 代理并执行特定的功能，用于改进卫星网络中由 IGMPv2 协议引入的信令负载。它有一个面向 GW_RCST 的接口和一个面向组播边缘路由器的接口。

IGMP 主机功能在 RFC 2236 中定义。IGMP 查询器功能针对卫星环境进行了优化，具有适于卫星网络的定时器值。

在与 IGMP 适配器的接口上，组播边缘路由器是带有 IGMPv2 路由器/查询器功能的组播路由器；而在其他接口上，组播边缘路由器发挥的则是组播路由功能。组播边缘路由器的组播路由功能通常是基于 PIM – SM 的。它负责加入或修剪组生成树（Group – Spanning Tree）。

所有 IGMP 消息均透明转发，在 RSGW 内 IP 包的 TTL 值不减少，直到它们到达组播边缘路由器。因此 GW_RCST 透明转发所有 IGMP 消息而且不减少 TTL 值。

骨干网络包括 ISP 或 MSP 网络、因特网和企业网络。这些网络具有组播核心路由器，其上运行组播路由协议（如 PIM – SM）、组播边界网关协议（Multicast Border Gateway Protocol，MBGP）和组播源发现协议（Multicast Source Discovery Protocol，MSDP）。

图 6.59 是一个网状 IP 组播拓扑结构的例子。网状 IP 组播在 RCST（这些 RCST 要通过卫星网络实现局域网互连）之间提供组播数据转发功能。如图 6.59 所示，来自于一个源 RCST 的、同一卫星网络内所有 TDM 上的 IP 组播流分发构成了网状 IP 组播。

除 RSGW 外，网状 IP 组播网络拓扑结构具有与星型 IP 组播网络拓扑结构相同的网络实体类型。

UT 在 IP 子网上，通过用户接口与 RCST 连接。UT 具有 IGMPv2 主机功能，可以加入或退出一个组播组。

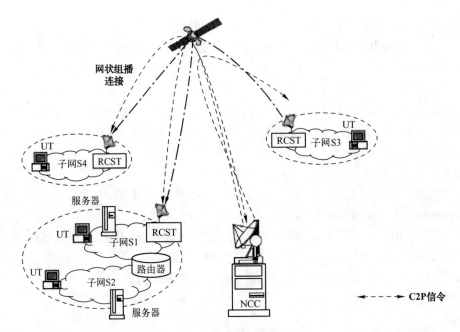

图 6.59　网状 IP 组播网络拓扑(来源:ETSI TS 102429 – 2V1. 1. 1;© ETSI 2006。
ETSI 标准可以从 http://www. etsi. org/standards 和 http://pda. etsi. org/pda/获得)

　　RCST 和 UT 之间路径上的路由器实现 IGMPv2 代理功能。上游接口面向 RCST,而下游接口面向 UT。此外,路由器被配置为转发某些组播流到 RCST。路由器中被授权的组播流的列表与配置在 RCST 中的列表相同。

　　RCST 是一个 IGMPv2 查询器,处理用户接口上 UT 的加入信息。在卫星空中接口上,RCST 没有 IGMP 功能。当需要时,它根据其组成员表,将从卫星空中接口收到的组播数据流转发到用户接口。

　　此外,RCST 还具有 IP 组播组地址列表,这些地址被授权向空中卫星接口转发组播流。列表是针对每个 RCST 由管理者配置和定义的。RCST 通过点到多点连接,将这些授权的 IP 组播流从用户接口转发到卫星空中接口。

　　由服务提供商管理的每个卫星网络都有一个按照 RFC 2365 建议分配的 IP 组播地址池(见进一步阅读)。每个 RCST 都有一个授权转发的 IP 组播地址池。

进一步阅读

[1] Akyildiz, I.F. *et al.*, Satellite ATM networks: a survey, *IEEE Communications*, 7: 30–43, 1997.
[2] Allman, M., Glover, D. and Sanchez, L. *Enhancing TCP over Satellite Channels using Standard Mechanisms*, IETF RFC 2488, January 1999.
[3] RFC 2189, *Core-based Trees (CBT version 2) Multicast Routing*, IETF, Ballardie, A., September 1997.
[4] Bem, D.J., Wieckowski, T.W. *et al.*, Broadband satellite systems, *IEEE Communications*, 1: 2–14, 2000.

[5] RFC 2475, *An Architecture for Differentiated Services*, Blake, S. *et al.*, IETF, December 1998.

[6] Braden, R., Clark, D. and Shenker, S., *Integrated Services in the Internet Architecture: an Overview*, IETF RFC 1633, June 1994.

[7] Deering, S., Estrin, D.L. *et al.*, The PIM architecture for wide-area multicast routing, *IEEE Transactions: Networking*, 2: 153–162, 1996.

[8] RFC 4610, *Protocol-independent Multicast – Sparse Mode (PIM-SM): Protocol Specification (Revised)*, B. Fener, M. Handley, H. Holbrook and I. Kouvelas, IETF, August 2006.

[9] ETSI EN 301790, *Digital Video Broadcasting (DVB)* Interaction Channel for Satellite Distribution Systems, 2000.

[10] RFC 2236, *Internet Group Management Protocol, Version 3*, B.Cain, S. Deering, B. Fenner, A. Thyagarajah, IETF, January 2002.

[11] Howarth, M.P., Cruickshank, H. and Sun, Z., Unicast and multicast IP error performance over an ATM satellite link, *IEEE Comms. Letters*, 8: 340–342, 2001.

[12] Howarth, M., Iyngar, S., Sun, Z. and Cruickshank, H., Dynamics of key management in secure satellite multicast, *IEEE Journal on Selected Areas in Communications: Broadband IP Networks via Satellites, Part I*, 2, 2004.

[13] RFC 4301, *Security Architecture for the Internet Protocol*, S. Kent, and S. Seo, IETF, December 2005.

[14] Koyabe, M. and Fairhurst, G., Reliable multicast via satellite: a comparison survey and taxonomy, *International Journal of Satellite Communications*, 1: 3–28, 2001.

[15] RFC1584, *Multicast Extensions to OSPF*, J. Moy, IETF, March 1994.

[16] Rosen, E., Viswanathan, A. and Callon, R., *Multiprotocol Label Switching Architecture*, IETF RFC 3031, January 2001.

[17] Sahasrabuddhe, L.H. and Mukherjee, B., Multicast routing algorithms and protocols: a tutorial, *IEEE Network*, 1: 90–102, 2000.

[18] Sun, Z., Broadband satellite networking, *Space Communications, Special issue on On-board Processing*, 1/3: 7–22, 2001.

[19] Sun, Z., He, D., Cruickshank, H., Liang, L., Sánchez, A. and Tocci, C., Scalable architecture and evaluation for multiparty conferencing over satellite links, *IEEE Journal on Selected Areas in Communications: Broadband IP Networks via Satellites, Part II*, 3, 2004.

[20] RFC 3913, *Border Gateway Multicast Protocol (BGMP): Protocol Specification*, Thaler, D., IETF, September 2004.

[21] RFC 1075, *Distance Vector Multicast Routing Protocol*, Waitzman, D., Partridge, C. and Deering, S., IETF, November 1988.

[22] RFC 2627, Key Management for Multicast: Issues and Architectures, Wallner, D., Harder, E. and Agee, R., IETF, June 1999.

[23] Yegenoglu, F., Alexander, R. and Gokhale, D., An IP transport and routing architecture for next-generation satellite networks, *IEEE Network*, 5: 32–38, 2000.

[24] RFC 5944, IP Mobility Support for IPv4, C. Perkins, IETF, November 2010.

[25] RFC 1256, ICMP Router Discovery Messages, S. Deering, IETF, September 1991.

[26] RFC 6151, The MD5 Message-Digest and HMAC-MD5 Algorithm, S. Turner, L. Chen, IEFT, March 2011.

[27] RFC 2627, Key Management for Multicast: Issues and Architectures, D. Wallner, E. Harder and R. Agee, IETF, June 1999.

[28] RFC 3357, One-way Loss Pattern Sample Metrics, R. Koodli and R. Ravikanth, IETF, August 2002.

[29] RFC 3260, New terminology and clarification for Diffserv, D. Grossman, April 2002.

[30] RFC 3973, Protocol independent multicast – dense mode (PIM-DM), A. Adams, J. Nicholas, W. Siadak, January 2005.

[31] RFC 4604, Using Internet group management protocol version 3 (IGMPv3) and multicast listener discovery protocol version 2 (MLDv2), H. Holbrook, B. Cain, B. Haberman, IETF, August 2006.

[32] RFC 6178, Label edge router forwarding of IPv4 option packets, March 2011.

[33] RFC 3447, public-key cryptography standards (PKCS) #1: RSA cryptography specification v2.1, J. Jonsson, B. Kaliski, February 2002.

[34] RFC 4410, Selective reliable multicast protocol (SRMP), M. Pullen, F. Zhao and D. Cohen, IETF, February 2006.

[35] RFC 3208, PGM Reliable Transport Protocol Specification, T. Speakman, *et al.*, IETF, December 2001.

[36] RFC 5998, Internet key exchange protocol version 2 (IKEv2), C. Kaufman, P. Hoffman, Y. Nir, P. Eronen, IETF, September 2010.

[37] RFC 4301, Security architecture for the Internet protocol, S. Kent, K. Seo, IETF, December 2010.

[38] RFC 4535, GSAKMP: Group Secure Association Key Management Protocol, H. Harney, U. Meth, A. Colegrove, G. Gross, June 2006.

[39] RFC 2205, Resource ReSerVation Protocol (RSVP) – Version 1 Functional Specification, R. Braden, L. Zhang, S. Berson, S. Herzog, S. Jamin, IETF, September 1997.

[40] ITU-T, Y.1540, Internet protocol data communication service – IP packet transfer and availability performance parameters, 03/2011.

[41] ITU-T, Y.1541, Network performance objectives for IP-based services, 12/2011.

[42] ETSI EN 300 421 EN 300 421 V1.1.2: Digital Video Broadcasting (DVB): Framing Structure, Channel Coding and Modulation for 11/12 GHz Satellite Services, 08/1997

[43] ETSI EN 301 790 V1.5.1: Digital Video Broadcasting (DVB): Interaction Channel for Satellite Distribution Systems, 05/2009.

[44] ETSI EN 301 192 V1.5.1: Digital Video Broadcasting (DVB): DVB Specification for Data Broadcasting, 11/2009.

[45] ETSI EN 300 468 V1.13.1 (2012-08): Digital Video Broadcasting (DVB): Specification for Service Information (SI) in DVB systems, (08/2012).

[46] ETSI TS 102 429-1 v1.1.1: Satellite Earth Stations and Systems (SES); Broadband Satellite Multimedia (BSM); Regenerative Satellite Mesh-B (RSM-B); DVB-S/DVB-RCS family for regenerative satellites; Part 1: System Overview, 10/2006.

[47] ETSI TS 102 429-2 v1.1.1: Satellite Earth Stations and Systems (SES); Broadband Satellite Multimedia (BSM); Regenerative Satellite Mesh-B (RSM-B); DVB-S/ DVB-RCS family for regenerative satellites; Part 2: Satellite Link Control layer, 10/2006.

[48] ETSI TS 102 429-3 v1.1.1: Satellite Earth Stations and Systems (SES); Broadband Satellite Multimedia (BSM); Regenerative Satellite Mesh-B (RSM-B); DVB-S/ DVB-RCS Family for Regenerative Satellites; Part 3: Connection Control Protocol, 10/2006.

[49] ETSI TS 102 429-4 v1.1.1: Satellite Earth Stations and Systems (SES); Broadband Satellite Multimedia (BSM); Regenerative Satellite Mesh-B (RSM-B); DVB-S/ DVB-RCS Family for Regenerative Satellites; Part 4: Specific Management Information Base, 10/2006.

[50] ETSI TR 101 985 V1.1.2: Satellite Earth Stations and Systems (SES); Broadband Satellite Multimedia; IP over Satellite, 11/2002.

[51] ETSI TR 102 287 V1.1.1: Satellite Earth Station and System (SES); Broadband Satellite Multimedia (BSM); IP Interworking over Satellite; Security Aspects, 05/2004.

[52] ETSI TS 101 545-1 (V1.1.1): Digital Video Broadcasting; Second Generation DVB Interactive Satellite System (DVB-RCS2), Part 1: Overview and System Level Specification, 05/2012.

[53] ETSI EN 301 545-2 (V1.1.1): Digital Video Broadcasting; Second Generation DVB Interactive Satellite System (DVB-RCS2), Part 2: Lower Layer for Satellite Standard, 05/2012.

[54] ETSI TS 101 545-3 (V1.1.1): Digital Video Broadcasting; Second Generation DVB Interactive Satellite System (DVB-RCS2), Part 3: Higher Layers Satellite Specification, 05/2012.

[55] ISO/IEC 13818-1, "information technology – generic coding of moving pictures and associated audio information: system", 2013.

[56] RFC 2365, Administratively scoped IP multicast, D. Meyer, July 1998.

练　习

1. 解释卫星 IP 组网的概念。

2. 解释 PPP 和 IP 隧道中 IP 包封装的概念。

3. 简述以卫星为中心视角下的全球网络和因特网。

4. 解释卫星 IP 组播。

5. 解释 DVB 和相关协议栈。

6. 解释卫星 DVB，包括 DVB – S 和 DVB – RCS。

7. 解释 DVB – S 和 DVB – RCS 承载 IP 的安全机制。

8. 讨论 IP QoS 的性能目标和参数，以及 Intserv 和 Diffserv 的 QoS 架构。

7 卫星网络对传输层协议的影响

本章讨论卫星网络对传输层协议的影响,包括传输控制协议(TCP)及其应用。TCP 是因特网协议栈中的可靠传输协议。它是实现一台主机上客户进程通过因特网与另一台主机上服务器进程之间端到端通信的协议。TCP 不要求了解应用、因特网流量状况和网络传输技术(如 LAN、WAN、无线和移动网络、卫星网络)等信息。它在客户和服务器之间的流量控制、差错控制和拥塞控制机制,可以实现对传输错误、数据丢失、网络拥塞和缓冲溢出等故障的恢复。所有这些机制都会对星上 TCP 的性能产生影响,进而影响应用的性能。本章还简要介绍了基于用户数据报协议(UDP)的实时传输协议,包括 RTP、RTCP、SAP 和 SIP 等,以及相关的 VoIP 和多媒体会议(MMC)等应用。在读完本章后,希望读者能够:

● 了解由流量控制、差错控制和拥塞控制机制引起的卫星网络对传输层协议性能的影响。

● 分析标准 TCP 协议的慢启动算法和拥塞避免机制的性能,并计算卫星带宽的利用率。

● 了解经典的卫星网络 TCP 增强方法。

● 描述针对慢启动算法的 TCP 增强方法。

● 描述针对拥塞避免机制的 TCP 增强方法。

● 描述针对确认(ACK)的 TCP 增强方法。

● 了解针对错误恢复机制的 TCP 增强方法,包括快速重传和快速恢复。

● 了解包括 TCP 欺骗和级联 TCP(又称分段 TCP)在内的分割式 TCP 性能加速机制。

● 理解卫星网络对不同应用的影响。

● 理解基于现有 TCP 机制的 TCP 增强方法的局限性。

● 理解包括 RTP、RTCP、SAP、SIP 等实时协议,以及它们与其他应用层协议如 HTTP 和 SMTP 协议的区别。

● 理解基于实时传输协议的 VoIP 及多媒体会议(MMC)。

7.1 简 介

TCP 是用于因特网上不同主机进程间端到端通信的协议。TCP 在客户端或服务器端实现,为应用程序提供可靠的传输服务。它对因特网而言是透明的,换句话说,因特网仅仅把 TCP 协议看作是 IP 包的净荷部分(如图 7.1 所示)。

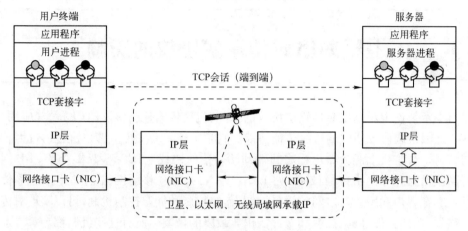

图 7.1　卫星因特网上的 TCP 协议

TCP 最富挑战性的任务就是在既不知道位于它之上的应用的任何细节、也不知道位于它之下的因特网的任何细节的条件下,提供可靠和高效的传输服务。根据应用程序的特点、客户端和服务器端参数以及网络参数和状况(尤其是卫星网络),TCP 将执行相应的、适当的动作。

7.1.1　应用的特点

基于 TCP 的应用范围广泛,包括远程登录、文件传输、电子邮件以及万维网(WWW)。使用 TCP 传输的数据量从几字节到千字节、兆字节甚至吉字节不等。

一个 TCP 会话的持续时间可以从几分之一秒到数个小时。因此,每次传输的数据量和每个 TCP 会话的总数据量都是影响 TCP 性能的重要因素。

7.1.2　客户端和服务器端主机参数

现有的基于 TCP 的因特网应用是弹性的,也就是说,它们可以容忍数据的缓慢处理和缓慢传输。正是这一特征和 TCP 一起,可以采用不同类型的计算机(从个人计算机到超级计算机)来构建因特网,并且使它们能够通过不同类型的网络相互通信。

影响 TCP 性能的主要参数包括处理能力(能够多快地处理 TCP 会话中的数据)、缓冲区大小(分配给 TCP 会话的用于数据缓冲的内存空间)、客户端主机和服务器端主机上网络接口卡的速度(主机能够以多快的速度向网络发送数据),以及客户和服务器之间的往返时间(RTT)。

7.1.3　卫星网络配置

卫星可以在因特网中扮演多种不同角色。图 7.2 所示为一个卫星网络配置的典型例子,该卫星网络配置以一个卫星网络为中心,连接两个地面接入网络。

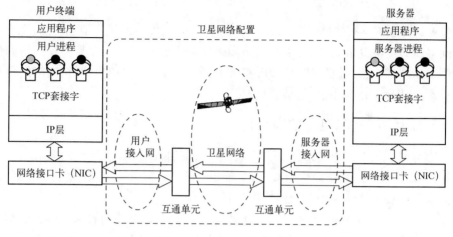

图 7.2　卫星网络配置示例

为了简化讨论,假设所有的约束条件都源于卫星网络(长时延、高误比特率、带宽受限等),因为地面网络中的这些约束条件相比于卫星网络都是可以忽略的。两个接入网络和互通单元(路由器或者交换机)都有能力处理接入网络与卫星网络之间的业务流。下面是一些典型的卫星网络配置。

●　非对称的卫星网络:DVB – S/S2、DVB – RCS/RCS2 以及 VSAT 卫星网络均配置成带宽非对称的方式,前向数据速率(从卫星网关站到用户地面站)远远大于回传数据速率(从用户地面站到卫星网关站),这是由于不同地面站传输功率和天线口径的限制。只接收(receive – only)广播卫星系统是单向的,并能够使用非卫星的回传路径(例如地面网络)。大多数 TCP 业务本质是非对称的,其数据向一个方向流动,确认(Acknowledgement)则向相反方向流动。

●　卫星链路作为最后一跳:与卫星链路位于网络中间的情况相反,直接向端用户提供服务的卫星链路允许专门设计最后一跳使用的协议。一些卫星提供商使用卫星链路作为到用户的、共享高速下行链路,而用户使用低速的、非共享的地面链路作为请求和确认的回传链路。这种配置下,客户端主机可以直接访问卫星网络。

●　混合型卫星网络:在更一般的情况下,卫星链路可以处于网络拓扑的任何位置上。此时,卫星链路仅仅作为两个网关之间的另一个连接。这时,一个给定的连接可能通过地面链路(包括地面无线链路)发送,也可能通过卫星链路发送。这是一种典型的传输网配置。

●　点到点卫星网络:在点到点卫星网络中,网络中唯一的一跳跨越的是卫星链路。这是一种非常纯粹的卫星网络配置。

●　多卫星跳:在一些场景下,网络业务在源和目的之间可能会经过多颗卫星。这种情况会使得卫星自身某些不利因素的影响更加严重。对于由长时延、高误码率和带宽受限导致多种约束条件的特殊环境或空间通信来说,这是一个普遍性的问题。

● 具有或不具有星间链路(Inter – Satellite Links,ISL)的星座卫星网络:在没有星间链路的星座卫星网络中,采用卫星多跳实现大面积覆盖。在具有星间链路的星座卫星网络中,通过星间链路即可实现大面积覆盖。存在的问题是网络路由是高动态的,因此端到端的时延是变化的。

7.1.4 TCP 和卫星信道特性

因特网不同于单个网络,因为它包含了不同的网络拓扑、带宽、时延和数据包大小。TCP 分别在 RFC 793、RFC 1122 和 RFC1323 中被正式定义、更新和扩展,以便能够工作在因特网这种混合网络中并且获得较高的性能。

TCP 是一个字节流,不是一个消息流,并且消息的边界没有被端到端地保留起来。所有 TCP 连接都是全双工的而且是点到点的。因此,TCP 不支持组播和广播。

发送和接收的 TCP 实体以段(Segment)的形式交换数据。每个段包含了一个固定的 20B 的头(加上一个可选部分),后面可以有或者没有数据。两个限制条件限制了 TCP 段的大小。

● 每个段必须与 IP 的 65535B 的净荷长度相适应(RFC 2765 描述了调整 TCP 和 UDP 以适用于支持长度大于 65535B 的 IPv6 巨型数据报(Jumbo – gram)的方法)。

● 每个网络有一个最大传输单元(Maximum Transfer Unit,MTU)。TCP 的段必须匹配 MTU。这是由网络本身决定的限制,例如以太网在 MAC 层净荷的大小。

实际中,MTU 长度为几千字节,从而也限定了 TCP 段长度的上界。卫星信道有几个特性有别于大多数的地面信道。它们可能会降低 TCP 的性能。这些特性包括:

● 长往返时间。由于卫星信道的传播时延,对于 TCP 发送方,可能需要很长时间去判定一个包有没有被最终目的端成功接收。这种时延影响了诸如 Web 服务这样的交互式应用,同样也影响了 TCP 的拥塞控制算法。

● 高时延带宽积。时延带宽积定义为,任一时刻为充分利用信道容量,协议所具有的处于"在飞行中"(In Flight)状态的数据的数量(指那些已经被传输出去但是还没有被确认的数据的数量)。这里时延是端到端的 RTT,带宽为网络路径上瓶颈链路的容量。

● 传输差错:相比于典型地面网络,卫星信道呈现出较高的误比特率。TCP 假设所有丢包都是由网络拥塞导致的,并且通过减小窗口大小来缓解拥塞。由于缺乏关于产生丢包原因的知识(是网络拥塞,还是由传输差错导致的数据损坏),TCP 只有假设所有的丢包都是由于避免网络拥塞导致的。因此,由传输差错导致的丢包同样也会引起 TCP 减小其滑动窗口,即使这些丢包并不意味着网络拥塞。

● 非对称链路:由于向卫星发送数据的设备造价昂贵,所以经常建造非对称的卫星网络。一种常见的情况是,用来发送请求的上行链路的带宽比用来下载数据的下行链路的带宽要小。这种非对称性可能对 TCP 性能产生影响。

● 变化的 RTT:在 LEO 星座中,到卫星和来自卫星的传输时延随着时间变化。这可能影响重传超时(Retransmission Time Out,RTO)的粒度。

● 间歇性连接:在非 GSO 卫星轨道配置中,TCP 连接可能不时地被从一个卫星移交到另一个卫星,或者从一个地面站转到另一个地面站。连接中断时,可能会导致丢包。

7.1.5 TCP 流量控制、拥塞控制以及差错恢复

为了实现可靠服务,TCP 负责流量和拥塞控制,目的是保证以一个与接收方能力和网络路径上中间链路能力相适应的速率发送数据。

因为一条链路中可能有多条活跃的 TCP 连接,所以 TCP 同时要保证一条链路的容量能够被使用它的多条连接所共享。也正因为如此,大多数的网络吞吐量问题都归结到 TCP。

为了避免在当前网络条件下产生不恰当的网络流量,TCP 引入了 4 种控制机制,分别是:

● 慢启动;

● 拥塞控制;

● RTO 过期前的快速重传;

● 避免慢启动的快速恢复。

这些算法的细节在 RFC 5681 中描述。通过这些算法,可以调节允许发送到网络的未被确认的数据量,并可以重传被网络丢弃的 TCP 段。

TCP 发送方使用两个状态变量来实现拥塞控制。第一个变量是拥塞窗口(cwnd),这个变量表示在收到确认信号(ACK)之前发送方可以注入网络的数据量的上界。cwnd 的值由接收方通告的窗口值限定。在传输过程中,拥塞窗口大小根据网络对拥塞程度的推测相应增加或减少。

第二个变量是慢启动阈值(ssthresh)。这个变量决定了使用哪个算法去增加 cwnd 的值。如果 cwnd 小于慢启动阈值,就使用慢启动算法去增加 cwnd 的值。然而,如果 cwnd 大于等于(在一些 TCP 应用中或仅为大于)ssthresh,就使用拥塞避免算法。ssthresh 的初始值是接收方通告的窗口大小。进一步的,ssthresh 的值会在检测到拥塞时被重置。图 7.3 给出了一个 TCP 行为的例子。

上述算法对单条 TCP 连接的性能有负面影响,因为算法为了知晓是否有多余的容量,需要缓慢地探测网络的性能,这反过来浪费了带宽。这个缺点在长时延的卫星信道上显得尤其突出,因为发送方为了获得来自接收方的反馈需要等待很长

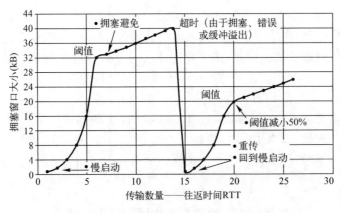

图 7.3　TCP 行为示例

的时间。不过,这一算法对于在共享网络中避免拥塞崩溃是必要的。因此,算法对于一个给定连接的负面影响被其对于整个网络的益处抵消了。

7.2　TCP 性能分析

卫星网络非常昂贵并且建设需要花费很长的时间,所以这里要考虑的关键参数是卫星链路的利用率。对于星上 TCP 协议的性能,可以用利用率 U 来计算。如果数据量非常小以至于慢启动、拥塞避免、快速重传和快速恢复全部都被执行,则 TCP 传输可能在达到最大带宽速率之前就结束了。图 7.4 显示了多个 TCP 数据段的流量突发。本节将分析与计算点到点卫星网络上 TCP 连接的带宽利用率。

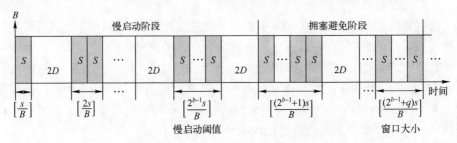

图 7.4　多个 TCP 数据段的流量突发

7.2.1　首个 TCP 段的传输

TCP 连接建立之后,可以计算 TCP 完成第一个数据段传输时的带宽利用率,即

$$U = \frac{T}{2D + T} = \frac{S/B}{2D + S/B} = \frac{1}{2\left(\dfrac{DB}{S}\right) + 1} \tag{7.1}$$

式中: T 为发送数据段 S 的时间; D 为传播时延; B 为当前 TCP 会话的带宽容量。确认一次成功的传输需要一个等于 $2D$ 的往返时间(RTT)。这并没有包括 TCP 三次握手的连接建立时延以及连接关闭时延。TCP 传输可以在没有更多数据需要传输时停止,也就是说,总数据大小小于最大段长度(MSS)。因此,利用率如式(7.1)所示。可以看到,时延带宽积 DB 是一个影响 TCP 性能的关键参数。对于卫星网络尤其是宽带卫星网络而言, DB 值会很大。完成 TCP 数据传输需要耗费的时间为往返时间($2D$)与数据传输时间(S/B)的和 $2D + S/B$。

7.2.2 慢启动阶段的 TCP 传输

如果数据段比 MSS 大,则利用率可以得到提高。传输会进入 TCP 慢启动阶段。在第一个 TCP 段 S 成功传输后,两个段 $2S$ 被传输,如果前面每次传输都成功,则进一步地再传输两倍于前的数据块(Traffic Block)$4S$。可以看到,如果没有丢包,那么对于每一个 RTT,数据段的数量以 $2^{i-1}S(i=1,2,\cdots,n)$ 的形式指数增长。TCP 协议可以传输数据段 $F(n)$, $F(n)$ 为块长度,依次为 $2^{i-1}S(i=1,2,\cdots,n)$ 的序列。令

$$F(n) = \left(\sum_{i=1}^{n} 2^{i-1} \right)S = (2^n - 1)S \tag{7.2}$$

式中: n 为用以完成传输的 RTT 的总数。可以计算 TCP 连接的利用率,即

$$U_{F(n)} = \frac{F(n)/B}{2nD + F(n)/B} = \frac{(2^n - 1)S/B}{2nD + (2^n - 1)S/B} = \frac{1}{1 + \left(\dfrac{2n}{(2^n - 1)s} \right)(DB)} \tag{7.3}$$

完成 TCP 数据传输的时间为 $2nD + F(n)/B$,即往返时间加上总的数据传输时间。

7.2.3 拥塞避免阶段的 TCP 传输

当传输数据块的大小到达慢启动阈值时,慢启动算法停止且拥塞避免机制开始工作,直到数据块的大小达到窗口大小,则传输数据大小和链路利用率可以计算为

$$\begin{aligned}
F_l &= \left(\sum_{i=1}^{n} 2^{i-1} \right)S + \left(\sum_{j=1}^{m} (2^{n-1} + j) \right)S \\
&= (2^n - 1)S + \left[2^{n-1}m + \frac{m+1}{2} \right]S \\
&= \left[2^{n-1}(m+2) + \frac{m-1}{2} \right]S \\
&= \left[2^n(m+2) + (m-1) \right]\frac{S}{2} \\
&= \left[(2^n + 1)m + 2^{n+1} - 1 \right]\frac{S}{2}
\end{aligned}$$

$$U_{F_l} = \frac{F_l / (S/2B)}{2(n+m)D + ((2^n+1)m + 2^{n+1} - 1)\dfrac{S}{2B}}$$

$$= \frac{1}{1 + \dfrac{4(n+m)}{(2^n+1)m + 2^{n+1} - 1}\dfrac{DB}{S}} \tag{7.4}$$

式中：W 为窗口大小，$(2^{n+1} - m - 1)S/2 \leqslant W$。当传输达到窗口大小时，TCP 传输达到恒定速度，即每个 RTT 传输一个窗口大小的数据。

在经典 TCP 中，初始阶段 S 和 W 在客户端和服务器端之间是协商一致的。慢启动阈值和窗口大小根据网络条件和 TCP 规则改变。如果丢失一个数据包，TCP 返回到慢启动算法且阈值减小一半。窗口大小依赖于接收方清空接收缓存区的速度。

TCP 的基本假设是——丢包是网络拥塞造成的。这个假设在一般网络中是正确的，但是在卫星网络中并非总是正确的，因为在卫星网络中，传输差错也是丢包的主要原因。

7.3　用于卫星网络的慢启动增强

有许多 TCP 增强方法来使 TCP 对卫星网络更加友好。为了优化 TCP 性能，可以针对卫星网络环境调整一些参数和 TCP 规则。

- 增加最小段大小 S，不过其受限于慢启动阈值、拥塞窗口大小和接收缓存大小。
- 改进开始阶段和丢包时的慢启动算法。这可能导致诸如更慢的接收速度和网络拥塞等问题。
- 改进确认方法。这可能需要更多的缓存空间。
- 提早检测到是由传输错误而不是由网络拥塞导致的丢包。当确认通过不同的网络路径传输时，这种增强方法可能会失效。
- 改进拥塞避免机制。这存在与慢启动算法类似的问题。

一个主要问题是，TCP 并不知道总的数据大小以及可用带宽。如果带宽 B 在多个 TCP 连接之间共享，可用带宽也可能是变化的。另一个问题是，TCP 不知道实际上 IP 层是怎么携带着 TCP 段在因特网中传输的，因为 IP 包为了让各种网络技术都能够传送 IP 包，可能需要限制包的大小或者分成多个小包。这促使 TCP 协议成为一个健壮的协议，用于为不同技术下的不同应用提供可靠的服务，但是这样一来其效率常常不高，尤其是对于卫星网络而言（如图 7.5 所示）。当包被发出去且确认返回后，往返时间 RTT 由定时器测量为 M_n，平均往返时间 RTT_n 可由一个加权因子 α（典型情况下 $\alpha = 7/8$，RTT_0 设为一个默认值）计算为

$$RTT_n = \alpha RTT_{n-1} + (1 - \alpha)M_n$$

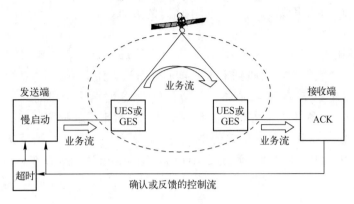

图 7.5　业务流和控制流

偏差由同样的加权因子 α 计算为

$$D_n = \alpha D_{n-1} + (1 - \alpha)\left|M_n - RTT_{n-1}\right|$$

则超时时间可以计算为

$$Timeout = RTT_n + 4D_n$$

本节讨论了 TCP 增强技术。这些技术是针对处理卫星网络配置中的特定情况而优化的,但是对通用网络配置而言,可能会有副作用或者根本不适用。让这些增强技术和现有的 TCP 实现相互兼容是一项巨大的挑战。

7.3.1　事务 TCP

在一次事务服务中,尤其对于小数据和短 TCP 会话,利用率受连接建立与关闭时间的影响非常显著。TCP 使用三次握手机制在两个主机间建立连接。这种连接建立需要 1.0 或者 1.5 个 RTT,取决于数据发送方是主动还是被动开启连接。使用 RFC4641 中定义的用于事务的 TCP 扩展(T/TCP)可以消除启动时间。两个主机之间的第一个连接建立之后,T/TCP 能够绕过三次握手,允许数据发送方在第一个发出的 TCP 段中就开始传输数据(带有同步编号 SYN)。这种方式对于短请求/响应流量特别有效,因为它省去了没有发生有效数据传输却可能会占用很长时间的连接建立阶段。

如果每个事务的数据量很小,卫星带宽的利用率将会很低。但是,可以通过让多个 TCP 会话主机共享同一个带宽以提高带宽利用率。T/TCP 需要发送方和接收方都做出改变。尽管从拥塞控制的角度看,T/TCP 在共享网络中的实现是安全的,但是在第一个数据段中发送有效数据会带来若干个安全问题。

7.3.2　慢启动和延迟确认(ACK)

如前所述,TCP 使用慢启动算法以指数方式增加 TCP 的拥塞窗口(cwnd)大

291

小。该算法是一项重要的安全措施,可以避免在连接刚建立时向网络传输过大的数据量。然而,由于网络(尤其是卫星网络)的大时延带宽积,慢启动同样也浪费了可用网络容量。

在延迟确认(ACK)模式中,接收方避免确认每一个到来的数据段(参见 RFC 1122)。第二个完整大小的段到来才一起进行确认。如果第二个完整大小的段在给定的超时时间内没有到来,则不再等待,直接发送对第一个段的确认(超时时间不超过 500ms)。因为发送方根据收到的确认的个数来增加拥塞窗口大小,那么减少确认的个数就降低了拥塞窗口的增长速度。另外,当 TCP 开始发送时,只发送一个段。使用延迟确认时,在确认发出前第二个段必须达到接收方。因此,在确认第一个段之前,接收方被强制等待延迟确认计时器超时,这也增加了传送的时间。

7.3.3 更大的初始窗口

一个减少慢启动所需时间(也就是减小带宽容量浪费)的方法是增大拥塞窗口 cwnd 的初始值。不过,TCP 已经做过了扩展,以支持更大的窗口(RFC 1323)。窗口缩放选项(Window Scaling Option)、防止序号回绕(Protection Against Wrapped Sequence Space,PAWS)与往返时间测量(Round Trip Time Measurements,RTTM)算法,均可应用于卫星环境。

增加拥塞窗口 cwnd 的初始值,则传输的第一个 RTT 内将发送更多的数据包,这会触发更多的 ACK,进而反过来使得拥塞窗口 cwnd 快速增大。此外,在初始阶段就发送至少两个段而非一个段,可以使第一个段无需等待延迟确认计时器超时。因此,cwnd 的取值节省了 RTT 的数量和延迟确认超时时间。在 RFC 5681 中,TCP 允许 cwnd 的初始大小为两个数据段。可以推断使用大的初始窗口对卫星网络应该是有裨益的。

根据 RFC 5681 的规定,使用初始值为两个段的 cwnd 时,需要改变发送方的 TCP 协议栈。使用大小为 3 个或 4 个段的初始值,虽不会引发拥塞崩溃,但是如果一些网络或终端无法承受这种突发流量,性能可能会因此而降低。

采用固定的、大的初始拥塞窗口可以减小长 RTT 对发送时间的影响(尤其是发送时间很短时),但代价是在状态不明的条件下向网络注入了突发数据。这就需要一种机制来限制这些突发产生的影响。同样,仅在慢启动后使用延迟确认,能为"立即确认发送的第一个段"的方案提供一个替代方案,而且能使拥塞窗口的大小增长得更快。

7.3.4 结束慢启动

TCP 初始的慢启动阶段用于针对给定的网络状况确定合适的拥塞窗口大小。当 TCP 探测到拥塞时或者当 cwnd 的大小到达接收方通告的窗口大小时,慢启动终止。如果 cwnd 增长超过了某个给定值,慢启动同样会被终止。当慢启动达到阈值(ssthresh)时,TCP 停止慢启动并开始使用拥塞避免机制。在多数实现中,ssthresh 的初始值为接收方的通告窗口值。在慢启动阶段,TCP 每过一个 RTT 就倍增 cwnd 的大小,因而 TCP 淹没网络的最大段数量最多是该网络所能容纳的段数量的两倍。初始阶段通过设置 ssthresh 的值使其小于接收方的通告窗口,可以避免发送方以这种方式淹没网络。

可以使用包对算法(Packet – Pair Algorithm)和测量的 RTT 值来确定一个更合适的 ssthresh 值。算法观测最首先返回的几个 ACK 之间的间隔,以此确定瓶颈链路的带宽。再利用测量到的 RTT 值,计算时延带宽积,并将 ssthresh 设为该乘积值。当 cwnd 达到这个值时,慢启动终止并调用拥塞避免算法继续传输,这时拥塞窗口大小的增长就变得更加保守了。

估计 ssthresh 的值可以提高性能并减少丢包,但是在一个动态网络中得到对可用带宽的精确估计是很困难的,尤其是对于 TCP 连接的发送方来说。

估计 ssthresh 的值需要改动数据发送方的 TCP 协议栈。由 TCP 接收方来进行带宽估计可能会更准确些,所以接收方和发送方均需要改动。这种估计 ssthresh 值的做法使得 TCP 比 RFC5681 标准中所描述的要更加保守。

这种机制在所有对称卫星网络中应该会工作得很好。但是,对于非对称链路来说,会有特殊的问题,因为返回的 ACK 的速率可能不是前向方向的瓶颈带宽。这会导致发送方把 ssthresh 设置得过低。而慢启动过早的结束会影响性能,这是因为拥塞避免机制下 cwnd 的增长更加缓慢。基于接收方的带宽估计不受这个问题的影响,但是同样需要改变接收方的 TCP。

在正确的时间终止慢启动,对于避免网络过载,进而避免多次丢包非常有用。不过,使用基于选择确认的丢包恢复机制可以极大地提升 TCP 从多次丢包中恢复的速度。

7.4 丢包恢复增强策略

卫星链路的差错率高于地面线路。这可归结于两个原因。一是卫星链路在数据传输过程中造成差错,导致数据重传。二是如前所述,TCP 通常认为丢包是拥塞的标志,因此会重新回到慢启动阶段。很显然,要么减少差错率到一个 TCP 可以接受的水平(即这个差错率水平可以允许数据传输达到完整的窗口大小并且不会出现丢包),要么就要找个方法让 TCP 知道数据包的丢失不是因为拥塞,而是由传输错误引起的(这样 TCP 才不会降低它的传输速率)。

丢包恢复增强策略的目的是当数据段不是因为拥塞而是因为传输错误丢失时,阻止 TCP 进入不必要的慢启动。目前有不少类似的算法,可以在不依赖于重传超时(通常这一时间都很长)的条件下从多次段丢失中恢复,从而提高 TCP 的性能。这些发送方一侧的算法,称为 NewReno TCP(一种 TCP 实现),它们不依赖于选择确认(SACK)是否可用。

7.4.1　快速重传和快速恢复

在传输过程中,一个或更多的 TCP 段可能到不了连接的另一边,TCP 使用超时机制来检测这些丢失的段。通常情况下,TCP 假设段是由于网络拥塞而被丢弃。这常常导致 ssthresh 被设置为当前拥塞窗口(cwnd)大小的一半,而且 cwnd 的大小会减小到一个 TCP 段的长度。这严重影响了 TCP 的吞吐量。在 TCP 段丢失并不是由网络拥塞引起的时候,情况就变得更糟。只要有一个段没有到达目的地,就重新开始慢启动,这种做法是不必要的。为了避免这种过程,研究人员引入了快速重传。

快速重传算法使用重复的 ACK 去检测段丢失。如果在一个超时等待时间内接收到 3 个重复的 ACK,TCP 会立即重传丢失的段,而不用等到超时时间耗尽。一旦快速重传被用来重新传输丢失的段,TCP 就调用快速恢复算法,使传输过程以避免拥塞而不是慢启动的方式继续。不过,这时 ssthresh 会被减小到 cwnd 的一半,而 cwnd 自身被设置为 ssthresh 加上 3 倍的 MSS。这样就使得数据传输比 TCP 正常触发超时的情况快很多。当正常的 ACK 达到时,TCP 将 cwnd 减半。细节请参考 RFC5681。

7.4.2　选择确认(SACK)

即使有了快速重传和快速恢复功能,在一个传输窗口内有多个数据段丢失时,TCP 仍然性能低下。这是因为由于缺乏累积确认能力,TCP 在每个 RTT 只能识别出一次段丢失。这一问题降低了 TCP 的吞吐量。

为了提高 TCP 在这种情况下的性能,RFC2018 提出了选择确认(Selective Acknowledgement,SACK)机制。SACK 可以让任何丢失的段在一个 RTT 内被识别并被重传。通过增加有关所有接收到的段的序列号的额外信息,发送方可以知晓哪个段没有被接收因而需要重传。这一特征对于卫星网络环境而言非常重要,因为卫星信道误比特率(BER)高,而如果使用较大的传输窗口,又会增加一个 RTT 内出现多个段丢失的可能性。

7.4.3　基于 SACK 的增强机制

可以对快速恢复算法进行保守的扩展,让算法将 SACK 提供的信息考虑在内。在快速重传触发了一个段的重传后,该算法启动。由于采用快速重传,当发现丢包时,算法将 cwnd 大小减半。算法有一个称为"pipe"的变量,这个变量是对网络中未完成传输的段的数量的估计。每收到一个带有新 SACK 信息的、重复的 ACK,变量 pipe 减小一个段大小。每发送或重传一个段,变量 pipe 增加一个段大小。当 pipe 的值小于 cwnd 时,会发送一个段(这个段可以是每个 SACK 信息的一次重传,或者是当 SACK 信息指示不需要重传时的一个新的段）。

这个算法通常可以让 TCP 在丢包检测的一个 RTT 内，从一个数据窗口的多个段丢失中恢复过来。借助 SACK 信息，pipe 算法将"什么时候发送段"这个问题从"发送哪个段"的问题中剥离了出来。这与快速恢复算法的核心思想是一致的。

研究表明，基于 SACK 的算法性能比那些不基于 SACK 的算法要好，而且该算法提高了卫星链路 TCP 的性能。也有研究表明，在特定环境下，SACK 算法会损害性能，因为它在丢包恢复的末期产生大量的线速突发数据，而这会导致进一步的丢包。

这个算法在发送方的 TCP 协议栈中实现。不过，它依赖于接收方产生的 SACK 信息（RFC 5681）。

7.4.4　ACK 拥塞控制

ACK 增强方法与 ACK 包流有关。在对称网络中，没有这个问题，因为 ACK 流量要比数据流量小很多。但是在非对称网络中，回传链路（Return Link）的速率比前向链路（Forward Link）要小很多，ACK 的流量还是存在使回传链路过载的可能性，并因而影响 TCP 的传输性能。

在高度非对称的网络中（如 VSAT 卫星网络），通过限制返回到数据发送端的 ACK 流量，一条低速回传链路将会约束高速前向链路上数据流的性能。例如，如果用一条地面调制解调链路作为反方向上的链路，就有可能发生 ACK 拥塞，尤其是当前向链路速率提升时。当前的拥塞控制机制主要控制的是数据段流量，并不控制 ACK 流量。

链路带宽和路由器队列长度都会影响低速链路上的 ACK 流。路由器通过包计数（而非字节计数）来限制它的队列长度，因此即使有足够带宽传递 ACK，路由器也可能会丢弃 ACK。

7.4.5　ACK 过滤

ACK 过滤（ACK Filtering，AF）用于解决与 ACK 拥塞控制相同的问题。但是，相比于 ACK 拥塞控制（ACK Congestion Control，ACC），AF 可以在不修改主机配置的情况下工作。

AF 利用了 TCP 的累积 ACK 结构。在回传方向（即低速链路）上的瓶颈路由器必须修改以实现 AF。当收到一个表示确认（ACK）的段时，路由器扫描同一连接上的冗余 ACK 队列，"冗余"是指这些 ACK 所确认的那部分窗口已经被最近的 ACK 确认过了。所有这些"早期的"ACK 都被移出队列并丢弃。

路由器不存储状态信息，但是需要实现额外的处理动作，以便在收到一个 ACK 后从队列中发现和移除段。

与 ACC 中的情况一样，单独使用 ACK 过滤会导致严重的发送方突发，因为

ACK 将会确认更早的没有被确认的数据。发送方适应性(Send Adaptation,SA)修改可以用来防止这些突发,代价是需要主机修改 TCP 栈。为了避免修改 TCP 栈,ACK 过滤一般会和 ACK 重建(ACK Reconstruction,AR)技术配合使用。而实现 AR 的地方是 TCP 段退出低速反向链路时所在的路由器。

AR 检测退出链路的 ACK,如果检测到 ACK 队列中有大"空隙",AR 会生成额外的 ACK 来重建一条确认流。这条确认流就像是没有引入 ACK 过滤时数据发送方应该看到的那样。AR 需要两个参数:一个参数是期望的 ACK 频率;另一个参数在时间上控制连续重建的 ACK 输出之间的间隔。

7.4.6　显示拥塞通知

显示拥塞通知(Explicit Congestion Notification,ECN)允许路由器在不丢弃段的条件下,通知 TCP 发送方即将产生拥塞[RFC 3168]。ECN 有两种主要的形式。

● 拥塞通知的第一种主要形式是后向 ECN(Backward ECN,BECN)。路由器采用 BECN 直接传输信息到数据源,告知拥塞。IP 路由器可以通过一个 ICMP 源端抑制消息实现这一点。BECN 信号的达到可能意味着 TCP 数据段已经被丢弃,也可能不是。但是有一点是清楚的,那就是 TCP 发送方应该降低它的发送速率(即 cwnd 的值)。

● 拥塞通知的第二种主要形式是前向 ECN(Forward ECN,FECN)。当拥塞出现时,FECN 路由器除了向前传送数据段外,还使用特殊的标签来标记数据段。数据接收方随后在 ACK 中将拥塞信息返回给发送方。

发送方在 IP 数据包中发送段,而每个数据包的 IP 头中都设置了"ECN 使能传送"(ECN-capable Transport)比特位。如果路由器采用主动队列策略,如随机早期检测(Random Early Detection,RED),那么在拥塞出现时不会丢弃这个段,而是进一步在 IP 头中设置相应的"经历拥塞"(Congestion Experienced)比特位。数据包被接收后,拥塞信息会通过 TCP 头中的一个比特反馈给 TCP 发送方。和段被丢弃时的效果类似,TCP 发送方会根据这个信息调节其拥塞窗口。

实现 ECN 需要在相关路由器上部署主动队列管理机制。这样,路由器就能通过向 TCP 发送少量的"拥塞信号"(段丢弃或 ECN 消息)来通知拥塞,而不是像 TCP 淹没一个丢尾(Drop-Tail)路由器队列时发生的那样,丢弃大量的段。

因为卫星网络的误比特率(BER)比地面网络的高,搞清楚一个段是由于拥塞还是数据错误而丢失,可以使工作在高误比特率环境下的 TCP 获得比现在更好的性能(因为标准 TCP 假设所有的丢包都源于拥塞)。当这个问题还没有完美的解决方案时,向 TCP 增加 ECN 机制或许是为实现完美解决方案所迈出的有益一步。

研究表明,ECN 能够有效降低段丢失率,这意味着更好的性能,尤其是对于短时间和交互式 TCP 连接,而且 ECN 避免了不必要的、开销较大的 TCP 重传超时等待时间。

部署 ECN 需要修改发送方和接收方的 TCP 协议实现,此外还需要路由有某种主动队列管理的底层支撑。RED 在讨论 ECN 时常被提及,这是因为在缓冲区耗尽前 RED 就已经指明了要被丢弃的段。ECN 只是简单地允许"被标记的"段继续传送,并通知端节点在路径上将要发生拥塞。ECN 也保持了 TCP 通过段丢失检测拥塞时使用的基本原理。因为长传播时延,ECN 信号可能不能准确地反映当前的网络状况。

7.4.7 检测由数据损坏引起的丢包

识别拥塞(由于路由器缓存溢出或者将要发生缓存溢出而导致的段丢失)和数据损坏(由于数据比特位受损引起的段丢失)之间的差别,对于 TCP 而言是个困难的问题。但这一差别又非常重要,因为对于拥塞和数据损坏这两种情况,TCP 的反应应该是完全不同的。在数据损坏的情况下,TCP 一旦检测到段丢失就应该尽快重传损坏的段,没有必要去调整拥塞窗口。而另一方面,当 TCP 发送方检测到拥塞时,它应该立即减小拥塞窗口来避免拥塞进一步恶化。

在地面有线网络中,所定义的 TCP 协议的行为是假设所有的丢包都是由拥塞引起的,并且丢包会触发拥塞控制机制。丢包可以通过快速重传算法检测,或者在最坏的情况下是 TCP 的重传计时器超时检测到丢包。所有丢包都是由于拥塞而非数据损坏引起,这一假设是一种避免拥塞崩溃的保守机制。

然而在卫星网络中,和许多无线环境一样,由数据损坏导致的丢包要比地面有线网络中多得多。对这个问题的部分解决方案是为通过卫星或无线链路发送的数据增加前向纠错码(FEC)。但是考虑到 FEC 并不总是有效或者能够被普遍使用,让 TCP 区分拥塞引发的丢包和数据损坏引发的丢包就显得十分重要了。

当链路级的校验机制检测到输入帧存在错误时,中间路径上的路由器通常会丢弃出错的 TCP 段。有时,一个带有错误的 TCP 段或许能躲过检测,被一直传送到 TCP 接收主机,而在那里它要么通不过 IP 头校验、要么通不过 TCP 校验,最后同被检测出链路级错误一样遭到丢弃。不幸的是,无论哪种情况,节点检测到数据损坏并将损坏信息传回给 TCP 发送方都不是安全的,因为发送的地址本身也有可能已经被破坏了。

因为卫星链路中产生链路错误的概率要比有线链路大很多,所以 TCP 发送方在不减小拥塞窗口的条件下重传丢失的段,就显得尤为重要了。因为出现了损坏的段并不代表拥塞,所以 TCP 发送方没有必要进入会浪费大量可用带宽的拥塞避免阶段。因此,如果 TCP 可以区分由错误引起的数据损坏和由网络过载引起的拥塞,其性能就能得到提高。

7.4.8 拥塞避免的增强策略

在拥塞避免阶段,只要没有丢包,TCP 发送方将其拥塞窗口内的每个 RTT 增加大约 1 个段的长度。当具有不同 RTT 的多条连接通过同一条瓶颈链路传输时，这种策略会导致不公平的带宽共享：RTT 较大的连接只能获得应得带宽的一小部分。

对这个问题的一个有效解决方法是在网络路由器中采用公平队列和 TCP 友好的缓存管理策略。不过，就算没有网络的辅助，对于 TCP 发送方的拥塞避免策略，也有两个可行的改进方法。

- "恒速"增长策略，尝试让各 TCP 发送方在拥塞避免阶段，以均衡的速度增加发送速率。这种方法可以修正长 RTT 连接中的偏差，但是要逐步部署到一个正在运行的网络中却比较困难。如何选择合适的常数(用于恒速增长)还需要进一步研究。

- "K 增长"策略，可以有选择地用于异构环境的长 RTT 连接。这个策略只是简单改变线性增长的斜率：当连接的 RTT 大于一个给定的阈值时，在每个 RTT 内该策略将拥塞窗口增加 K 个段长度而不是 1 个段长度。在使用一个较小的 K 值时，该策略可以有效地降低少量连接在共享一个瓶颈链路时可能出现的不公平性，同时保持较高的链路利用率。对于如何选择常量 K、触发策略调用的 RTT 阈值，以及多条数据流下的性能等问题，还需要进一步研究。

"恒速"和"K 增长"策略的实现都需要改变 TCP 发送方的拥塞避免机制。使用"恒速"策略时，这样的改动要在全球范围内进行。此外，TCP 发送方必须对连接的 RTT 值有合理的准确估计。上面给出的算法与 RFC5681 中给出的拥塞避免算法抵触，因此如果想在共享网络中实现这些算法，就需要仔细加以权衡。

这些解决方案适用于所有和地面网络集成的卫星网络，在这种网络中卫星连接可能会和地面连接竞争同一条瓶颈链路。但是在每个 RTT 内将拥塞窗口大小增加多个段的长度，会导致 TCP 丢弃多个段，在一些版本的 TCP 实现中还会导致一次重传超时。因此，上述对于拥塞避免算法的改进需要和基于 SACK 的丢包恢复算法合用，这是因为基于 SACK 的丢包恢复算法可以快速恢复多个丢失的段。

7.5 使用分段机制的卫星网络增强

根据协议的基本原理，每层协议应该只能使用下层协议的服务，并向上层协议提供服务。TCP 是一种传输层协议，提供端到端的面向连接的服务。TCP 连接之间的任何功能或者其下层的网际网协议都不应该干扰或打断 TCP 的数据传输或确认流。

因为卫星网络的特点是明确的，所以在设计过程中利用有关这些特点的知识，采用一种分段的方式，可以为提升 TCP 性能带来潜在的好处。有两种方法已经被广泛运用：TCP 欺骗和 TCP 级联（又称为分裂 TCP），但是这两种方法为了增强网络性能都违背了协议分层原理。图 7.6 为卫星友好 TCP(TCP – sat)分段机制的概念图。

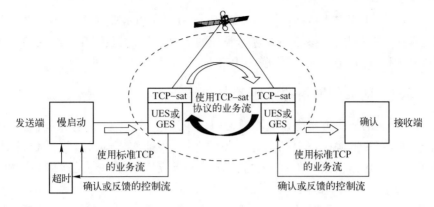

图 7.6　卫星友好 TCP(TCP – sat) 分段机制的概念图

7.5.1　TCP 欺骗

TCP 欺骗是一种被熟知的针对卫星网络,特别是 GEO 卫星链路的克服慢启动问题的方法。它利用一个靠近卫星链路的路由器发送对 TCP 数据的确认,从而给发送方造成路径时延短的假象。路由器随后屏蔽掉接收方返回的确认,并且负责重传路由器下游丢失的所有段。TCP 欺骗在路由器上实现,因此对于发送方和接收方都是透明的。虽然 TCP 欺骗有助于提高星上 TCP 的性能,但这种方式有很多问题。

首先,路由器在发送确认后必须完成大量的工作。它必须缓存数据段,因为这时原始发送方可能已经删除了这些数据段(这些数据段已经被路由器代为确认了),如果这些段在路由器至接收方之间的网络上发生了丢失,路由器就必须负责重传这些段。这种行为的一个副效应就是形成一个队列,它是路由器为了可能发生的重传而保持的一个 TCP 段的队列。与 IP 数据报不同,这些数据直到路由器收到接收方的相应确认才可以删除。

其次,TCP 欺骗要求对称路径,即数据和确认必须沿相同的路径经过路由器。然而,在因特网中,非对称路径非常普遍。

再次,TCP 欺骗易受意想不到的故障的影响。如果路径改变或者路由崩溃,数据就会丢失。因为这时是路由器代替接收方向发送方返回"数据已经被成功传输"的确认(而实际上接收方可能并未接收到该数据)。

最后,如果 IP 数据报被加密,路由器不能解读 TCP 头,TCP 欺骗就无法工作了。

7.5.2　级联 TCP 或分裂 TCP

级联 TCP,也称分裂 TCP,是指将一个 TCP 连接划分成多段,其中一段特殊的 TCP 连接运行在卫星链路上。这个想法背后的含义是运行于卫星链路的那段 TCP 可以针对卫星特性进行优化,实现高效运行。

因为每段 TCP 连接都是终接的(Terminated),所以级联 TCP 并不受非对称路径的影响。在应用主动参与 TCP 连接管理的情况下(如网页缓存),级联 TCP 工作得很好。但是在其他情况下,级联 TCP 和 TCP 欺骗存在同样的问题。

7.5.3 对卫星网络的其他考虑

一个理想的解决方案应该能够满足用户应用的需求、考虑到数据流量的特点并充分利用网络资源(处理能力、存储和带宽)。当前,基于增强现有 TCP 机制的解决方案已经显露出其局限性,因为不管是关于应用的知识还是网络和主机(客户端和服务器)的知识都尚未被考虑。

在未来的网络中,利用应用流量特征、QoS 要求和网络资源知识,可能会形成一个完美的解决方案,从而将 TCP 包含在集成的网络体系结构中。期间,可能会需要新的技术来实现协议体系中多层和跨层优化。对于以高效利用昂贵带宽资源为主要目的的卫星网络来说,这些技术会带来潜在的好处。考虑到当前虚拟化技术、云计算和软件定义网络(Software Defined Network,SDN)的发展,可以通过在 TCP 上层提供更好的服务质量(QoS)和用户体验质量(QoE),来实现对性能的增强。

7.6 对应用的影响

TCP 支持多种应用。不同的应用具有不同的特点,因此 TCP 的影响也各不相同。也就是说,在不知道应用特点的情况下,不存在一个针对所有应用的完美解决方案。这里给出几个卫星网络中 TCP 是如何影响不同应用的实例。

7.6.1 批量数据传输

所有安装了 TCP/IP 的系统上都可以找到文件传输协议(File Transfer Protocol,FTP),它是一个最常见的批量传输协议的例子。FTP 允许用户登录一台远程机器并下载或者上传文件。

在链路容量为 64kbit/s 和 9.6kbit/s 时,吞吐量与可用带宽成正比,时延对性能影响很小。这是因为 TCP 窗口大小为 24kB 时,就已经能够防止出现窗口耗尽(Window Exhaustion)的情况了。然而在容量为 1Mbit/s 时,会出现窗口耗尽的情况,时延会对系统吞吐量产生不利的影响。链路利用率从 64kbit/s 时的 98% 下降到 1Mbit/s 时的 30%。不过,1Mbit/s 时系统的吞吐量仍然会更高一点(因为数据的串行发送时延小)。这个例子中所有传输都使用一个典型的 1MB 大小的文件,这个大小足够大,可以抵消慢启动算法产生的影响。其他的批量传输协议如简单邮件传输协议(SMTP)和远程复制(RCP),当使用一个典型文件大小时,也会表现出类似的性能。

在64kbit/s链路容量下,回传链路带宽可以在不影响系统吞吐量的条件下,下降到4.8kbit/s。而当回传链路带宽下降到2.4kbit/s时,回传链路中会出现 ACK 拥塞,进而导致系统吞吐量下降25%。

在1Mbit/s 出站(Outbound)链路容量下,TCP 窗口大小(24kB)对 FTP 性能的影响要大于回传链路带宽变化对性能的影响。回传链路带宽低于9.6kbit/s 并且开始出现拥塞后,才会对 FTP 性能产生影响,此时性能下降15%。一般对于卫星链路来说,在链路容量1Mbit/s 时,窗口会耗尽,时延会对性能产生巨大的影响。

在 FTP 会话期间,高出站进站流量比意味着 FTP 能够很好地适应回传带宽有限的链路。对于一条64kbit/s 的出站链路,在回传链路带宽低至4.8kbit/s 时,FTP 仍然能够良好运行。

7.6.2　交互式应用

WWW 浏览器使用 HTTP 协议浏览从远程机器上下载的图形化页面。HTTP 协议的性能很大程度上依赖于被下载的 HTML 文件的结构。

在链路容量为1Mbit/s 和64kbit/s 时,吞吐量主要受时延的影响。这是因为会话的主要时间花费在了连接的打开关闭和传送的慢启动阶段,这些都受因特网的 RTT 的影响。容量为9.6kbit/s 时,出站链路的有限带宽导致的串行发送时延是影响吞吐量的主要因素。而对于链路容量1Mbit/s 和64kbit/s,这种影响并不显著。链路容量为9.6kbit/s 时,用户一般没有耐心等待大文件下载完成,就会主动放弃会话。

链路容量为1Mbit/s 和64kbit/s 时,回传链路带宽产生的影响要大于时延变化产生的影响。这是因为低服务器/客户端流量比会导致回传链路中产生拥塞。由于要为每一个下载对象建立一条 TCP 连接,所以 TCP 连接个数的增加导致了较低的服务器/客户端流量比。当回传链路带宽为9.6kbit/s 时,回传链路接近拥塞,但是所提供的吞吐量仍然接近于带宽64kbit/s 时的情况。回传链路带宽为4.8kbit/s 时,回传链路拥塞,出站吞吐量下降50%。当回传链路带宽为2.4kbit/s 时,出站吞吐量再下降50%。

对1Mbit/s 和64kbit/s 的进站(Inbound)带宽而言,回传链路速率可以下降到19.2kbit/s。低于这个速率,请求一个 WWW 页面所需等待的时间就会令用户无法忍受。因此 WWW 应用建议回传链路带宽至少为19.2kbit/s。

7.6.3　因特网服务和应用的分布式缓存

在早期的因特网客户端/服务器模式中,用户请求由单台服务器提供服务。通常当这台服务器位置非常远的时候,用户会经历吞吐量和网络性能的下降。低吞吐量是由于存在瓶颈,这个瓶颈可能是服务器本身或者一到多个拥塞的因特网路由跳。更极端的情况是,服务器会成为一个单点故障,其死机会导致信息访问失败。

为了保持分布在因特网中(如数据中心、云计算和对等网络等)的信息的可用性,在服务器级别有以下几点需要注意。

- 必须减小文件检索时延,如当用户需要时在靠近用户的地方放置一份数据备份。
- 必须提高文件的可获得性,如将文件分布在多个服务器甚至数据中心中。
- 必须降低数据传输总量,显然这对付费使用网络的用户很重要。
- 重新分配网络访问以避开高峰期。
- 改善由用户体验质量(QoE)所表示的、一般用户可以感觉的到的性能。

当然,这些目标的实现必须对用户是透明的,并向下兼容现有标准。一种常用的、部分解决这些问题的方法是使用缓存代理。

因为服务器所在网络的带宽有限,用户访问服务器可能会有较大的时延。缓存是对这类问题的一个标准解决方案,因此很早便应用于因特网(主要是 WWW)。20 世纪 60 年代,缓存就已经是一项广为人知的提升计算机性能的方法。这项技术几乎应用于所有的计算机体系结构之中。缓存依赖于局部访问原则,即假设最近访问过的数据会有很高的概率在不久后再次被访问。因特网缓存的思想也基于同样的原则。

因特网缓存协议(Internet Caching Protocol,ICP)可用于处理前面谈到的问题,它是一项以院校为主体、通过良好的组织形成的成果,由 RFC 2187 定义。当前 ICP 实现在公共域的 Squid 代理服务器中,用于 Squid 缓存之间的通信。ICP 主要用在分层缓存结构中,它能够在同一层级的缓存中定位特定的对象。如果一个 Squid 缓存中没有被请求的文件,它发送一个 ICP 查询请求给相邻的 Squid 缓存,相邻缓存会响应一个 HIT 或者 MISS 的 ICP 应答。然后,缓存利用应答选择一个相邻缓存来解决它自身的 MISS 问题。ICP 也支持将多条对象流复用到一条 TCP 连接上传输。ICP 当前基于 UDP 实现,并可以组播。

降低总带宽消耗和时延,进而提高用户可察觉的吞吐量的另一种方法是复制。这种方法还能够提供一个容错性更高甚至是负载均衡的系统。复制也有助于解决缓存代理方法的一些不足之处。

复制的一个例子是 NASA 火星任务信息的应用。在这个例子中,任务信息被复制到美国、欧洲、日本和澳大利亚的多个站点,以满足数百万用户的访问请求。

7.6.4　卫星网络中的网页缓存

网页缓存的概念非常常见,因为许多因特网服务提供商(ISP)已经使用多台中心服务器来保存访问量大的网页,这样当成千上万的用户通过网络请求并下载同一页面时,可以避免流量和时延的增长。缓存技术非常高效,但是也有弱点,如限制同时访问一个缓存的用户数量。

一种解决方案是使用卫星系统在多个 ISP 之间分配缓存。这个思路可以提升因特网的性能,因为许多 ISP 已经拥有用于 Web 业务的高速宽带网络。广播式卫星可以在很大程度上避免回程(Backhaul),能够提供用于缓存或存储的、到多个站点的高效内容分发。

这样的卫星系统非常有用,而且在带宽昂贵、流量拥堵、时延显著(如跨大西洋的访问)的情况下,尤其值得开发利用。例如,大量的网页内容存储在美国,欧洲的 ISP 要想移动数据就会面临严重的带宽危机。图 7.7 是一个完整的、在绝大多数点上(如 ISP、因特网和 LAN 等)都可以引入缓存的卫星系统。

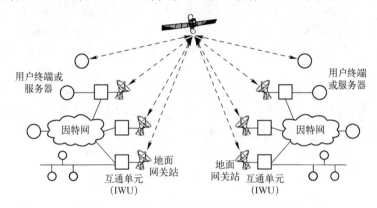

图 7.7 在 IWU 处带有缓存的卫星系统配置

7.7 实时传输协议(RTP)

TCP 主要用于计算机系统之间的原始数据传输。在很长的一段时间内,TCP 很好地满足了静态图片和其他基于原始数据的文件传输的需求。然而,新型应用的出现,主要是那些基于实时话音和视频的应用,对发掘 UDP 的优势提出了的新需求。为了满足这些实时应用的需求,研究人员基于 UDP 开发了实时协议,并形成了支持流媒体音频、流媒体视频和音视频会议的产品。

7.7.1 RTP 基础

实时传输协议(Real – time Transport Protocol,RTP)提供端到端的网络传送功能,适用于在多播或单播网络服务上传输实时数据(如音频、视频或模拟数据)的应用。RTP 不涉及资源预留,不保证实时服务的服务质量。

RTP 控制协议(RTP Control Protocol,RTCP)对数据传送进行了强化,能够以一种可扩展到大型组播网络的方式监视数据的递交,并提供最小限度的控制和辨识功能。RTP 和 RTCP 独立于其下的传输层和网络层。

应用通常在 UDP 之上运行 RTP,以便使用其复用和校验服务。图 7.8 显示了

RTP 封装到 UDP 数据报,UDP 数据报又通过 IP 包传输(详见 RFC 3550)。

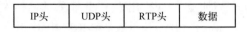

图 7.8　RTP 包封装

RTP 和 RTCP 对于传输协议的功能均有贡献。它们是两个紧密关联的部分。

● RTP 携带具有实时特性的数据。

● RTCP 监视服务质量并传递正在进行会话的参与者的信息。

参与的一方向其他一方或多方发送信号并发起呼叫是实时应用的一个显著特性。会话发起协议(Session Invitation Protocol,SIP)是一种客户端—服务器协议,允许对等用户在彼此间建立虚拟连接,然后再转交给承载单一媒体类型的 RTP 会话。

要注意的是,RTP 协议自身并不提供任何保证及时送达的机制或者其他 QoS 保证,这些都依赖于其底层的服务来实现。RTP 不保证可靠传输也不阻止乱序传输,同时也不假设底层网络是可靠的和按序传输的。

RTP 包含有 4 个网络组件。

● 端系统(End system)是指应用,其生成 RTP 包要发送的内容,或者使用接收到的 RTP 包中的内容。

● 混合器(Mixer)是从一个或者多个源接收 RTP 包的中间系统,该系统可能改变数据的格式并以某种方式组合数据包,然后转发新的 RTP 包。

● 转换器(Translator)是转发 RTP 包的中间系统,转发时保证 RTP 包的同步源标识符(Synchronization Source Identifier)不被更动。转换器的例子包括非混合编码转换设备、从组播到单播的复制设备器和防火墙中的应用层过滤器。

● 监视器(Monitor)是指应用,接收 RTP 会话参与者所发送的 RTCP 包,尤其是接收报告(Reception Report),该应用同时估计当前的 QoS,估计结果用于分布式监视、故障诊断和长期统计。

图 7.9 给出了 RTP 头的格式。前 12 个八位位组(Octet)在每个 RTP 包中都有,而贡献源标识符(Contribution Source Identifiers)的列表只能由混合器插入。各字段含义如下。

● 版本号(V):2bit——该域定义了 RTP 的版本。当前版本号是 2(值 1 代表 RTP 的第一个草案版本,值 0 代表最初实现在 vat 音频工具中的协议)。

● 填充位(P):1bit——一旦设置填充位,数据包的末端会包含一个或者多个额外的填充八位位组,它们不是净荷的一部分。填充的最后一个八位位组中包含了对"应该忽略的填充八位位组个数"的计数,计数把最后一个填充八位位组自身也算在内。

● 扩展位(X):1bit——一旦设置扩展位,固定的包头后面必须跟着一个格式

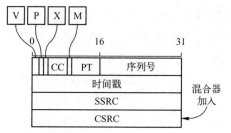

V:2bit，版本号（=2）
P:1bit，表示填充
X:1bit，表示有扩展头部
CC:4bit，CSRC的数量（CSRC计数）
M:1bit，由描述文件定义的标记位（在别处被定义）
PT:7bit，净荷类型，由描述文件定义（在别处被定义）
SSRC：同步源
CSRC：贡献源
时间戳：依赖于描述文件或特定流

图 7.9　RTP 头部信息

预先定义的头部扩展项。

● 贡献源（CSRC）计数（CC）:4bit——内容是跟在固定包头后的 CSRC 标识符的个数。

● 标记位（M）:1bit——对标记位的解释由一个描述文件（Profile）定义。

● 净荷类型（PT）:7bit——该字段界定 RTP 净荷的格式,并确定其由应用解析的方式。配套的 RFC 3551 定义了一组音频和视频的默认映射方式。

● 序列号:16bit——每发送一个 RTP 数据包,序列号加 1。接收方可以通过序列号来检测包丢失并恢复包序列。

● 时间戳:32bit——时间戳反映了 RTP 数据包中第一个八位位组的采样时刻。采样时刻必须源自一个单调和线性增长的时钟,以实现同步和抖动计算。

● 同步源（SSRC）:32bit——该字段定义了同步源。这个标识符应该被随机选取,但要求在同一个 RTP 会话中没有两个同步源具有相同的 SSRC 标识符。

● 贡献源列表（CSRC List）:0 到 15 项,每项 32bit——该标识符定义了数据包中净荷的贡献源。标识符的个数由 CC 字段给出。如果多于 15 个贡献源,则只有 15 个会被定义。

7.7.2　RTP 控制协议（RTCP）

RTP 控制协议（RTCP）使用与数据包相同的分发机制,向会话的所有参与者周期性地传输控制包。其下层协议必须提供对数据和控制包的多路复用功能,如使用独立的 UDP 端口号。RTCP 有以下 4 项功能。

● 最基本的功能是提供对数据分发质量的反馈。这是 RTP 作为传输协议必须要有的一部分功能,同时也与其他传输协议的流控和拥塞控制功能相关。这个

305

反馈可以直接应用于自适应编码的控制,而IP组播实验已经表明,从接收方获取反馈以诊断分发中的故障同样也非常重要。发送"接收反馈报告"给所有的参与者,则任何一个发现问题的参与者都可以评估这些问题是局部的还是全局的。在如IP组播这种分发机制下,还有像网络服务提供商这样的实体,它们并不参与到会话中接收反馈信息,可看作是一个诊断网络问题的第三方监视器。反馈功能由RTCP的发送方报告(Sender Report,SR)和接收方报告(Receiver Report,RR)来执行,如图7.10所示。

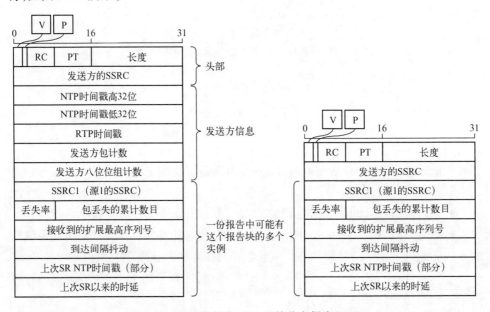

图 7.10 发送方报告(SR)和接收方报告(RR)

• 针对一个 RTP 源,RTCP 携带一个称为规范名(Canonical Name,CNAME)的持久传输层标识符。因为 SSRC 标识符可能会因为发现冲突或者程序重启而被改变,所以接收方要求 CNAME 对每个参与者进行追踪。接收方也可以要求 CNAME 关联来自一组相关 RTP 会话中的一个指定参与者的多个数据流,如同步视频和音频。媒体内同步(Inter-media Synchronization)同样也要求 NTP 和 RTP 时间戳被数据发送方包含到 RTCP 包中。NTP 是由 RFC 5905 定义的网络时间协议。

• 前两个功能要求所有的参与者发送 RTCP 包,因此必须控制速率,以便 RTP 可以支持大量的参与者。通过让每一个参与者彼此发送控制包,每个参与者可以独立获知参与者的数量。

• 第四点是一个可选功能,用于传达最小会话控制信息,如呈现在用户界面上的用户身份。这一功能可能在"松散控制"的会话中最有用,这些会话中参与者的加入和离开都不需要身份控制或者参数协商。

306

7.7.3 发送方报告(SR)数据包

发送方报告数据包分为三个部分。第一个部分(头部)由下列字段组成。

- 版本号(V):2bit——定义 RTP 的版本,同 RTCP 和 RTP 数据包一样。当前版本号为 2。
- 填充位(P):1bit——一旦设置填充位,一个 RTCP 数据包末尾会包含一些额外的填充八位位组,不属于控制信息但是长度又包含在长度(Length)字段中。最后的八位位组用数字表明应该忽略多少个填充八位位组,包括它自己在内(应该是 4 的倍数)。
- 接收报告计数(RC):5bit——本数据包中包含的报告块个数。
- 包类型(PT):8bit——包含一个常数值200,说明这是一个 RTCP SR 包。
- 长度:16bit——RTCP 数据包的长度减1,包括头和任意填充。
- 同步源(SSRC):32bit——本 SR 数据包的发起者的同步源标识符。

第二部分是发送方信息,长为 20 个八位位组,出现在每一个发送方报告包中。它概括了发送方的数据传输情况。各字段含义如下。

- NTP 时间戳:64bit——表示发送这份报告的"墙上时钟"(Wall Clock)时间。这个时间和来自其他接收方的接收报告中返回的时间戳一起,可用于测量到这些接收方的往返时延。
- RTP 时间戳:32bit——对应于与上述 NTP 时间戳相同的时间,但是其计时单位和随机偏移量都和 RTP 数据包中的时间戳相同。
- 发送方包计数:32bit——发送方传输的 RTP 数据包的总数,计数范围是从启动传输一直到此 SR 数据包被生成的时间为止。
- 发送方八位位组计数:32bit——由发送方在 RTP 数据包中传输的净荷八位位组的总数(即不包括头和填充),计数范围是从启动传输一直到此 SR 数据包被生成的时间为止。

第三部分包含零个或者多个接收报告块(Reception Report Block),个数取决于这个发送方收听到的其他源的数量。每一个接收报告块表示的是对来自同一同步源的 RTP 数据包的接收统计信息。

SSRC_n(同步源标识符)为 32bit——此接收报告块中信息所属源的 SSRC 标识符,具体如下。

- 丢失率(Fraction Lost):8bit——表示自前一个 SR 或 RR 包被发送以来,来自源 SSRC_n 的 RTP 数据包丢失的比例,表示为一个在字段左边缘的带二进制小数点(Binary Point)的定点数。这个百分比定义为丢失的包个数除以期望接收的包个数。
- 数据包丢失的累计数目(Cumulative Number of Packet Lost):24bit——在开

始接收时就已经丢失的来自源 SSRC_n 的 RTP 数据包的总数。这个数字定义为期望接收的数据包的数量减去实际接收的数据包的数量。

- 接收到的扩展最高序列号(Extended Highest Sequence Number Received):32bit——低 16bit,包含从源 SSRC_n 来的 RTP 数据包的最大序列号;高 16bit 使用相应的序列号周期(Sequence Nnmber Cycles)计数来扩展序列号。

- 到达间隔抖动(Inter - arrival Jitter):32bit——对 RTP 数据包到达时间间隔的统计方差的估计,以时间戳为单位测量,表示为无符整数。到达间隔抖动 J 定义为差值 D 的平均偏差(平滑绝对值),D 是一对数据包在接收方的包间隔和在发送方的包间隔的差。

- 上次 SR 时间戳(LSR):32bit——64bit 的 NTP 时间戳的中间 32bit,作为来自源 SSRC_n 的最近的 RTCP 发送方报告(RS)包的一部分被接收。如果没有接收到 SR 包,这个字段就被设 0。

- 上次 SR 以来的时延(Delay since Last SR,DLSR):32bit——从接收到来自源 SSRC_n 的上一个 SR 包到发送这个包的接收报告块之间的时延,以 1/65536s 为单位。如果没有接收到来自源 SSRC_n 的 SR 包,这个字段就被设为 0。

7.7.4 接收方报告(RR)数据包

接收方报告包的格式和 SR 包的格式一致,除了包类型字段为常数 201,还有忽略了 5B 的发送方信息。剩下的字段和 SR 包的意义相同。

7.7.5 源描述(SDES)RTCP 包

源描述(Source Description,SDES)是一个头和零或多个块(Chunk)组成的三层结构,每个块由多个项(Item)组成,项描述了该块中所定义的源(Source)。每个块包含一个 SSRC/CSRC 标识符,其后跟随由零或多个携带 SSRC/CSRC 信息的项。每个块开始于32bit 边界。每个项包含一个 8bit 类型字段、一个描述文本长度的 8bit 八位位组计数(不包含长为两个八位位组的头)和文本自身。注意文本长度不能超过 255 个八位位组,这和限制 RTCP 带宽消耗的需求是一致的。

端系统发送的 SDES 数据包,其中包含自身的源标识符(就像固定的 RTP 头中的 SSRC 一样)。混合器发送的 SDES 包,在包中每个贡献源都有一个块(Chunk),混合器正是从这些贡献源中收到 SDES 信息。当源超过 31 个时,混合器发送多个完整的 SDES 包。

目前 SDES 项定义了如下内容。

- CNAME:规范名(强制性的);
- NAME:用户名;
- EMAIL:用户电子邮件地址;

- PHONE：用户号码；
- LOC：用户位置，与应用相关；
- TOOL：应用或工具的名称；
- NOTE：来自用户的临时消息；
- PRIV：应用专用或者试验用途。

告别 RTCP 包（Goodbye RTCP packet，BYE）：BYE 包表示一个或多个源不再活跃。

应用定义的 RTCP 包（APP）：APP 包用于开发新应用和特性时的试验用途，不要求包类型值注册。

7.7.6　用于会话发起的 SAP 和 SIP 协议

根据会话目的的不同，有不少会话发起的配套机制，但本质上可分为邀请（Invitation）和通告（Announcement）两类。邀请机制的一个经典的例子是打电话，因为其本质是邀请参加一次私人会话。通告机制的一个经典的例子是报纸上的电视节目预告，因为其通告了每个节目播出的时间和频道。在因特网上，除了这两个特殊的例子，也有中途参加会话的情况，例如对收听一个公开会话的邀请和向不对外开放的群的私人会话通告。

会话通告协议（Session Announcement Protocol，SAP）可能是目前最简单的协议之一（RFC 2974）。为了公布一个组播会话，会话创建者仅需向一个公知的组播组周期性的组播数据包，而数据包携带有会话描述协议（Session Description Protocol，SDP）。该协议用于描述即将开始的会话。想知道哪个会话将变得活跃，只需简单监听同一个组播组，并接收这些通告数据包。当然，当考虑安全性和缓存时，这个协议要变得复杂一些，但也基本如此。

会话发起协议（Session Initiation Protocol，SIP）像一台电话一样工作，例如 SIP 会发现想要联系的人并使他们的电话响铃（RFC3261）。SIP 与现有电话呼叫方式（除了使用基于 IP 的呼叫协议外）最重要的不同是根本就不需要拨号。尽管 SIP 能够呼叫一个传统的电话号码，不过 SIP 对地址的原生概念是指一个 SIP URL，就像是一个邮箱地址那样。图 7.11 显示了一个发起和结束会话的典型的 SIP 呼叫过程。

用户可能会移动到不同的位置，此时重定向服务和位置服务可以用来协助 SIP 呼叫。图 7.12 显示了一个使用重定向服务和位置服务的典型 SIP 呼叫过程。

SIP 大量使用代理服务器，每个代理服务器都查看呼叫请求，查阅有关被呼叫人（Callee）的位置信息，执行由被呼叫人或其所在组织请求的安全检查，然后将呼叫向前路由。图 7.13 给出了使用代理服务器或者位置服务器的典型 SIP 呼叫过程。

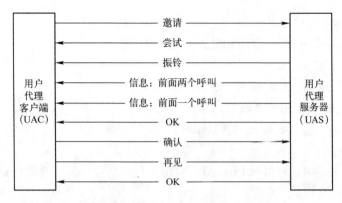

图 7.11　发起和结束会话的典型 SIP 呼叫过程

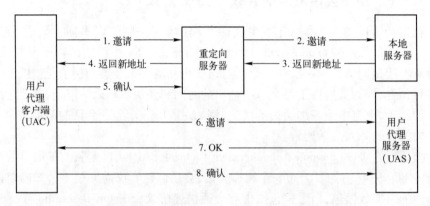

图 7.12　使用重定向服务和位置服务的典型 SIP 呼叫过程

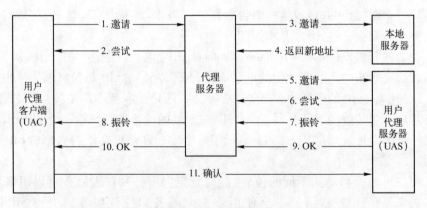

图 7.13　使用代理服务和位置服务的典型 SIP 呼叫过程

　　会话的每个应用都有两个组播通道:一个用于 RTP,另一个用于 RTCP。既允许单个应用独立进行自组织式的配置(Ad Hoc Configuration),也允许带有会话目录和配置信息的公告式会议(Advertised Conference)。

310

7.7.7　会话目录服务(SDS)

组播业务和应用的增长引发了一些导航(Navigation)方面的问题(和在 WWW 中导航是一样的问题),由此引出了会话目录服务(Session Directory Service,SDS)。SDS 有以下功能。

- 创建会议的用户需要选择一个空闲的组播地址。会话目录系统有两种方式可以做到这一点:第一种方式,采用基于会议用户规模和发起者位置的伪随机策略分配组播地址;第二种方式,首先向外组播会话信息,如果从现有的会话公告中检测到冲突,则重新分配组播地址。这是一种管理组播地址分配和列出动态组播地址的简单机制。

- 用户需要知道在组播骨干(Mbone)上的是何种会议、正在使用哪些组播地址,以及这些地址上使用的是何种媒体形式。用户可以使用会话目录消息来得到所有这些信息。组播的最新版本包含一个域管理措施,它允许会话创建者指定一个逻辑上的兴趣域,使得相关业务只会在该域内流动。

- 当前实现的会话目录工具还将推出面向用户的应用程序。

7.8　IP 电话(VoIP)

基于 RTP 的 IP 电话已从专用解决方案向标准化解决方案发展,正在成为一种主流应用。它能够提供可与电信网络媲美的服务质量,以及与网络的透明 IP 互操作。

7.8.1　网关分解

信令网关负责网络上的端用户之间的信令。在电信网络一侧,信令被转换到 IP 信令协议中,如 SIP 或 H. 323,然后通过 IP 网络传送。会话通告协议(SAP)用来公布会话。会话描述协议(SDP)用来描述呼叫或会话(RFC4566)。

一旦通话建立,媒体网关(Media Gateway)负责传输数据、视频和音频流。在电信网络一侧,媒体传输是通过 TDM 流上的 PCM 编码数据;在 IP 网络一侧,媒体传输则基于 RTP/UDP。媒体网关控制器用来控制一个或者多个媒体网关。

7.8.2　协议

VoIP 使用多种协议。早在 1994 年,ITU－T 就推出了 H. 323 系列协议,提供因特网上的多媒体支持。许多开发商已经开发和部署了这些协议。与此同时,IETF 推出了用于 IP 电话的多种协议,如 RTP、RTSP、RTCP、Megaco、SIP 和 SDP 等。这些协议为制定 IP 电话标准奠定了基础。

7.8.3　网守(Gatekeeper)

网守负责处理终端和网关的寻址、授权和认证、带宽管理、记账、计费和收费。它们还提供呼叫路由服务(Call‐routing Service)。终端是一台 PC 或运行多媒体应用的独立设备。多点控制单元(Multipoint Control Unit,MCU)支持三个或更多终端的会议。

7.8.4　多媒体会议(MMC)

多媒体会议(MultiMedia Conference,MMC)是基于 IP 组播的典型应用。同时它也非常适合应用于卫星网络。多媒体会议由包含以下要素的多媒体应用组成。

- 话音:提供时间片形式的音频包、各种音频编码方案、用于错误恢复的冗余音频、单播或组播,以及可配置的数据传输速率。
- 视频:提供帧形式的视频包、各种视频编码方案、单播或组播,以及可配置的数据传输速率。
- 网络文本编辑器:用于信息交换。
- 白板:用于徒手绘图。

多媒体会议应该允许划分本地组、全局组和管理组,并设置单播业务网关(Unicast Traffic Gateway,UTG),以便通过隧道使用路由协议和组播域。也就是说,在局域网内,IP 包被直接组播到所有主机;而在广域网内,它是一个虚拟的叠加在因特网之上的网络。RTP/RTCP 被作为传输和控制协议使用。重叠的组播域可以通过在每个域上使用不同管理组的地址来配置。

7.8.5　会议控制

用户通过会议控制机制来组织、管理和控制一个会议,具体功能如下。

- 发言权控制:谁来发言? 由主席控制还是分布式控制?
- 松散控制:发言者抢占信道。
- 严格控制:由应用来定义,如讲座。
- 资源预留:会议的带宽要求和质量。
- 每个流的预留:仅音频,仅视频,还是音频和视频都有。

进一步阅读

[1] Allman, M., Floyd, S. and C. Partridge, *Increasing TCP's Initial Window*, RFC 2414, September 1998.
[2] Allman, M., Glover, D. and L. Sanchez, *Enhancing TCP over Satellite Channels using Standard Mechanisms*, BCP 28, RFC 2488, January 1999.
[3] RFC 5681, *TCP Congestion Control*, Allman, M., Paxson, V. and E. Blanton, IETF, September 2009.
[4] RFC 1379, *Transaction TCP – Concepts*, Braden, R., IETF, September 1992.

[5] RFC 1644, *T/TCP – TCP Extensions for Transactions: Functional Specification*, Braden, R., IETF, July 1994.

[6] Chotikapong, Y., *TCP/IP and ATM over LEO satellite networks*, PhD thesis, University of Surrey, 2000.

[7] Chotikapong, Y., Cruickshank, H. and Z. Sun, Evaluation of TCP and Internet traffic via low earth orbit satellites, *IEEE Personal Communications over Satellites, Special Issue on Multimedia Communications over Satellites*, 3: 28–34, 2001.

[8] Chotikapong, Y. and Z. Sun, Evaluation of application performance for TCP/IP via satellite links, *IEE Colloquium on Satellite Services and the Internet*, 17 February 2000.

[9] Chotikapong, Y., Sun, Z., Örs, T. and B.G. Evans, Network architecture and performance evaluation of TCP/IP and ATM over satellite, *18th AIAA International Communication Satellite Systems Conference and Exhibit*, Oakland, April 2000.

[10] RFC 1144, *Compressing TCP/IP Headers*, Jacobson, V., IETF, February 1990.

[11] RFC 2018, *TCP Selective Acknowledgment Options*, Mathis, M., Mahdavi, J., Floyd, S. and A. Romanow, IETF, October 1996.

[12] RFC 2525, *Known TCP Implementation Problems*, Paxson, V., Allman, M., Dawson, S., Heavens, I. and B. Volz, IETF, March 1999.

[13] RFC 3168, *A Proposal to Add Explicit Congestion Notification (ECN) to IP*, Ramakrishnan, K. and S. Floyd, D. Black, IETF, September 2001.

[14] RFC 2001, *TCP Slow-Start, Congestion Avoidance, Fast Retransmit, and Fast Recovery Algorithms*, Stevens, W., IETF, January 1997.

[15] Sun, Z., TCP/IP over satellite, in *Service Efficient Network Interconnection via Satellite*, Fun Hu, Y., Maral, G. and Erina Ferro (eds), John Wiley & Son, Inc., pp. 195–212.

[16] Sun, Z., Chotikapong, Y. and C. Chaisompong, Simulation studies of TCP/IP performance over satellite, *18th AIAA International Communication Satellite Systems Conference and Exhibit, Oakland*, April 2000.

[17] Sun, Z. and H. Cruickshank, Analysis of IP voice conferencing over geostationary satellite systems, *IEE Colloquium on Satellite Services and the Internet*, 17 February 2000.

[18] RFC 793, *Transmission Control Protocol*, Jon Postel, IETF, September 1981.

[19] RFC 1122, *Requirements for Internet Hosts – Communication Layers*, R. Braden, IETF, October 1989.

[20] RFC 1323, *TCP Extensions for High Performance*, V. Jacobson, R. Braden and D. Borman, IETF, May 1992.

[21] RFC 2142, *Mailbox Names for Common Services, Roles and Functions*, D. Crocker, IETF, May 1997.

[22] RFC 3550, *RTP: A Transport Protocol for Real-Time Applications*, H. Schulzrinne, S. Casner, R. Frederick and V. Jacobson, IETF, July 2003.

[23] RFC 3551, *RTP Profile for Audio and Video Conferences with Minimal Control*, H. Schulzrinne, IETF, July 2003.

[24] RFC 3261, *SIP – Session Invitation Protocol*, J. Rosenberg, H. Schulzrime, G. camarrillo, A. Johnston, J. Peterson, R. Sparks, M. Handley, E. Schooler, IETF, June 2002.

[25] RFC 4566, *SDP: Session Description Protocol*, M. Handley, V. Jacobson, C. Perkins, IETF, July 2006.

[26] RFC 2675, *IPv6 Jumbograms*, D. Borman, S. Deering, R. Hinden, IETF, August 1999.

[27] RFC 5905 *Network Time Protocol Version 4 and Algorithms Specification*, D. Mill, J. Martin, J. Burbank, W. Kasch, June 2010.

[28] RFC 2187, *Application of Internet Cache Protocol (ICP) Version 2*, D. Wessels, K. Claffy, IETF, September 1997.

[29] RFC 2974, *Session Announcement Protocol*, M. Handley, C. Perkins, E. Whelan, IETF, October 2000.

练　习

1. 结合流量控制、差错控制和拥塞控制机制,解释 TCP 的性能是如何受卫星网络影响的。

2. 讨论用于因特网连接的典型卫星网络配置。

3. 解释基于慢启动算法的卫星网络 TCP 增强技术,解释基于拥塞避免机制的 TCP 增强技术。

4. 讨论如何基于确认实现 TCP 增强。

5. 计算慢启动和拥塞避免阶段的卫星带宽利用率。

6. 解释差错恢复机制上的 TCP 增强,包括快速重传和快速恢复。

7. 解释 TCP 欺骗和分裂 TCP(也称级联 TCP)机制的优缺点。

8. 解释在现有 TCP 机制上进行性能增强的局限性。

9. 讨论实时协议,包括 RTP、RTCP、SAP 和 SIP 等,以及 HTTP。

10. 比较 WWW、FTP 等非实时应用与 VoIP、MMC 等实时应用的不同。

8 卫星承载下一代因特网

本章旨在介绍卫星承载下一代因特网(Next Generation Internet, NGI)。卫星被认为是因特网的一个有机组成部分。未来的网络和服务正朝着全 IP 化的方向演进。本章首先介绍新型业务与应用、建模和流量工程,以及多协议标签交换(Multi-Protocol Label Switching, MPLS);然后介绍 IPv6 的编址和 IPv4 向 IPv6 的过渡,并特别阐述了卫星承载的 IPv6,包括卫星网络中的 IPv6 隧道技术和转换技术;最后,作为结语,讨论了卫星组网的未来发展。在读完本章后,希望读者能够:

- 理解未来卫星网络所支持的新业务和应用的概念;
- 理解流量建模和流量特征的基本原理和技术;
- 理解因特网流量的本质;
- 描述一般流量工程的概念,特别是因特网流量工程;
- 领会 MPLS 的原理,以及不同组网技术和流量工程的概念;
- 理解 IPv6 以及它与 IPv4 的主要区别;
- 理解 IPv6 编址和协议转换技术;
- 理解卫星网络承载 IPv6,以及隧道和转换技术;
- 领会卫星组网未来的发展与融合趋势。

8.1 简　　介

近年来,人们已经见证了移动网络惊人的扩张与增长。新一代移动电话正变得越来越复杂精巧,电子邮件、WWW 访问、多媒体消息、音频和视频流广播等功能不断增加,所有这些已经远远超出了移动电话最初的概念。

在软件方面,移动电话更像一台计算机而不是一部电话。移动电话实现了完整的网络协议栈(TCP/IP)、各种传输技术(红外、无线、USB 等)以及不同的外设。在计算机网络中,Ethernet 和 WLAN 在局域网中占统治地位。在移动网络中,GSM 和 3G/4G 移动网络正在演进到 5G 网络,而且它们都朝着全 IP 化的方向融合。IP 也在不断发展以满足组网技术和新业务与应用的需求。

卫星网络也正在跟随地面移动网络和固定网络的发展趋势,朝着全 IP 化的方向演进。除了用户终端本身,业务与应用也在融合,即卫星网络终端将会趋同于地面网络终端,提供相同的用户界面和功能。从当前卫星网络与地面网络的集成中,不难看出未来卫星网络终端将和标准地面网络终端完全兼容,只是在协议栈的底层(物理层和数据链路层)才会有不同的空中接口。

在传统计算机网络中,网络的设计者并不十分关心 QoS 和流量工程。而对于实时业务,QoS 和流量工程则是非常重要的,它在电话网中已经成功地工作了近一个世纪。由于越来越多的人拥有便携式计算机和智能手机,如今移动性成了一项新的需求。越来越多的商业交易、商务活动和因特网的公共使用使得安全性成为因特网中的一个重要问题。目前,越来越多的电视节目也在通过因特网传送。

因特网设计之初无法预知所有这些新型需求和如今巨大的网络规模。虽然 IPv4 的地址将很快耗尽,但仍然不断有新的设备连接到因特网中,除了便捷式计算机、智能手机和电视,还有电表、煤气表、水表甚至微波炉、电饭煲、洗衣机和汽车等。尽管 IPv6 已经开始着手部署,但距离实现一个完美的解决方案,仍有很长的一段路要走。

到现在为止,本书已经完成了有关从物理层到传输层的讨论。本章讨论应用层、新业务与应用(从信息处理开始)、卫星网络的发展,以及相关的问题(包括流量建模与流量特征、MPLS、流量工程和 IPv6)。

8.2 新的业务与应用

本书已经讨论了各种希望通过卫星网络支持的网络业务。业务信息被编码为适合传输的特定格式,并在接收端译码。新的业务与应用主要包括通过宽带网络传输的高质量数字话音、图像和视频(以及它们的组合)。本节对其中一些相关的主题进行简要的讨论。

8.2.1 因特网综合服务

网络层协议的主要功能之一是为更高层协议(特别是传输层协议)提供独立于底层物理网络介质的普遍连通性和统一服务接口。对应地,传输层协议的功能是为应用提供会话控制服务(如可靠性),并且不与特定的网络技术绑定。

除非应用运行在公共网络和传输协议上,否则运行在不同的网络上的同类应用将很难互操作。大多数多媒体应用将继续构建在对当前 IP 的增强之上,并采用多种多样的高速因特网组网技术。

针对 IP 的特殊应用,因特网工程任务组(Internet Engineering Task Force,IETF)发展出因特网综合服务(Internet Integrated Service)的概念。因特网综合服务设想了一系列对 IP 的增强方法,从而允许 IP 支持综合的或多媒体的业务。这些增强包括与电信网络流量管理机制相匹配的流量管理机制。

网络协议依赖于对流的特征描述(Flow Specification),来刻画 IP 包流(Streams of IP Packets)在网络中的预期流量模式(Traffic Pattern)。网络可以通过在数据包一级的监控、整形和调度机制来处理这些 IP 包流中的数据包,从而提供所需的 QoS。换句话说,流(Flow)是指第三层的连接,一条或多条流(Flow)可以标识和刻画一个数据包流(Stream),而此时协议可以是面向连接的也可以是无连接的。

8.2.2 弹性和非弹性流量

由业务和应用产生的因特网流量(Internet Traffic)主要分为两种。

● 弹性流量:这种类型的流量是基于 TCP 的,也就是说,它使用 TCP 作为传输协议。弹性流量定义为能够根据整个网络时延和吞吐量的变化,来调节其流率(Flow Rate)的流量。这种能力是内建在 TCP 流控制机制中的。这类流量又称机会性流量(Opportunistic Traffic),即如果资源是可用的,应用就会尝试使用该资源;另一方面,如果资源暂时不可用,它们可以等待(挂起传输)并且做到不对应用产生负面影响。弹性流量的例子包括电子邮件、文件传输、网络新闻和交互式应用,如远程登录(Telnet)和 Web 访问(HTTP)。这些应用可以很好地应对网络中的时延和变化的吞吐量。根据流活跃的时间长短,这类流量可以进一步分为长期响应流和短期响应流。FTP 是长期响应流的例子,而 HTTP 是短期响应流的代表。

● 非弹性流量:这种类型的流量是基于 UDP 的,也就是说,它使用 UDP 作为传输协议。非弹性流量与弹性流量恰恰相反:当网络时延和吞吐量变化时,非弹性流量无法调节其流率。此时,需要确保一个应用能够正常运行的最小资源数量。非弹性流量的例子包括:对话式多媒体应用,如 IP 话音或 IP 视频;交互式多媒体应用,如网络游戏或分布式仿真;以及非交互式多媒体应用,如远程学习或音频/视频广播,其中涉及多媒体信息的连续流(Continuous Stream)。这些实时应用可以承受少量时延,但无法容忍抖动(即平均时延的变化)。这类数据流流量(Stream Traffic)也称为长期非响应流(Long – lived Non – responsive Flow)。

在应用方面,因特网必须承载现有的计算机数据流量。传统应用主要包括文件传输(FTP)、远程登录(Telnet)和电子邮件(SMTP)。不过这些应用产生的流量与 WWW(HTTP)相比均会黯然失色。同时,IP 电话和 IP 视频/音频流应用正在快速出现,并显著影响了因特网的流量构成。它们预计将成为未来带宽的主要消耗者。尽管协议的构成仍然会保持大致相同的比例,但在 RTP/RTCP 部分(实时领域)UDP 应用将会增加。这是由于音频/视频流应用和在线网络游戏的增长。潜在地,HDTV 和 3D 电视节目也会成为因特网上数据流传输的一部分。

8.2.3 QoS 保障和网络性能

在 QoS 架构的定义里,尽力服务是当前因特网中网络在源和目的之间提供给 IP 数据报的默认服务。从另一个角度来说,这意味着如果一个数据报变成尽力服务的数据报,那么所有应用于尽力服务数据报的流控机制也可以应用于该数据报。

受控负载服务(Controlled Load Service)希望支持多种因特网应用,不过它对过载的情况非常敏感。"自适应实时应用"(Adaptive Real-time Application)是这种服务类别的重要成员。这些应用在网络轻负载时工作良好,但在重负载时性能会急剧下降。这类应用希望能够模拟无负载网络状态的服务。

保证服务(Guaranteed Service)意味着如果流(Flow)的流量(Traffic)不超过特定参数的范围,数据报就可以在有限时间内和有限丢包率条件下达到目的地。该服务面向的对象是只有在一定时间段内提供严格的时延保证才能完成传输的应用。例如,某些音频和视频回放应用不允许出现在回放时刻之后还有数据报到达的现象。具有硬实时要求的应用也需要保证服务。

在回放应用中,数据报的到达时间一般远远早于传输设定的截止时间,所以接收系统必须缓存数据报,直到应用对其进行处理。

8.3　流量建模和特征描述

未来网络基础设施必须处理大量来自不同类型业务的 IP 流量,其中实时业务将占相当大比例。这种网络基础设施的多业务特征所需的一个必要条件是能够支持具有不同 QoS 要求的不同类型业务。此外,相比电信网中的传统流量,因特网流量在时间和数据速率方面更加多变,难于预测。这意味着网络必须具备足够的灵活性来适应流量的变化。而且除了灵活性和多业务能力需求(所引出的是不同级别的 QoS 要求)外,还有降低复杂度的需求。

8.3.1　流量工程

多业务网络需要支持各式各样的应用。这些应用包括数据、音频和视频这些成分中的一个或者多个所形成的集合,一般称为多媒体应用。数据、音频和视频这些成分与应用需求一起,会产生具有不同统计和时间特性的非均匀混合流量。这些应用和业务需要资源来实现它们的功能。其中特别值得注意的是应用、系统和网络之间的资源共享。流量工程是一项网络功能,它控制网络对流量需求和其他刺激(例如失效)的响应,并实现流量和容量/资源管理。为了使多业务网络有效地支撑这些应用,同时优化网络资源利用,需要设计流量工程机制。这些机制与进入网络的流量特征具有内在的联系。设计有效的资源和流量管理方案,需要理解源流量的特征,并开发适用的流量模型。因此,源流量特征描述与建模是整个网络设计和性能评估过程中至关重要的第一步。事实上,流量建模被视为流量工程处理模型的关键子模块之一。

8.3.2　流量建模

流量特征描述应用/用户生成的流量模式,目的是推动对流量本质的理解,并设计易处理的模型来匹配数据流量的重要特性,最终实现准确的性能预测。易处理性是一个重要属性,因为这意味着在随后的分析中使用该流量模型时,可以很容易地将其转化为数值计算、仿真或解析的方法。同时,流量模型还具有多种时间粒度。

流量建模概况了应用或应用集合的预期行为。流量特征的主要应用包括:

- 长期规划活动(网络规划、设计和容量管理)。
- 性能预测、实时流量控制/管理和网络控制。

流量模型可以用于 3 种不同的应用。

- 作为生成综合流量的源,用于评估网络协议和设计。此时,流量模型可以作为理论分析的补充,因为理论分析的复杂性往往会随着网络复杂度的升高而不断增加。
- 作为一系列流量和网络资源管理功能的流量描述器,包括呼叫许可控制、用法参数控制和流量策略。这些功能是在实现高复用增益的同时,确保满足特定网络 QoS 要求的关键。
- 作为排队分析的源模型,使用排队系统作为网络性能评估和网络设计的工具。一种合理的、良好的、对真实网络流量的匹配,会使分析结果在实际中更加有用。

8.3.3　流量建模的统计学方法

流量建模的主要目的是将真实流量的统计特征准确映射到一个可以产生综合流量的随机过程。

对于给定的流量轨迹(Traffic Trace,TT),模型发现一个仅由少数参数定义的随机过程(Stochastic Process,SP)。

- 当馈入一个具有任意缓存大小和服务速率的单服务队列(Single Server Queue,SSQ)时,TT 和 SP 给出相同的性能。
- TT 和 SP 具有相同的均值和自相关(拟合优度)。
- 更多的情况下,SP 和 SSQ 可以被解析分析。

近年来,研究人员开发了多种流量模型。

8.3.4　更新模型

更新过程定义为一个离散时间随机过程 $X(t)$, $X(t)$ 为服从一般分布函数的、独立同分布的非负随机变量序列。这里独立是指在时间 t 的观察结果不依赖于过去或未来的观察结果,即现在的观察结果与以前的观察结果不存在关联。

更新过程的数学分析相对简单。但是,这种模型有一个重要的缺点:没有自相关函数。自相关是对一个随机过程的两个时间样本之间关系的度量。它是一个重要的参数,用于刻画时序依赖性和流量突发。如前所述,当宽带网络中突发流量占统治地位时,时序依赖性在多媒体业务流中是十分重要的。因此,能够刻画流量自相关特性的模型,对于评估网络性能来说是必须的。

鉴于其简单性,更新过程模型广泛应用于对流量源的建模。更新过程的例子包括泊松过程和 Bernoulli 过程。

8.3.5　马尔可夫模型

泊松和 Bernoulli 过程具有所谓未来不依赖于过去的无记忆性质,即新到达事件的出现不依赖于该过程的历史。这反过来导致了不存在自相关函数,因为在随机事件序列中不存在依赖性。

基于马尔可夫的流量模型通过将依赖性引入随机序列克服了这个缺点。此时,自相关非零,并可以刻画流量突发的特性。马尔可夫过程定义为随机过程 $X(t)$,其中对任意 $t_0 < \cdots < t_n < t_{n+1}$ 和给定的 $X(t_0), \cdots, X(t_n), X(t_{n+1})$ 的分布仅依赖于 $X(t_n)$。这意味着在马尔可夫随机过程中,下个状态只依赖于过程的当前状态,不依赖于先前假定的状态。这是在连续状态之间可以存在的最小的依赖性。至于过程是如何到达当前状态的则不必考虑。

马尔可夫性质的另一个重要含义是下一状态仅依赖于当前状态而不依赖于过程已经处于当前状态多长时间。这意味着状态驻留时间(也称逗留时间)必须是服从无记忆分布的随机变量。马尔可夫模型的例子包括开关(On – off)过程和马尔可夫调制泊松过程(Markov Modulated Poisson Process,MMPP)。

8.3.6　流体模型

流体模型将流量视为一个以流率(Flow Rate)(例如比特每秒)描述的流体流(a Stream of Fluid),在模型中流量的大小要优先于流量的计数。流体模型基于这样的假设,在活跃期内产生的个体流量单元(包或信元)的数目非常大,以致于看起来像一个流体的连续流。换句话说,在这种情况下一个单元的流量几乎没有意义,它对整个流的影响可以忽略,即个体单元只会增加极小的信息到业务流中。

流体模型的主要优点是:按照上述思路仿真业务流时,可以节省大量的计算资源。例如,在支持高质量视频传输的 ATM 网络中,一个压缩的、每秒 30 帧的视频将需要大量的 ATM 信元。如果一个模型试图区分信元并将每个信元的到达当作一个独立事件,对信元到达的处理会很快消耗大量的 CPU 和存储,甚至是在仿真时间为分钟级的情况下。

通过假设到来的流体流在相当长的时间内会保持(大致的)连续,一个流体流仿真可以很好地运行。流率的改变是流量波动事件发生的信号。因为这些改变发生的频率远低于单个信元到达的频率,所以涉及的计算开销大大减少。

8.3.7　自回归滑动平均模型

自回归(Auto – regressive)流量模型将序列 X_n 中的下一个随机变量定义为在

从现在延伸到过去的时间窗内的早期变量的显函数。一些流行的自回归模型如下。

- 线性自回归过程 $AR(p)$ 为

$$X_n = a_0 + \sum_{r=1}^{p} a_r X_{n-r} + \varepsilon_n \quad n > 0$$

式中:X_n 为随机变量族;$a_r(0 \leqslant r \leqslant p)$ 为真常数;ε_n 为零均值、非相关的随机变量,也称白噪声,独立于 X_n。

- 滑动平均过程 $MA(q)$ 为

$$X_n = \sum_{r=0}^{q} b_r \varepsilon_{n-r} \quad n > 0$$

- 自回归滑动平均过程 $ARMA(p,q)$ 为

$$X_n = a_0 + \sum_{r=1}^{p} a_r X_{n-r} + \sum_{r=0}^{q} b_r \varepsilon_{n-r}$$

8.3.8 自相似模型

这些模型的发展是基于这样的观察:对于源自于用户、应用和协议间相互作用产生的因特网流量动力学特性而言,"分形"是其最好的表现形式。而分形理论已经在物理、生物和图像处理领域得到了广泛的应用。因此,很自然地,可以采用具有内在分形特质的流量模型来刻画因特网流量动力学特性,并以计算高效的方式生成综合流量。

小波建模为在多时间尺度上数学表示网络流量提供了有力和灵活的工具。小波是在原理上与傅里叶分析类似的数学函数,并广泛应用于数字信号处理和图像压缩技术。

8.4 因特网流量的本质

因特网流量可以看作是产生于一个很大的、没有经过协调的集合体,也就是说,用户的访问和对不同应用的使用都是独立的。每个因特网通信都由从一台计算机到另一台计算机的一次信息传输构成,例如下载 Web 页面或发送/接收电子邮件。经因特网传输的、包含信息比特的数据包是因特网中两个或多个计算机或智能手机并发活跃通信的结果。

8.4.1 万维网(WWW)

当下载时,一个 Web 页面通常包含多个元素或对象。这些对象使用独立的 HTTP GET 请求载入,并在到相应服务器的一条或多条并行 TCP 连接中被串行化。实际上,Web 访问是面向请求—响应的,具有大量的突发请求和小而且单向的响

应。检索一个完整 Web 页面,需要独立请求文本和每个内嵌的图片,这使得流量具有内在的突发特性。图 8.1 展示了在一次 Web 冲浪会话中的典型消息序列。

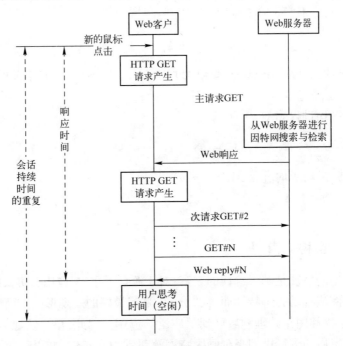

图 8.1　Web 冲浪消息序列

Web 流量的特征已经研究了很多年,目的是希望理解流量的本质。其中一个重要发现是 Web 流量是突发产生的,并非稳定的流;而且相同的突发模式在不断自我重复,不论时间间隔是几秒还是一秒的百万分之一。这种特殊类型的流量称作自相似(Self – similar)、分形(Fractal)或尺度不变(Scale – invariant)流量。分形是指那些在不同时间尺度上外形始终相同的对象。本质上,自相似过程的行为在所有时间尺度是相似的(即统计意义上相同)。

对实际 Web 流量轨迹的分析有助于理解这种现象的成因。统计上流量轨迹的参数包括 HTTP 文件大小、每个 Web 页面的文件数目、用户浏览行为(用户思考时间和连续文档检索)、Web 请求的分布特性、文件大小和文件的流行程度。研究表明自相似现象是随测量高度变化的。对于这种高度变化的数据集(如文件大小和请求间隔)最好的分布模型是具有重尾(Heavy Tails)的分布模型。自相似现象是由众多 On/off 源叠加而成,而每个源都有无限方差症候群(Infinite Variance Syndrome)现象。

带有重尾逗留时间分布的随机过程具有长程(慢衰减)相关性(Long – term Correlation),也称为长期依赖性(Long – Rang Dependence,LRD)。这种随机过程的自相关函数可表示为

$$r(k) \approx \frac{1}{k^a} \quad \text{当 } k \rightarrow \infty \text{ 且 } 0 < a < 1 \tag{8.1}$$

自相关函数呈双曲性衰减,这要比指数衰减慢得多。此外,由于 $a < 1$,自相关值的和趋于无穷大(自相关函数是不可和的)。非退化相关(Non - degenerative Correlation)的一个结果是在数据上 LRD 的"无限"影响。LRD 源的聚合产生了与真实流量轨迹自相似特性相同的流量。

8.4.2 自相似流量的 Pareto 分布模型

Pareto 分布是一种重尾分布,它的概率分布函数(Probability Distribution Function,PDF)定义为

$$p(x) = \frac{\alpha\beta^\alpha}{x^{\alpha+1}} \quad \alpha,\beta > 0, x > \beta \tag{8.2}$$

它的累积分布函数(Cumulative Distribution Function,CDF)为

$$P[X \leqslant x] = 1 - \left(\frac{\beta}{\alpha}\right)^\alpha \quad \alpha,\beta > 0, x > \beta \tag{8.3}$$

Pareto 分布的均值和方差分别为

$$\mu = \frac{\alpha\beta}{\alpha - 1} \tag{8.4}$$

$$\sigma^2 = \frac{\alpha\beta^2}{(\alpha-1)^2(\alpha-2)} \tag{8.5}$$

式中:α 为形状参数;β 为位置参数。因此,$\alpha > 2$ 时该分布具有有限均值和方差。然而由式(8.5),当 $0 < \alpha < 2$ 满足重尾的定义时,Pareto 分布变为具有无穷方差的分布。一个分布具有无穷方差的随机变量,意味着该变量会有不可忽略的(Non - negligible)概率取到非常大的值。

8.4.3 分形布朗运动(FBM)过程

在开发用于表示自相似流量的、可靠的分析模型方面,目前已经取得了一些进展。分形布朗运动(Fractional Brownian Motion,FBM)过程就是一个工作负载的基础模型,用于产生综合自相似业务,并可以推导出系统中客户数目 q 和系统利用率 ρ 之间简单而实用的关系。假设一个具有恒定服务时间的无限缓冲区,这种关系可以定义为

$$q = \frac{\rho^{\frac{1}{2(1-H)}}}{(1-\rho)^{\frac{H}{1-H}}}$$

式中:H 为 Hurst 参数($0.5 < H < 1$),它反映的是对一个时间序列中自相似程度的量度。需要注意的是当 $H = 0.5$ 时,以上等式简化为经典结果,即 $M/M/1$(一个具有指数到达时间和指数服务时间的排队系统)。因此,值 0.5 表示的是一个无记

323

忆过程,而值 1 对应于一个在任何时间尺度上所有方面都相同的过程。

利用上述关系,绘制在不同 H 值下系统中包平均数量分布的曲线(为系统利用率的函数),并且与指数流量进行比较(见图 8.2)。可以看到,曲线具有相同的趋势,在一个显著的弯曲后包的数目迅速增加。还可以看到,随着参数值 H 的增加,即流量自相似程度越高,获得高利用率因子越难。为了实现系统在高系统利用率下运行,需要相当大的缓冲以避免溢出。这就是说,根据指数流量预测来设计系统,如果遇到自相似流量,就无法实现以高利用率运行,因为这时缓冲区会很快溢出。

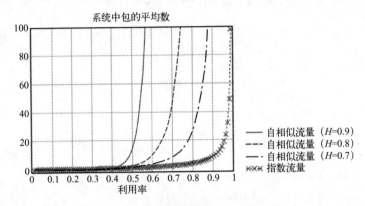

图 8.2　自相似流量和指数流量的比较

8.4.4　流量建模中对用户行为的考量

流量源的本质是随意或随机的,唯一能够描述它的工具就是统计方法。为了以易于计算的数学方程的形式捕获和表达这种行为的随机性,目前已经开发了大量模型。

感兴趣的流量特征一般包括到达率、到达间隔时间、包大小、突发、连接时间,以及在应用调用之间的到达时间分布。另一个重要特征是连续到达之间或来自不同来源的到达之间的相关性。相关函数是描述源和突发流量之间时间依赖性的重要度量。源之间的时序(Temporal)或定时(Timing)关系在多媒体流量中尤其重要。

在对这些特征建模时,最广泛使用的假设是将这些特征看作独立同分布的随机到达事件。它描述两个或两个以上随机变量的联合分布;在这种情况下,变量之间没有相关性。这意味着用户是彼此独立的,一个用户的流量生成不会影响另一个用户的行为。这种属性可以简化数学分析,并可以生成唯一的公式来表示感兴趣的特征。尽管这一假设曾经得到广泛的应用,但同时它产生的是一个独立的、不相关的到达过程。而在现实场景中,流量往往具有复杂的相关结构,特别是视频应用的流量。

许多建模方法试图捕获这些相关结构。存在两种建模方法——自回归模型和马尔可夫调制流体模型——用于刻画一个场景内编码视频的影响。也可以使用一个增强自回归模型来刻画场景变化的影响,或将多媒体源看作是多个 On – off 过程的叠加,从而对多媒体源的单个元素(话音/音频、视频和数据)建模。

用户行为是对流量特征产生影响的另一个重要因素。随着因特网的爆炸性增长和相关流量的增加,用户行为的影响更为显著。通过将用户行为表示为剖面(Profile),刻画用户行为的模型(又称行为建模)将有助于建立包生成模型、用户与应用交互模型,以及用户与服务交互模型。面向过程建模,剖面定义了一种独立过程和不同类型随机过程的分层体系。目前正在研究的与因特网或 Web 流量相关的另一特征是 Web 服务器本身的结构,因为这与网页的响应时间(文件传输的时间)有关,而这种响应时间反过来又会影响用户会话。流量建模的研究常常涉及专业软件的开发,这类专业软件可以产生工作负载,并对 Web 服务器进行压力测试。

8.4.5 话音流量建模

这里考虑多业务包交换网络。模拟语音首先通过语音(Speech)/话音(Voice)编解码器数字化为脉冲编码调制(PCM)信号。PCM 采样又传递给压缩算法,在包交换网络传输前压缩算法将话音压缩到包格式中。在目的端,接收器以相反的顺序执行同样的功能。图 8.3 展示了这种流动的、端到端的数据包话音。基于 IP 网络的话音应用,通常称为因特网电话或 IP 电话(VoIP)。

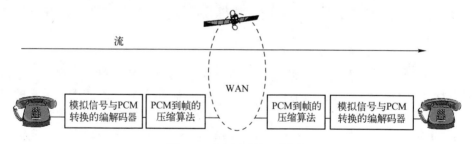

图 8.3   包话音的端到端流

语言信号(Speech Signal)最鲜明的特征是在对话过程中有交替的有信号(语音)周期和无信号(静默)周期。人类语音是由语音或活跃时间间隔(在此期间一方在讲话)和跟随其后的静默或非活跃时间间隔(在此期间一方暂停或在听对方讲话)组成的交替序列。由于语音信号的编码比特速率最多为 64kbit/s,因此可以认为语音时间间隔期内的最大速率是 64kbit/s。不过,也有其他的语音编码技术,使得最大编码速率为 32、16 或 8kbit/s,此时,在语音时间间隔期内的最大速率可以假定为相应的编码速率。

举一个例子,G. 729 编解码器(Codec)默认净荷大小是两个 10ms 的声音采样,每个的采样率为 8kHz。在 8kbit/s 的编码速率下,产生大小为 20B 的净荷。然后净荷被打包,对于 VoIP 而言,就是被打包到了由 RTP/UDP/IP 和多链路 PPP

(Multi – Link Point to Point Protocol,MLPPP)头部组成的 IP 包中。RTP 是一个用于发送实时媒体数据的媒体包协议。它为发送应用和接收应用提供了支持流数据的机制(方便了媒体数据的传送和同步)。MLPPP 是 PPP 的扩展,允许多个 PPP 链路组合成一个逻辑数据管道。需要注意的是,这个附加的头部依赖于链路层。在本例中,链路层是 PPP 链路。

不做 RTP 头压缩,RTP/UDP/IP 的开销为 40B(压缩时会减少到 2B,可有效节省带宽,而 MLPPP 头为 6B)。由此产生的话音数据包大小为 66B(使用 RTP)或 28B(使用压缩的 RTP)。表 8.1 列出了不同编解码器的话音净荷大小和数据包大小。

表 8.1　G.711、G.729、G.723.1 和 G.726 编解码器的参数

编 解 码 器	比特率/kbits	帧大小/ms	语音净荷/B	语音包/B	
				有 cRTP	无 cRTP
G.711	64	10	160	168	208
G.729 附录 A	8	10	20	28	66
G.723.1(MP – MLQ)	5.3	30	20	28	66
G.723.1(CS – ACELP)	6.4	30	24	32	70
G.726	32	5	80	88	146

上述编解码器的一个重要特征是话音活动检测(Voice Activity Detection,VAD)模型。当话音被包化(Packetised)时,有声音的数据包和静默的数据包都被包化了。使用 VAD,可以抑制静默包,使得数据流量可以和包化的话音流量交织,进而促进有限网络带宽的有效利用。据估计,VAD 可以节省 30% ~ 40% 的带宽。

VoIP 是一种实时业务,也就是说,实际对话数据一旦产生就要立刻处理。这种处理会影响通信信道(这里通信信道是指因特网)承载对话的能力。过高的时延会严重限制这种承载能力。而时延的变化(即抖动)可能会插入暂停甚至割裂词句,从而使得话音交谈变得不知所云。这就是为什么大多数包化话音应用使用 UDP 来避免对丢包或误码的恢复。

ITU – T 有关话音应用网络时延的内容在建议 G.114 中。该建议定义了三段单程时延,如表 8.2 所列。

表 8.2　针对话音应用的网络时延定义(ITU – T,G.114)

范围/ms	描　　　述
0 ~ 150	对于绝大多数应用而言是可以被用户接受的
150 ~ 400	当管理员知道传输时间和它对用户应用传输质量的影响时是可接受的
>400	对于一般网络规划目的而言是不可接受的,不过也有少数例外

8.4.6　话音流量的 On – off 模型

目前基于对谈话特征(具有交替的活跃期和静默期)的模拟建立分包语音模

型的方法,已经得到广泛认可。一个两相 On – off 过程(Two Phase On – off process)可以代表一条独立的包化话音源。测量表明,其平均活跃时间长度是 0.352s,而平均静默时间长度是 0.650s。话音源要刻画的一个重要特征是这些时间长度的分布。指数分布是一种对活跃时间分布的合理近似;然而,这种分布不能很好地表示静默时间间隔。尽管如此,当对话音源建模时往往假定这两个时间间隔符合指数分布。通话的持续时间(呼叫保持时间)和两个呼叫之间的到达间隔时间可以用电话流量模型(Telephony Traffic Model)来表征。

在活跃(On)时间间隔内,话音产生具有固定包间距的固定大小的数据包。这是具有固定比特率和固定包化时延的语音编码器的特点。包生成过程服从泊松过程,到达间隔时间服从均值为 T 秒或 $1/T$ 包每秒的指数分布。如上所述,活跃(On)和静默(Off)的时间间隔均为指数分布,从而形成一个两态 MMPP 模型。静默(Off)期间不会生成任何数据包。图 8.4 表示了一个话音源。

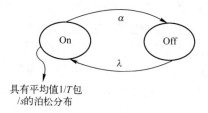

图 8.4　由两态 MMPP 表示的单话音源

平均活跃(On)周期为 $1/\alpha$,而平均静默(Off)周期是 $1/\lambda$。平均包到达间隔时间为 T 秒。N 个这样的话音源的重叠就得到了下面的 N – 状态生灭模型,如图 8.5所示,其中一个状态代表的是活跃话音源的数目。

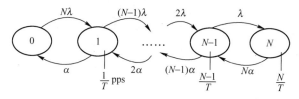

图 8.5　具有指数分布到达间隔时间的 N 个话音源的叠加

这种方法可以对具有不同平均意见分(Mean Opinion Score,MOS)的各种话音编解码器建模。MOS 是一种用于评估电话连接话音质量的分级系统。大量的接听者从 1(糟糕)到 5(优秀)评价话音样本的质量。平均得分即为编解码器的 MOS。G.711、G.729 和 G.726 相应的得分分别是 4.1、3.92 和 3.8。表 8.1 给出了这种模型的参数,以及利用下列公式计算出的表示数据包到达时间间隔的附加参数,即

$$\text{Inter\_arrival\_time} = \frac{1}{\text{average\_traffic\_sent(pps)}} \tag{8.6}$$

$$average\_traffic\_sent = \frac{codec\_bit\_rate}{payload\_size(\,bit)} \qquad (8.7)$$

平均静默时间间隔通常为 650ms,而平均活跃时间间隔为 350ms。

8.4.7 视频流量建模

未来多业务网络的一项新兴服务是包视频通信。包视频通信是指数字化和包化的视频信号的实时传输。视频压缩标准的最新发展,如 ITU – T H. 261、ITU – T H. 263、ISO MPEG – 1、MPEG – 2 和 MPEG – 4,已经使在因特网上传输视频变得可行。视频图像是由一系列的帧表示的,其中场景的运动反映在连续显示的帧的微小变化上。帧以恒定的速率(例如 30 帧/s)显示,以便人的眼睛将帧的变化合成到一个移动场景中。

就带宽消耗量而言,视频流应该是名列前茅的。未经压缩的、具有 300 × 200 像素分辨率、以 30 帧/s 速率播放的 1s 的录像片段就需要 1.8MB/s 的吞吐量。除了高吞吐量的要求,视频应用在丢包和时延方面也有严格的要求。

影响视频流性质的因素有很多,其中包括压缩技术、编码时间(在线或离线)、视频应用的适应性、交互的支持水平和目标质量(恒定的或可变的)。视频编码器的输出比特速率既可以被控制,从而产生一个对视频质量有显著影响的恒定比特率数据流(CBR 编码);也可以不加控制,以便面向更加稳定的视频质量,产生一个可变比特率数据流(VBR 编码)。由于其在统计复用增益和视频质量稳定性方面的优势,可变比特率编码视频会成为网络流量的一个重要来源。

视频流的统计特性与话音或数据的统计特性有很大不同。视频的一个重要特性是连续帧之间的相关性结构。根据视频编解码器的类型,视频图像表现出如下相关性。

• 行相关性定义为图像的同一部分中上一行数据与下一行数据之间的相关水平,也称为空间相关性。

• 帧相关性定义为上一幅图像与下一个图像的相同部分的数据之间的相关水平,也称为时间相关性。

• 场景相关性定义为场景序列之间的相关水平。

由于这种相关性结构,仅反映出视频源的突发已经不能满足要求了,还需要其他的度量来尽可能地将视频源刻画得更加准确。这些度量包括:

• 自相关函数:用于度量时间的变化;

• 变异系数:用于度量当不同速率的信号可以统计复用时的复用特征;

• 比特率分布:连同平均比特率和方差一起,表示对于容量的大致需求。

如前所述,VBR 编码的视频源将成为未来因特网中主要的视频流量来源。有多种统计 VBR 源模型。这些模型可分为四类——自回归(AR)模型、基于马尔可夫的模型、自相似模型、IID 模型。这些模型都是基于实际视频源的几个属性开发的。

例如,基于 H. 261 标准的视频会议,具有非常小的场景变化,因此建议使用动态 AR(DAR)模型。模拟大量场景变化(如在 MPEG 编码的电影序列中),可以使用基于马尔可夫的模型或自相似模型。模型的选择是基于模型所需的参数数量和所涉及的计算复杂性。自相似模型只需要一个单一的参数(Hurst 或 H 参数),但其生成样本的计算复杂性很高(因为每个样本都是从先前所有的样本计算而来的)。马尔可夫链模型需要多个参数(以转移概率的形式对场景变化进行建模),但也会增加计算的复杂性,因为它需要大量计算以产生一个样本。

8.4.8 WWW 流量的多层建模

因特网的运作是由用户、应用、协议和网络之间的交互链构成的。这种结构化机制可以归因于因特网所采用的分层结构——在设计因特网协议栈时所使用的分层方法学。因此,很自然地,可以尝试通过分析协议栈每一层对流量的不同影响来构建因特网流量模型。

多层建模方法尝试表达由人类用户和因特网应用本身所触发的数据包生成机制。在多层建模方法中,数据包产生于分层过程中。它开始于人类用户到达一个终端并启动一个或多个因特网应用。这种调用行为将在源终端和目的终端上相互对应的应用及底层协议之间形成一条连续交互的链条,最终表现出的结果是产生经网络传送的数据包。

这些交互通常视为"会话";会话的定义是根据产生它的应用而定的。一个应用生成至少一个,但通常是多个会话。每个会话包含一个或多个"流"(Flow);每个流又由数据包构成。因此,在多层建模方法中会有三个层次或级别——会话、流和数据包。

举一个例子来说,一个用户到达一台终端,并启动浏览器浏览网页。用户通过点击一个 Web 链接(或输入 Web 地址)来访问感兴趣的网站。这种行为产生了HTTP 会话。会话定义为在一个有限的时间段内对同一 Web 服务器上网页的下载(当然也可以采样其他方式定义会话)。接着会话又会产生流。每条流是一个承载特定 Web 页面信息的连续数据包序列,而且数据包是在流内产生的。这种分层过程如图 8.6 所示。

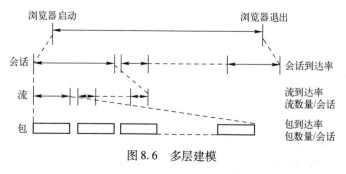

图8.6 多层建模

在图 8.6 中描绘的是这种模型所采用的参数。为了捕获 Web 流量的自相似特征,可以使用重尾分布模拟任何上述参数,从而形成更复杂的模型。其他参数如用户思考时间和包大小也可以由重尾分布模拟。虽然这种类型的模型在捕获 Web 流量特征的时候可能会更加准确,但它增加了参数数量和复杂性。

8.5 流量工程

一个进退两难的局面摆在网络运营商面前:当前网络基础设施是为固定和移动电话网络建设的,而非因特网,但是升级基础设施的成本又太高,以至于无法使用来自因特网业务的收入来支撑。一方面,相对于目前通过因特网业务获得的收入,来自话音业务的收入已经下降;另一方面,因特网业务收入的增加与因特网流量的快速增长相比却依然显得十分缓慢。因此,为了获得成本效益,有必要从高效利用带宽(在更广泛的意义上说是有效利用网络资源)的角度设计和管理网络。

流量工程(Traffic Engineering,TE)是一种满足以上需求的可行的解决方案,因为它要求在必要的时间、必要的地点,并考虑使用时间长短的条件下,使用网络资源。TE 可以视为一种网络能力,它通过动态地控制流量流,实现以下功能:避免拥塞、优化资源可用性、在考虑流量负载和网络状态的条件下为流量流选择路由、将流量流移动到不拥塞的路径上,以及对业务变化或网络故障做出及时反应。

因特网业务已经在过去的几年里有了巨大的增长。这种增长也相应提高了对网络可靠性、效率、服务质量以及收入的需求。因特网服务提供商为了满足这些需求,需要审视自己运营环境中的每一个方面,评估扩大网络规模和优化网络性能的机会。

然而,这并不是一项简单的任务。主要的问题是因特网建立在简单的组件之上——基于目的地址的 IP 路由和基于如跳数或链路开销等简单的度量。虽然这种简单性允许 IP 路由扩展到非常大的网络,但它并不总是能够很好地利用网络资源。流量工程也因此成为大型公共因特网骨干网设计和运营时主要的考虑因素。尽管其起源可以追溯到公众交换电话网络(PSTN)时期,但是今天流量工程正在因特网的设计和运营中扮演着日益重要的角色。

8.5.1 流量工程原理

流量工程关注网络的性能优化。它旨在解决网络资源的有效分配问题,以满足用户的要求,并最大限度地提高服务提供商的收益。流量工程的主要目标是平衡服务与成本。最重要的任务是计算出正确的资源量;如果分配太多的资源,则成本可能过高,而太少则会导致业务损失或生产率低下。由于这种服务—成本平衡对业务状况的变化比较敏感,所以流量工程是一个致力于保持最佳平衡状态的连续过程。

流量工程是一个过程框架。通过流量工程,网络可以有效地控制对流量需求(以用户要求表示,如时延、吞吐量和可靠性)和其他刺激(如故障)的响应。其主要目的是保证网络能够在一定的质量水平上支持尽可能多的流量,并且是在最小化服务提供成本的同时,通过优化利用网络共享资源来实现。要做到这一点,需要有效控制和管理流量。该过程框架包括:

- 通过控制路由功能和管理 QoS,实现流量管理;
- 通过网络控制,实现容量管理;
- 网络规划。

流量管理确保在所有条件下,包括负载转移和失效(节点和链路故障),网络性能都能够实现最大化。容量管理确保网络的设计和配置能够以最低的成本满足网络的性能目标。网络规划确保能够根据预估的流量增长来规划和部署节点与传输容量。这些功能形成围绕网络的交互反馈回路,如图 8.7 所示。

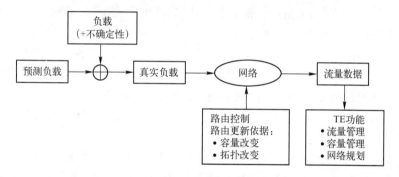

图 8.7　流量工程过程模型

如图 8.7 所示的网络(或系统)是由一个噪声流量负载(或信号)驱动的,其包含可预测的平均需求,以及未知的估计误差和负载变化。负载变化具有不同的时间常数,范围从瞬时变化、小时到小时的变化、天到天的变化,直至周到周或季节性变化。相应地,反馈控制的时间常数与负载变化和系统功能(如通过路由和容量调整来调节网络所提供的服务)相匹配。路由控制通常应用于分钟、天或者也可能是实时的时间尺度,而容量和拓扑结构的变化则是更长期的(数月到一年)。

光交换和传输系统的进步能够不断增加可用带宽。其效果是带宽的边际成本(即与额外产出一个单位的输出相关的成本)正在被迅速降低:带宽越来越便宜了。这种技术的广泛部署正在加快,网络提供商现在只需扩展他们的网络配置,就能够销售跨国的和国际的高带宽连接。从逻辑上讲,有了这些发展和大量的可用带宽,似乎就不再需要流量工程了。然而恰恰相反,流量工程仍然十分重要,这是因为用户数目及其期望随着可用带宽的指数增长也在指数增加。

摩尔定律的推论认为,"当你为了满足用户需求增加系统容量时,用户需求又会进一步增加对系统容量的消耗。"那些投资于这些超额配置网络的公司是要收回他们的投资的。服务差异化收费(Service Differentiation Charging)和按使用比例定价(Usage‐Proportional Pricing)是被广泛接受的收费机制。实现这些机制,需要有监测资源使用和确保客户满意度的简单而且具有成本效益的方法,这样才能使按使用比例定价成为现实。流量工程的另一个重要功能是将流量映射到物理基础设施,以便最优地利用资源,并实现良好的网络性能。因此,对于网络运营商和客户来说,流量工程仍然非常有意义。

8.5.2 因特网流量工程

因特网流量工程涉及性能评估和 IP 网络运营的性能优化问题。因特网流量工程包括在流量测量、刻画、建模和控制方面的相关技术和科学原理的应用。其主要目标之一是提高运营中的网络性能,无论是在流量处理能力方面,还是资源利用方面。流量处理能力意味着 IP 流量以最可能的高效、可靠和快速的方式通过网络传输。另一方面,在满足流量性能目标(时延、时延变化、丢包和吞吐量)的同时,应有效地利用和优化网络资源。

有几个功能对实现这一目标有直接的贡献。其中之一是路由功能的控制和优化,其引导流量以最有效的方式通过网络。另一个重要的功能是便捷可靠的网络操作。应该提供增强网络完整性的机制,并通过制定策略来突出网络的可生存性。这样就可以最小化网络脆弱性(由基础设施内部的错误、故障和失效导致的服务中断所引起)。

由于传统 IP 技术的功能有限,所以在公共 IP 网络难以实现有效的流量工程。其中一个主要问题在于如何将流量流映射到物理拓扑。在因特网中,流到物理拓扑的映射基本上由使用的路由协议决定。流量只是简单地沿最短路径流动,这些最短路径要么由自治系统内由内部网关协议(IGP)计算得到,如开放式最短路径优先(OSPF)路由协议或者中间系统到中间系统(IS‐IS)路由协议,要么由互联自治系统的外部网关协议计算得到,如边界网关协议版本 4(BGP‐4)。

这些协议都是拓扑驱动,并对每个包独立控制。每台路由器利用包头中的信息进行独立的路由决策。通过将这些信息与相应的条目进行匹配(这些条目存储在一个同步路由区域链路状态数据库的本地实例中),就可以确定出包的路由或下一跳。使用简单加性链路度量进行的最短路径计算(通常等价于最小开销)是这种确定过程的基础。

虽然这种方法是分布式和可扩展的,但存在一个重大缺陷——当确定路由时它不考虑流量特征和网络容量限制。路由算法倾向于将流量路由到同一链路和接口,从而造成网络拥塞和失衡。其结果是部分网络被过度利用,而备选路径上的其他资源却未能得到充分利用。这种状态通常称为过度聚集(Hyper Aggregation)。虽然可以调节计算 IGP 路由所使用的度量值,但随着因特网核心的增长,这种方法很快就会变得十分复杂。不断地调整度量值,还增加了网络的不稳定性。因此,拥塞问题经常通过增加更多的带宽(即过度配置)来解决。然而,这样做其实是没有把握住问题的真正病因,所以会引发糟糕的资源分配或流量映射。

因特网流量工程的需求与电话网络相比并不无太大不同——精确控制路由功能,实现在流量和资源优化方面特定的性能目标。然而,因为流量特性和因特网本身的运行环境,因特网流量工程的应用环境更加具有挑战性。因特网上的流量类型已经变得越来越多(相较于电话网络的固定64kbit/s话音)。不同的流量类型具有不同的服务要求,但是却又争夺相同的网络资源。

在这种环境下,流量工程需要建立资源共享参数,以便根据效用模型(Utility Model)给某些业务种类以特别优待。而刻画流量特征也被证明是一项挑战,流量特征所表现出高度动态的行为,仍然有待于进一步理解,而且具有高度非对称的倾向。因特网的运行环境也是一个问题。资源是在不断增长,但却缺少规律性。流量的路由过程无法将网络拓扑与流量流相关联,特别是当穿过自治系统边界时,进而导致难以对流量工程所需的基本数据集——流量矩阵进行估计。

为了克服IP对流量工程的限制,初期的做法是将虚电路和流量管理能力(例如ATM)即所谓的间接技术,引入IP基础设施。这是一种层叠的方法,它在边界被IP路由器所环绕的网络的核心部署ATM交换机。路由器使用永久虚电路(Permanent Virtual Circuit,PVC)逻辑互联(一般采用完全网状互联的形式)。这种方法允许定义虚拟拓扑,并叠加于物理网络拓扑之上。通过收集对PVC的统计数据,可以建立一个基本的流量矩阵。通过将流量重定向到尚未被充分利用的链路,可以缓解过载的链路。

使用类似于ATM的包交换主要是因为当时它的交换性能要比IP路由出色,而且还提供QoS和流量工程的功能。但是,这种方法也有根本性的不足。首先,需要建立和管理两种不同技术的网络,进而增加了网络体系结构和设计的复杂性。其次,因为一条路由路径中的网元的数量在增多,所以可靠性问题也越来越突出。可扩展性是另一个问题,特别是在完全网状互联配置时,增加一台边缘路由器需要增加$(n(n-1))/2$条PVC,其中n是节点数量(即"$n-$平方"问题)。同时,还存在核心网络中由于单条链路损坏引起多条PVC失效,从而导致IP路由不稳定的问题。

8.6 多协议标签交换(MPLS)

为了改进由IP层协议提供的尽力而为服务,区分服务(Diffserv)和综合服务(Intserv)等新的机制被提出,用于支持QoS。在区分服务架构中,给予不同服务不同的优先级和资源分配,以支持多种类型的QoS。而在Intserv架构中,需要为单个业务预留资源。但是,为单个业务预留资源的方法在大型网络中不具有良好可扩展性,这是因为大型网络需要支持大量的业务,而每项业务又都需要在网络路由器上维护其自身的状态信息。

研究人员提出了像多协议标签交换(Multi-Protocol Label Switching,MPLS)这样的基于流(Flow-based)的技术,通过合并第二层和第三层的功能来支持 QoS 需求。MPLS 基于固定长度标签(RFC 3031),引入了一种新的面向连接的模式。这种固定长度标签交换的概念与 ATM 的有关概念相似,但又不完全相同。开发固定长度标签交换的关键动机之一就是提供一种 IP 与 ATM 无缝融合的机制。

然而,这两种技术在架构上的不同,阻碍了它们之间的平滑互操作。为了解决这个问题,提出了层叠模型。但是层叠模型没有提供一个单一的、可简化网络管理和提高运行效率的操作模式。

MPLS 是一种对等模型技术。与层叠模型相比,对等模型集成了第二层的交换功能和第三层的路由功能,形成一种独立的网络支撑结构。网络节点通常集成了路由和交换功能。模型也允许 IP 路由协议建立 ATM 连接,并且不需要地址解析协议(RFC 3035)的支持。MPLS 已经成功地融合了 IP 和 ATM 的优势,而它正在迅速发挥作用的另一个应用领域是流量工程,以及与之配套要解决的其他重要网络演化问题——吞吐量和可扩展性问题。

8.6.1　MPLS 转发模式

MPLS 结合了第二层交换技术和第三层路由技术。这项新技术的主要目的是创造一个灵活的组网结构,提供更好的性能和可扩展性,其中包括流量工程的能力。MPLS 被设计为能够与各种传输机制协同工作,以应对与当前 IP 基础设施相关的各种问题。

这些问题包括:实现 IP 网络的可扩展性,以满足不断增长的需求;提供可区分等级的 IP 业务;将不同的流量类型融合到一个单一网络;在激烈竞争的条件下提高运行效率。网络设备制造商是最先意识到这些问题的人之一,他们分别致力于自己专有的解决方案,包括标签交换、IP 交换、基于聚合路由的 IP 交换(Aggregate Route-based IP Switching, ARIS)和信元交换路由器(Cell Switch Router, CSR)。MPLS 对这些方法加以吸收,并致力于开发一个广泛适用的标准。

转发、交换和路由是 MPLS 中的基础概念,下面给出它们的简明定义。

● 转发是在一个输入端口接收一个数据包,然后从一个输出端口将其发送出去的过程。

● 交换是根据当前网络资源和负载情况的信息,沿选择的路径进行数据包转发的过程。交换根据第二层的头部信息进行操作。

● 路由是设置路由路径的过程,这个过程需要理解在网络中或网络间数据包为了到达其目的地是如何选择下一跳的。路由根据第三层的头部信息进行操作。

传统的 IP 转发机制(第三层路由)是基于源—目的地址对的(当数据包经路

由器进入 IP 网络时，从包头中提取地址对）。路由器分析地址对信息并运行路由算法。接着，基于路由算法计算的结果（通常是根据到下一个路由器的最短路径）选择包的下一跳。更重要的是，这种全包头分析的方法必须逐跳进行，也就是说在包经过的每一台路由器上都要进行。显然，这种 IP 包转发模式是与处理器密集型的路由过程紧密耦合的。

尽管 IP 路由的简单高效已经得到了公认，大规模路由式网络仍然存在大量的问题。其中一个主要问题就是使用软件组件实现路由功能增加了包的时延。基于硬件的高速路由器正在设计和部署，但是成本会有所上升，而对于大型服务提供商或企业级网络来说，成本规模就会成倍增加。同时，基于传统的路由概念预测大型网状网络的性能也存在困难。

第二层交换技术，例如 ATM 和帧中继，采用不同的转发机制，但本质上都是基于标签交换算法的。这是一种非常简单的机制，可以很容易地在硬件上实现，从而使得这种方法转发速度非常快，与 IP 路由相比，能够获得更好的性价比。ATM 也是一种面向连接的技术，在任意两点之间，流量是沿着一条预先确定的路径流动的。面向连接的技术使得网络更加可预测和易于管理。

8.6.2　MPLS 基本操作

MPLS 通过为网络定义一种新的运作方法，尝试综合第二层交换和第三层路由的优点。MPLS 将包转发与路由分开，也就是说，将数据转发平面与控制平面分离。在软件定义网络（Software Define Network，SDN）中也使用了相同的概念。

虽然控制平面仍在很大程度上依赖于下层的 IP 基础设施来传播路由更新，但是 MPLS 可以使用称为标签（Label）的包标记在控制平面之下高效地创建隧道。隧道在这里是一个非常关键的概念，因为这意味着转发过程不再基于 IP，而且在 MPLS 网络入口处分类使用的不再仅仅只有 IP 信息。这种解决方案的功能组件如图 8.8 所示，与传统 IP 路由架构并没有太大的差异。

MPLS 的关键概念是使用标签来辨别和标记 IP 报文。标签是一个短的、固定长度、非结构化的标识符，能够用于转发过程。标签与 ATM 网络中使用的 VPI/VCI 类似。标签通常作用在单条数据链路之内，在相邻的路由器之间，没有全局意义（不像 IP 地址那样）。经过修改的路由器或交换机，可以使用标签在网络中转发/交换数据包。经过修改的交换机/路由器称为标签交换路由器（Label Switching Router，LSR），是 MPLS 网络的关键组件。LSR 能够理解并参与 IP 路由和第二层交换。通过将这些技术整合到一个集成的运行环境中，MPLS 避免了同时维护两种不同运行模式的问题。

MPLS 使用的标签交换基于的是插入在第二层头和 IP 头之间所谓的 MPLS 垫片头（MPLS Shim Header）。这种 MPLS 垫片头的结构如图 8.9 所示。需要注意的是，在第二层头和 IP 头之间可能插入了多个垫片头。这种多标签插入称为标签

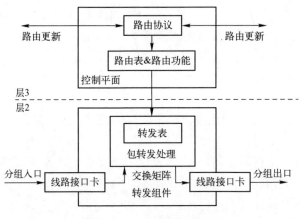

图 8.8　MPLS 的功能组件

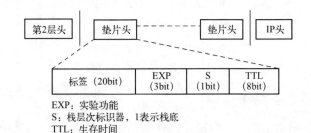

EXP：实验功能
S：栈层次标识器，1表示栈底
TTL：生存时间

图 8.9　MPLS 垫片头结构

栈,它允许 MPLS 利用网络分层结构,提供虚拟专用网(VPN)服务(通过隧道),并支持多种协议(RFC 3032)。

　　MPLS 的转发机制与传统的逐跳路由有着明显区别。从第三层的角度看,LSR 参与 IP 路由,去理解网络的拓扑。接着,这种路由知识与 IP 头分析结果一起应用于为进入网络的包分配标签的过程中。从端到端的角度看,这些标签共同定义了标签交换路径(Label Switching Path,LSP)。

　　LSP 与交换技术采用的 VC 类似。这种相似性体现在在网络可预测性和可管理性方面获得的收益上。LSP 也可以使用第二层的转发机制(标签交换)。正如前面提到的,标签交换易于在硬件上实现,从而使得其比路由具有更快的操作速度。

　　为了有效地控制 LSP 的路径,可以为每条 LSP 分配一个或多个属性(如表 8.3 所列)。这些属性在计算 LSP 的路径时将会被考虑。有两种方式建立一条 LSP——控制驱动的方式(例如逐跳)和精确路由 LSP 的方式(ER - LSP)。由于手动配置 LSP 的开销非常高,从服务提供商的角度出发,需要通过使用信令协议来使这一过程自动化。这些信令协议在网络节点上分配标签并建立 LSP 转发状态。标签分发协议(Label Distribution Protocol,LDP)用于建立控制驱动的 LSP,而 RSVP -

TE 和 CR – LDP 是两种用于建立 ER – LSP 的信令协议（RFC 3468 和 RFC 5036）。

表 8.3　LSP 属性

属　性　名	含　　义
带宽	沿着一条路径建立 LSP 所需的最小预留带宽
路径属性	该属性决定 LSP 的路径应该手动指定还是通过基于约束的路由动态计算得到
设置优先级	该属性决定当有多个 LSP 竞争时，哪一个 LSP 将获得资源
保持优先级	该属性决定一个已经建立的 LSP 是否应该被一个新 LSP 抢占
亲和性（Affinity）	LSP 的一种管理上的特性，以获得某种期望的 LSP 布置
适应性	有更适合的路径可用时，是否切换 LSP
恢复性	该属性决定当当前路径失效时是否重新路由 LSP

与传统的第三层路由使用的最长地址匹配转发算法相比，标签交换算法是一种更加高效的包转发方式。标签交换算法要求在包从入口标签边缘路由器（Label Edge Router，LER）进入网络时，给每个包分配一个初始标签，以对包进行分类。标签与转发等价类（Forwarding Equivalent Classes，FEC）绑定。FEC 定义为一组在转发过程中可以以相同方式处理的数据包（即在传输过程中有着相同的需求）。FEC 的定义可能会非常笼统。FEC 可以与一个给定的数据包集合的服务需求有关，或者仅仅与源和目的地址的前缀相关。这样，一个类的所有数据包，在路由到目的地的过程中，都会受到同等的对待。

在传统报文转发机制中，FEC 代表了具有相同目的地址的数据包组，进而 FEC 还有其各自的下一跳。不过这时是中间节点处理 FEC 分组和映射。与传统的 IP 转发相反，在 MPLS 中，当包进入网络时，是边缘到边缘（Edge – to – Edge）路由器将包分配到一个特定的 FEC 中。接着，每个 LSR 建立一个表，规定如何转发包。这个转发表称为标签信息库（Label Information Base，LIB），由 FEC 到标签的绑定组成。

在网络的核心，LSR 忽略网络层包头，仅利用标签通过标签交换算法来转发包。当一个带有标签的包到达交换机时，转发组件使用二元组｜输入端口号/输入接口、输入标签值｜对其转发表进行精确匹配搜索。当找到一个匹配项时，转发组件从转发表返回二元组｜输出端口号/输出接口，输出标签值｜和下一跳地址。接着，转发组件用输出标签替换输入标签，将包输出到输出接口，以便传输到 LSP 的下一跳。

当带有标签的报文到达出口 LER（网络的出口点）时，转发组件搜索转发表。如果下一跳不是标签交换机，出口 LSR 弹出（Pop – off）标签，使用传统的最长匹配 IP 转发方式转发数据包。图 8.10 显示了标签交换和转发过程。

LSP 也可以最小化包的跳数，这样做的目的在于：满足某种带宽需求；支持明确的性能需求；绕过可能的拥塞点；指挥流量离开默认的路径；强制流量通过网络中某条链路或某个节点。标签交换所使用的将数据包分配到 FEC 的方式，为其提供

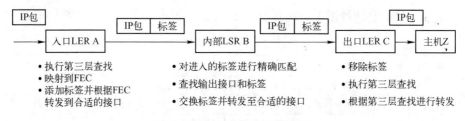

图 8.10　标签交换和转发过程

了巨大的灵活性。这是因为标签交换转发算法能够接受任何类型的用户流量,将其与一个 FEC 相关联,然后将 FEC 映射到一个已经经过专门设计能满足该 FEC 需求的 LSP 上,从而可以实现在高层次上对网络进行控制。正是这些特点使 MPLS 可以支持流量工程。在后面的部分中将进一步讨论 MPLS 在流量工程中的应用。

8.6.3　MPLS 与 Diffserv 互通

将一个具有 QoS 能力的协议引入到支持多种 QoS 协议网络中,必然会要求这些协议能够彼此无缝地互通(Interworking)。对于保证网络数据包的 QoS 来说,这种要求是必不可少的。因此,MPLS 与 Diffserv 和 ATM 互通是一个重要的课题。

MPLS 与 Diffserv 相结合,可以形成一种对双方都有益的方案。与传统的逐跳路由 IP 网络相比,当拓扑变化时,面向路径的 MPLS 能够为 Diffserv 提供一种更快、更加可预测的路径保护和恢复能力。另一方面,Diffserv 能够作为 MPLS 的 QoS 架构。组合在一起,MPLS 和 Diffserv 能够更加灵活地区别对待特定的需要路径保护的 QoS 类。

IETF 3270 介绍了一种在 MPLS 网络中支持区分服务行为聚合(Behaviour Aggregate,BA)和对应的每跳行为(Per Hop Behaviour,PHB)的方案。在 MPLS 上支持 Diffserv 的关键问题是如何将区分服务映射到 MPLS。这是因为 LSR 看不到 IP 包头以及相关的 DSCP(Differentiated Services Code Point)值。问题在于正是 DSCP 将包与其 BA 联系在一起,进而与其 PHB 联系起来,而 PHB 决定了包的调度策略,在某些情况下还决定了包的丢弃概率。LSP 只是搜索标签,读取其内容并确定下一跳。为了使一个 MPLS 能够正确地处理一个 Diffserv 包,标签必须包含一些如何处理这个包的信息。

解决这个问题的方法是将 6bit 的 DSCP 值映射到 MPLS 垫片头中的 3bit 的 EXP 字段。这种解决方案需要综合使用两种类型的 LSP。

● 第一种 LSP 能够传输多个有序聚合(Ordered Aggregate,OA),这种情况下,在 MPLS 垫片头的 EXP 字段(现在已经重新命名为流量类型字段)传达给 LSR 时,PHB 被应用到数据包(涵盖报文调度处理和丢弃优先级的信息)。一个有序聚合是共享同一种排序约束的 BA 的集合。当将一个 PHB 调度类(PHB Scheduling Class)定义为 PSC 时,这样的 LSP 称为 E – LSP(EXP – inferred – PSC – LSP)。一个或多个 PHB 的集合可以应用到属于一个给定有序聚合的 BA。采用这种方式，最多可将 8 个 DSCP 映射到一个 E-LSP。

● 第二种 LSP 只能够传输单个有序聚合，所以 LSP 只根据包的标签值，推测对包的调度处理。包丢弃优先级在 MPLS 垫片头的 EXP 字段中体现，或者在与封装的链路层相关的选择性丢包机制中体现，此时不使用 MPLS 垫片头（例如 ATM 承载的 MPLS）。这种 LSP 称为 L-LSP（Label-only-inferred-PSC-LSP）。采用这种方法，单个 L-LSP 有专门的 Diffserv 代码点。

8.6.4 MPLS 与 ATM 互通

MPLS 与 ATM 能够在网络边缘互通，以便在一个 MPLS 域的网络核心内支持和引入多业务。在这种情况下，ATM 连接需要在 MPLS LSP 之上透明地穿过 MPLS 域。这里"透明"是指基于 ATM 的业务在通过 MPLS 域时不会受到影响。

为了实现 MPLS 和 ATM 互通，需要满足以下一些相关需求。

● 将多个 ATM 连接（VPC 和/或 VCC）复用到一个 MPLS LSP 的能力；

● 对 ATM 连接的流量合约和 QoS 承诺的支持；

● 透明携带所有 AAL 业务类型的能力；

● 传送来自 ATM 信元头的 RM 信元和 CLP 信息。

通过 MPLS 传送 ATM 流量仅需要两层 LSP 栈。这个两层栈规定了两种类型的 LSP。传送 LSP（T-LSP）传输位于 ATM-MPLS 网络边界的两个 ATM-MPLS 互通设备之间的流量。这一流量可能由很多 ATM 连接组成，而每一条连接与一种 ATM 业务类型相关联。栈的外层标签（又称为传送标签）定义了一个 T-LSP，也就是说，垫片头的 S 字段被设置为 0，以表明不是栈的底部。

第二种类型的 LSP 是互通 LSP（I-LSP），嵌套在 T-LSP 中（通过一个互通标签来识别），其上承载的是与一条特定 ATM 连接相关的流量。也就是说，一个 I-LSP 用于一条 ATM 连接。I-LSP 也提供了对 VP/VC 交换功能的支持。一个 T-LSP 可能携带多个 I-LSP。由于 ATM 连接是双向的，而 LSP 是单向的，所以为了支持一条 ATM 连接，需要两个不同的 I-LSP，每个对应一个 ATM 连接方向。

图 8.11 显示了 T-LSP、I-LSP 和 ATM 连接之间的关系。互通单元（Inter-Working Unit，IWU）将 ATM 到 MPLS 方向的 ATM 信元封装进 MPLS 帧。对于 MPLS 到 ATM 方向，IWU 会重构 ATM 信元。

为了支持 ATM 连接的 ATM 流量合约和 QoS 承诺，ATM 连接到 I-LSP 的映射以及随后到 T-LSP 的映射必须要考虑 LSP 的流量工程属性。有两种方法可以实现这一点。

第一种方法是将与多条 ATM 连接（具有不同业务类型）相关的所有 I-LSP 复用到一个 T-LSP。这种 LSP 称为类复用 LSP（Class Multiplexed LSP）。它将 ATM 业务类型分成组，将每个组映射到一个 LSP。作为 MPLS 与 ATM 互通情形的一个

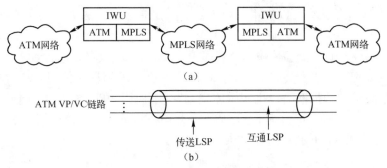

图 8.11　ATM – MPLS 网络的互通

（a）ATM – MPLS 网络互通架构；（b）传送 LSP、互通 LSP 和 ATM 连接之间的关系。

例子,初始时可以将业务类型分为实时流量(CBR 和 rt – VBR)和非实时流量(nrt – VBR、ABR 和 UBR)。实时流量通过一个 T – LSP 传输,而非实时流量通过另一个 T – LSP 传输。可以通过使用 L – LSP 或 E – LSP 来实现类复用 LSP。类复用 L – LSP 必须满足通过 LSP 传输的所有 ATM 连接的中最严格的 QoS 要求。这是因为 L – LSP 同等对待通过它的每一个数据包。另一方面,类复用 E – LSP 基于 T – LSP 标签内 EXP 字段的值,来确定应用于包的调度和丢弃策略。每个 LSR 可以对 LSP 传输的每个包应用不同的调度策略。这种方法需要在 ATM 业务类型和 EXP 比特位之间进行映射。

第二种方法,给每种 ATM 业务类分配一个 T – LSP。这种 LSP 称为基于类的 LSP(Class – based LSP)。每个 ATM 业务类可能有多条连接。在这种情况下,MPLS 域将会搜索一条满足其中一条连接的要求的路径。

8.6.5　具有流量工程的 MPLS(MPLS – TE)

MPLS 域仍然需要 OSPF 和 IS – IS 等 IGP 来计算通过该域的路由。一旦计算出路由,可以使用信令协议来沿路由建立 LSP。然后,向该 LSP 下发流量,此时流量满足一个与特定 LSP 相关联的、给定的 FEC。

流量工程要解决的基本问题是将流量映射到路由上,在实现流量性能目标的同时,最优化资源利用。传统的 IGP 如 OSPF,仅使用基于目的地址的转发模式。它只是根据最小开销度量(或者最短路径)来选择路由。因此,来自不同路由器的流量将汇聚到特定的路径上,而其他路径却未得到使用。一旦所选择的路径变得拥塞,也没有将部分流量转移到备选路径上的方法。

为了实现流量工程,LSR 应该在 MPLS 域内建立一个流量工程数据库。这个数据库存有与一条特定链路状态相关的附加信息。附加的链路属性包含最大链路带宽、最大预留带宽、当前带宽利用率、当前带宽预留、链路亲和性(Affinity)或颜色(代表一种链路管理属性)。流量工程通过扩展已有的 IGP – OSPF – TE 和 IS – IS TE 来携带这些附加属性。这个增强数据库将会被信令协议用于建立 ER – LSP。

IETF 已经规定了 LDP 作为建立 LSP 的信令协议(RFC 5036)。LDP 通常用于逐跳 LSP 建立,其中每个 LSR 基于第三层路由拓扑数据库来确定路由 LSP 的下一个接口。这意味着逐跳 LSP 会跟随普通第三层路由数据包所走的路径。有两种信令协议:RSVP – TE(RSVP with TE extension;RFC 5151)和 CR – LDP(Constraint – based Routing LDP)。这些协议用于建立流量工程的 ER – LSP。一条显式路由使用一个从入口到出口的精确步骤序列,规定了穿过网络的所有路由器。数据包必须严格按照该路由传输。显式路由可以强制 LSP 使用不同于路由协议所提供的路径。显式路由也可以用于在繁忙的网络中分配流量,使路由避开故障或拥塞的热点,或者提供预先分配的备用 LSP 以防止网络故障。

8.7　IPv6

对于下一代因特网(NGI)的研究和开发始于上世纪 90 年代(RFC 3035)。这导致了新的 IP 协议——IPv6 在 90 年代末诞生。2012 年 6 月 6 日,IPv6 开始正式过渡和部署。IPv6 协议本身非常好理解。像任何新的协议和网络那样,IPv6 在与现有运营网络兼容、平衡经济成本和效益、从 IPv4 平滑过渡等方面都面临着巨大的挑战。它同样也是一次飞跃。不过,这些问题大多数都超出了本书的范围。这里只讨论 IPv6 的基础和星上 IPv6 组网问题。

8.7.1　IPv6 基础

IETF 已经开发 IP 版本 6(IPv6)作为当前 IPv4 协议的替代,IPv6 在包头内支持流量标签,网络可以使用流量标签来识别流,就像 VPI/VCI 被用于识别 ATM 信元流。RSVP 帮助为每个流关联一个流说明(Flow Spec),刻画流的流量参数,就像与 ATM 连接关联的 ATM 流量约定。

IPv6 可以用像 RSVP 协议那样的机制来支持带 QoS 的综合业务。它针对当前因特网存在的问题,对 IPv4 协议进行了扩展,主要包括:
- 支持更多的主机地址;
- 减小路由表规模;
- 简化协议以使路由器更快地处理报文;
- 具有更好的安全性(认证和隐私);
- 为不同类型的业务包括实时数据提供 QoS;
- 支持组播(在允许的范围内);
- 支持移动性(漫游而无需改变地址);
- 支持协议演化;
- 允许新旧协议共存。

与 IPv4 相比,IPv6 对 IPv4 的包格式做了显著的修改,以在网络层功能上达到下一代因特网的要求。图 8.12 为 IPv6 的包头格式。

这些字段的功能可以概括如下。

● 版本(Version)字段(4bit)与 IPv4 的功能相同。该字段 IPv6 的值为 6,IPv4 的值为 4。

● 流量类别(Traffic Class)字段(8bit)用不同的实时传送需求来标识数据包。

● 流标签(Fow Label)字段(20bit)用于允许源和目的建立带有特定属性和需求的伪连接。

● 净荷长度(Payload Length)字段(16bit)的内容表示跟在 40B 头部后面的字节数,而不是 IPv4 中的总长度。

0	8	16	24	(31)
版本	流量类别	流标签		
净荷长度		下一个头	跳数限制	
源地址				
源地址				
源地址				
源地址				
目的地址				
目的地址				
目的地址				
目的地址				

图 8.12   IPv6 包头格式

● 下一个头(Next Header)字段(8bit)指明将数据包交给哪一种传输协议处理器,与 IPv4 的协议(Protocol)字段类似。

● 跳数限制(Hop Limit)字段(8bit)是一个限制包生存时间的计数器,用于防止包永远存在于网络中,与 IPv4 中的生存时间(Time to Live)字段类似。

● 源和目的地址字段(128bit)标识了网络号和主机号,比特长度是 IPv4 的 4 倍。

● 还有与 IPv4 中选项(Option)字段作用一样的扩展头。扩展头为编码在 IPv6 头和上层头之间的独立的头部。表 8.4 列出了 IPv6 的扩展头。

表 8.4   IPv6 扩展头

扩 展 头	描　述
逐跳选项(Hop – by – hop Option)	针对路由器的各种信息
目的地选项(Destination Option)	针对目的地的附加信息
路由(Routing)	待访问路由器的宽松列表
分段(Fragmentation)	管理数据报分段
认证(Authentication)	发送者身份确认
加密的安全净荷(Encrypted Security Payload)	关于加密内容的信息

每个扩展头由下一个头(Next Header)字段,以及类型(Type)、长度(Length)、值(Value)字段组成。在 IPv6 中,以下原来可选的特征变成了强制性的特征:安全性、移动性、组播和可过渡(Transition)。IPv6 试图实现一种高效且可扩展的 IP 数据报,其中:

- IP 头包含较少的字段从而能够高效地路由并获得较好的性能;
- 包头的扩展提供了更好的选项;
- 流标签使得 IP 数据报可以被高效地处理。

8.7.2 IPv6 编址

IPv6 引入了巨大的寻址空间以解决 IPv4 地址短缺的问题。IPv6 使用 128bit 用于编址,是当前 32bit 的 IPv4 地址的 4 倍,可以容纳 3.4×10^{38} 个可能的可寻址节点,相当于地球上每个人有 10^{30} 个地址。因此,在将来的因特网中,IPv6 地址不会耗尽。

在 IPv6 中,没有隐藏的网络和主机。所有的主机都可以是服务器,并从外界可达。这称为全局可达性。IPv6 支持端到端安全、灵活寻址和地址空间的多级分层。

IPv6 支持自动配置、链路地址封装、即插即用、聚合、多宿主和重新编号。

地址的格式是 $x:x:x:x:x:x:x:x$,这里 x 是一个 16bit 的 16 进制字段。例如,下面是一个 IPv6 地址

$$2001:FFFF:1234:0000:0000:C1C0:ABCD:8760$$

它不区分大小写,因此下面的地址与上面相同

$$2001:FFFF:1234:0000:0000:c1c0:abcd:8760$$

在一个字段中前导 0 是可选的

$$2001:0:1234:0:0:C1C0:ABCD:8760$$

连续为 0 的字段可以写成"::"。例如:

$$2001:0:1234::C1C0:FFCD:8760$$

可以重写下面的地址

$$FF02:0:0:0:0:0:0:1 \text{ 可写成 } FF02::1$$

$$0:0:0:0:0:0:0:1 \text{ 可写成 } ::1$$

$$0:0:0:0:0:0:0:0 \text{ 可写成 } ::$$

在一个地址中只能使用一次"::"。下面的地址是无效的

$$2001::1234::C1C0:FFCD:8760$$

在 URL 中 IPv6 地址也是不一样的。只允许完全合格的域名(Fully Qualified Domain Name,FQDN)。一个 IPv6 地址被包含在方括号中,如 http://[2001:1:4F3A::20F6:AE14]:8080/index.html。因此,必须修改 URL 解析器,这对用户来说可能会成为一个障碍。

IPv6 地址架构定义了不同类型的地址:单播(Unicast)、组播(Multicast)和任播(Anycast)。也有未指明和环回(Loop Back)的地址。当没有地址可用时,未指明的地址可以用作占位符,例如在初始化 DHCP 请求和重复地址检测(DAD)中。环回地址将节点本身定义为本地主机(Local Host),在 IPv4 中用 127.0.0.1 表示,在 IPv4 中用:0:0:0:0:0:0:1 表示或者简写为::1。它可以用于测试 IPv6 协议栈的可用性,例如 ping6::1。

IPv6 地址的范围可为链路本地(Link – local)和站点本地(Site – local)。IPv6 允许可聚合全局地址(Aggregatable Global Address),包括组播和任播,但没有广播地址。

链路本地范围的地址是 IPv6 中新出现的:"范围 = 本地链路"(即 WLAN、子网)。它只能在同一链路的节点间使用,而且不能被路由。它允许以"FE80:0:0:0 <接口标识符 >"的格式,即前缀加接口标识符(基于 MAC 地址)的方式,在每个接口上自动配置。它给每个节点一个 IPv6 地址用于启动通信。

对于站点本地范围的地址,"范围 = 站点(即链路组成的网络)"。它只能在同一站点的节点之间使用,但不能在站点外路由,与 IPv4 专用地址非常相似。没有默认的配置机制来对其进行分配。其格式为"FEC0:0:0: <子网 id >: <接口 id >",其中 < 子网 id > 有 16bit,可以编址 64000 个子网。它可以用于在连接到因特网之前对站点进行编号,或用作私有地址(例如本地打印机)。

可聚合全局地址用于一般用途并且全球可达。地址以分层的方式由因特网编号管理局(Internet Assigned Numbers Authority,IANA)分配,第一层提供商为顶级聚合器(Top – Level Aggregator,TLA),中间提供商为下一级聚合器(Next – Level Aggregator,NLA),站点和子网位于底层,如图 8.13 所示。

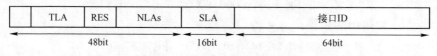

图 8.13 可聚合全局地址的结构

IPv6 支持组播,即一对多通信。组播主要用于本地链路。地址范围可以是节点、链路、站点、组织和全球。与 IPv4 不同,它不使用生存时间(TTL)。IPv6 组播地址格式为"FF < flags > < scope >:: < multicast group > "。当标识自身时,任何 IPv6 节点应该能识别以下地址(参见表 8.5):

- 每个接口的链路本地地址;
- (手动或自动)分配的单播/任播地址;
- 环回地址;
- 所有节点组播地址;
- 每个已分配单播和任播地址的请求节点(Solicited – node)组播地址;
- 到主机所属的所有其他组的组播地址。

344

表 8.5　一些保留的组播地址

地　　址	范　　围	应　　用
FF01∷1	接口本地	所有节点
FF02∷1	链路本地	所有节点
FF01∷2	接口本地	所有节点
FF02∷2	链路本地	所有节点
FF05∷2	站点本地	所有节点
FF01∷FFXX∶XXXX	链路本地	请求节点

任播地址是一到最近的(One – to – nearest)，这对于发现功能非常有用。任播地址与单播地址是不可区分的，因为它们都是从单播地址空间分配的。一些任播地址保留用于特定用途，例如路由器子网、移动 IPv6 的家乡代理发现和 DNS 发现。表 8.6 为 IPv6 地址架构。

表 8.6　IPv6 地址架构

前　　缀	十六进制	大　　小	分配情况
0000 0000	0000 – 00FF	1/256	保留
0000 0001	0100 – 01FF	1/256	未分配
0000 001	0200 – 03FF	1/128	NASP
0000 010	0400 – 05FF	1/128	未分配
0000 011	0600 – 07FF	1/128	未分配
0000 1	0800 – 0FFF	1/32	未分配
0001	1000 – 1FFF	1/16	未分配
001	2000 – 3FFF	1/8	可聚合的:IANA 到注册机构
010,011,100,101,110	4000 – CFFF	5/8	未分配
1110	D000 – EFFF	1/16	未分配
1111 0	F000 – F7FF	1/32	未分配
1111 10	F800 – FBFF	1/64	未分配
1111 110	FC00 – FDFF	1/128	未分配
1111 1110 0	FE00 – FE7F	1/512	未分配
1111 1110 10	F800 – FEBF	1/1024	链路本地
1111 1110 11	FEC0 – FEFF	1/1024	站点本地
1111 1111	FF00 – FFFF	1/256	组播

若一个节点有多个 IPv6 地址，当一个给定的通信选择要使用的源地址和目的地址时，需要解决以下问题：

- 从目的地看，范围地址不可达；
- 区分优先地址和不宜用地址；
- 当 DNS 同时返回 IPv4 和 IPv6 时，应该用哪个；
- IPv4 本地范围(169.254/16)和 IPv6 全局范围；
- IPv6 本地范围和 IPv4 全局范围；
- 移动 IP 地址、临时地址、范围地址等。

8.7.3   卫星 IPv6 网络

通过本书可以了解到,可以将卫星网络视为具有自身特征的通用网络,以及与其他不同网络技术互通的 IP 网络。因此,所有的概念、原理和技术都可以应用到基于卫星的 IPv6 上。虽然 IP 是针对网络互连而设计的,但是任何新版本或新型协议的实现和部署总是要面临一些问题。这些问题会影响协议的所有层,对包括处理能力、缓存空间、带宽、复杂性、实现成本和人为因素在内的技术折中也有潜在的影响。为了简洁起见,这里仅总结 IPv4 和 IPv6 之间互联的问题和场景如下。

● 卫星网络是 IPv6 使能的:需要解决用户终端和地面 IP 网络方面的问题。可以想像,在同一时间对它们进行全部升级是不切实际的。因此,一个巨大挑战就是如何从当前基于卫星的 IP 网络向基于卫星的下一代网络演进。建立从 IPv4 到 IPv6 的隧道或从 IPv6 到 IPv4 的隧道,是不可避免的,因此会产生巨大的开销。即使所有的网络都支持 IPv6,但由于 IPv6 的开销较大,所以仍然存在带宽效率问题。

● 卫星网络是 IPv4 使能的:面临与上面的场景相类似的问题,然而,如果所有的地面网络和终端都开始运行 IPv6,卫星网络就可能被迫演进到 IPv6。在地面网络中,当带宽充足时,可以推迟这种演进。在卫星网络中,这样的策略是不实际的。因此,及时、稳定的 IPv6 技术和演化策略都是非常重要的。

8.7.4   IPv6 过渡

面向下一代网络的 IPv6 过渡是一个非常重要的方面。许多新技术失败,就是因为缺乏过渡的方案和工具。IPv6 在设计之初就考虑到了过渡问题。对于端系统,使用双栈的方法,如图 8.14 所示;对于网络集成,使用隧道(可看作是某种从 IPv6 网络到 IPv4 网络的转换;RFC4213)。

图 8.14 表示了同时具有 IPv4 和 IPv6 协议栈和地址的节点。支持 IPv6 的应用程序同时请求 IPv4 和 IPv6 目的地址。DNS 解析器返回 IPv6、IPv4 或两种地址给应用程序。IPv6/IPv4 应用选择地址,然后可以通过 IPv4 地址与 IPv4 节点通信,通过 IPv6 地址与 IPv6 节点通信。

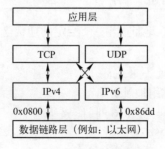

图 8.14   双栈主机示意图

8.7.5 经卫星网络的 IPv6 隧道

在 IPv4 中建立 IPv6 隧道是一种将 IPv6 数据包封装到 IPv4 数据包(IP 包头的协议字段值设为 41)的技术(见图 8.15)。各种拓扑结构都可以建立隧道,包括路由器到路由器、主机到路由器和主机到主机。隧道端点负责封装。这个过程对于中间节点是"透明"的。隧道是一种最重要的过渡机制。

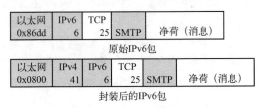

图 8.15　IPv6 包封装到 IPv4 包

在隧道技术中,隧道端点被明确配置,它们必须是双栈节点。如果 IPv4 地址是隧道端点,则该地址应该是可达的。隧道的配置意味着手动配置源和目的 IPv4 地址以及 IPv6 地址。隧道配置的实例可以在两台主机之间、一台主机和一台路由器之间(见图 8.16),或两个 IPv6 网络的两台路由器之间(见图 8.17)。

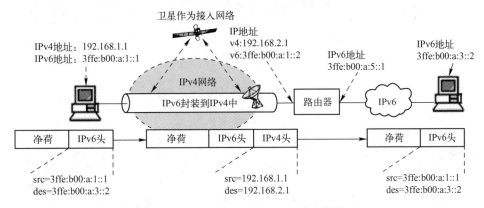

图 8.16　经卫星接入网的主机到路由器隧道

8.7.6 经卫星网络的 6 to 4 转换

所谓"6 到 4 转换"(6 to 4 translation)是一种在 IPv4 网络之上自动建立隧道以互连孤立的 IPv6 域的技术。它通过将 IPv4 目的地址嵌入 IPv6 地址中,避免使用显式隧道。它使用保留的前缀"2002::/16"。基于 IPv4 外部地址(external address),它将整个48bit 的地址分配给一个站点。最终,IPv4 外部地址按照"2002:<ipv4add>:<subnet>::/64"的格式被嵌入为"2002:< ipv4 ext address >::/48"。图 8.18 和图 8.19显示了隧道技术。

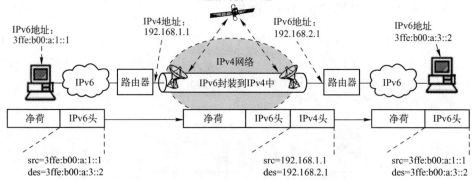

图 8.17 经卫星核心网的路由器到路由器隧道

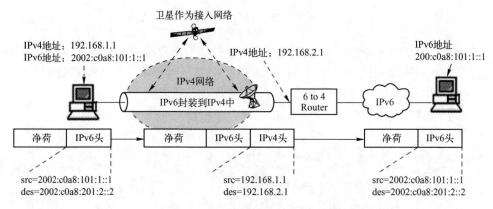

图 8.18 经卫星接入网的 6 to 4 转换

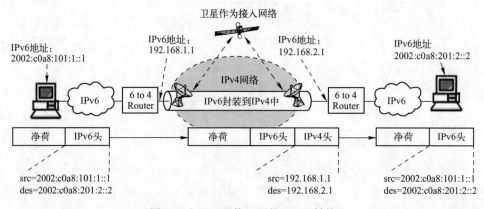

图 8.19 经卫星核心网的 6 to 4 转换

为了支持 6 to 4, 实现 6 to 4 的出口路由器必须有可达的外部 IPv4 地址。它是一个双栈节点。它通常使用环回地址配置。单个节点(即主机)不需要支持 6 to 4。前缀 2002 可以从路由器广播接收到。它不需要是双栈的。

348

8.7.7　6 to 4 的相关问题

IPv4 的外部地址空间比 IPv6 地址空间小得多。如果出口路由器改变其 IPv4 地址,就意味着整个 IPv6 内部网络都需要重新编号。只有一个入口点(Entry Point)可用。想要有多个网络入口点以实现冗余是比较困难的。

如果考虑在应用方面的 IPv6 过渡,在应用层也存在不少问题:操作系统和应用程序对 IPv6 的支持是互不相关的;双栈并不意味着同时拥有 IPv4 和 IPv6 应用;DNS 没有指明使用哪种 IP 版本;支持应用程序的多个版本是困难的。

因此,不同情况下应用程序的过渡可以概括如下(参见图 8.20):

● 对于双栈节点的 IPv4 应用,第一选择是将应用程序移植到 IPv6。

● 对于双栈节点的 IPv6 应用,使用 IPv4 映射的 IPv6 地址“∷FFFF∶x. y. z. w”,使 IPv4 应用程序能够工作于 IPv6 双栈。

● 对于双栈节点的 IPv4/IPv6 应用程序,应该有与协议无关的 API。

● 对于 IPv4 节点上的 IPv4/IPv6 应用程序,应该根据应用程序或操作系统的支持情况具体问题具体分析。

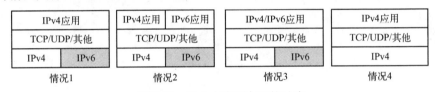

图 8.20　IPv6 在应用方面的过渡

8.7.8　卫星组网的未来

预测未来是很困难的,有时甚至是不可能的,但是如果具备足够的过去和现在的知识,预料未来的发展趋势或许并不十分困难。除了将卫星集成到全球因特网基础设施,卫星网络的另一个主要任务是创建新的业务和应用,以满足人们的日益增长的需求。图 8.21 给出了一个未来卫星组网的抽象愿景。

未来发展主要的困难来自于演进、集成和融合,主要体现在:

● 难以将卫星组网概念与其他概念分离。

● 除了在物理层和链路层,由于网络融合(见图 8.22),分辨一般协议和支持卫星协议(Satellite – friendly Protocol)之间的差异并不容易。

以下原因将影响发展的趋势,主要体现在:

● 不管是卫星网络终端还是地面移动网络终端,业务和应用都将融合成通用性的应用。即使全球定位系统(GPS)等卫星专有业务现在也已经被集成到了新一代的 3G 和 4G 移动终端(见图 8.21 和图 8.22)。

● 硬件平台和网络技术将得到很好的开发,功能强大且标准化。这将使得定制型用户终端的发展会十分迅速且有经济效益。

● 系统软件显著发展,并且将面对大型软件管理复杂性的挑战。

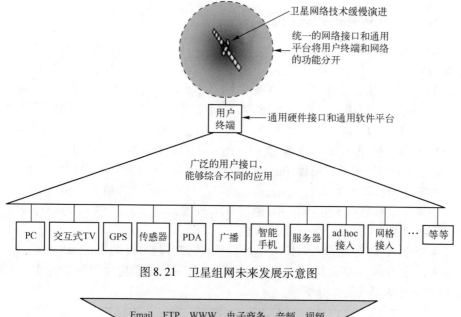

图 8.21　卫星组网未来发展示意图

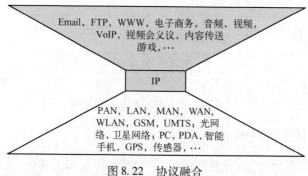

图 8.22　协议融合

在过去的35年里,由于技术的发展,卫星的能力得到了大幅增强。卫星的质量从50kg提高到3000kg,功率从40W增加到1000W。在不久的将来,质量和功率将分别增加至10000kg和20000W。卫星地面终端已经从20~30m下降到0.5~1.5m。手持终端也得到了发展。这种趋势将继续下去,但很可能是以不同的方式,如星座和集群卫星。用户终端还可以是到专用网络的互通设备或传感器网络的一个枢纽。

从卫星组网的角度看,端系统会作为服务器,直接从带有多媒体终端的在轨卫星上提供信息服务,观察并守护地球;或者作为星载路由器,发挥网络节点作用,将因特网延伸到太空。

作为数十年持续研究的回报,在未来几年中更多的宽带卫星(包括Ka频段卫星)将发射升空,这些卫星将具有几百兆比特每秒甚至吉比特每秒的传输容量。对可达太比特每秒量级的更高频段(40/50GHz和90GHz)卫星通信以及卫星激光通信的探索也一直没有中断过。

卫星终端会变得更小，并与标准的智能手机兼容。卫星系统与地面系统的集成将更加紧密。卫星网络能够比普通的通信和广播系统连接更大范围的终端。

在不久的将来，不同类型的卫星将协同工作，用于遥感、全球定位、环境和空间等诸多领域。

当然，卫星在未来可能扮演的角色及其应用必定是更加广泛的，这是本书所不能尽述的。

地面通信系统和网络的最新发展也需要关注。更多的控制和管理系统将依赖于软件，这也为未来的卫星系统和网络带来更多的可集成性和灵活性。

卫星是一种迷人的星体。人类创造了它们，对它们的了解远胜于其他星体。卫星技术的能力和人类的创造性将超出人们目前的想象。感谢您通读本书，如果您在使用本书进行卫星组网教学时有任何的需要，请随时联系作者，谢谢。

进一步阅读

[1] RFC 3209, RSVP-TE: Extensions to RSVP for LSP Tunnels, IETF, Awduche, D., Berger, L., Gan, D., Li, T., Srinivasan, V. and Swallow, G., December 2001.

[2] RFC 3272, Overview and Principles of Internet Traffic Engineering, IETF (Informational), Awduche, D., Chiu, A., Elwalid, A., Widjaja, I. and Xiao. X., May 2002.

[3] RFC 2475, An Architecture for Differentiated Services, IETF (Informational), Blake, S., Black, D., Carlson, M., Davies, E., Wang, Z. and Weiss, W., December 1998.

[4] RFC 1633, Integrated Services in the Internet Architecture: an Overview, IETF (Informational), Braden, R., Clark, D. and Shenker, S., June 1994.

[5] RFC 2205, Resource ReSerVation Protocol (RSVP) – Version 1 Functional Specification, IETF (Standard Track), Braden, R., Zhang, L., Berson, S., Herzog, S. and Jamin, S., September 1997.

[6] RFC 1752, The Recommendation for the IP Next Generation Protocol, IETF (Standard Track), Bradner, S. and Mankin, A., January 1995.

[7] RFC 3035, MPLS using LDP and ATM VC Switching, IETF (Standard Track), Davie, B., Lawrence, J., McCloughrie, K., Rosen, E., Swallow, G., Rekhter, Y. and Doolan, P., January 2001.

[8] RFC 3246, An Expedited Forwarding PHB (Per Hop Behaviour), IETF (Proposed Standard), Davie, B., Charny, A., Bennet, J.C.R., Benson, K., Le Boudec, J-Y., Courtney, W., Davari, S., Firoiu, V. and Stiliadis, D., March 2002.

[9] RFC 2460, Internet Protocol, version 6 (IPv6) Specification, IETF (Standard Track), Deering, S. and Hinden, R., December 1998.

[10] RFC 3270, Multi-Protocol Label Switching (MPLS) support of Differentiated Services, IETF (Standard Track), Faucheur, F. Le, Davie, B., Davari, S., Vaananen, P., Krishnan, R., Cheval, P. and Heinanen, J., May 2002.

[11] RFC 2893, Transition Mechanisms for IPv6 Hosts and Routers, IETF (Standard Track), Gilligan, R. and Nordmark, E., August 2000.

[12] RFC 2597, Assured Forwarding PHB Group, (Standard Track), Heinanen, J., Baker, F., Weiss, W. and Wroclawski, J., June 1999.

[13] ISO/IEC 11172, Information technology: coding of moving pictures and associated audio for digital storage media at up to about 1.5 Mbit/s, (MPEG-1), 1993.

[14] ISO/IEC 13818, Generic coding of moving pictures and associated audio information, (MPEG-2), 1996.

[15] ISO/IEC 14496, Coding of audio-visual objects, (MPEG-4), 1999.

[16] ITU-T G.723.1, Speech coders: dual rate speech coder for multimedia communications transmitting at 5.3 and 6.3 kbit/s, 05/2006.

[17] ITU-T G.729, Coding of speech at 8 kbit/s using conjugate-structure algebraic-code-excited linear-prediction (CS-ACELP), 06/2012.

[18] ITU-T E.800, Terms and definitions related to quality of service and network performance including dependability, 09/2008.

[19] ITU-T H.261, Video codec for audiovisual services at px64 kbit/s, 03/1993.

[20] ITU-T H.263, Video coding for low bit rate communication, 01/2005.
[21] RFC 5151, Inter-Domain MPLS and GMPLS Traffic Enginnering – Resource Reservation Protocol – Traffic Engineering (RSVP-TE) Extension, A. Farrel, A.A. Ayyangar, J.P. Vasseur, IETF, 02/2008.
[22] RFC 2474, Definition of the Differentiated Services Field (DS Field) in the IPv4 and IPv6 Headers, IETF (Standard Track), Nichols, K., Blake, S., Baker, F. and Black, D., December 1998.
[23] RFC2375, IPv6 Multicast Address Assignments, R. Hinden, July 1998.
[24] RFC2529, Transmission of IPv6 over IPv4 Domains without Explicit Tunnels, B. Carpenter, C. Jung, IETF, March 1999.
[25] RFC 4699, Reasons to Move the Network Address Translation – Protocol Translation (NAT-PT) to Historic Status, G. Tsirtsis, P. Srisuresh, IETF, July 2007.
[26] RFC 6535, Dual Stack Hosts using 'Bump-in-the-Stack' (BIS), B. Huang, H. Deng, T. Savolainen, IETF, February 2012.
[27] RFC 4213, Transition Mechanisms for IPv6 Hosts and Routers, E. Nordmark, R. Gilligan, IETF, October 2015.
[28] RFC 3031, Multiprotocol Label Switching Architecture, IETF (Standard Track), Rosen, E., Viswanathan, A. and Callon, R., January 2001.
[29] RFC 2998, A Framework for Integrated Service Operation over Diffserv Networks, Y. Bernet, P. Ford, R. Yavatkar, F. Baker, L. Zhang, M.Speer, R. Braden, B. Davie, J. Wroclawski, IETF, November 2000.
[30] RFC 3032, MPLS Label Stack Encoding, E. Rosen, D. Tappan, G. Fedorkow, Y. Rekhter, D. Farinacci, A. Conta, IETF, January 2001.
[31] RFC 2212, Specification of Guaranteed Quality of Service, IETF (Standard Track), Shenker, S., Partridge, C. and Guerin, R., September 1997.
[32] RFC 5036, LDP Specification, L. Anderson, I. Minci, B. Thomas, IETF, October 2007.
[33] RFC 3468, The Multiprotocol Label Switch (MPLS) Working Group Decision on MPLS Signaling Protocols, L. Anderson, G. Swallow, February 2003.
[34] RFC 3053, IPv6 Tunnel Broker, A. Durand, P. Fasano, I. Guardini, D. Lento, IETF, January 2001.
[35] RFC 3056, Connection of IPv6 Domains via IPv4 Clouds, B. Carpenter, K. Moore, February 2001.
[36] ITU-T G.114, One-Way Transmission Time, 03/2005.
[37] ITU-T G.726, 40, 32, 24, 16 kbit/s Adaptive Differential Pulse Code Modulation (ADPCM) Corresponding ANSI-C Code is Available in the G.726 Module of the ITU-T G.191 Software Tools Library, 12/1990.
[38] T. Nadean, P. Pan, Framework for software defined networks, draft-nadean-sdn-framework-01, 31 October, 2011.

练　习

1. 解释在未来网络和终端中新业务与应用的概念。

2. 讨论流量建模和流量特征刻画的基本原理和技术。

3. 描述流量工程的一般概念和因特网流量工程的概念。

4. 解释 MPLS 的原理,以及 MPLS 与不同网络技术和流量工程互通的概念。

5. 解释 IPv6,及其与 IPv4 的主要区别。

6. 解释卫星承载 IPv6 的不同技术,如经卫星网络的 IPv6 隧道技术和 6 to 4 转换。

7. 讨论卫星承载 IPv6 的新的发展,以及卫星组网的未来。